메이커
활동과
설계기술

메이커 활동과 설계기술

초판인쇄 2021년 7월 7일
초판발행 2021년 7월 7일

지은이 이춘식
펴낸이 채종준
펴낸곳 한국학술정보㈜
주소 경기도 파주시 회동길 230(문발동)
전화 031) 908-3181(대표)
팩스 031) 908-3189
홈페이지 http://ebook.kstudy.com
전자우편 출판사업부 publish@kstudy.com
등록 제일산-115호(2000. 6. 19)

ISBN 979-11-6603-457-2 93500

메이커 활동과 설계기술

× 이춘식 지음 ×

머리말

4차 산업혁명의 대두와 더불어 메이커 운동이 부각되고 있다. 특히 메이커 운동이 학교로 도입되면서 메이커 교육에 대한 논의와 확산도 빨라지고 있다. 그러나 메이커 교육의 일관된 방법과 절차는 부족한 형편이다. 정규수업시간에 이루어지기보다는 방과 후 수업이나 특별활동의 형태로 이루어지고 있다. 또한 메이커 교육에서 중요한 메이커 스페이스의 구축은 학교 단위에서는 많은 예산이 필요하기 때문에 신중한 접근이 필요하다. 이번 책에서는 메이커 교육의 핵심이라 할 수 있는 메이커 활동을 중심으로 설계기술과 접목하려 하였다.

설계기술은 영국을 비롯한 영연방권에서 Design & Technology로 불리는 교과목이다. D&T를 우리말로 번역하기가 쉽지만은 않은데, 우리나라에서는 90년대 이후부터 '설계기술'로 부르고 있다. 그렇다면 설계기술에는 외국처럼 과정 중심(process-centered)의 기술 내용을 모두 포함할 것인가, 아니면 재해석하여 재구성할 것인가가 늘 딜레마처럼 다가왔다. 그러던 차에 교육대학에서 설계기술을 강의하면서 나름대로 예비교사들에게 도움을 줄 수 있는 내용으로 재구성하기 시작하였다.

원론적으로는 설계기술에 기술 교육의 모든 내용을 통합적으로 구성하는 것이 맞다. 그러나 제한된 시간 내에 초등 실과의 기술 교육내용을 전달하기에 적절한 내용을 찾으려고 애를 써봤다. 그러다 보니 어느 내용에서는 우리말의 설계에 맞는 내용을 편성하였고, 어느 경우에는 디자인의 내용에 가깝게 구성한 흔적을 찾아볼 수 있다.

이 책은 예비교사들을 위한 설계기술 내용을 중심으로 메이커 활동의 측면에서 전면 재구성해 본 하나의 예이다. 따라서 전형적인 설계기술의 원형이라고 볼 수는 없으며, 단지 예비교사들에게 기술영역에 해당하는 발명, 메이커, DIY 교육을 설계하여 지도하는 데 도움을 줄 수 있는 내용으로 구성하였다. 다소 내용구성에서는 메이커 활동 부분에 역점을 두었으며, 메이커 활동의 단계를 따라가면서 장을 구성하였다.

이 책의 구성은 크게 2부로 되어 있다. 제1부에서는 메이커 교육의 세계를 다루었다. 메이커 운동과 메이커 교육이 무엇이고, 메이커 교육의 다양한 방법과 동향을 다루었다.

제2부는 설계기술과 메이커 활동을 다루었다. 기초적인 기술 교육과 PBL을 통한 메이커 활동을 주로 다루었다. 기존의 제도는 메이커 활동에 필요한 단계에서 관련 지식으로 배울 수

있도록 하였다. 설계에 필요한 각종 지식에 대해서는 자세한 것은 피하고 기본적인 스케치와 구상도 및 제작도 그리는 수준에서 마무리하였다.

부록에서는 프로젝트 방법의 최초 주창자라 할 수 있는 Kilpatrick의 'The Project Method' 1918년도의 논문을 번역해 보았다. 워낙 오래된 영어이기 때문에 원어민들조차도 낯설어하는 용어를 많이 사용하고 있다. 어느 책에서도 한 번도 전문을 소개한 적이 없어서 거칠지만 전문을 번역하였다. 부분적으로 오역이 있을 수 있으나 전체 흐름을 파악하는 데에는 무리가 없을 것이다.

아무쪼록 이 책을 통하여 예비교사들이 메이커 교육과 설계기술 활동의 수업에 재미를 줄 수 있는 여지가 있다면 보람으로 생각한다. 이 책이 나오기까지 수고해 주신 한국학술정보 출판사 관계자들의 노고에 감사를 드린다. 끝으로 학문을 할 수 있도록 건강을 주신 하나님께 진심으로 감사를 드립니다.

2021년 5월

연구실에서

저자

목 차

제2부 설계기술과 메이커 활동

제1부

메이커 교육의 세계

The World of Maker Education

제1장 메이커 교육의 개요

학습 목표

1. 메이커 운동의 역사를 설명할 수 있다.
2. 메이커 교육의 중요성을 예를 들어 설명할 수 있다.
3. 메이커 교육이 학교 교육에 미친 영향을 제시할 수 있다.

1. 메이커 활동과 메이커 교육의 개요

최근에 들어서서 민간기관에서나 학교 교육에서 메이커 교육이나 활동에 대해 많은 관심을 보인다. 개인들이 매니아 수준에서 활동하는 형태에서 벗어나 외부로 드러나게 활동하면서 메이커 활동의 가치를 인정해 주고 있는 현상이 나타나고 있다. 이러한 메이커 교육은 성인 메이커와 청소년 메이커로 구분하여 논의할 필요가 있다. 여기에서 우리의 관심은 주로 청소년들을 대상으로 하는 메이커 교육이다.

가. 메이커 운동

만들기 및 교육과 관련된 연구에 대한 이론적 뿌리와 접근법을 논의하기 전에, 메이커 운동을 이해하기 위한 공통의 틀에서 시작하는 것이 중요하다. 사람들이 예전부터 "만들기"를 해왔지만(동굴 그림 같은 고대 관행을 자주 언급하는 학자들과 실천가들은 인간의 필요를 묘사하기 위해 동굴 벽화 같은 것을 만드는 것에 대해 말하기도 한다), 현재 조성되고 있는 메이커 운동은 2000년대 이후에 주목을 받았다. 메이커 운동은 일상생활에서 제품의 창조적 제작에 종사하고, 자신의 프로세스와 제품을 다른 사람과 공유할 수 있는 물리적·디지털 포럼을 찾는 사람들이 크게 늘고 있는 시대적 흐름과 맞닿아 있다. 예를 들어, Wired 매거진 편집장을 지낸 Chris Anderson(2012)은 이 운동을 "새로운 산업 혁명"이라고 정의하기도 한다. 그는 디지털 데스크톱 도구의 사용, 디자인을 공유하고 온라인으로 협력하는 문화적 규범, 공유와 빠른 반복을 촉진하기 위한 공통 설계 표준의 사용 등 세 가지 주요 특성을 참고하여 메이커 운동과 팅커러, 발명가, 이전 시대의 기업가를 구분한다. 처음이자 가장 성공적인 메이커 스페이스 중 하나인 테크샵의 CEO 겸 공동창업자 마크 해치(2014)는 메이커의 활동과 마인드셋을 제작자 중심으로 구성(즉, 필요한 도구에 대한 안전한 접근), 놀이, 참여, 지원, 변화 등 9가지 핵심 아이디어를 중심으로 기술한 '메이커 운동 매니페스토'를 제안한다. 앤더슨과 마찬가지로 해치는 이전의 컴퓨터 및 인터넷 혁명과 구별되는 메이커 운동의 특징으로서 물리적 물체의 제작의 중요성을 강조한다(Halverson, 2014).

메이커 운동의 실천 선언은 만들라(make), 나누라(share), 주라(give), 배우라(learn), 도구를 갖추라(tool up), 가지고 놀아라(play), 참여하라(participate), 후원하라(support), 변화하라(change) (Hatch, 2013)이다. 여기에서 강조하고 있듯이 메이커에서 배우는 것이 중요한 키워드 중의 하나이다.

오늘날의 문맹은 새로운 것을 배우려는 도전의식이 없어 기초적인 능력을 갖추지 못한 것을 가리킨다. '메이커는 누구나 될 수 있는가?'라는 질문이 먼저 떠오른다. 생활에 필요하거나 아이디어를 실현할 의지를 가진 사람은 누구나 메이커가 될 수 있다. 작품의 질적 수준에 따라서 메이커가 결정되는 것이 아니라 자신감을 가지고 만들 수 있는 사람이 메이커가 될 수 있다는 말이다. 어린 시절로 되돌아가 보라. 어린이들은 놀이터에서 무엇인가를 가지고 놀면서 분해와 조립을 반복한다. 창조의 욕구를 가지고 있다. 프라모델로 장난감을 만들어 본 경험이 있다면 누구나 메이커가 될 수 있다. 다만 창조와 메이크의 열정이 지금은 사라졌을 뿐이다. 그 열정을 되살리는 것이 메이커의 반열에 들어서는 출발점이다(이춘식, 2020).

메이커 운동은 1960년대 미국의 캘리포니아, 샌프란시스코 같은 지역을 중심으로 히피 문화가 번성했을 때와 맥을 같이한다. 이들은 기성 사회의 위계질서를 거부하고 개인의 개성을 존중하는 수평적인 공동체의 건설을 성취하려 했다. 자발적인 참여와 소통, 공유가 이뤄지는 새로운 커뮤니티를 만들어 활동하였다. 메이커 정신을 담은 잡지 ≪Whole Earth Catalog≫를 Stewart Brand가 1968년부터 1972년에 걸쳐 발행하였다(https://en.wikipedia.org). 주요 방향은 자급자족, 생태, 대안 교육, DIY(Do It Yourself) 등이었다. 잡지의 주 독자층은 청소년들이었고 스티브 잡스나 빌 게이츠도 이들 중의 하나였으며, 1세대 메이커들이었다.

<출처: https://en.wikipedia.org/wiki/Whole_ Earth_Catalog>

그러다가 2000년대 이후에는 집에서 취미로 물건을 만들 수 있는 테마를 소개하는 ≪Make Magazine≫(2005)이 창간되면서 본격적인 메이커들이 나타나기 시작하였다. 이 잡지는 메이커 분야의 아버지 격인 Dale Dougherty가 창간하였으며 계간지 형태로 현재까지도 발간되고 있다. 슬로건은 스스로 혼자 하기 'DIY'와 함께 하기 'DIWO(Do It With

Others)'이다. 소개되는 프로젝트는 컴퓨터, 전자기기, 금속공예, 로봇, 목공 등으로 다양한 스펙트럼을 가지고 심도 있고 실질적인 활동이 되도록 하였다(https://en.wikipedia.org/wiki/WholeEarth Catalog). 2000년대 이후에 메이커 운동이 급속하게 발달한 배경은 폭발적으로 발달한 인터넷 매체 환경에 있다. 개인이 가지고 있는 노하우(knowhow)를 각종 인터넷에 쉽게 올림으로써 정보의 공유가 과거의 어떤 때보다도 쉽게 이루어졌기 때문이다. 메이커 운동에서 공유의 가치는 핵심 키워드로 자리 잡았다(메이커교육실천코리아, 2018).

<출처:https://www.fastcompany.com/>

우리나라에서도 메이커 운동이 시작되고 있다. 2012년 서교예술실험센터에서 열린 첫 번째 메이커 페어를 시작으로 빠르게 확산하고 있다. 2014년 미래창조과학부의 주도로 설치된 메이커 스페이스 '무한상상실'이 전국 20개(2019년 현재, 한국창의재단 홈페이지 www.kofac.re.kr)가 운영되고 있다.

나. 메이커 교육의 개념

어떤 면에서 보면, "메이커 교육이 무엇인가?"라는 질문에 대한 답은 간단할 수도 있다. 다시 말해서 '메이커 교육은 메이커 운동(maker movement)을 교육적인 환경에 통합시키는 활동'이다. 즉 학습자가 직접 물건을 만들거나 컴퓨터로 전자기기를 다루는 등의 작업을 하면서 창의적인 아이디어로 문제를 해결하고, 새로운 것을 만들거나 그 방법을 알아내는 활동이다.

이는 물론 다음과 같은 질문이 필요하다. 메이커 운동은 무엇인가?

> 메이커 운동은 사람들이 "만들(make)" 수 있도록 힘을 실어주는 목표를 가지고 있는 것으로 가장 잘 정의된다. 메이커들은 오래된 기술을 개량하고, 개발하여, 새로운 것을 발명한다. 최선을 다하여 스스로 하는(do-it-yourself) 것이다. 메이커 교사들은 학생들이 개인적으로 의미 있는 무언가를 만들기 전까지 자신의 발명품을 꿈꾸고, 실험하고, 실패하며, 다시 실험하도록 고무시킨다. 메이커 교육은 손놀림 학습(hands-on learning)과 프로젝트 기반 학습(PBL)의 조합이다.
>
> "[만드는 것(making)]은 우리 주변 환경에 대한 소유권을 갖고 주변의 모든 것에 대한 디자인을 인식하여 자신만의 것으로 만들고, 바꾸고, 수정하는 것이다. 더 나은 것을 만들기 위해서 혹은 더 개인의 특화된 것을 만들기 위한 것이다." (Patrick Benfield, St. Gabriel's Catholic School in Austin, Texas). "근본적으로, 메이킹은 자신의 조건에 따라 세상을 창조하고 정의할 수 있는 힘을 가지고 그것을 할 수 있는 기술과 사고방식(mindset)을 갖는 것이다."
>
> 만약 이것이 학생들에게 전달하고자 하는 창의성과 혁신적인 사고방식의 교훈을 상기시킨다면, 여러분은 이미 메이커 운동의 일부분이 될 것이다(https://rossieronline.usc.edu/maker-education/what-is-maker-ed/;USC Rossier's online master's in teaching program).

메이커 교육은 2013년 Dale Dougherty가 만든 용어로서, STEM 학습과 밀접하게 관련된 문제기반 및 프로젝트 기반 학습(PBL)에 대한 접근 방식이다. 실제적인 문제 해결 방법으로 종종 협력적인 학습경험에 의존한다. 제작에 참여하는 사람들은 종종 자신을 메이커 운동의 “메이커(maker)”라고 부르며, 메이커 공간에서 프로젝트를 개발하거나, 새로운 발명이나 혁신을 창출하기 위해 프로토타이핑과 발견된 물건의 용도 변경을 강조하는 개발 스튜디오를 운영한다. 문화적으로, 학교 내부와 외부의 메이커 공간은 협업과 아이디어의 자유로운 흐름과 관련이 있다. 학교에서 메이커 교육은 학습자 중심 경험, 학제 간 학습, 동료 학습 교육, 반복, 또는 실수 기반 학습(mistake-based learning)이 학습 과정과 프로젝트의 궁극적인 성공에 결정적이라는 개념의 중요성을 강조한다(en.wikipedia.org/wiki/Maker_education).

이와 같은 맥락에서 보면, 메이커 교육은 처음부터 시작된 것은 아니고, 메이커 운동이 시작되고 나서 그러한 운동을 학교 교육의 상황으로 통합하여 운영하는 교육이라 할 수 있다. 메이커 운동에서의 메이커는 개개인이 자신만의 아이디어를 실현하여 새로운 물건을 만드는 것에 초점을 두고 있다. 이에 반해 메이커 교육에서는 메이커 운동의 장점을 살려 학교 교육 상황에서 학생들에게 창의적인 아이디어를 창출하여 이를 실현하고 교육의 활동을 하도록 촉진하는 데 초점을 두고 있는 것이 차이라면 차이라고 할 수 있다.

따라서 메이커 교육은 학생들이 21세기에서 성공적으로 살아남는 데 필요한 기술을 습득함으로써 재미있고 매력적인 방법이 될 수 있다. 학생들은 창의적 문제 해결, 다른 사람들과 ‘만드는(making)’ 협업, 프로토타입(메이킹의 원형) 제작, 실패, 계속 노력하는 능력 등을 배우는 것이 즐거울 수 있고 즐거워야 한다.

2. 메이커 운동에서 메이커 교육으로[1)]

진보적인 교육자들은 학습에서 만드는 역할에 대해 수십 년 동안 이야기해왔다. 구성주의(constructivism)가 메이커 운동의 문제 해결과 디지털・물리적 제작에 초점을 맞춘 학습 이론임을 시사하고 있다. 즉 구성주의 이론은 학생들이 배우는 방법의 핵심에 제작기반의 경험을 지지한다(Harel & Papert, 1991). 구성주의는 학습을 놀이, 실험, 진실한 탐구 등의 산물로 프레임을 짜는 듀이적인 구성주의에 뿌리를 두고 있는 반면, 그 두드러진 특징은 “공유할 수 있는 것을 만드는 행위를 통해 지식을 구성함으로써 배우는 것”이다(Martinez & Stager, 2013). 정규 학습 공간과 비정규 학습 공간 모두에서 사용되어 온 구체적인 도구와 프로그램은 로고

1) “이춘식(2020). 청소년 메이커 교육을 위한 디자인 씽킹. SWEET한 융합 교육, 경인교육대학교 교육연구원.”의 원고 내용을 수정 보완하였다.

프로그래밍 언어, 레고 마인드스톰 키트, 스크래치 프로그래밍 언어, 컴퓨터 클럽하우스 프로그램(Kafai) 등 파퍼트의 구성주의를 실현한 예이다(Peppler, & Chapman, 2009). 또한 프로젝트 기반 학습(PBL)과 같은 교육적 접근법과 문제기반 학습은 만들기를 통한 학습을 강조한다.

메이커 운동은 개인의 자발적인 참여가 중요한 요소이다. 주로 학교 밖에서 이루어져 왔으며 메이커 스페이스(maker space)에 모여서 디지털 기술에서부터 일반적인 공예 활동에 이르기까지 다양한 장비와 기구 및 도구를 활용하여 결과물을 만드는 활동이었다. 메이커 운동은 기본적으로 자율성을 바탕으로 하고 있다. 이러한 운동이 학교 교육 기관으로 도입되는 시도를 하면서 자율성은 어느 정도 훼손되는 것을 감수해야 한다. 학교 교육의 장에서는 자율성을 무한히 제공해 줄 수 없는 한계가 있다. 학습자 중심의 교육 활동을 이미 해온 터라 자율적인 메이커 교육을 할 수 있는 기반은 마련된 셈이다.

메이커 교육이 디지털 기기들을 주로 사용하는 트렌드로 바뀌고 있는 것은 아쉬운 점이다. 과거에 비해 3D 프린터나 레이저 커팅기 등이 값싸지면서 널리 보급되어 누구나 접근이 가능해져 이들에 대한 교육이 주를 이루고 있는 측면이 있다. 그러다 보니 메이커 교육이라고 하면 당연히 이러한 디지털 기기들이 없으면 못 하는 것으로 인식하는데 이는 큰 오류라고 볼 수 있다. 오히려 디지털 기기들을 나중에 배우고 무엇을 만들 것인가에 집중하여 아이디어를 내서 무엇이든지 만들어 보는 경험이 중요하다.

일반인들이 메이커 교육과 공작 수업을 혼동하는 경우가 많다. 기존의 학교에서 많이 해왔던 공작 수업은 만들기 주제나 테마와 재료, 방법이 모두 정해져 있다. 이것을 정하는 것은 전적으로 교사의 몫이었다. 그래서 학생들이 직접 아이디어를 떠올리고 그것을 다양한 방법으로 만들어 볼 여지는 많지 않았다. 교사의 시범에 따라서 모두가 똑같은 모양의 모형 자동차 만드는 방법을 배운다면 이것은 단순한 공작 수업이다. 반면에 학생들 각자 자신의 아이디어를 내어서 가장 곧게 멀리 굴러가는 자동차를 만들기 위해 고민하고 애써서 만드는 활동을 한다면 이것이 바로 전형적인 메이커 수업이라고 할 수 있다. 즉 메이커 교육에서는 학생들의 자발성과 창의성이 핵심 개념이다. 요즘 많이 행해지고 있는 코딩 교육 또한 메이커 교육에서의 활동 중의 하나에 불과하다. 메이커 교육에 코딩 교육이 필요한 것은 아니다. 따라서 코딩의 기술 자체를 배우는 것은 메이커 교육이라고 할 수 없다.

메이커교육연구소(2018)의 미국 메이커 교육 탐사 리포트에서 강조한 것 중의 하나가 메이커 교육은 '미래를 준비하는 교육'이라는 것이다. 즉 메이커 교육은 새로운 방식의 배움을 선사한다. 현실의 문제에 참여하고 그 해결에 몰두하면서, 학생들은 세상을 알아 가고 자기와 대면한다. 또 자신에게 필요한 것이기 때문에, 혹은 자신이 관심을 느끼는 분야이기 때문에 이 모든 과정을 의무가 아닌 놀이처럼 여긴다. 그 결과 학습자는 새로운 것을 익히고자 하는 동기를 부여받고 배우는 과정에 몰입하는 습관을 형성한다. 아이디어를 도출하고 새로운 것을 만들다 보면 다양한 문제에 봉착하기 마련이다. 학생들은 문제를 하나씩 해결하기 위해 자료를 조사하고 기술을 익히고 멘토를 찾아가 그들에게 질문을 던지면서 주도적으로 학습해 나간다. 또 이렇게 수집한 정보를 바탕으로 판단하고 결정을 내리며 문제 해결능력을 키운다. 내 아이디어와 나의 접근 방식을 남의 눈으로 재평가하는 기회를 가지면서 합리적인 현실 감각을 키울 수 있다. 또 친구와 경쟁하지 않아도 되므로, 모두가 성취하는 교육을 경험할 수 있다. 이런 과정을 거쳐서 구체적 결과물을 손에 쥐었을 때, 학생들의 얼굴은 '내 것'을 만들어 냈다는 성취감과 자신감으로 반짝인다. 의심과 근심이 가득했던 출발점에서 멀리 떠나온 자신을 돌아보며 자신감과 용기를 얻는다. 나에게 미처 알지 못한 능력이 있었음을 깨닫는 순간, 여정은 비로소 시작된다. 실패를 반복하다 보면 답답하고 짜증 날 때도 있지만, 그것 역시 성공하기 위한 방법을 알아내는 중간 과정이라는 것을 차츰 받아들인다. 작은 실패와 성공을 거듭하며 끈기와 투지, 회복력을 키우고 완성을 향해 끝까지 가 보는 것이다.

위의 리포트를 통해서 다시 강조하고 싶은 것 중의 하나가 '실패' 경험을 통한 성장과 학습이라는 것이다. 실패를 통한 학습은 이미 Matson & Galishnikov(1985)에 의해 강조되어 온 이론이다. 성공적인 발명가가 되기 위해서는 이른 시간 내에 실패를 함으로써 창의적인 지능이 개발되어 아이디어가 생긴다는 것이다. 다시 말해서 학생들은 단시간에 많은 실패를 경험하여 새로운 도전을 하게 되고 이러한 도전이 반복되면서 아이디어 발상의 능력이 신장한다. 이러한 과정을 통하여 결국 창의적인 지능이 개발된다. 메이커 교육의 활동에서 실패를 두려워하지 말고 실패를 많이 경험해 봄으로써 무엇이든지 도전할 수 있는 기회를 제공해 주는 것이 필요하다. 대체로 학교 교육에서는 실패를 하지 않는 방향으로 강조해 왔던 터라 실패를 장려하는 교육에 익숙하지 않은 것이 현실이다.

3. 메이커 운동이 학교 교육에 끼친 영향

메이커 운동의 영향은 교육이라는 우산 아래 넓은 공간을 차지하고 있다. 초기에 물건을 만들고 배우는 것에 초점을 둔 것은 대학교육에서 시작되었다. 매사추세츠공대(MIT)에서의 팹랩(FabLab)에서는 교육에 필요한 도구를 구매하거나 아웃소싱이 아닌 직접 만들어서 사용함으로써 학생들이 스스로 문제를 해결할 수 있는 교육 환경으로 만든 것이 획기적이었다. 오늘날 팹 재단은 전 세계에 새로운 팹랩의 설립, 새로운 랩을 위한 교육, 지역 네트워크 개발, 국제적인 지원을 위한 지원을 제공하고 있다. MIT에서 지원하는 FabLab@School 프로젝트는 이 모델을 전 세계 K-12 설정에 맞게 적응시키는 FabLab 네트워크가 핵심이다. 이러한 공간에서 참가자들은 디지털 도구를 사용하여 3D 프린터와 같은 사내 제작 도구로 필요한 물건을 디자인하여 제작한다. 그 결과 FabLabs는 공학, 로봇 공학, 그리고 디자인의 원리에 학습을 집중시킨다(Halverson, 2014).

공공 도서관이나 박물관과 같은 독립 비영리 단체들은 비공식적 학습 환경을 조성하여 메이커 스페이스를 통한 만들기로 개념을 확장하였다. 여기에서는 책을 만드는 것에서부터 웨어러블 전자제품에 이르는 광범위한 프로젝트를 수행한다. 이러한 단체들은 성인 중심의 해커들의 에너지를 자극하여 타인들을 향한 안목을 가지고 학습경험을 제공한다. 비공식적인 학습 환경은 도구, 재료와 제작과정을 초보 메이커로서 보다 쉽게 이용할 수 있게 함으로써 메이커 운동을 다양화하는 데 중요한 역할을 하고 있다. 박물관에서 메이커 운동 문화에 대한 초점은 예술과 과학을 통한 학습을 강조하는 연장선에 있다. 예를 들어 어린이들을 위한 박물관의 메이커 스페이스를 통해 STEM과 미술에 대한 진정한 참여를 유도함으로써 박물관에 기반을 둔 메이커 스페이스의 운영에 활용할 수 있다. 도서관의 경우에는 그 변화가 더 근본적인 것일 수 있다. 도서관을 정보의 창고로 보는 것에서 지식 경제의 도구로 채워진 허브로서의 커뮤니티 워크숍으로 만들어가는 것이다. 도서관이 무엇을 위한 것인지에 대한 새로운 이해를 요구하는 것으로서 도서관의 통합적 운영에 시사하는 바가 크다. 어떻게 하면 개방된 무료 공간을 할 수 있는 장소로 변화시킬 수 있는지를 보여 주는 예로는 채터누가 도서관(Resnick, 2014)과 시카고의 해럴드 워싱턴 도서관의 메이커 랩(Knight, 2013)이 있다.

대학에서의 고등교육과 비공식적인 학습 환경에서 학습 공간을 리모델링 하는 경향은 형식적인 맥락에서 필연적인 질문을 하게 된다. 학교 교육에서 메이킹(making)의 역할은 무엇인가? 어떻게 하면 우리 학교에 메이커 스페이스를 둘 수 있을까? 오늘날의 초, 중등학교에서 만드는 방법에 대한 대부분의 모델은 진보 교육의 이론적 개념에서 시작되었다. West(2014)는 교육자들이 학생들의 관심에 초점을 맞추고 학습을 동떨어진 기법이 아닌 프로젝트를 매개체로 하여 통합하고 관련지으면 어떻게 교실을 메이커 스페이스로 설계할 수 있는지를 제시하였다. 그리고 학교 기반 메이커 스페이스에는 3D 프린터와 레이저 커터 같은 최신 도구들이 배치될 가능성이 크지만, 학습을 위한 설계의 초점은 도구가 아니라 물건을 만드는 과정과 산출물에 있다. 학교에서 메이커 운동의 확산을 촉진하기 위해서는 교육 중심적인 메이커 스페이스의 디자인에 대해 고려하여야 하고 이를 위한 매뉴얼과 지원 시스템을 제공해 주어야 한다.

이러한 메이커 교육을 위한 노력은 아직 초기 단계에 있으며, 메이커 스페이스의 접근성, 규모, 인력 배치 등의 다양한 구조적 문제를 가지고 있다. 그러나 아마도 초, 중등학교에서 메이커 운동을 수용하기 위한 가장 큰 어려움은 메이커 스페이스의 표준화 필요성, 만들기를 통한 학습에서 “무엇이 효과가 있는지”를 규명해야 하는 것이다. 즉 학생의 수준에서 메이커 활동이 정말로 학생들의 STEAM 역량을 강화하는지, 더불어 제도적 수준에서 누가 메이커 스페이스를 책임지어야 하는가 등이다. 학생들은 메이크 스페이스에서 무엇을 해야 하는가? 현재의 교육과정을 보완해야 하는가, 아니면 대체해야 하는가? 등의 질문에 답을 해야 한다. 대다수 많은 교육자들과 연구자들은 메이커 활동을 통한 학습이 유행에 지나지 않은지에 대해 의문을 제기하였다. 결국 포괄적이고 이질적인 공립학교 시스템에서 직면하고 있는 것과 동일한 난제를 재구성하는 또 다른 방법일 뿐이다. 실제로 메이커 운동이 교학·학습 우수사례에 대한 논의가 시작되면서 진보적인 교육 연구자나 기관에서도 메이커 운동에 대한 이의를 제기하기도 한다.

아마도 메이커 운동에 깊이 관여하고 있는 처지에서 가장 큰 두려움은, 학교 교육이나 방과 후 프로그램 등을 통해 만들기를 제도화하려는 시도가 '메이커 혁명'의 특징인 신기술, 창의성, 혁신성, 기업가 정신을 잠재울 것이라는 점이다(Dougherty, 2012). 지금까지 제도화가 메이커 운동의 본질을 죽일 것인가 하는 문제는 제도화의 정도에 달려 있다. 메이커 운동을 근본적으로 자주적인 선택으로 보기도 하지만, 메이커 운동에 일찍 참여함으로써 그 정체성이 제약을 받는 것도 볼 수 있다. 만약 우리가 메이커 활동과 메이커 정체성을 확립하는 것이 중요하다고 믿는다면, 모든 학습자들이 메이커 활동에 참여할 수 있는 기회를 갖도록 만드는 것이 책무이다. 만드는 것을 통한 학습, 즉 만들면서 배우는 학습(Learning through making), 특히 디지털 기술을 통한 학습은 다양한 학생들을 위한 STEAM 학습의 제도적, 정책적 목표를 달성하는 데 도움을 줄 수 있는 잠재력이 있다. 이러한 제도적 지형의 맥락에서 메이커 활동, 메이커 공동체, 메이커 정체성 간의 관계를 이해하는 것이 현재의 중대한 과제이며, 메이커 운동은 학습에 대한 새로운 제도적 관점의 중심이 되고 있다.

메이킹이란 다양한 학습 목표를 염두에 두고 설계할 수 있는 일련의 활동이다. 메이킹은 교실, 박물관, 도서관, 스튜디오, 집 등에서뿐만 아니라 '메이커 스페이스'라고 표기될 수 있는 다양한 장소에서 이루어질 수 있다. 이러한 접근 방식은 메이커 활동 참가자를 학습 내용과 학습 과정에 참여시키는 데 초점을 맞춘 구성주의 기반 설계 활동에 가깝다.

메이커 스페이스는 뜻을 같이하는 사람들이 메이커 활동을 하기 위한 핵심 공간으로 사용하기 위해 따로 마련된 물리적 장소에 구축된 활동의 공동체이다. 메이커 활동을 하는 것이 공동체의 한 부분이지만, 메이커 활동이 전부는 아니다. 이러한 공간에서 학습은 개개인이 주변적인 참여자로 시작하여 완전한 참여자가 되기 위한 움직임의 결과로 나타난다. 그러나 메이커 스페이스에서의 학습은 보장되지 않고, 또한 규제되지도 않는다. 이것은 모든 학생들의 교육을 학교 교육의 핵심으로 삼는 제도적 관점에서 매우 중요하다. 메이커 스페이스의 근간은 공간을 자유롭게 드나드는 개인들을 가치 있게 여긴다. 따라서 메이커 스페이스의 지향점은 시간에 따른 개별 학습자가 아니라, 그 공간에서 어떤 일이 일어나며, 어떻게 공간을 설계하여 널려있는 전문지식과 열린 학습 구성이 가능하도록 하는가에 있다.

모든 사람이 메이커라고 말할 수는 있지만, 개인과 그룹이 메이커의 환경에서 자동으로 참여의 정체성을 갖는지는 명확하지 않다. 메이커 활동을 하는 일부 참가자는 자신이 만드는 사람이라고 생각하지 않을 수도 있으며, 공개적인 상황에서 메이커라고 스스로 선택할 수도 있다. 메이커 운동을 교육적인 이슈로 끌어들이는 것은 학습, 학습자, 학습 환경으로서 무엇이 중요한가를 이해하는 방식을 변화시킬 수 있는 잠재력이 있다.

성찰 과제

1. 메이커 운동의 역사를 구체적으로 설명하시오.

2. 메이커 교육의 중요성을 예를 들어 논하시오.

3. 메이커 교육이 학교 교육에 미친 영향을 사례를 들어 설명하시오.

4. 메이커 운동에 영향을 끼친 역사적 인물에 대해 구체적으로 탐구하여 제시하시오.

참고 문헌

Anderson, C. (2012). **Makers: The new industrial revolution**. New York: Crown.

Blikstein, P. (2013). Digital fabrication and "making" in education: The democratization of invention. In J. Walter-Herrmann & C. Büching (Eds.), FabLabs: Of machines, makers, and inventors. Bielefeld, Germany: Transcript.

Buechley, L. (2013, October). Closing address. FabLearn Conference, Stanford University, Palo Alto, CA. Retrieved from http://edstream.stanford.edu/Video/Play/883b61dd951d4d3f90abeec65eead2911d

Dougherty, D. (2012). The maker movement. **Innovations, 7**(3), 11-14.

Gershenfeld, N. (2005). Fab: The coming revolution on your desktop—From personal computers to personal fabrication. New York: Basic Books.

Grenzfurthner, J., & Schneider, F. A. (n.d.). Hacking the spaces. Retrieved from http://www.monochrom.at/hacking-the-spaces/

Halverson, E. R., & Sheridan, K. (2014). Arts education in the learning sciences. In K. Sawyer (Ed.), **The Cambridge handbook of the learning sciences**. London: Cambridge University Press.

Halverson, Erica & Sheridan, Kimberly. (2014). The Maker Movement in Education. **Harvard Educational Review. 84**. 495-504. 10.17763/haer.84.4.34j1g68140382063.

Harel, I. E., & Papert, S. E. (1991). **Constructionism.** Norwood, NJ: Ablex.

Hatch, M. (2014). **The maker movement manifesto**. New York: McGraw-Hill.

Honey, M., & Kanter, D. (2013). **Design-make-play: Growing the next generation of science innovators**. New York: New York Hall of Science.

Jacobs, J., & Buechley, L. (2013, April 2). Codeable objects: Computational design and digital fabrication for novice programmers. Proceedings from the ACM SIGCHI Conference, Paris.

Kafai, Y. B., Fields, D. A., & Searle, K. A. (2014). Electronic textiles as disruptive designs: Supporting and challenging maker activities in schools. **Harvard Educational Review, 84**(4), 532-556.

Kafai, Y., Peppler, K., & Chapman, R. (2009). **The Computer Clubhouse: Creativity and constructism in youth communities.** New York: Teachers College Press. 504 Harvard Educational Review

Knight, M. (2013, June). Chicago Public Library welcomes first "FabLab." Crain's Chicago Business. Retrieved from http://www.chicagobusiness. com/article/20130613/NEWS05/130619888/chicago-public-library- welcomes-first-fab-lab

Martinez, S. L., & Stager, G. S. (2013). **Invent to learn: Making, tinkering, and engineering in the classroom.** Constructing modern knowledge press.

New York Hall of Science. (2013, May). Making meaning (M2). New York: New York Hall of Science. Retrieved from http://nysci.org/m2/

Papert, S. (1980). **Mindstorms**. New York: Basic Books.

Peppler, K. (2010). Media arts: Arts education for the digital age. **Teachers College Record, 112**(8), 2118-2153.

Resnick, B. (2014, January). What the library of the future will look like. National Journal. Retrieved from http://www.nationaljournal.com /next-economy/solutions-bank/what-the-library-of-the-futurewill-look-like-20140121

Resnick, M., et al. (2009). Scratch: Programming for all. **Communications of the ACM, 52**(11), 60-67.

Resnick, M., Ocko, S., & Papert, S. (1988). LEGO, Logo, and design. **Children's Environments Quarterly, 5**(4), 14-18.

Schneider, R., Krajcik, J., Marx, R. W., & Soloway, E. (2002). Student learning in projectbased science classrooms. **Journal of Research in Science Teaching, 39**(5), 410-422.

Schwartz, P., Mennin, S., & Webb, G. (2001). **Problem-based learning: Case studies, experience and practice.** New York: Routledge.

Sheridan, K., Clark, K., & Williams, A. (2013). Designing games, designing roles: A study of youth agency in an urban informal education program. **Urban Education, 48**(3), 734-758.

Sheridan, K. M., Halverson, E. R., Brahms, L., Litts, B. K., Jacobs-Priebe, L., & Owens, T., (2014). Learning in the making: A comparative case study of three makerspaces. **Harvard Educational Review, 84**(4), 505-531.

Wenger, E. (1998). **Communities of practice: Learning, meaning, and identity**. Cambridge: Cambridge University Press.

West-Puckett, S. (2014). Remaking education: Designing classroom makerspaces for transformative learning. Edutopia. Retrieved from www.edutopia.org/blog/classroom-makerspaces-transformative-learning-stephanie-west-puckett

제2장 메이커 교육의 방법

학습 목표

1. 메이커 스페이스의 개념과 중요성을 설명할 수 있다.
2. 주변의 메이커 스페이스를 찾는 방법을 제시할 수 있다.
3. 메이커 교육 방법으로서 프로젝트 학습을 설명할 수 있다.
4. 메이커 교육에서의 PBL 학습 방법을 구체적으로 설명할 수 있다.

1. 메이커 스페이스

가. 메이커 스페이스(maker space)란?

메이커(maker)는 자신이 필요한 물건을 스스로 제작(DIY)하는 것에서 확대 발전하여, 다른 사람들과 더불어 지식과 경험을 공유하고, 협업하여 가치를 부여하기 위하여 만드는 사람을 말한다. 따라서 메이커들은 자신이 가지고 있는 만드는 방법에 대한 경험과 기술을 인터넷 오픈 소스를 기반으로 하여 지식을 창조하고, 공유하고, 협업하고, 융합하여 상품을 개발하기도 하고 제조 과정을 발전시키는 데 참여하는 모든 사람을 통칭한다.

그렇다면 메이커 스페이스란 무엇일까? 문자 그대로는 메이커들이 활동할 수 있도록 지원하는 공간을 말한다. 다시 말해서 메이커들의 꾸준한 창작 활동을 지원하고 협력 및 조력자를 구할 수 있는 물리적인 공동체이다. 메이커 스페이스는 메이커들을 위한 공동작업 공간이다. 만들기 위한 물리적 공간은 제작을 위해 필요한 고가의 장비 제공과 그 장비를 사용하기 위해 필요한 사용법에 대한 일반인들의 진입 장벽을 낮춰주는 동시에 메이커들 간의 실제적인 지식교류의 장으로서 역할을 한다.

그러나 우리나라에서의 메이커 스페이스는 4차 산업혁명 시대를 맞이하여 거버넌스, 사물인터넷, 3D 프린터 등과 같은 초지능과 초연결이 융복합된 정부가 주도하는 제조업 지원 사업으로 운영되고 있다. 메이커 스페이스는 목적과 취지에 맞춰 사업 주체를 정부 주도 민간참여에서 '민간 주도 정부 지원'으로, 이용자 범위를 '전문인에서 일반인'으로 확장하는 것과 '창업 연결 플랫폼 구축'이 주된 관심사이기도 하다. 따라서 메이커들은 메이커 스페이스를 통해 좋은 아이디어를 창출하고 시제품을 제작하는 데 필요한 교육, 멘토, 고가 장비 대여, 장소 등을 지원받을 수 있다. 아이디어가 좋은 시제품은 자금조달을 받을 수 있도록 크라우드 펀딩이나 기업 투자를 연결하는 창업 플랫폼을 기관들이 구축하고 있다. 메이커 스페이스와 유사한 용어로, 독일의 해커 스페이스(hackerspace), 미국의 팹랩(Fab Lab), 일본의 팹카페(FabCafe), 중국 씨드 스튜디오(Seeed Studio), 한국 무한상상실 아트팹랩(Art Fab Lab) 등이 있다. 메이커 스페이스에서는 일반인들의 저변 확대를 위한 각종 교육프로그램과 아이디어 설계와 시제품 개발을 위한 고가 설비를 유료 또는 무료 서비스로 지원하고 있다.

나. 메이커 스페이스의 구축 현황

우리나라의 메이커 스페이스의 전국적인 구축 현황을 중소기업벤처부에서 만든 '메이크 올' 웹사이트에서 확인하면 전국적으로 407개가 구축되어 있다.

◫ 우리나라 시·도별 메이커 스페이스 현황(2021. 3. 13. 현재)

시·도	기관 수(개)	비율(%)
서울	87	21.4
강원	11	2.7
경기	79	19.4
경남	16	3.9
경북	16	3.9
광주	24	5.9
대구	21	5.1
대전	19	4.7
부산	31	7.6
세종	3	0.7
울산	12	2.9
인천	16	3.9
전남	9	2.2
전북	29	7.2
제주	7	1.7
충남	15	3.8
충북	12	3.0
합계	407	100.0

메이커 스페이스를 찾기 위해서는 중소기업벤처부에서 만든 '메이크 올' 웹사이트(www.makeall.com)에서 지역별로 찾을 수 있다. 17개 지역별로 위치한 메이커 스페이스와 랩의 유형별로 일반 랩과 전문 랩을 구분하여 찾을 수 있다. 아래의 화면과 같이 메이커 스페이스의 맵을 선택하면 해당 지역의 위치를 한눈에 볼 수 있다. 해당 메이커 스페이스의 장비 이용, 공간 대관, 교육프로그램 운영, 세미나 또는 워크숍 등의 행사 등의 정보를 얻을 수 있다.

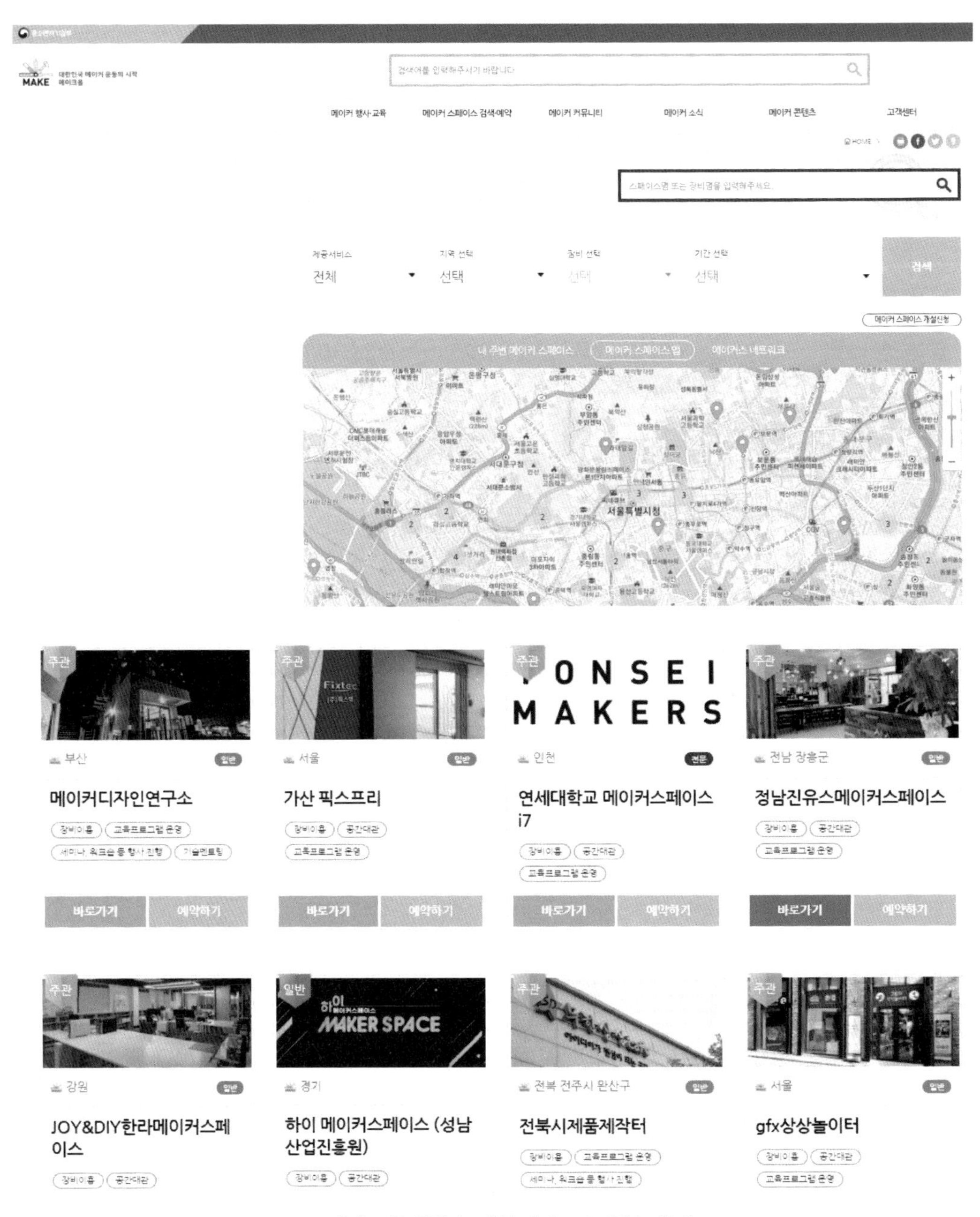

▣ 메이크 올 웹사이트에서 메이크 스페이스 찾기

다. 메이커 활동의 단계

'Make' 매거진의 편집자 겸 창간자인 Dougherty(2013)가 처음으로 메이커를 세 개의 광범위한 단계로 분류하였다.

Zero to Maker

메이커 활동에 관심을 가지고 참여하는 단계이다. 메이커마다 출발점이 다르다. 어떤 사람들은 평생 삶 속에서 메이커 활동을 해왔고, 반면에 대부분의 사람들은 메이커 활동이 다시 불붙었거나 주변의 세상을 변화시키는 것을 좋아하는 것을 발견하기도 한다. 메이커의 여정은 발명하기 위한 영감으로 시작되는데, 이것은 개인이 순수하게 제품을 소비하고 사용하는 것에서부터 실제로 제품을 만드는 데 도움을 주는 것으로 변하는 불꽃이다. 새로운 접근방법을 상상하는 것에서부터 일상적인 작업, 메이커 페어(Maker Fair)에 참가하기 위해 새로운 환경에 몰입하는 것까지 어디에서나 영감을 얻을 수 있다. 제로에서 메이커로 가기 위해, 가장 중요한 두 가지 측면은 필요한 기술(skills)을 배우는 능력과 필요한 생산 장비에 접근하는 능력이다. 다른 사람들이 메이킹을 해냈다는 것을 알면 이 단계에서 더 쉽게 해준다. 메이커 정보의 소스는 디지털화와 점점 더 저렴한 생산 도구의 결과로 확산하고 있다. 제조업체는 지방의 워크숍과 온라인 커뮤니티 포털과 같은 가상 환경에서 더 쉽게 정보에 접근할 수 있도록 하여 지식과 기능의 격차를 해소할 수 있게 되었다. 게다가, 일반 메이커들은 도서관, 대학, 심지어 박물관이 만든 공간뿐만 아니라 TechShop, Fab Lab 등과 같은 커뮤니티와 해커 공간을 공유함으로써 저렴한 비용으로 접근할 수 있다. 전문가로부터 초보자에게로의 지식 전수는 더 많은 사람들이 관여하고 0에서 메이커로 성장하도록 영감을 준다.

Maker to Maker

메이커 활동을 메이커 간 협력하는 단계이다. 이 단계에 있는 메이커는 프로젝트를 수행하기 위해 주위에 공식적으로 팀을 구성하거나 경험을 공유할 의향이 있는 다른 사람들에게 도움을 요청하여 협업하고, 다른 사람의 전문지식에 접근하기 시작한다. 메이커들은 기존 플랫폼에도 기여한다. 여기서도 강력한 욕구가 작용하는데, 이는 기술 혁명과 더불어 자기표현과 창조에 대한 타고난 욕구를 해결해 준다. 역사적으로, 메이커들은 자신들의 흥미 있는 사람들끼리 작은 공동체와 연결되는 경향이 있었는데, 이것은 외부인들이 접근하거나 새로운 사람들을 기꺼이 받아들이지 않는 결과였다. 인터넷의 출현으로 이러한 폐쇄성을 변화시켰다. 지역사회는 거리의 제한을 받지 않고 메이커들의 열정을 연결하고 공유할 수 있으며, 개인은 참여 수준을 선택하면서 공동체 사이를 쉽게 이동할 수 있게 되었다. 메이커 공동체는 기존의 컴퓨터 클럽과 약간 비슷한 방식으로 온라인에서 만나서 작업을 공유하는 재능 공간 즉 드론이나 3D 프린팅 등을 조직하기 시작했다. 메이커의 전문성은 학력이나 직위가 아닌 이해관계와 프로젝트에 따라 분류되며, 관계는 유동적이면서 임시로 이루어진다.

이 단계의 메이커는 처음부터 사람들을 메이커 운동으로 끌어들이기 위해 있었던 가상 및 물리적 플랫폼을 통해 서로 연결된다. 단편적인 지식을 서로 공유하면서 새로운 메이커가 이전에 형성된 토대를 기반으로 지식을 구축함에 따라 더 많은 지식이 분산 방식으로 축적된다. 메이커 페어(Maker Fair)와 같은 커뮤니티의 메이커가 더 깊이 관여하여 더 많은 투자를 하게 되면, 새로운 제품의 시장을 발견하거나 발명품을 만들기 위한 더 나은 방법을 찾기 위한 다양한 경로로 이어질 수 있다. 물건을 개선하고 다른 사람들과 정보와 지식을 나누고자 하는 욕구는 메이커에서 메이커로의 이동을 촉진한다.

Maker to Market

메이커 활동과 성과가 사업화로 발전하는 단계이다. 오늘날은 워크숍과 디지털 커뮤니티에서 새로운 발명과 혁신의 물결이 일고 있다. 메이커의 지식은 인터넷 공간에서 유통되고 집적되면서 다시 공유된다. 발명품과 창작물 중 일부는 원제작자보다 더 많은 소비자들에게 각광을 받을 것이다. 일부는 심지어 상업적인 매력을 가질 수도 있다. 일부 메이커는 상업적으로 자신들의 발명품을 공식적으로 내놓기 위한 단계를 밟는다. 이러한 것은 결코 모든 메이커의 목적지가 아니다. 대다수의 메이커들은 이익을 추구하지 않고 자신의 발명품을 계속 개선할 것이다. 다만 일부 메이커들만이 시장 진출의 기회를 추구한다고 해도 그 파장은 클 수 있다. 예컨대, 어느 지역에 1,000만 명의 공장 근로자들이 있다고 치자. 만약 공장 노동자들 중 1%가 공장을 떠나서 자신의 사업을 시작하기로 한다면, 10만 명의 새로운 전문가가 생긴다. 그중에서 만약 1%의 전문가들이 독창적인 창작물을 개발한다면, 1,000명의 새로운 발명가들이 있는 것이다. 만약 1%의 발명가들이 상업적 성공을 거둔다면, 갑자기 100개의 상업적으로 가능한 신제품이 시장에 출시될 것이다. 여기가 바로 메이커 운동이 재계와 충돌하는 지점이다. 규모와 이윤에 대한 이 결정은 메이커에서 시장으로 이동하는 촉매제 역할을 한다.

우리나라의 메이커 스페이스는 주로 'Zero to Maker'가 많고 나머지 'Maker to Maker'와 'Maker to Market'은 비슷하게 분포하고 있다. 아주 일부이지만, 'Maker to Maker + Maker to Market' 형태와 'Zero to Maker + Maker to Maker + Maker to Market' 형태도 있다.

라. 메이커의 활동 분야

미국의 메이커 전문 매거진인 'Makezine'에서 메이커들이 활동하는 분야를 크게 네 가지로 제시한다(https://makezine.com/).

- ㅇ Technology: 아두이노, 라즈베리 파이, 컴퓨터 모바일, 사물인터넷, 로보틱스, 웨어러블 등
- ㅇ Digital Fabrication: 3D 프린팅, CAD, CNC 기계 가공 등
- ㅇ Home-Craft-Design: 조각 및 목공예, 종이공예, 직물공예, 분장 의류, 식음료, 원예 등
- ㅇ Science-Drone-Vehicles: 드론, 전기 자동차・자전거, 동력 비행기 등

우리나라의 경우 'Science-Drone-Vehicles'를 제외하고는 비슷한 분야를 메이커 스페이스에 다루고 있다. 시간이 지남에 따라 메이커 활동 분야가 확장되고 있다. 또한 지역 내의 메이커 스페이스 간 고객 유치 경쟁이 치열해지고 있다.

마. 메이커 스페이스의 장비

메이커 스페이스의 장비는 바닥 또는 책상 등에 놓고 써야 하는 기계류를 의미하며 용도와 분야 등을 고려하여 13가지 유형으로 분류한다(중소벤처기업부, 2020).

① 3D 장비(프린터, 스캐너, 측정기 등)
② 소프트웨어
③ 절삭・절단・절곡 장비(CNC, 절삭기, 절단기, 밴딩기, 테이블 쏘, 대패 등)
④ 영상 장비(촬영편집, VR/AR 등)
⑤ 전자시험 장비(오실로스코프, 전원 공급장치 등)
⑥ 워크스테이션(PC, 태블릿 등)
⑦ 인쇄물 출력 장비(실사 출력기, 승화 전사 장비, 비닐 커팅기, 코팅기, 복사기, UV 프린터 등)
⑧ 의류・가죽 장비(재봉틀, 자수기, 피할기 등)
⑨ 자동차 장비
⑩ 푸드 관련 장비(푸드 프린터, 커피 머신・그라인더, 전자레인지 등)
⑪ 후처리 장비(사포기, 연마기, 스프레이 부스, 건조기, 경화기, 조색기, 집진기, 감광기 등)
⑫ 회로설계 장비(PCB SMT 관련 장비 등)
⑬ 기타(콤프레셔, 진공 성형기, 탈포기, 가마, 용접기, 불박기 등)

바. 메이커 스페이스의 개선점

우리나라의 메이커 스페이스 운영 상의 애로사항과 개선점은 다음과 같다(박욱열 외 3인, 2020).

첫째, 메이커 스페이스 특성 및 지역에 따른 평가 기준 마련과 정부 차원에서의 메이커 및 메이킹 개념에 대한 대대적 홍보가 필요하다.

둘째, 교육비 부과에 따라 교육생이 감소하고 특정 지역(소규모 지방 및 저소득층 지역 등)의 경우 모집이 더 어려워지고 있다.

셋째, 동일지역 내 유료·무료 운영을 하는 메이커 스페이스가 동시에 존재하여 상대적으로 유료 운영 기관은 어려움이 있으므로 가이드라인이 필요하다.

넷째, 일반 랩과 전문 랩의 명확한 구분이 없어서 전문 랩이 일반 랩의 범위까지 들어올 수 있기 때문에 명확한 역할을 나누고, 각자의 역할에서 진행할 수 있는 커리큘럼 가이드라인의 제시가 필요하다.

다섯째, 정부 지원 차원에서 메이커 스페이스 유사기관이 증가 추세이고, 여기에 실적평가가 매년 이루어지고 있기 때문에 메이커 스페이스의 본질인 협업과 공유정신이 훼손되고 서로 경쟁 아닌 경쟁이 지속되고 있기도 하다. 따라서 동일 지역 내에서는 메이커 스페이스 간 경쟁이 아닌 협업이 될 수 있는 시스템의 구축이 필요하다.

여섯째, 전문적이고 혁신적인 메이커 활동보다 관리와 기술적 접근이 쉬운 아두이노에 모든 교육 활동이 집중되어 있어 메이커 활동의 수준이 전반적으로 하향될 수 있다. 일반 랩, 전문 랩 투입 기술인력에 대한 명확한 가이드라인이 필요하다.

마지막으로, 지역별 고객 특성에 따른 프로그램이 전문 랩과 달리 운영 관련 연계 협력이 쉽지 않기 때문에 메이커 관련 전문가와 공유할 수 있는 커뮤니티 형성이 필요하다.

한국형 메이커 스페이스의 활성화를 위하여 권혁인, 김주호(2019)는 메이커 문화가 부족한 국내에서 메이커 스페이스가 해외의 사례와 같은 결과를 단기간에 나타내기는 어렵다. 전문가들은 먼저 메이커 문화가 정착되어야 한다는 의견에 입을 모았다. 또한, 공공주도로 만들어지는 메이커 스페이스들에 대한 분명한 방향성과 목적이 설립되어야 하며, 메이커 스페이스가 자립하기 위한 제도 개선이 필요하다고 지적하면서 지역 기반의 메이커 스페이스 운영상의 문제점을 제시하였다.

> "미국에서는 정착되어 있던 DIY 문화를 위한 공간으로 메이커 스페이스가 생기기 시작했다. 국내에서는 작은 공방의 수준으로 DIY 문화가 있었다. 작업 공간의 개념으로만 메이커 스페이스를 바라본다면 공방의 수준을 넘을 수 없다. 현재는 성인 위주로 메이커 스페이스가 형성되어있다. 하지만 생활 속에 메이커 문화가 젖어 들게 하기 위해서는 학생 대상의 기본 교육으로 메이커 문화의 저변을 확대하는 과정과 공간들이 지속해서 만들어져야 한다."(부산 민간 메이커 스페이스)
>
> "미국 메이커 문화의 시작점은 도구가 가득했던 창고다. 국내 메이커 스페이스에도 장비는 잘 갖추어져 있다. 이제는 주제가 분명한 메이커 스페이스가 필요하다. 메이커 스페이스의 목적이 세분되고, 그에 맞는 장비가 구축되고, 일반 사람들에게 필요한 공간이 되어야 한다. 메이커 스페이스가 아이들부터 창의적으로 생각하는 공간으로도 이용되어야 한다." (서산 공공 메이커 스페이스).

2. 메이커 프로젝트 학습

메이커 설계기술 교육에서 유용하게 적용되는 교수-학습 방법으로는 여러 가지가 있을 수 있으나, 여기에서는 프로젝트 학습을 중심으로 살펴보기로 한다. 왜냐하면 기술 교육의 특성과 프로젝트 학습의 장점이 잘 살리면 교육의 효과를 극대화할 수 있기 때문이다(이춘식 외, 2003).

오늘날의 교과서가 활동 위주의 과제를 중심으로 구성되어 있기 때문에 이론과 실습 활동을 별도로 구분하여 지도하는 것은 그 효과가 크지 않다. 교수-학습을 전개할 때에도 활동 위주로 학생들이 주가 되어 이루어질 수 있도록 해야 한다. 물론 이러한 방법을 적용하려면 교사의 입장에서는 많은 준비를 해야 함은 두말할 나위가 없다. 학생들이 스스로 만들 과제의 아이디어를 구상하고 종이 위에 나타내고, 도면을 그리는 과정에서 부딪치는 문제를 해결할 수 있도록 교사는 안내자가 되어야 한다. 일방적으로 교사가 지식을 전달하려고 하는 방법은 AI 시대에 교과서가 지향하는 방향에서 크게 벗어나는 일이다. 학생들이 활동에 전념하여 흥미와 관심을 가질 때 새로운 문제나 활동과제를 해보려고 하는 의욕을 가질 수 있기 때문이다. 또한 이러한 활동 위주의 수업이 이루어지기 위해서는 이와 관련된 많은 교수-학습자료의 개발이 필요하다. 활동 위주의 수업을 하기 위하여 모든 자료를 교사들이 모두 개발하는 데에는 한계가 있기 마련이다.

가. 프로젝트 학습의 개관

프로젝트는 보다 더 학습할 가치가 있는 주제(topic)를 심층적으로 탐구하고 만들어 보는 활동이며, 대개 학급 내에서 소집단이나 학급 단위에 의해 수행되거나 학생 개개인에 의해 독자적으로 수행되기도 한다. 전통적으로 프로젝트법에 의한 프로젝트 학습이 범교과적으로 적용되어 오다가 최근에는 이를 변형한 여러 가지 유형이 나타나고 있다. 즉 프로젝트 중심법이나 프로젝트 접근법 등이 바로 그것이다. 그러나 이들 모두가 프로젝트를 매개로 하여 교수・학습을 전개한다는 것에 공통점이 있으며 적용하는 방법이나 상황에 있어서는 조금씩 차이가 있다. 여기에서는 프로젝트 학습에 대해서도 일부 소개하기는 하지만 대부분의 내용을 기존의 프로젝트법에 의한 프로젝트 학습을 설계기술의 특성에 맞게 단계를 구체화하고 보다 명확하게 하는 데 할애하였다.

프로젝트법

20세기 초 진보주의자들에 의해 주창된 교수・학습 방법으로서, 1918년 Kilpatrick에 의해 정립된 방법이다. 이 방법은 프로젝트를 학습의 매개체로 하여 아동의 흥미와 관심에 따라 개개인이 주도적으로 학습을 해나가는 형태가 주를 이룬다(이춘식, 1989). 따라서 학생이 자신의 역량에 맞는 프로젝트를 선정하는 것이 관건이 되며, 교사는 안내자이면서 수업의 촉진자가 된다.

프로젝트 학습이 경험 중심 교육과정에 미국을 중심으로 세계적으로 많은 주목을 받다가 1960년대 이후 학문 중심 교육과정기에 관심이 적어지기 시작하였다. 그러나 실업, 직업 및 기술 교육에서는 여전히 중요한 교수·학습 방법으로 자리 잡고 있다. 왜냐하면 이 방법이 어느 정도 기능과 이론을 통합하여 기를 수 있는 장점이 있기 때문이다. 특히 교양 교육 측면을 강조하는 기술과 교육에서는 학생들이 기본적으로 가지고 있는 지식과 기능을 프로젝트 수행을 통하여 익히거나 적용할 수 있기 때문에 기능만을 강조하는 실습법보다 더 유용하게 활용되고 있다.

프로젝트법의 변천

1900년 Columbia 대학교의 C. R. Richards가 'project'라는 용어를 최초로 사용하였다(Burton, 1929, p. 256). Richards는 당시 수기훈련(manual training)에서 문제 해결 상황의 학습을 주창하여 학생 자신이 자발적으로 계획하고 작업하면 학습의욕이 높아진다는 점에 착안하였다. 따라서 학생 각자가 활동 계획을 세우고 각 단계별로 실행하는 '문제 해결의 실습장 활동'에 프로젝트라는 용어를 사용한 것이다.

1908년에는 매사추세츠 교육위원회의 R. W. Stimson이 매사추세츠 농업고등학교에서의 'home project'에서 프로젝트라는 용어를 교육적으로 사용하였다. 홈프로젝트는 매사추세츠의 Smith's 농업학교에서 최초로 적용되었고, 1911년 매사추세츠 주에서 법안이 통과되어 농업학부가 설치되었다(이춘식, 1989).

그 후 1908-1910년에 Stevenson은 매사추세츠 직업학교 농업과정에 프로젝트라는 용어를 사용하였으며, 주로 옥수수 농장, 양잠 등의 농업에서 홈프로젝트로 적용되었다. 결국 이 당시의 프로젝트의 개념을 가정의 실제적인 환경에서 상당히 지적인 특성이 있는 학교 실습 활동과 상호 관련시켜 적용하였다.

1911년에는 매사추세츠 교육위원회의 보고서에서 프로젝트라는 용어를 최초로 정의하였다. 즉 농장 프로젝트는 농장에서 행해지는 방법으로 개량 프로젝트(improvement project), 실험 프로젝트(experiment project), 생산 프로젝트(productive project) 등으로 행해질 수 있다(Bossing, 1944).

그 후 1917년 스미스-휴즈(Smith-Hughes) 법이 통과되었을 때 매사추세츠에서 최초로 채택되면서 '프로젝트'의 개념은 아주 일반화되었다. 1918년에는 연방 직업교육위원회에서도 '프로젝트' 용어를 사용하였으며, 이 용어는 농업과학 분야에서 계획하고 탐구하는 방법으로 널리 사용되어 왔다. 또한 중등학교 과학, 수공예(manual arts) 교사들은 프로젝트의 용어를 자주 인용하였으며 농무부는 초·중등학교 농업실습에서 그 당시 유행하고 있던 홈프로젝트의 개념에 기초하여 여러 가지 간행물을 발간하기도 하였다. 따라서 그 당시까지만 해도 '프로젝트'의 개념은 실험적이고 구체적이며 조작적인 형태의 문제 상황에 적용되어 학생들이 흥미를 갖고 스스로 계획하고 실제적인 문제를 해결하는 것을 의미하였다.

Horn(1920)은 교육행정가, 교장, 감독관, 교사 등 120명을 대상으로 '프로젝트'의 개념에 대해 설문조사 한 결과, '구체적인 재료를 사용하는 문제 해결의 활동이며 자연적인 환경에서 수행되는 활동'으로 결론지었다.

그러나 프로젝트의 개념을 근본적으로 바꾸어 놓은 것은 1918년 Kilpatrick의 "The project method"[2)]라는 논문에서 시작되었다. 킬패트릭은 Dewey의 교육이론에 크게 영향을 받아 교육현장에서 실천할 수 있는 실천적 방안으로 '프로젝트법'을 창안하였다(Kilpatrick, 1918, p.320). 이 논문에서 '프로젝트'를 "사회적인 환경에서 전심을 다한 유목적적 활동"(whole hearted purposeful activity proceeding in a social environment)으로 정의하였으며, 프로젝트는 학교에서 이루어지는 모든 학습의 조직 단위가 될 수 있다고 보았다. 따라서 유목적적 활동은 가치 있는 생활에서 극히 본질적인 것이며, 지적인 학습의 요소가 되어야 함을 주장하였다. 여기서 전심전력은 프로젝트의 요체가 되며, 유목적적 활동은 자기 스스로의 운명의 주인이 될 수 있는 인간을 기르기 위한 기초로 간주된다.

1921년에는 또 다른 논문에서 프로젝트를 '어떤 목적을 가진 경험단원 중에서 일어나는 왕성한 목적의식이 행동의 목적을 결정하고, 그 과정을 이끌어갈 수 있는 활동이나 내적 동기를 부여하는 목적적 활동'으로 재정의 하였다(Bossing, 1944). 따라서 킬패트릭이 말하는 프로젝트법은 '학생이 계획하고 현실 생활 가운데에서 달성할 수 있는 목적을 설정하고, 그 목적을 성취할 수 있는 계획을 세워, 그 계획에 따라 실행하고, 실행한 결과를 검토하는 과정에서 새로운 지식이나 기능을 습득하는 학습 방법'이다.

1920년대부터 시작된 프로젝트법은 미국에서 번성했던 학습자 주도 학습 방법의 하나이자 주입식 교육을 탈피하기 위한 일련의 노력이었다. 이러한 프로젝트법은 교육 방법으로서의 지위를 갖게 되면서 미국과 소련, 유럽 등에서의 학교 교육에 영향을 주었다(박순경, 1999). 이후 프로젝트법은 듀이에 의해 일반 교육학 분야에서 그 정당성을 인정받게 되었으며, 학습자 주도적 프로젝트는 미국의 교육학자와 교육과정 학자들의 중요한 연구 주제가 되기도 하였다.

우리나라에서는 초등교육을 대상으로 해방 직후에 새 교육운동이 일어났으며, 이때에는 교

---

2) 킬패트릭이 발표한 1918년 논문의 전문을 번역하여 이 책의 부록에 실었으니 관심 있게 읽어보면 프로젝트법의 원전을 읽는 느낌을 얻을 수 있다.

육과정의 연구보다는 학습지도법을 개선하려는 데 주력하였다. 그 일환으로 프로젝트법을 초등학교(서울 효제국민학교 윤재천 교장)에 도입하였으며 학습지도안 작성에도 프로젝트법을 도입하기도 하였다(손인수, 1988).

그러나 1960년대 학문 중심 교육과정이 적용되면서 프로젝트법은 점차 쇠퇴의 길로 접어들었으며 그동안 범교과적으로 적용되던 것이 점차 활동이 중심이 되는 일부 교과에만 적용되어 왔다. 최근 산업사회와 경제 분야에서의 프로젝트 과제는 학교 학습에서의 프로젝트에 대한 새로운 관심을 불러일으키게 되었다. 학교 교육에서 열린 교육이 유행하면서 1990년대부터는 '프로젝트 접근법'(The Project Approach)과 '프로젝트 중심 학습'(Project-Based Learning; PBL)이라는 방법으로 다시 부활하고 있다. 현재 학교에서 '프로젝트 수업'이라든가, '프로젝트 학습'은 모두 학습자 중심이면서 활동 중심의 학습 프로그램과 거의 유사하게 사용되고 있다. 이들 학습 방법들은 각 교과의 특성에 따라 재조직되면서 다양하게 사용되고 있다.

[인물 탐구] William Herd Kilpartick

Kilpatrick은 1871년 재건 과정에서 Georgia 주 White Plains에서 태어나고 자랐다. 조기 교육은 그 당시에는 전통적이었고 때로는 지루했다. 1888년 17세에 조지아주 Macon에 있는 Mercer 대학교에 입학하여 열악한 교육을 받았으며 잘못된 교육 사례에서 가르치지 않는 방법을 배웠다(Beineke, 1998; Tenenbaum, 1951). Mercer를 졸업한 후 Kilpatrick은 메릴랜드 주 볼티모어에 있는 Johns Hopkins University에 다녔으며, 여기서 자유 탐구 학습은 혁신적인 지적 경험이 되었다.
Kilpatrick은 남부로 돌아와 조지아주 블레이클리에서 고등학교 공동 교장직을 시작하여 교육 및 커리큘럼 감독을 시작하고 조지아주 Athens의 Rock College Normal School에서 여름 수업에 참석했다. 이 시기에 한 동료는 어느 날 방문자가 교실에 들어와서 학생들이 교사 없이 활동 수업에 몰두하는 것을 발견했을 때 학생들을 잠시 내버려 둔 이야기를 들려주었다. Kilpatrick은 이 제안을 프로젝트 방법의 원동력으로 여겼다(Beineke, 1998). 또한 이 기간에 조지아주 Albany를 방문하여 Francis Parker 대령이 교육 경험을 제공하는 것에 대해 이야기하는 것을 들었다.
1896년부터 1906년까지의 기간은 Kilpatrick의 교육철학에 영향을 미쳤다. 7 학년 교사, 초등학교 교장, 수학 교수, 그리고 Mercer 대학교의 부총장을 포함한 여러 직책을 맡으면서 그는 Herbert Spencer(교육: 지, 덕, 체)와 William James (교사와의 대화)를 읽고 새로운 교육 분야를 탐구하기 시작했다(Beineke, 1998). 1898년 여름, 그는 시카고 대학에서 여름 학교 세션에 참석하고 John Dewey의 수업을 수강했다. 2년 후 코넬 대학에서 Charles DeGarmo의 수업을 수강하는 동안 Kilpatrick은 학생의 관심에 대한 가치와 교육의 출발점으로서 개인의 관심의 중요성에 대해 설득당했다. 그로부터 6년 후, 그는 테네시 대학에서 여름 학기를 가르쳤고, 사범대학 교수인 Percival R. Cole과 Edward L. Thorndike의 수업을 청강했다(Beineke, 1998). Thorndike의 조언에 따라 Kilpatrick은 Columbia University의 교육대학에 입학하여 1912년 박사 학위를 취득하고, 남은 교수 활동을 보냈으며 결국 명예 교수로 퇴임했다.
초기의 가르치는 경험은 교실에서 프로젝트의 잠재력에 대한 Kilpatrick의 관점에 영감을 주었다. Kilpatrick의 경우 프로젝트는 학생의 학습에 대한 관심을 불러일으키는 사회적 및 물리적 환경과의 상호작용에 연결되었다(Beyer, 1997; Pecore, 2009). 학교와 지역사회의 활동을 사회적으로 생각하는 것을 목표로 함으로써 학생들은 민주사회에 참여하고 기여하는 구성원이 될 수 있다고 믿었다(Pecore, 2009; Tenenbaum, 1951).

※ 출처: Pecore, J. L. (2015). From Kilpatrick' s project method to project-based learning. *International Handbook of Progressive Education*, 155-171

프로젝트의 종류

프로젝트법을 적용하여 실제 학습에서 이루어지는 교수·학습 상황을 프로젝트 학습이라고 할 때, 기본적으로 프로젝트의 종류는 매우 다양할 수 있다. 그러나 여기에서는 프로젝트를 수행하는 구성원의 수, 적용형태, 활동형태의 준거에 따라 분류하면 다음 표와 같다(이춘식, 1989).

Ⓣ 기술적 활동과 관련한 프로젝트의 종류

구 분	프로젝트의 종류		주안점
구성원의 수	개별 프로젝트	동일 프로젝트	프로젝트를 개인별로 수행하되 집단 내에서 같은 주제 활동인지, 서로 다른 활동인지에 따라 구분한다.
		이질 프로젝트	
	그룹 프로젝트	부분 프로젝트	하나의 프로젝트를 모둠별로 어느 부분을 수행하는지, 전체 프로젝트를 구분하는지에 따라 구분한다.
		전체 프로젝트	
활동형태	제작(메이커) 프로젝트		'만들기 프로젝트'라고 할 수 있으며, 대부분 프로젝트명은 다양하게 이루어진다.
	문제탐구 프로젝트		문제 해결을 위한 프로젝트로서 수행 과정은 문제를 해결하거나 탐구하는 형태를 띤다.
	기능훈련 프로젝트		기능이 강조되는 특별한 상황에서 적용되며 기능 중심의 활동이나 제품의 기능을 향상하기 위한 프로젝트이다.
	개선 프로젝트		

위의 표에서 볼 수 있듯이 활동형태로 분류된 프로젝트는 공통으로 구성원의 수에 따른 프로젝트로 또다시 구분할 수 있다. 예컨대, 제작(만들기) 프로젝트의 경우에는 개인 프로젝트와 집단 프로젝트로 수행될 수 있기 때문에 개별, 집단 프로젝트는 공통으로 적용된다. 프로젝트의 종류는 위의 표에서 분류한 것 이외에도 매우 다양하다. 여기에서 분류한 것은 메이커 활동을 고려하여 적용할 수 있거나 시사점을 얻을 수 있는 것만을 제시한 것이다.

프로젝트 학습의 특징

프로젝트 학습은 실천적이고 구체적이며 조작적인 성격을 가진 문제 해결의 활동이다. 학습자들로 하여금 흥미를 일으키게 함으로써 자신이 현실문제의 해결 방안을 계획하고, 그것을 실현하는 능력을 기르는 데 크게 기여한다. 프로젝트 학습의 특징을 정리하면 다음과 같다.

첫째, 문제의 해결을 포함하며, 결과로 산출물이 나온다. 즉 프로젝트를 수행함으로써 어떤 산출물이든지 간에 문제 해결의 결과를 제시하여야 한다. 여기에는 만든 물건, 보고서, 계획서, 보조학습자료, 산출물 등이 있다.

둘째, 개별 학생이나 모둠별로 자발적으로 수행되며 다양한 교육 활동을 반드시 수반한다. 기본적으로 프로젝트 학습을 적용하기 위해서는 학생들이 스스로 문제를 해결하려는 노력이 없이는 소기의 목표를 달성하기도 어려울 뿐만 아니라 수업을 진행할 수도 없다.

셋째, 프로젝트 활동은 비교적 많은 시간이 소요된다. 개개인이 수행하는 프로젝트가 다르고 다양하기 때문에 가능하면 수행시간을 보다 더 많이 제공해 주어야 한다.

넷째, 교사는 권위자이기보다는 보조자, 안내자, 촉진자, 상담자이어야 한다. 프로젝트 학습의 전제가 자발적인 학습으로 진행되기 때문에 일방적인 수업의 진행은 있을 수 없고 학생들의 수업이 잘 진행되도록 안내하고 촉진해 주는 역할로 교사의 위치가 바뀌어야 한다.

다섯째, 모둠 프로젝트일 경우 학생들 간의 협동성이 길러진다. 하나의 프로젝트를 여러 명이 수행하거나 대단위 프로젝트를 여러 명이 각 부분 프로젝트를 수행하여 완성해갈 수 있기 때문에 학생들 간의 상호 협동성을 기를 수 있다. 이러한 프로젝트법의 특성을 참고하여 프로젝트 학습의 장단점을 살펴보면 다음 표와 같다.

◫ 프로젝트 학습의 장·단점

구 분	장 점	유의점
학습자 측면	◦학습에 대한 확실한 동기가 크다. ◦개개인의 능력에 따라 진도를 조절하여 학습할 수 있다. ◦끝까지 작업을 요구하므로 학습에 대한 인내심과 성취감을 갖게 한다. ◦부가적으로 학습능력뿐만 아니라 태도, 지식 등을 배울 수 있다. ◦창의성과 인내심을 중시하므로 독창성이 길러진다. ◦자신이 계획하고 실행하므로 학습을 통하여 자주성과 책임감이 길러진다. ◦복잡한 문제 해결에 만족을 줄 수 있다.	◦계획수립 능력이 부족한 학생은 끝까지 성공하도록 도움이 필요하다. ◦비교적 수행시간이 많이 소요되기 때문에 시간계획이 필요하다. ◦문제 해결에 필요한 자료를 제공해 주어야 한다. ◦모둠으로 수행되는 경우에는 일부 우수한 학생이 독점하지 못하도록 배려해야 한다.
교사 측면	◦교사가 학생 개개인을 관찰하여 알 수 있는 기회를 제공하여 준다. ◦학생들의 요구와 능력에 맞게 프로젝트를 계획할 수 있게 해 준다. ◦수행 과정을 관찰하고 판단하여 다양한 평가를 할 수 있다.	◦개별 프로젝트일 경우에는 프로젝트에 맞는 평가 준거를 설정해주어야 한다. ◦수행시간이 많이 걸리기 때문에 효율적인 시간계획에 배려를 해야 한다.

프로젝트의 수행 단계

일반적으로 프로젝트법은 4단계 즉, 목적 설정하기(purposing), 계획하기(planning), 실행하기(executing), 평가하기(evaluation)의 순서로 이루어진다. 그러나 프로젝트 학습을 실제로 수행할 때에는 교과의 특성에 따라 부분적으로 이러한 단계를 변형하여 사용하기도 한다. 따라서 때로는 3단계에서 6단계에 이르기까지 다양하게 적용되고 있다.

(1) 목적 설정 단계

무엇을 할 것인가의 목적을 세워야 하는 단계로서 구체적인 프로젝트명을 정하고 그 목적을 달성하기 위한 기본 단계이다. 학습자가 자신의 능력과 흥미에 맞는 프로젝트를 정할 수 있도록 하는 것이 중요하며, 이때 교사는 학생들이 수행하려고 하는 프로젝트가 적절한지를 판단하여야 하며 유의할 점은 다음과 같다.

- ○ 학습자가 관심과 흥미가 있는가?
- ○ 수행을 위하여 선행학습의 내용이나 기본기능이 갖추어져 있는가?
- ○ 정해진 시간 내에 수행할 수 있는가?
- ○ 수업시간에 재료나 공구를 쉽게 구할 수 있는가?
- ○ 프로젝트가 해당 영역의 내용과 관련 있는가?
- ○ 프로젝트가 현실과 밀접한 관련이 있는가?
- ○ 실습장에서 수행 가능한 프로젝트인가?
- ○ 독창성을 충분히 발휘할 수 있는 것인가?
- ○ 개별 프로젝트인가, 모둠별 프로젝트인가?

(2) 계획단계

1단계에서 선정한 프로젝트를 효율적으로 수행하기 위하여 수행방법을 정하고 검토하는 단계이다. 많은 학생들은 상세한 계획을 하지 않고 다음 단계인 직접 만들기로 넘어가려는 경향이 많다. 따라서 프로젝트 성공 여부는 계획단계에서 얼마나 치밀하게 구성하였는지에 달려 있다고 해도 과언이 아니다. 계획단계에서는 만들기 프로젝트일 경우, 프로젝트 수행에 필요한 스케치, 구상도, 제작도 등을 그려야 한다. 그리고 이러한 계획이 수행 가능한 것인지를 검토하고 수정할 필요도 있으며 유의할 점은 다음과 같다.

- ○ 시간 계획이 세워졌는가?
- ○ 작업의 흐름도가 합리적인가?
- ○ 구상도에 따라 제작도가 그려졌는가?

○재료와 공구 목록표가 마련되었는가?
○전체적인 수행 과정의 계획이 적절한지 교사의 검토를 받았는가?
○산출물에 대한 평가 사항이 제대로 반영되었는가?

(3) 실행 단계

앞의 계획단계에 따라 실제로 물건을 만드는 단계로서 학생들이 가장 흥미를 느끼고 활발하게 활동한다. 수행 과정에서 문제가 일어난다고 하여도 학생들이 포기하지 않도록 교사는 적극적으로 조언과 격려를 해주어야 한다. 그러나 문제 해결 과정에서 교사가 문제를 직접 해결하는 것보다는 학생들이 판단하여 해결할 수 있도록 안내해 주는 것이 필요하다. 학생들의 수행 과정이 비록 적절하지 않더라도 교사가 대행해서는 안 되며 작업을 끝까지 완수할 수 있도록 배려해 주어야 한다. 수행 과정에서의 문제가 있었을 경우에는 하나하나를 꼼꼼히 기록하여 남기도록 하는 것이 필요하며 다음과 같은 점에 유의하면 된다.

○문제가 일어났을 경우, 어떻게 해결하였는가?
○문제 해결에 필요한 조언을 교사로부터 들었는가?
○계획한 대로 프로젝트를 수행하였는가?
○시간은 적절하였는가?

(4) 평가 단계

프로젝트 수행의 전체 과정과 산출물을 평가하는 단계로서 학생 자신의 자기평가, 학생 상호 간의 평가, 교사에 의한 평가 등이 수행된다. 평가가 끝나면 산출물은 전시를 한다든가 발표를 하고 수행 과정에서의 문제점을 다시 파악하고 피드백을 받아야 한다. 유의할 점은 다음과 같다.

○해당 영역의 목표를 달성하였는가?
○수행 과정의 기록은 있는가?
○수행 과정에서의 문제 해결 과정이 적절하였는가?
○수행 과정에서의 작업 태도는 좋았는가?
○작업 안전에 문제는 없었는가?
○산출물이 계획한 대로 완성되었는가?
○산출물이 실생활과 관련이 있는가?
○산출물이 창의적인가?
○모둠별 프로젝트인 경우 공동으로 협력하였는가?

나. 프로젝트 학습에 대한 새로운 시도

1990년대에 들어서서 기존의 프로젝트법을 변형하여 새롭게 학교 교육에 적용하려는 시도가 있었다. 그중에 프로젝트 학습(Project-Based Learning; PBL)과 프로젝트 접근법(The Project Approach)이 있다. 기존의 프로젝트법이 특정 교과의 영역에서부터 범 교과에 이르기까지 광범위한 접근을 하는 반면에, 프로젝트 중심 학습이나 프로젝트 접근법은 교육과정을 재구조화하여 "바람직한 아동 중심 교육"의 일환으로 접근하고 있다. 이하의 글에서는 PBL에 대하여 소개하고자 한다.

프로젝트 기반 학습 (PBL; Project-Based Learning)

프로젝트 방식의 부활은 프로젝트 기반 학습(PBL)의 후원 아래 21세기에 뿌리를 내렸다. PBL에 대한 통일된 정의가 없기는 하지만, Buck Institute for Education(BIE)은 광범위하고 간결한 표준-중심의 정의를 내린다. 즉 BIE(Markham, Larmer, & Ravitz, 2003)에 따르면 프로젝트 기반 학습은 "복잡하고 확실한 질문과 신중하게 설계된 제품 및 과제를 중심으로 구성된 확장된 탐구 프로세스를 통해 학생들이 지식과 기술(skills)을 학습하도록 참여시키는 체계적인 교육 방법이다."(p. 4). 프로젝트 또는 활동을 구현하는 것은 5가지 확실한 기능이 충족되지 않는 한 PBL 학습으로 간주하기에 충분하지 않다. PBL의 특징은 1) 핵심 프로젝트, 2) 구성주의에 중점을 둔 중요한 지식과 기술, 3) 복잡한 질문, 문제 또는 도전 형태의 추진 활동, 4) 교사가 안내하는 학습자 중심의 조사, 5) 학습자에게 확실한 실생활의 프로젝트(Barron & Darling-Hammond, 2008; Thomas, 2000).

프로젝트 방법이 Thorndike의 학습 심리학에 기반을 둔 것과 유사하게 PBL은 20세기 초 심리학자 피아제(Jean Piaget), 비고츠키(Lev Vygotsky) 및 브루너(Jerome Bruner)의 작업에 영향을 받은 구성주의 학습 이론에 기반을 두고 있다. 구성주의는 지식이 개별적으로 구성되고 환경과의 상호작용에 의해 전달되고 사회적으로 발전한다는 철학적 견해이다(Crotty, 1998; Savery & Duffy, 1995). 개별적으로 지식을 구성하는 것은 학습을 위한 자극 또는 목표로서 인지갈등을 포함한다. 학습자는 자신의 개인적인 경험을 교실로 가져와서 세상을 보는 방식에 엄청난 영향을 미친다. 따라서 구성주의자들은 학습은 학생들이 학습 상황에 가져오는 사전 지식, 감정 및 기술(skill)에서 시작한다고 추론한다(Schulte, 1996). 자극은 학습 환경에 참여하는 이유인 이전 경험의 초기 활성화를 제공하므로 학습자가 궁극적으로 구성하는 이해를 제공한다. 그런 다음 학습자는 개별적으로 구성된 이해가 사회적 환경에서 제공하는 다른 이해 또는 대안적 견해와 호환되는 정도(즉, 타당한 평가)를 테스트한다 (Savery & Duffy, 1995). 따라서 학습자는 자신의 이해를 도와주는 데 사용하는 경험을 통해 지식을 쌓는다. 교사는 학생들이 지식을 구성하는 방법을 평가하고 인지적 갈등을 지도함으로써 학습자를 돕는다(Schulte, 1996).

보편적으로 수용되는 PBL 모형의 부족과 더불어 다양한 학습 기능은 Kilpatrick의 프로젝트 방법을 연상시키는 PBL에 대한 광범위한 해석을 제공한다. PBL의 일반 범주에 맞는 다양한 X-기반 학습 접근 방식(예: 사례 기반 학습, 커뮤니티 기반 학습, 게임 기반 학습, 열정 기반 학습, 서비스 기반 학습, 팀 기반 학습)이 있다. 이런 유형은 최근 몇 년 동안에 나타났다. 가장 두드러진 5가지 유형의 PBL에는 도전 기반 학습(challenge-based learning), 문제 기반 학습(problem-based learning), 장소 기반 학습(place-based learning), 활동 기반 학습(activity-based learning) 및 디자인 기반 학습(design-based learning)이 있다.

따라서 PBL은 프로젝트를 중심으로 교육과정이나 교수・학습을 이끌어 가는 수업방법 중의 하나로써, 실제 실무세계에서 사용하는 전략이기도 하다. 전형적으로 프로젝트 중심 학습을 사용하는 교사와 학생은 각 개인의 흥미와 의미 있는 프로젝트를 스스로 선정하여 개별이나 팀 단위로 수행한다. 프로젝트 중심 학습의 핵심은 학생들로 하여금 실제 의미 있는 활동에 참여하도록 하여야 하며, 팀의 일원으로서 새로운 지식을 구성하여 알게 하고 심도 있는 학습이 이루어지도록 계획하여야 한다. 이 방법은 어떤 프로젝트를 디자인하고, 계획하여, 만드는 과정에서 학생들이 새로운 지식과 기능을 얻고자 할 때 사용하는 방법이다. 따라서 이 방법은 교과 내용의 핵심 개념과 원리에 초점을 둔 교수・학습 모형으로서 문제 해결과 다른 의미 있는 과제에 학생들이 참여하고, 학생 스스로 학습을 구성하여 자동으로 과제를 수행하도록 해주며, 실제로 학생이 산출물을 만들어 완성하도록 하는 방법이다. 여기서는 활동을 효과적으로 디자인하고 동기유발을 위해 안내하는 데 초점을 두고 있다(BIE, 2003; Thomas, 2002; Hutchings & Standly, 2000). 이 방법은 다음과 같은 단계에 따라서 진행된다.

- 1단계-출발하기(getting started): 프로젝트를 계획할 때 먼저 고려할 점을 제시한다.
- 2단계-내용제시(content): 학생들이 얻어야 할 일반 목표와 결과를 정의한다.
- 3단계-질문하기(driving questions): 학생들이 자신들의 노력에 초점을 두어 활용할 수 있는 도전적인 이슈나 문제를 개발한다.
- 4단계-활동요소(components): 해당 프로젝트 활동을 수행하기 위한 산출물, 학습활동, 수업의 지원을 확인한다.
- 5단계-전략(strategies): 학습 환경을 조성하고, 학습 지원에 필요한 자원을 확인한다.
- 6단계-평가(assessment): 프로젝트를 평가하기 위한 균형 있고 통합적인 계획을 세운다.

결국 이러한 단계를 거쳐서 이루어지는 프로젝트 중심법의 강조점은 다음과 같다.

- ◦ 교육과정의 초점은 심층적인 이해 중심이고, 원리와 개념을 종합하여, 복잡한 문제 해결 기능(skill)을 개발하는 데 있다.
- ◦ 범위와 계열성 및 교사의 역할에서는 주로 학생의 흥미에 따르며, 복잡한 문제나 이슈를 중심으로 대단원을 구성하며, 광범위하고 간학문적 중심으로 구성한다.
- ◦ 평가의 초점은 과정과 산출물, 가시적인 성과물, 시간에 따른 수행과 성취의 준거 비교, 이해 정도에 있다.
- ◦ 수업의 자료는 프린트물, 인터뷰, 기록물 등의 원자료와 학생들이 개발한 데이터 및 자료이다.
- ◦ 기술 매체의 사용은 중심적이고 통합적이며, 학생이 주축이 되고, 학생의 효율적인 발표나 능력을 확장하는 데 유용하다.
- ◦ 수업의 상황은 학생 모둠별로 활동하고, 다른 학생과 협동하며, 학생들이 정보를 구성·종합하게 된다.
- ◦ 학생의 역할은 자기 주도적으로 활동을 수행하며, 학생들이 아이디어의 발견자이자 통합자이며 제시자가 된다. 또한 학생들이 과제를 정하고, 일정 부분은 독립적으로 수행하게 되며, 의사소통을 하고, 효과를 보이고, 결과를 산출하여 책임을 진다.
- ◦ 수업의 단기 목표는 복잡한 아이디어와 처리 과정의 이해·응용 및 통합적인 기능의 숙달에 있다.
- ◦ 수업의 장기 목표는 심층적인 지식을 얻고, 지속적이고 자율적으로 평생 학습을 할 수 있게 하는 데 있다.

프로젝트 중심 학습의 특징으로는 프로젝트 활동이 중심이 되는 수업 전략이며, 학생들에게는 학습에 대한 상당한 자율권이 주어져 있으며, 프로젝트 수행 시 자신과 동료 학생들과 함께 책임을 지고 있다. 또한 프로젝트 학습은 실제 활동으로써, 교실에서와 교실 밖의 시간이 과제 수행을 위해 주로 기울여야 하는데, 이러한 과제는 교실 밖의 세계와 관련되어 있고, 실생활과 생생한 과제를 통합하고 그 결과 가치 있는 산출물이 나온다.

프로젝트 학습과 포트폴리오의 활용

포트폴리오란 활동과 학습의 과정을 일원화한 파일이다. 수집한 자료, 메모, 자기의 생각, 관심을 두게 된 것을 기록해둔 활동표 등을 시간순으로 철해 감으로써 사고 과정을 눈으로 볼 수 있는 것이다. 포트폴리오를 활용해서 프로젝트를 진행하는 이점은 네 가지가 있다.

- ◦ 활동 후 결과가 확실하게 눈에 보여서 의욕적으로 진행할 수 있다.

○ 학생들이 자기평가를 하면서 스스로 학습의 질을 높여갈 수 있다.

○ 교사가 아이들의 내면이나 정의적인 면의 성장을 볼 수가 있어서 장점이나 개성을 신장시킬 수 있다.

○ 학생들이 자기 스스로 자기 성장을 확인할 수 있어 다시 하고자 하는 의욕이 생긴다.

따라서 포트폴리오는 근거 있는 설명 제시를 할 수 있고, 지금까지 해온 일 전체를 조망하고, 재구축하여 '응축 포트폴리오'를 작성하는 데도 필요하다. 또 포트폴리오를 보는 것으로 교사는 아이들 생각, 활동상황을 파악할 수 있게 된다. 동시에 아이들 자신이 자기평가를 하면서 주체적으로 학습을 추진할 수 있게 된다. 학생들은 포트폴리오에 채워진 정보를 재구축함으로써 논리적인 사고력을 몸에 익히게 되며 또한 평가에도 활용할 수가 있다. 포트폴리오의 처음과 끝을 비교해보면 얼마나 자기가 성장을 했는지 알 수가 있다. 자기 성장을 자신이 찾아내어 그것을 한 장의 종이에 써내어 '성장으로의 입문'을 작성하는 것으로, 이 프로젝트에서 몸에 터득된 힘이 명료해지고, 더 나은 성장을 위한 의식이 강화된다고 볼 수 있다.

포트폴리오는 학생 개개인의 소중한 경험을 일원화하여 철해 놓은 것으로서, 개인의 역사를 철해 놓은 것이라고도 볼 수 있다. 여기에는 목적이나 무엇을 파일로 철하느냐에 따라 과제 포트폴리오, 개인 포트폴리오, 신체 포트폴리오로 나눌 수가 있다. 그런데 프로젝트 학습과 관련하여 가장 중요한 것은 과제 포트폴리오이다. 과제 포트폴리오(theme portfolio)는 어떤 연구 대상이나 과제에 따라 학습 정보나 보고서 등을 일원화한 것으로 학습한 기록, 학습의 발자취를 말한다. 과제 포트폴리오를 통한 평가는 학습의 과정을 평가하고, 문제 해결력, 의사소통능력 등과 같이 지금까지는 평가가 어려웠던 항목을 평가하며, 자기평가・공개 평가가 포함된다. 학습자 스스로가 자신의 관점에서 알맞은 과제를 제출하고, 학습자 자신이 학습설계를 인식하고 있어서 교사와 학습자 사이에 평가 관점을 공유할 수 있다. 여기에 점수를 기재하는 것이 아니라, 학습자가 피드백하여 자기의 장점, 특기 그리고 개성 등을 찾아낼 수 있도록 성장의 과정을 직접 볼 수 있게 한다.

과제 포트폴리오를 만들기 위해서는 파일을 만들어야 하는데, 이때에는 값이 싸고, 간단하게 차례대로 철할 수가 있고, 튼튼하며, 사용하기 편리하여 흩어지지 않게 보관할 수 있는 것이 좋다. 또한 보관할 수 있는 내용을 찾아내기가 쉽고 간단해야 하며, 파일 등 쪽에 여분의 폭이 있어 제목을 기재할 수가 있어야 하고, 책가방이나 책장에 넣을 수 있는 크기로 만들고, 시원스러운 디자인과 아름다운 모양이 좋다.

파일과 포트폴리오는 차이가 있는데, 모아 놓은 파일이 포트폴리오가 되기 위해서는 주제가 있어서 이를 추구하기 위한 파일이어야 하며, 특정한 목적을 위하여 데이터나 정보를 일원적으로 보존하고 있으며, 처음부터 이미 활용을 의도한 파일이 바로 포트폴리오이다. 최종 포트폴리오를 재구축하기 위해서는 원 포트폴리오(원천자료)를 만들어야 한다. 여기에 해당하는 것으로는 주제와 이를 주제로 정한 이유나 발상, 달성 목표와 시간 할당 계획, 활동 계획 전 과정을 통하여 계획의 흐름을 볼 수 있는 것, 프린트 류, 팸플릿·박물관 입장표 등, 편지나 인사장, 스케치나 현장 사진, 인터넷 정보를 프린트 출력한 것, 사례자료, 보고서, 실험 데이터, 자기평가, 교사 평가, 상호 평가, 공개 평가, 대화 메모, 교사와의 대화, 팀 구성원끼리의 대화 기록, 활동에 필요한 예산 계획서, 견적서, 금전 출납부 등이다. 이러한 자료를 원 포트폴리오에 보관할 때에는 분류하지 않고 시계열로 일원화해 두고, 모든 자료에 제목, 키워드, 날짜를 기록해두며, 한번 원 포트폴리오에 포함한 자료는 빼내지 않도록 해야 한다.

원 포트폴리오로부터 일목요연하게 항목별로 정리한 것을 응축 포트폴리오라고 하는데, 과제에 대한 정보를 수집하는 일과 정리하는 일을 동시에 해서는 안 된다. 과제 수행 중에는 우선 모아 놓고, 그런 다음에 파일을 정리하여 재구축한 것이 응축 포트폴리오이다. 따라서 원 포트폴리오를 보면 '학습의 과정'이 보이고, 응축 포트폴리오를 보면 '학습의 성과'가 보인다. 결국 원 포트폴리오와 응축 포트폴리오는 모두 매우 중요한 역할을 한다. 응축 포트폴리오를 잘 만들기 위해서는 간결하고 명료해야 하며, 사고 과정과 분석 및 고찰이 명료하게 포함되어 있어서 다른 데서 모방하지 않아야 하며, 자신의 관점이나 발상이 포함되어 있어야 한다. 이를 기준으로 삼아 이론이나 추론으로 이어질 수 있는 확실성이 있어야 한다.

3. 메이커 활동을 위한 PBL 학습

설계기술 수업의 특징 중의 하나인 기술적 활동과 프로젝트 학습과는 밀접히 관련되어 있다. 이를 설명하기 위하여 기술적 활동과 관련된 교육내용을 살펴보았고, 수업에서의 문제점은 무엇인지에 대하여 논의하였다. 여러 가지 교수·학습 방법 중에서 실과 수업에서 유용하게 활용할 수 있는 교수·학습 방법에 대한 논의를 통해 프로젝트 수업과의 관련성을 고려하였다.

가. 설계기술 수업의 특성

전통적으로 기술영역의 목표를 달성하였는지의 여부를 평가할 때의 영역을 기술 지식(technological knowledge), 기술 활동(technological activity), 기술 태도(technological attitude) 등으로 나누어서 설정한다. 여기에서 기술 지식은 기술에 대한 절차 지식(procedure knowledge)과 선언 지식(declarative knowledge)으로 구분할 수 있다(Marzano, 1996; Gagne, 1977). 절차 지식은 '무엇을 어떻게 하는가에 대한 지식(knowledge of how)'을 의미하며, 선언 지식은 '무엇이 어떻다는 지식(knowledge that)'을 말한다. 물론 이러한 지식 중에서 설계기술에서는 선언 지식보다는 절차 지식의 비중이 훨씬 더 크다고 할 수 있다. 기술에 대한 선언 지식에는 내면화를 요구하는 경우, 활용을 요구하는 경우, 산출물을 요구하는 경우가 있다.

이와는 달리 기술 활동은 설계기술의 내용이 주로 실천적인 활동을 중심으로 이루어져 있음을 전제하고 있다. 기술 활동 즉, 실천적 활동은 학습자가 중심이 되어 조작적인 활동을 통해 문제를 해결하고 창의적으로 활동함을 의미한다. 이것은 기술과 학습의 본질적인 차원에서 볼 때도 더 타당한 활동이다. 기술적 활동은 설계기술에서 주로 만드는 활동의 형태로 나타난다. 실생활과 관련지어 자신이 구상한 물건을 도면으로 나타내고 실제로 만드는 과정에서 학생들은 만드는 기쁨과 성취감을 맛볼 수 있어서 새로운 경험을 하게 된다. 따라서 기술적 활동은 설계기술에서 핵심적인 활동이며 수업의 성패를 좌우하는 활동이라 할 수 있다. 대개 실천적인 활동을 중심으로 하는 수업에는 프로젝트 수업이나 문제 해결 수업이 주를 이루고 있다.

나. 설계기술 메이커 활동을 위한 PBL의 단계

프로젝트 학습에는 문제기반 학습의 PBL(Problem-based Learning)과 프로젝트 기반 학습의 PBL(Project-based Learning)로 구분된다. 두 가지 학습 방법을 구분하기 위하여 프로젝트 기반 학습은 PBL로, 문제기반 학습은 PrBL로 구분하여 사용하기로 한다. Larmer et al(2015)은 통상적으로 프로젝트라고 불리지만 진정한 프로젝트 기반 학습을 위한 프로젝트라고 보기 어려운 과제와 활동을 디저트 프로젝트(Dessert projects), 사이드 디쉬 프로젝트(Side dish projects), 뷔페 프로젝트(Buffet project)로 제시하고 있다. 즉 Dessert projects는 한 단원이 끝난 후 제공되는 프로젝트로 주로 만들기 활동으로 제시되는 프로젝트이다. 예를 들면, 피라미드 모형 만들기, 소설 읽고 영상 만들기, 포스터 만들기 등의 활동을 말한다. Side dish projects는 단원과 관계없이 별도로 이루어지는 프로젝트로, 달 관찰 기록하기, 식물 기르기, 족보 만들기 등과 같이 학생들에게 집에서 과제로 수행하도록 요구되는 프로젝트들이 여기에 해당한다. Buffet project는 학생들이 다양한 활동을 경험하며 재미를 느낄 수 있도록 마치 저녁 뷔페 식사에서 음식의 종류를 선택하는 것처럼 하나의 주제에 대해 다양한 프로젝트를 진행하는 것이다. 예컨대, 우리나라의 역사에 대해 배우는 경우 우리나라 역사와 관련된 연대표 만들기, 지도 만들기, 상황극 만들기, 전통 놀이나 요리 배우기 등 다양한 관련 활동들을 연계하는 것이다. 또한 단원의 끝에 제시되는 수행평가와 응용학습 과제는 본 시의 활동을 끝내면 그동안 배운 것을 종합 정리하는 과제로 프로젝트를 활용하기도 하여 대학 수업에서 학생들에게 과제로 제시하는 프로젝트가 이 유형에 해당한다.

이러한 형태는 전통적인 수업에서 많이 활용되는 프로젝트들이고 가장 흔하게 볼 수 있는 프로젝트의 유형들이다. 하지만 이들은 PBL에서 추구하는 바람직한 프로젝트 활동이 아니다. 그 이유는 이들은 프로젝트가 단원이나 수업의 핵심이 아니라 보조적인 활동이기 때문이다. 이들은 전통적인 강의를 대체하지도, 수업의 주요 단원으로 다루어지지도 않는다. 심지어 정규 수업에서 다루는 내용과 완전히 분리되어 있기도 하다(크레존, www.crezone.net).

PBL의 수업 단계는 교과의 특성과 내용에 따라 다양하게 적용할 수 있다. 설계기술 수업에서는 다음 그림과 같이 5단계의 절차로 수행된다. 즉 준비하기, 주제 선정하기, 계획하기, 수행하기, 평가하기이다. PBL 5단계는 이춘식(2014)의 프로젝트 6단계를 수정하여 활용하였다.

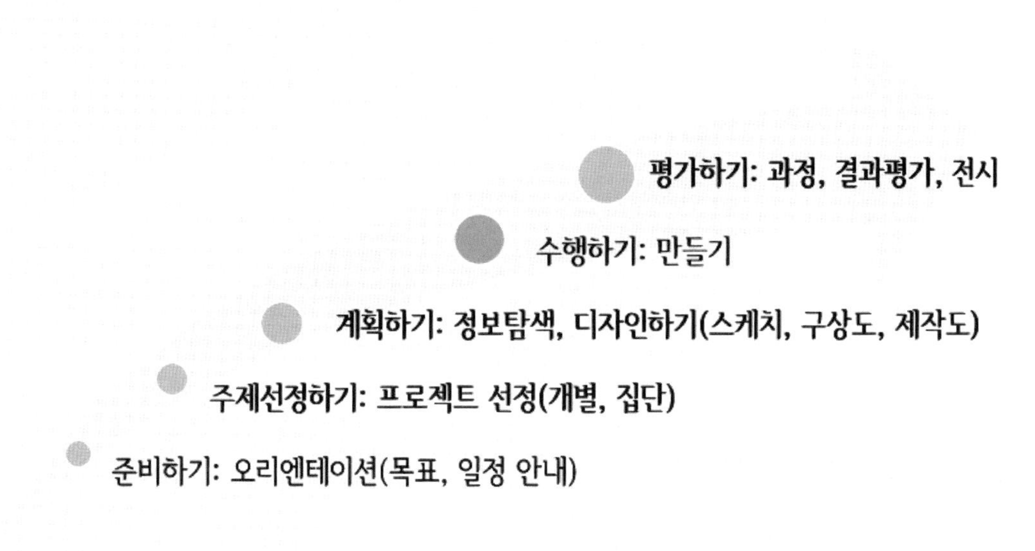

평가하기: 과정, 결과평가, 전시

수행하기: 만들기

계획하기: 정보탐색, 디자인하기(스케치, 구상도, 제작도)

주제선정하기: 프로젝트 선정(개별, 집단)

준비하기: 오리엔테이션(목표, 일정 안내)

▣ 설계기술 PBL의 수업 단계

1단계: 프로젝트 준비하기

ㅇ 학습 목표를 제시하고, 선행학습 내용을 확인한다.

ㅇ 프로젝트를 시작하기 전에 관련 지식을 정리한다.

ㅇ 프로젝트 수행에 필요한 제반 사항을 제시한다. 즉 프로젝트 수행 시 제공되는 재료와 공구 및 수행시간을 알려준다.

2단계: 프로젝트 주제 선정하기

ㅇ 설계기술 수업에서 메이커 활동을 위해 만들려고 하는 활동 주제를 정하게 하는 단계이다.

ㅇ 구체적인 메이커 활동의 내용과 폭을 구체화하는 단계이다.

ㅇ 학습자들이 주체적으로 관심과 흥미에 따라서 활동 주제를 선택하도록 한다.
ㅇ 학습자들은 기존에 이미 수행해왔던 활동 목록을 참고할 수도 있고, 전혀 새로운 활동을 선택할 수도 있다.
ㅇ 주제 결정 이전에 교수자는 해당 프로젝트의 형태 즉, 개별 프로젝트인지, 조별 프로젝트인지를 미리 정하여 알려준다.

이 단계에서는 여러 가지 현실적인 고려사항을 참조하여 다음과 같은 프로젝트 선정기준을 활용하는 것이 좋다. 여기서 제시한 프로젝트 선정 기준표는 운영 여건에 맞게 재조정하여 활용할 수 있으며, 해당 기준도 프로젝트의 성격에 맞게 구성할 수 있어야 한다. 해당 프로젝트에 따라 프로젝트 선정기준이 확정되면 학생 스스로 평가하여 점수를 산정한다. 점수는 평가란에 '예'에 응답하면 1점을, '아니오'에 응답하면 0점을 부가하여 점수를 산출한다. 최종 판정 점수의 기준도 조정할 수 있으며, 여기에서는 예시로 점수가 7점 이상이면 수행 가능, 5-6점이면 수행 고려, 4점 이하이면 수행 불가로 판정한다.

□ 프로젝트 선정 기준표

선정기준	평 가		비 고
	예 (1점)	아니오 (0점)	(가중치)
1. 교육목표와 관련이 있는 프로젝트인가?			
2. 해보고 싶은 과제인가?			
3. 주어진 시간에 해결할 수 있는가?			
4. 수행 인원이 적절하게 구성되어 있는가?			
5. 활용 가능한 재료가 준비되어 있는가?			
6. 사용 가능한 공구는 있는가?			
7. 프로젝트가 실용적인가?			
8. 프로젝트가 창의적인가?			
9. 프로젝트와 관련된 안내 자료가 있는가?			
10. 주변의 도움을 받을 수 있는가?			
점 수			
판정: 수행 가능 10-7, 수행 고려 6-5, 수행 불가 4점 미만			

3단계: 계획하기

ㅇ 정보수집에 대해 안내를 하고 다양한 경로로 자료를 찾게 한다.
ㅇ 선정된 주제에 따른 디자인을 하기 위한 각종 정보를 찾고 정리하는 단계이다. 즉 재료와 공구에 대한 정보 찾기, 실용적인 디자인에 대한 정보 찾기, 제작과정에 대한 정보 찾기, 정보를 수집하는 경로는 서책 자료, 인터넷, 제품 안내 팸플릿, 관계자 면담 등
ㅇ 여러 가지 자료의 수집과정과 결과물을 정리하여 둔다(평가 시 활용).

ㅇ 수집한 각종 정보를 토대로 하여 구체적인 디자인을 하는 단계이다.
ㅇ 만들려고 하는 물체를 스케치(구상도)한 후 제작 도면을 그린다.
ㅇ 제작과정을 구체적으로 도식화하여 과정별로 구체적인 소요 시간을 할당한다.

4단계: 실행하기

ㅇ 계획단계에서 수립된 디자인에 따라 제품을 실제로 만드는 단계이며, 소요 시간이 가장 오래 걸린다.
ㅇ 제작 도면에 따라 만들되 만드는 과정에서 필요에 따라서 실용성을 고려하여 도면을 수정할 수 있다.
ㅇ 제작에 필요한 기능을 자연스럽게 익힐 수 있게 해준다(기능 습득에 중심을 두지 않는다).
ㅇ 만드는 과정에서 일어나는 문제점, 개선 사항 등을 기록하여 둔다.
ㅇ 주어진 시간에 계획한 물건을 반드시 만들 수 있도록 조언한다.

5단계: 평가하기

ㅇ 만들기 활동이 끝난 후 포트폴리오(각종 자료와 결과물)를 평가하는 단계이다.
ㅇ 모든 정보가 들어있는 포트폴리오를 대상으로 평가한다.
- 주제 선정의 과정과 결과
- 정보 수집과정과 결과
- 제품에 대한 스케치와 도면, 공정 등
- 결과물(제품)

ㅇ 평가의 주체를 다양화한다(교사에 의한 평가, 동료에 의한 평가)
ㅇ 평가가 끝난 후 발표하거나 교내에 전시한다.

◫ 설계기술 수업에서의 PBL 수업 진행 과정

단 계	교사 활동	학생 활동	활동지
Ⅰ. 준비하기	ㅇ학습 목표를 제시하고 선행학습내용을 확인한다. ㅇ프로젝트에 대한 전체적인 흐름을 안내한다.	ㅇ학습 목표와 선행학습 내용을 인지한다. ㅇ프로젝트 수행의 흐름과 주어진 여건을 파악한다.	· 포트폴리오 작성
Ⅱ. 프로젝트 선정하기	ㅇ수행 가능한 프로젝트를 개인별/모둠별로 정하게 한다. -프로젝트 선정기준을 제시한다. -프로젝트의 성격에 따라 개인 프로젝트인지, 모둠 프로젝트인지를 판단하게 한다.	ㅇ다양한 프로젝트 리스트를 참고하여 관심과 흥미에 따라 프로젝트명을 제시한다. -프로젝트 선정기준에 따라 프로젝트를 평가한다. -수행할 프로젝트를 선정한다.	· 포트폴리오 작성
Ⅲ. 계획하기	ㅇ정보수집에 대해 안내한다. ㅇ정보를 정리하는 방법을 안내한다.	ㅇ디자인에 필요한 각종 정보를 찾는다. ㅇ제작에 필요한 재료와 공구를 조사한다. ㅇ정보를 정리한다.	· 포트폴리오 작성

단 계	교사 활동	학생 활동	활동지
	○스케치와 구상도 그리는 방법을 안내한다. ○제작도 그리는 방법을 안내한다. 때에 따라 생략한다.	○프로젝트를 스케치한다. ○제품의 구상도를 그린다. ○제품을 구체화하여 제작도를 그린다.	· 포트폴리오 작성
Ⅳ. 만들기	○메이커 활동 방법을 안내한다. ○매시간 수행 과정을 기록하고 반성한다.	○제작 도면에 따라 메이커 활동을 하여 만든다. -제작 시간을 적절히 안배한다. -안전 사항에 유의한다. -모둠 프로젝트의 경우에는 상호 협동성을 발휘한다.	· 포트폴리오 작성
Ⅴ. 평가하기	○평가 과정을 안내한다. ○평가한다.	○평가자료와 결과물을 제출한다.	· 포트폴리오 작성

성찰 과제

1. 메이커 스페이스의 개념과 중요성을 설명하시오.

2. 우리 주변의 메이커 스페이스를 찾는 방법을 제시하고 구체적인 프로그램을 설명하시오.

3. 메이커 교육 방법으로서 프로젝트 학습을 단계별로 설명하시오.

4. 메이커 교육에서의 PBL 학습 방법을 구체적으로 설명하고 각 단계별 수행 내용을 설명하시오.

5. 메이커 스페이스가 갖추어야 하는 기본적인 장비를 구체적으로 제시하시오.

참고 문헌

권혁인, 김주호 (2019). 한국형 메이커 스페이스 활성화를 위한 운영요소 분석 연구, **벤처창업연구**, 14(2). pp. 105-118.

박욱열, 외 3인 (2020). 메이커 스페이스 구축 · 운영사업 성과조사. 창업진흥원 연구보고서, 성과조사-2020.

Barron, B. J. S., Schwartz, D. L., Vye, N. J., Moore, A., Petrosino, A., Zech, L., … The Cognition and Technology Group at Vanderbilt. (1998). Doing with understanding: Lessons from research on problem- and project-based learning. **The Journal of the Learning Sciences**, 7, 271–311.

Barron, B., & Darling-Hammond, L. (2008). Teaching for meaningful learning: A review of research on inquiry-based and cooperative learning. In G. N. Cervetti, J. L. Tilson, L. Darling-Hammond, B. Barron, D. Pearson, A. H. Schoenfeld … T. D. Zimmerman (Eds.), **Powerful learning: What we know about teaching for understanding.** San Francisco, CA: Jossey-Bass.

Crotty, M. (1998). **The foundations of social research: Meaning and perspective in the research process.** Thousand Oaks, CA: Sage.

Dougherty, D. (2013). **A Movement in the Making.** Deloitte University Press.

Kilpatrick, W. H. (1918, September). The project method. **Teachers College Record**, 19, 319–335.

Knoll, M. (2012). "I had made a mistake": William H Kilpatrick and the project method. **Teachers College Record**, 114(2), 1–45.

Markham, T., Larmer, J., & Ravitz, J. (2003). **Project based learning handbook: A guide to standards-focused project based learning for middle and high school teachers.** Novato, CA: Buck Institute for Education.

Pecore, J. L. (2009). A study of secondary teachers facilitating a historical problem-based learning instructional unit (Middle-Secondary Education and Instructional Technology dissertation). Retrieved from http://digitalarchive.gsu.edu/ msit_diss? 52. (Paper 52)

Pecore, J. L. (2012). Beyond beliefs: Teachers adapting problem-based learning to preexisting systems of practice. **Interdisciplinary Journal of Problem-based Learning**, 7(2), 1–27.

Pecore, J. L., & Bohan, C. H. (2013). Problem-based learning: Some teachers flourish and others flounder. **Curriculum and Teaching Dialogue**, 14(1), 123–126.

Pecore, J. L., & Shelton, A. (2013). Challenging preservice students' teaching perspectives in an inquiry-focused program. **The Journal of Mathematics and Science: Collaborative Explorations**, 13, 57–77.

Savery, J. R., and Duffy, T. M. (1995). Problem based learning: An instructional model and its constructivist framework. **Educational Technology**, 45(1), 31–38.

Schulte, P. L. (1996). A definition of constructivism. **Science Scope**, 20(3), 25–27.

Thomas, J. W. (1998). **Project-based learning: Overview.** Novato, CA: Buck Institute for Education.

Thomas, J. W. (2000). **A review of research on project-based learning.** San Rafael, CA: The Autodesk Foundation.

제3장 발명과 메이커 교육

학습 목표

1. 메이커 활동에 필요한 발명기법을 설명할 수 있다.
2. 아이디어 발상 기법을 이해하고 활용할 수 있다.
3. 기술적 문제 해결 과정을 설명할 수 있다.
4. 메이커 활동을 위한 구체적인 문제 해결 과정을 제시할 수 있다.

1. 발명기법과 메이커 활동

가. 발명의 개요

'Invention'의 어원인 라틴어의 'inventio'는 '생각이 떠오르다'를 뜻하며, 독일어의 'Erfin dung'은 '발견하다'라는 의미를 포함한다. 발명은 과학과 기술을 발전시키는 한 요소로서 발견과 함께 쓰이는 말이지만, 물질적 창조라는 점에서 인식과 관련되는 발견과는 구별된다. 오늘날 발명은 특허제도라는 법체계 속에서 그 소유자의 권리가 사회적으로 인정되고 있다.

사전적 의미로 발명은 이제까지 없었던 기술이나 물건 따위를 처음으로 생각해내거나 만들어 내는 것을 말하며, 특허제도에 있어서 발명은 자연법칙을 이용하고 기술적 사상의 창작으로서 고도화한 것을 말한다.

따라서 단순한 두뇌의 산물이나 자연법칙을 이용하지 않는 것은 발명이라고 얘기할 수 없다. 또한 자연법칙을 이용하고 기술에 관한 창작적인 사상이 있어야 한다는 것은 그 기술 분야에서 일반적인 지식과 경험이 있는 사람이면 누구든지 반복 실시하여 그 목적으로 하는 기술효과를 올릴 수 있을 정도로 구체화되고 객관화될 수 있어야 함을 의미한다.

그리고 이미 존재하고 있는 것을 찾아내는 발견과 새로운 것을 만들어 내는 발명과는 분명한 차이가 있지만, 상호 밀접한 유기적 관계에 있기도 하다. 또한 창작을 고도화한 것이 발명인 데 반해, 고안이라는 것은 고도성이 없다는 점도 참고해야 할 사항이다. 발명을 한다는 것, 그것은 돌, 낙엽, 봉사, 도전, 행복, 미래 등 모든 것들에 대해 의미가 있다. 그러나 무조건 새로운 것이라고 하여 다 특허권을 얻는 것은 아니다. 우리나라는 발명을 보호하고 장려하며 동시에 기술의 발전을 촉진하고 산업발전에 이바지하기 위하여 특허법을 제정하고 있다. 우리나라의 특허법에서는 발명을 "자연법칙을 이용한 기술적 사상의 창작으로서 고도한 것"으로 정의하고 있다.

새로운 것 중에서도 자연법칙을 이용한 것이 발명이고, 자연법칙을 이용하지 않는 것은 발명으로 보지 않는다. 그리고 자연법칙을 이용한 창작의 내용이 기술적이어야 하고 구체적이어야 한다. 창작한 내용이 기술이 아니거나(문학, 예술적 표현 등), 추상적인 것(실체가 없는 이론 등)은 특허의 대상이 될 수 없다. 마지막으로 발명이 속하는 기술의 분야가 일반적인 수준에서 쉽게 발명할 수 없는 정도로 기술 수준이 높아야 한다.

일반적으로 발명은 크게 물건의 발명, 방법의 발명, 식물의 발명, 동물의 발명으로 나뉜다. 물건의 발명에는 기계, 기구, 장치, 시설과 같은 제품에 관한 발명을 말하며, 화학발명(물질, 제법, 용도, 조성물), 의약, 농약(물질, 제법, 용도, 조성물), 음식물, 기호품(물질, 제법, 용도, 조성물) 등이 포함된다. 방법의 발명에는 물건의 생산방법에 기술적 특징이 있는 생산(제조) 발명과 기존의 발명을 다른 것에 이용하는 발명으로 측정 방법, 통신 방법, 그리고 다른 용도(이용) 방법 등이 포함된다.

우리는 생활을 하면서 수많은 발명품을 사용하고 있다. 학교에서 공부할 때 사용하는 학용품, 가정에서 어머니가 사용하시는 주방용품, 집 안 청소할 때 사용하는 청소용품, 우리 생활을 더 편리하게 해주는 것들, 우리 생활을 더 즐겁게 해주는 것들 모두 누군가의 머릿속에서 맴돌던 발명 아이디어가 성공적으로 발명품으로 만들어진 것들이다. 이러한 발명품들을 사용하면서 어떤 점이 불편하고, 이것을 어떻게 개선할 수 있는가에 대해 생각하면서 새로운 발명품을 생각해내는 습관은 매우 중요하다. 일상생활에서 사용되는 많은 발명품은 매우 사소한 아이디어에서 출발한 것이 많다. 또한, 너무나 당연한 것으로 여길 수 있는 '자연의 법칙'에서 아이디어를 찾은 것도 많다. 생활 주변의 아주 작은 것들을 세심하게 관찰하는 습관은 좋은 발명 아이디어를 얻는 출발점이 될 수 있다. 또한, 이렇게 생각해낸 아이디어를 끈기를 가지고 탐구하면서 새롭게 발전시키는 과정에서 아무나 생각해내지 못한 창의적인 생각을 할 수 있게 된다.

아이디어는 혼자서도 생각할 수 있고 또 몇 명의 그룹으로 이루어진 분임 토의에서도 생각할 수도 있을 것이다. 마치 어떤 연주에서 독주를 할 수도 있고 오케스트라와 함께 협연을 할 수도 있는 것처럼 말이다. 그러나 어떤 경우라도 시작해야 얻을 수 있고, 메모해야 사라지지 않는 것을 꼭 기억해야 한다.

[발명 교육은 왜 필요할까요?]

1) 창의성을 기르는 데 효과적이다.

현대와 같이 지식이 폭발적으로 증가하고, 우리에게 제공되는 지식과 정보의 양이 주체할 수 없을 정도로 많은 지식 기반 사회에서 다양한 지식을 모두 받아들인다는 것은 불가능한 일이다. 따라서 새로운 상황에 잘 적응할 수 있는 창의성을 갖추는 일이야말로 그 무엇보다도 중요한 교육적 가치로 간주한다. 창의성은 새로운 것, 즉 아직 알려지지 않은 아이디어를 낳게 하는 힘을 말하는데, 이러한 능력을 효과적으로 길러 주는 데 발명 교육이 효과적으로 기여할 수 있다.

2) 문제 해결능력을 기르는 데 효과적이다.

미래사회는 문자 파일의 시대에서 영상 파일의 시대로, 아날로그 시대에서 디지털 시대로 급속하게 변해갈 것이다. 미래사회는 새로운 정보를 창출하는 능력이 더욱 중요해질 것이고, 예측하기 어려운 새로운 문제 상황에 더욱 빈번히 직면하게 될 것이다. 또한, 인생은 새로운 문제에 부딪히고 해결해 가는 과정이라고 볼 수 있다. 따라서 문제 해결 능력은 학교 교육을 통하여 개발해야 할 중요한 목표이기도 하다. 그런데, 발명 교육은 직면한 문제를 스스로 찾아내어 주도적으로 해결해 가는 과정을 강조하기 때문에 문제 해결 능력 향상을 위해서 좋은 방법으로 인정되고 있다.

3) 인간과 깊은 사랑을 이해하게 해준다.

발명적 사고는 모든 일에 긍정적 자세를 갖게 하며, 사물을 보는 직관력과 영감 능력을 높게 할 뿐만 아니라 원리를 파악하고 결론을 끌어내는 능력을 계발해 주고, 떠오르는 생각을 현실적으로 바꾸는 능력을 계발할 수 있게 한다. 또한, 발명은 만물에서 찾으므로 만물의 소중함을 알게 해주고, 궁극적으로 인간을 위한 것이므로 인간과 깊은 사랑을 이해하도록 해준다.

4) 발명품을 직접 상품화하여 국가 경쟁력을 높이는 데 기여할 수 있다.

학교에서의 작은 발명은 산업계의 도움을 받아 상품화할 수 있고, 학생들의 아이디어를 활용하여 기존의 상품을 보다 개선하는 데 실제로 기여할 수 있다.

나. 아이디어와 발명기법

발명 아이디어를 생각하는 데 있어서 특별한 공식이나 기법, 방법이 정해져 있는 것은 아니다. 그렇지만, 생각을 보다 창의적으로 다양하게 하고, 생각해낸 아이디어를 종합적으로 평가할 수 있는 기법들을 익힌다면 도움이 될 수 있다.

발명 아이디어를 생각하는 방법으로는 아무런 제약 없이 가능한 많은 아이디어를 내도록 하는 기법과 이렇게 나온 아이디어들은 종합적으로 여러모로 평가하는 기법이 있다. 여기에서는 브레인스토밍 기법과 PMI 기법을 익히고 적용해 본다. 이어지는 활동과제를 해결하면서 두 가지 기법을 연습하고 실제 발명 문제 해결에 적용해 보도록 한다.

또한, 발명하는 과정에서 시행착오를 줄이고 효율적인 사고 과정을 이끌어주는 발명기법들도 있다. 이 중에서 여러분은 더하기 발명에 해당하는 '한 번에 두 가지' 기법을 배우고, 이 기법을 적용하는 활동과제를 해보기로 한다.

아이디어와 발명

과거의 단순 농경사회에서 현재는 변화무쌍한 산업사회를 거쳐 첨단 두뇌를 요구하는 정보화 사회로 진입하여 하루가 다르게 변하고 있는 세상을 쉽게 관찰할 수 있다. 바로 이러한 변화에 능동적으로 대처하기 위해서는 교육과 훈련, 그리고 효율적인 정보 수용으로 창의력이 탁월한 생산적인 두뇌 계발에 박차를 가해야 할 것이다.

발명하기 위해서는 나름대로 발상의 개방화와 효율적인 기획력, 응용력, 관찰력 등이 절실히 요구된다. 특히 발상력을 향상하기 위해서는 상식을 벗어나는 독창성, 다각적인 방법을 접목하는 다양성, 그리고 어떤 해당 사항에 변화를 주어 하나로 묶는 유연성이 필요하다. 이처럼 발상력은 집중력, 상상력, 파괴력, 회전력, 결합력이 서로 조화를 이루어서 발휘되어야 한다.

아이디어 만들기

아이디어를 떠오르게 하는 장소나 시간이 결코 정해져 있는 것은 아니다. 현재 자신의 위치에서 느끼고, 개선하고, 공감하고 또 무엇인가를 놓고 몰입하는 데는 장소와 시간은 별개의 문제이다.

잠자기 전 누워 있을 때, 화장실에서 용무를 볼 때, 또는 식사하고 있을 때, 버스나 지하철 안에서, 누군가와 이야기하고 있을 때, 책을 읽고 있을 때 등 현재 닥치는 그 순간에 떠오르는 아이디어를 포착하여 기록하고 또 연구하며 실험해야 하나의 발명품으로 연결될 수 있는 것이다.

일반적으로 인간 본능의 3대 욕구를 식욕, 수면욕, 성욕이라 말한다. 그리고 이것들은 어느 정도 충족이 되면 그에 관한 욕구가 사그라지지만, 너무 집착하다 보면 반드시 부작용이 따르게 된다.

이에 반해 지식 욕구에 따르는 탐구력은 흥미와 호기심 등의 욕구가 현저히 발달하는 상황이므로 그 범위는 무한대라 할 수 있다. 특히 발명하기 위해서 아이디어를 도출시키는 행위는 개인이나 전체에게 흥미나 이로움을 주기 위한 것이 대부분이다. 다시 말해서 예술가나 발명가는 항상 착하고 아름답고 이로움을 주기 위한 봉사 정신을 갖고 무엇인가 연구하고 공감대를 형성하기 위해 노력하고 있다는 것이다.

그래서 인간이 자기실현이라는 것을 추진하고 있을 때 쾌감과 보람을 느끼게 되고, 창작 의욕과 용기 등이 기쁨으로 연결되는 것이다.

아이디어의 창출

아이디어 창출은 "이렇게 하면 된다."라는 정의는 없다. 다만 방법상 시간, 소재, 정보, 정책, 연구 활동 등을 효과적인 측면으로 과감히 전향하여 사고의 흐름을 여러모로 응용하고 리듬감을 포착하여 원활한 방법을 나름대로 활용하는 것이다.

효과적인 아이디어를 창출하기 위해서는 가치 있는 정보를 활용하며, 한 가지 목표에 집중적으로 투자를 하고, 필요한 것에 늘 도전을 하는 자세를 갖는다. 이 밖에도 효과적인 아이디어 창출을 위한 방법으로 창조성을 발휘하는 것이다.

이러한 아이디어들은 확산적 사고와 수렴적 사고의 과정을 거치면서 하나의 최적의 아이디어 선정과 실행으로 옮기게 된다. 따라서 새로운 아이디어를 개발하기 위해서는 여러 가지 사고 기법에 대한 이해가 필요하다. 흔히 '아이디어'란 '어떠한 문제를 풀기 위한 번쩍이는 생각이나 힌트'로 정의할 수 있으며, 아직 구체화 되지 않았거나, 실제로 검증이 되지 않은 상태에 머물러 있는 생각을 말한다. 그러나 발명은 마음속에 머물러 있던 추상적인 생각을 밖으로 끄집어내어, 방법이나 제품으로 구체화 시킨 것을 말한다. 아이디어가 추상적이고, 검증되지 않은 것이라면, 발명은 구체적이고 실현 가능하며, 검증된 것을 의미한다.

아이디어의 창의적 발상은 창의적 사고의 핵심적 특징이고, 창의성 교육의 성패를 가늠하는 기준이 된다. 즉, 아동이 일정한 창의성 교육을 받고 그가 실제로 창의적인 발상을 할 수 있을 때, 비로소 그 창의성 교육은 효과가 있었다고 말할 수 있다. 창의적 사고 기법이란 어떤 유형의 사고를 하기 위하여 우리가 의도적이고 계획적으로 사용하는 사고의 절차 또는 사고 도구라 할 수 있다. 사고의 기법은 발산적(확산적) 사고 기법, 수렴적 사고 기법 및 행위계획을 위한 기법으로 나눌 수 있다.

창의적 사고 기법은 개인이 사용할 수 있는 기법과 집단이 사용할 수 있는 기법으로 구분될 수 있으며 아이디어 생성을 위한 기법(즉 발산적 사고 기법), 아이디어를 사정, 개발, 선택하기 위한 기법(즉 수렴적 사고 기법) 및 아이디어를 실천하고 행동하기 위한 기법(즉 행위계획을 위한 기법)으로 나눌 수 있다.

창의적 사고 기법이라 하면 대개 발산적 사고 기법을 의미한다. 이는 아이디어들을 많이, 다양하게 그리고 독특하게 생성해 내기 위한 기법이며, 여러 개의 아이디어(대안) 가운데서 우리가 선택하여 실천할 수 있는 것은 한 개 또는 몇 개일 수밖에 없어서 창의적인 아이디어들을 생성해 내는 것만으로 충분하지 않아 창의적 사고와 비판적 사고의 균형적인 수행이 필요하다. 따라서 수렴적 사고 기법들을 균형 있게 적용하는 것이 필요하다.

수렴적 사고를 위한 기법들로는 창의적 평가, 하이라이팅 기법, 역 브레인스토밍, ALU, PMI 및 P-P-P 대화 기법, 평가행렬기법, 쌍 비교 분석 기법 등이 있다.

창의적 기법은 아이디어의 수가 상당히 많고 이들을 대충 평가해도 좋을 때 효과적으로 사용할 수 있으며 평가를 위해서 별도로 준거를 만들지 아니하고 '시간과 경비의 요구 정도'나 실천에 걸리는 시간 정도에 따라 평가한다.

하이라이팅(Highlighting) 기법은 히트한 아이디어 즉 대안들 가운데 그럴듯하고 괜찮다고 생각되는 대안들을 관련된 것끼리 묶음 하여 해결을 위한 '적중 영역'(Hotspots)을 만들어 낸다. 이러한 적중 영역의 해결책을 필요하면 수정하고 발전시켜 더 나은 대안으로 만들어간다.

역 브레인스토밍 기법은 어떤 아이디어가 가질 수 있는 가능한 약점들을 모두 발견해 내고 그 아이디어가 실천될 때 잘못될 수 있는 것이 무엇인지를 예상해 볼 수 있게 하기 위하여 Hotpoint 회사가 하나의 집단 방법으로 발명해 낸 것이다.

ALU(Advantage, Limitation and Unique Qualities)는 대안들을 분석하고 다듬고 발전시키기 위한 기법이며 P-P-P 대화 기법은 특히 미심쩍은 생각이 드는 유보적인 아이디어를 다룰 때 유용한 대화 기법이다.

평가행렬기법은 대안의 수가 제법 되지만 이들을 준거에 따라 체계적으로 사용하고자 할 때 사용할 수 있다. 문제 해결의 어떠한 단계에서도 사용할 수 있다.

쌍 비교 분석 기법은 몇 개의 대안들을 우선순위 또는 순서를 매길 때 적절하게 사용할 수 있는 기법으로 몇 가지 문제 진술 가운데서 어느 것을 먼저 다룰 것인지를 결정할 때, 또는 해결 대안들 가운데서 어느 것을 먼저 고려하여 분석하고 발전시킬 것인지를 결정하는 장면에서 적합하다. 이 분석 기법은 모든 대안을 한 번에 한 쌍씩 비교해보고 상대적인 중요성을 비교하고 개인 또는 집단에서 사용한다. 비교하려는 대안들은 같은 형태로 진술하는 것이 중요하다.

Kimbell 등(1991)과 Todd(1999)는 설계기술에서의 마음(minds-on)과 손(hands-on)의 상호작용을 강조한다. 즉, 아래 그림은 설계기술의 본질을 머리 안과 바깥의 마음과 손의 상호작용으로 나타낸다. 마음속에 발현된 아이디어는 그것들이 얼마나 유용한지 알아보기 위해 구체적인 형태로 표현되어야 한다. 상호작용의 과정을 D&T의 핵심에 둠으로써, 산출물은 과정의 중심이라기보다는 보조적인 것으로 보인다. 이러한 제품과의 상호작용이 초래하는 사고와 의사결정 과정에 더 많은 관심을 기울이는 것은 학생들이 선택한 '무엇'이 아닌 '왜'와 '어떻게'를 선택했는지에 대한 균형 잡힌 관심으로 옮겨간다. 학생들의 생각과 의도는 산출물만큼 중요해진다. 학생들은 종종 활동의 시작부터 마음속에 있는 완전한 해결책을 생각해냈고 그 아이디어를 최종적인 형태로 나타내기 시작할 것이라고 믿는다. 이것이 만족스러운 경우는 드물다. 기본적으로, 학생들은 중요한 출발점이 될 수 있는 해결책이 무엇인지에 대한 흐릿한 개념을 형성하게 될 것이다. 그러나 그것은 단지 시작점일 뿐이고, 아이디어가 발전할 수 있도록 하기 위해서는, 아이디어를 마음속에서 끌어내어 실제 형태로 표현하는 것이 필요하다.

간단한 발명기법

더하기 발명: 더해(+) 보자.

발명의 기법 중에서 가장 쉬운 방법이 '더하기'이다. 즉, '물자+물건'과 '방법+방법'이 그 전부이다. 그것도 새로운 물건과 방법이 아닌, 이미 있는 물건과 방법들을 서로 더하는 아주 손쉬운 기법이다. 두 가지 이상의 기능을 합하거나, 기존 발명품에 새로운 기능을 추가하는 발명(예: 바퀴 달린 신발)

- A+A 기법: 튜브 + 튜브, 날개 + 날개, 칼날 + 칼날
- A+B 기법: 빵 = 밀가루 + 물 + 열량
- B+B 기법: 라디오 + 모자, 벨트 + 지갑

빼기 발명: 빼(−) 보자.

세상에는 더해서 좋아지는 것이 있는가 하면 빼서 좋아지는 것도 있다. 이것이 발명이다. 그래서 발명은 재미있는 것이다. 불편한 부분, 필요 없는 부분을 제거하여 기능을 개선하는 발명(예: 강철봉의 가운데를 비운 강철관을 이용하여 재료를 절약하고 구조물을 가볍게 함)

- 과일 주스-설탕, 유선전화기-전화선, 튜브 타이어 - 튜브

모양과 크기 변화 발명: 모양을 바꾸어 보자.

산업재산권은 특허・실용신안・디자인・상표 등 4가지로 분류되는데, 여기서 모양은 디자인에 해당한다. 따라서 아름다운 모양도 발명의 일종이다. 이에 따라 최근 들어 디자인에 대한 관심이 날로 높아지고 있다. 디자인도 특허청에서 산업재산권 등록을 마치면 특허와 실용신안처럼 독점사용이 가능하기 때문이다. 기존 제품 모양이나 크기를 변화시켜서 편리성과 실용성을 높이는 발명(예: 정육면체 모양 수박)

- 꼬부라진 물파스 주둥이, 올록볼록 화장지, 숟가락 달린 스트로우(빨대) : 곡선 빨대, 꼬부라진 물병, 전화기, TV, 선풍기, 화장품 용기 등
- 투명 셀로판 봉투, 각종 음료수병, 속이 보이는 냄비 뚜껑, 화장지의 양, 마우스(누드)

용도 전환 발명: 용도를 바꾸어 보자.

모든 물건에는 나름대로 주어진 용도가 있다. 사람들은 그 용도에 맞게 물건을 구입하여 정확히 그 용도에서만 사용하고 있다. 그러나 모든 물건에는 지금까지 알려진 용도 외에도 또 다른 용도가 있을 수 있고, 또 용도를 바꿀 수도 있다.

기존 제품의 쓸모를 바꾸거나 반대로 적용하는 발명(예: 레이온 원료를 이용한 다이어트 식품)

- 공기방석→자동차 햇빛 가리개, 전등→살균 램프, 주사기→스포이드 대용, 가위 → 마늘 다진양념 가위, 주전자 → 물뿌리개

모방 발명: 남의 아이디어를 빌려보자.

남의 아이디어를 빌린다는 것은 가장 신속한 방법으로서 그다지 많이 생각하지 않아도 된다는 장점이 있다. 그러나 너무 도가 지나치면 모방이지 발명이 아님을 명심해야 한다. 산업 분야에서 남의 권리, 즉 특허를 모방하는 것은 법으로 금지되어 있다. 하지만 남의 권리, 즉 아이디어를 빌려서 새로운 발명을 하는 것은 장려하고 있다. 실용신안 제도가 바로 그것이다.

다른 사람의 아이디어, 자연의 원리 등을 발전시켜 새로운 아이디어를 창출하는 발명(예: 엉겅퀴 씨앗을 모방한 벨크로)

- ㅇ 파리 잡는 끈끈이→ 바퀴벌레 잡는 끈끈이 → 쥐 잡는 끈끈이
- ㅇ 스티커 우표 → 스티커 봉투
- ㅇ 난로는 연통 때문에 잘 탄다 → 혼다의 신형 오토바이 (배기통)

반대 생각 발명: 반대로 생각해 보자.

발명에는 반대로 생각하여 성공한 경우가 의외로 많다. 모양, 크기, 방향, 수, 성질 등 무엇이든 반대로 생각해 보는 것이다.

- ㅇ 땅 팽이-하늘 팽이, 거꾸로 세운 화장품 용기, 반대로 겹쳐 붙인 합판

크기 변경 발명: 크게 하고, 작게 해보자.

이것 또한 발명으로 발명인들이 많이 이용하는 기법의 하나이다. 좀 더 시간이 걸리게 하면? 좀 더 횟수를 늘리면? 길게 하면? 겹치면? 서로 걸치게 하면? 크게 과장하면?… 등의 '크게 하면'의 개념으로 생각해 보는 것도 발명인이 되는 지름길이다.

작게 하는 개념의 범위도 매우 넓다. 즉 압축하면? 소형으로 하면? 엷게 하면? 무엇인가 제거하면? 낮게 하면? 가볍게 하면? 분할 하면? 짧게 하면?… 등 수없이 많다.

- ㅇ 차 트렁크→ 접는 자전거, 양산을 핸드백 안→접는 양산, 큰 녹음기를 호주머니→휴대용 소형 녹음기
- ㅇ 큰 빨래→대형세탁기, 더 많은 식품→대형냉장고, 바람개비를 크게→풍차
- ㅇ 얇은 책, 손목시계, 전자계산기
- ㅇ 사용할 때는 길게, 안 할 때는 짧게→ 자동차 안테나, 줄자, 자바라식 바리케이드, 낚싯대
- ㅇ 바퀴를 달아서 움직임을 쉽게 한 것
  바퀴 달린 의자·바퀴 달린 피아노, 뒷면에 바퀴 달린 냉장고
- ㅇ 힘이 적게 들도록 한 것
  나무 배트(야구 방망이) → 알루미늄 배트(야구 방망이)
- ㅇ 부피를 작은 한 것
  테이블 → 공기테이블, 보트 → 고무보트

폐품 이용 발명: 폐품을 이용해 보자.

폐품을 이용한 발명의 기법처럼 쉬운 기법도 드물다. 폐품은 어떤 형태와 기능이든 그 형태와 기능을 유지하고 있기 때문에 창작이 아닌 개선만으로도 그 목적(발명)을 달성할 수 있기 때문이다.

재료 변경 발명: 재료를 바꾸어 보자.

재료를 바꾸는 것도 큰 발명이다. 그리고 손쉬운 기법이다. 여기서 발명은 재료도, 만들고자 하는 발명품도 모두 남의 것을 이용하고 있다. 그저 있는 재료를 이용하여 있는 물건을 만들었을 뿐이다.

- ㅇ 합성수지 마네킹 → 풍선식 마네킹, 유리 제품 → 플라스틱제품 → 스티로폼 제품 → 종이 제품
- ㅇ 오징어를 부르는 전등 → 광섬유를 배 밑에 붙임
- ㅇ 유리컵 → 쇠 컵 → 플라스틱 컵 → 종이컵

피하기 발명: 불가능한 발명은 피하자.

실용성이 없는 발명은 시간의 낭비일 뿐이다. 세계적으로 가장 성공한 발명은 철조망·코카콜라의 병, +자, 쌍 소켓, 미키마우스… 등 하나같이 간단한 아이디어에서 비롯된 것이다.

연금술, 불로장생약, 영구기관 발명 등은 모든 인류의 하나같은 바람으로 언젠가는 실현될지 모르지만, 현실적으로 불가능한 것들이며 「발명의 3대 불가능 분야」로 일컬어지고 있다.

기타 발명하는 방법

ㅇ 돌려 보기 기법

: 회전의자, 회전 구이 기구, 회전식 전기면도기, 회전식 반찬 쟁반

ㅇ 위험한 것을 안전하게 하기 기법

: 음주 운전 방지 장치, 접는 칼, 커터칼, 화재 경보 랜턴, 스노타이어, 미끄럼 방지 고무장갑, 압정 박는 기계

ㅇ 과학적 원리 적용하기 기법

: 청진기, 자석 드라이버, 분무기, 등산용 지팡이, 접는 우산

ㅇ 고정된 것을 움직이게 하기 기법

: 조립식 책꽂이, 높낮이 조절 세면대, 상하좌우로 조절하는 핸들, 안장, 회전 선풍기.

ㅇ 발명 위의 발명기법

: 커터칼(칼날에 흠집 내어 잘라내고 여러 번 쓰기), 연결식 화분(장난감 블록의 아이디어 첨가), 롤러스케이트(스케이트에 바퀴 달기), 옷핀(핀 머리에 보호 장치 만들기

o 폐품 이용하기 기법

: 연탄재로 만든 벽돌, 닭똥 돼지분 비료, 구두 만들고 남은 가죽 → 지갑, 장갑, 볏짚과 왕겨: 완충용 포장재, 폐 PET병 이용: 양식장 부유기

o 여러 가지 기능 합하기 기법

- A + A 기법: 굴삭기, 콤바인
- B + B 기법: 지점토, 고무찰흙
- A + B 기법: 음식 만들기, 칵테일,

o 병행법칙 기법

: 체중 신장 자동측정기, 냉・온풍기, 향 선풍기, 향 부채, 건습구온도계, 무게 가격 표시 저울

o 자연물 이용하기 기법이란?

: 사마귀 앞발 → 굴삭기, 장미=가시철망, 오리 발・개구리 발 → 물갈퀴, 물의 힘 → 수력 발전소・조력 발전소, 태양 빛 → 태양전지・돋보기

o 새로운 재료 만들기 기법

: 카멜레온 간판, 인조 과일, 전시용 고기, 바르는 장갑, 반도체, 광섬유, 조화, 인공 모래, 인공 보석(인조 보석) 등

o 불가능한 것을 가능하게 하기 기법

: 수상 텐트→고무보트+천막, 헬리콥터→비행기 동체+프로펠러, 실내 골프 연습기→골프장을 축소하여 실내, 진공관→트랜지스터(TR), 오토바이→자전거+원동기

o 구멍 뚫기 기법

: 펜촉, 구멍 뚫린 벽돌, 콩나물시루(떡 시루), 물뿌리개, 화분 구멍, 바늘의 바늘귀, 모기장, 모양 자

o 엄마 마음 사로잡기 기법

: A + B: 미끄럼 방지용 오톨도톨한 고무장갑, 물이 끓을 때 소리 나는 주전자, 미끄럼 방지용 슬리퍼, 밟으면 뚜껑이 열리는 쓰레기통, 유아용 나란히 신발(신의 안쪽에 매직 테이프)

A − B: 라면을 푸는 데 편리한 국자, 잡기 편리하도록 홈 젓가락

o 에너지 절약하기 기법

: 물 절약 샤워기, 컴퓨터의 화면 보호기, 센서 소변기, 뒷면메모지 명함, 가전제품의 바이메탈, 연료 절약형 무단 변속기

ㅇ 식품 특허 내기 기법이란?

: 간단하고 빠른 식사-샌드위치, 햄버거, 라면 등, 빵 속에 팥을 넣어서 만든 단팥빵, 일회용 단팥죽, 봉지라면→컵라면, 사발면・유리병→캔→ 팩

아이디어 발상 기법

발명하기 위한 사고의 기본자세는 첫째, 사물에 대한 세심한 관심을 가져야 하고, 둘째, 유심히 관찰하는 습관이 필요하고, 셋째, 특정한 관념이나 일에 얽매이지 않고 유연한 생각을 하며, 넷째, 일이 성취될 때까지 긍정적인 자세로 집념을 가지고 꾸준히 노력해야 한다. 사고의 종류에는 수직적 사고, 수평적 사고, 입체적 사고의 유형이 있다.

수직적 사고는 사물을 관찰하고 문제를 해결하는 데 기존의 고정관념을 가지고 판단하려는 사고방법이다. 이 사고방법의 장점은 어떤 목표를 세워서 추진해 나갈 때 체계적이고 일사불란하게 구체적으로 추진할 수 있다. 따라서 문제 해결 시 기존의 정해진 절차에 의하여 한 단계씩 계속해서 풀어 가는 사고방식이다. 이 사고방법의 단점은 어느 한 단계에서 문제가 해결되지 않을 경우, 다음 단계로의 이행이 불가능하다는 점이다.

수평적 사고는 사물을 관찰하는 문제 상황에 부딪혔을 때, 그 상황을 분석하고 해결 방안을 찾기 위하여 기존의 고정관념에 얽매이지 않고 가능한 모든 해결 방안을 모두 동원하는 유연하고 함축성 있는 사고방법이다. 이는 교육학이나 심리학에서 말하는 발산적 사고방법과 같은 형태이다. 이 사고방법은 하나의 사물을 관찰할 때 여러 방법으로 사고를 하는 것을 말하며 문제를 해결할 때 모든 가능한 대안들을 찾아낼 수 있다는 장점이 있지만, 논리성이나 인과성을 요구하는 문제 해결에는 적합하지 않다.

입체적 사고란 문제를 해결할 때 논리성, 체계성을 강조하는 수직적 사고와 유연성, 비약성을 강조하는 수평적 사고를 결합한 사고방법으로 가능한 모든 해결책 가운데 최선의 대안을 선택하는 수렴적 사고방법이다. 오늘날 여러 위대한 발명이나 첨단기술의 개발은 복잡한 문제를 단순화시켜 인력과 시간, 그리고 비용을 최소한으로 줄이면서 문제 해결에 접근하는 입체적 사고방법에 의해서 이루어지는 경우가 많다.

브레인스토밍(Brainstorming)

오늘날 기업이나 소모임에서 많이 활용하고 있는 브레인스토밍(Brainstorming)은 뇌의 폭풍 같은 상태라는 뜻으로, 미국의 광고 회사 사장인 오스본(Alex F. Osborn)에 의해 창안된 브레인스토밍은 그룹 기법 중에서 효과가 가장 뛰어나고 가장 폭넓게 활용되는 창조적 문제 해결 기법이다. 여러 사람이 모여서 어느 한 주제에 대해 다양한 아이디어를 공동으로 내놓는 집단

토의 기법으로 가장 널리 사용되고 있다. 말하자면 모여 있는 다양한 사람들이 아이디어를 질보다 양을 위주로 무작위로 제출하고, 다시 이 아이디어들을 수집·결합·개선하여 적절한 아이디어를 산출시키는 방법이다. 한 마디로 우리나라 속담인 '백지장도 맞들면 낫다'를 생각하면 된다.

브레인스토밍은 일체의 권위나 고정관념을 배제하고 수용적인 온화한 분위기에서 자유로이 생각나는 것을 무엇이든지 말하며 그중에서 실제적이지 못한 것부터 제거하여 가장 좋은 힌트나 아이디어를 찾아내는 방법이다.

실험에 의하면 멤버는 6~10명이 가장 좋다고 되어 있다. 이 가운데 한 명은 리더가 되고, 다른 한 명은 서기가 된다. 리더는 회의의 지도를 관장하고, 서기는 나온 아이디어를 기록한다. 나머지 여덟 명은 오로지 아이디어만을 낸다. 멤버 열 명 중에 다섯 명은 정규적인 회원, 나머지 다섯 명은 손님으로 맞이한 경우가 이상적이다. 왜냐하면 손님으로부터는 각도가 다른 기발한 아이디어가 나오며, 정규적인 회원은 활발히 아이디어를 내는 역할을 할 수 있기 때문이다. 언제나 같은 멤버로 브레인스토밍을 하면 틀에 박힌 아이디어만 나오게 된다. 그러므로 손님은 때에 따라 바꾸어가지 않으면 안 된다. 손님의 선택 방법은 문제에 따라 바꾸지 않으면 안 된다, 만약 안전 문제를 브레인스토밍한다면 그에 대한 전문가를 초청하고, 판매에 관한 문제라면 그 방면의 전문가를 초청한다.

(1) 브레인스토밍의 4가지 규칙

- ○ 비판 금지: 다른 사람이 제시하는 어떤 아이디어에 대해서 절대로 평가, 비판, 간섭하지 않는다.
- ○ 자유분방: 주변 또는 자신으로부터 아무런 방해도 받지 않고 자유롭게 말하고, 문제와 관계없는 아이디어라도 모두 수용해야 한다.
- ○ 질보다 양: 많은 아이디어에서 좋은 아이디어가 나올 가능성이 크므로 아이디어의 양이 중요하다.
- ○ 결합 개선: 다른 사람의 아이디어를 결합하거나 개선하거나 추가할 수 있다. 가장 중요한 규칙은 어떠한 비판도 해서는 안 된다는 것이다.

(2) 브레인스토밍의 진행 요령

- ○ 리더와 기록자를 포함하여 보통 5~12명으로 구성된다. 충분한 아이디어를 끌어내려면 적어도 6명 이상이 좋다
- ○ 자유롭게 각자 아이디어를 말한다. 그러나 수줍어하거나 불편해할 때는 카드에 아이디

어를 적게 한다.

ㅇ 앉은 순서대로 차례대로 말하거나, 또는 한 사람이 먼저 말하고 그 사람이 다른 사람을 지명할 수도 있다

ㅇ 아이디어 산출이 끝나면 이것들을 분류하고 정리하여 최종적으로 해결책을 선택한다.

ㅇ 아이디어 회의는 30~40분 이내로 하며, 주제는 논점이 분명해야 하며 한 건의 논제만 취급해야 한다.

(3) 구성원의 역할

ㅇ 리더의 역할: 사회자는 회의 시작 전에 토의 주제를 구성원에게 충분히 알리고, 중심질문이나 문제를 칠판에 적는다. 리더는 촉진자로서 구성원들이 주제에서 벗어나지 않도록 초점을 유지하면서 네 가지 규칙이 잘 지켜지고 있는지 수시로 확인한다. 간혹 그룹의 아이디어 생산이 저조하면 그룹을 격려하거나 특정 구성원에게 해결책 제시를 요구한다. 평가 회의에서는 아이디어를 유형별로 분류하고 중요성에 따라 우선순위를 매긴다. 아이디어가 너무 주제에서 벗어났거나 비정상적이라는 이유만으로 묵살하지 않도록 해야 하며, 아이디어를 변형하거나 새롭게 적용할 수 있는 방법을 찾아야 한다.

ㅇ 기록자: 기록자는 모든 아이디어를 그룹 구성원 모두가 볼 수 있도록 대형보드에 기록한다.

체크리스트 법

체크리스트에 질문 목록을 사전에 준비해 놓고 빠짐없이 생각한 것을 점검해 나가는 방식이 오스본의 체크리스트 법이다. 오스본은 문제 발견과 발명 아이디어를 얻기 위해 "~하면 어떨까?" 하고 스스로 묻는 형식의 약 75가지 질문을 사용하였다.

- 다르게 사용하면 어떨까?
- 다른 데서 아이디어를 빌려 오면 어떨까?
- 다르게 변경하면 어떨까?
- 더 크게[무겁게, 길게, 넓게, 두껍게] 하면 어떨까?
- 더 작게[가볍게, 짧게, 좁게, 얇게] 하면 어떨까?
- 바꾸어 보면 어떻게 될까?
- 반대로 하면 어떻게 될까?
- 결합해 보면 어떨까?

그러나 체크리스트에 너무 의지하다 보면 자기 생각은 없고, 체크 자체에 시간을 낭비할

우려가 있으며 정작 필요한 것을 빠뜨릴 우려가 있다.

SCAMPER 기법

오스본에 의해 제안된 체크리스트를 에버럴(Bob Eberle)에 의해 기억하기 쉽도록 정리된 창의적 사고원칙들을 적용하여 발명 아이디어를 얻는 기법이다. 이것은 새로운 모든 것은 이미 존재하는 것에 조금 덧붙이거나 수정한 것이라는 주장에 근거한다.

S = Substitute(대체하라)?
C = Combine(결합하라)?
A = Adapt(적용하라)?
M = Magnify/Modify(확대/수정하라)?
P = Put to other uses(다른 용도로 사용해 보라)?
E = Eliminate(제거하라)?
R = Rearrange/Reverse(재배열/뒤집어보라)?

PMI(Plus, Minus, Interesting)

드보노가 제안한 방법으로 특정한 문제의 긍정적인 면과 부정적인 면을 각각 기록한 다음 이들에 대해 최적의 아이디어를 찾는 기법이다. 주의를 먼저 의도적으로 P(강점)에 집중시킨다. 다음으로 M(약점)에 마지막으로 그 아이디어가 가지고 있는 I(흥미로운 점)에 주목하여 생각한다.

① P(plus): 먼저 장점이나 강점, 이점을 고려한다.
② M(minus): 나쁜 점이나 단점, 개선해야 할 부분을 찾아낸다.
③ I(interest): 각 대안들이 가지고 있는 흥미로운 점이나 독특한 특성을 확인한다.

PMI 기법을 적용하여 아이디어 평가해보기

o 아이디어: 음식물 쓰레기에 열을 가해서 물기를 모두 증발시킨 후, 분쇄기로 갈아서 가루로 만든다.

구 분	나의 생각
P 좋은 점	· 물기가 없어진다(+3). · 병균이 죽는다(+5). · 재활용할 수 있다(+3).
M 나쁜 점	· 가열하는 동안 지독한 냄새가 난다(-3). · 가열을 하려면 비용이 많이 든다(-4). · 분쇄기로 갈려면 비용이 많이 든다(-2).
I 흥미로운 점은?	· 분쇄기로 간 것은 가축의 사료가 되지 않을까(+3)? · 일하는 시간이 오래 걸리지 않을까?

ㅇ PMI 기법 적용 예시

구분	아이디어: 버스 안에 있는 좌석은 모두 치워야 한다.
P (Plus)	· 버스에 더 많은 사람이 탈 수 있다. · 버스를 타거나 내리기가 더 쉽다. · 버스를 제작하거나 수리하는 비용이 보다 적게 들 것이다.
M (Minus)	· 버스가 갑자기 서면 승객들이 넘어질 것이다. → 손잡이를 많이 만든다. · 노인이나 지체 부자유자들은 버스를 이용할 수 없을 것이다. → 노약자용 간이 의자를 만든다. · 쇼핑백을 들거나 아기를 데리고 다니기가 어려울 것이다. → 짐 보관용 선반을 만든다.
I (Interesting)	· 버스 만드는 공정이 줄어들지 않을까? · 노약자들에게는 위험하지 않을까?

우발적 발상법

일상생활에서 우연히 일어나는 현상을 주의 깊게 통찰하는 가운데 새로운 아이디어를 창출하는 발상 기법이다. 많은 발명품들은 어떤 과학적 원리에 의한 발명보다는 우발적 발상에 의한 것이다. 주위의 사상을 주의 깊게 관찰하는 통찰력 있는 사람에게만 우발적 발상이 일어난다. 통찰력이 없으면 눈앞에 좋은 발명의 소재가 나타나도 알아채지 못하고 지나치게 된다.

발명인의 십계명

① 아이디어가 떠오르면 즉시 기록하자. 세계의 뛰어난 발명인들은 한결같이 '기록광'이었다. 기록은 후일에 발명의 재료가 되는 것으로 기록하지 않고 훌륭한 발명인이 된 경우는 많지 않다.
② 필요는 발명의 어머니, 필요가 발명을 낳는다고 한다. 모든 일과 사물에 관심이 있어야 아이디어가 나온다는 의미이다. 더 좋은 생활을 찾는 곳에 아이디어는 태어나며 그런 현실성에 하나의 희망을 결합하지 않으면 발명은 결코 태어나지 않는다.
③ 더하기도 발명이다. 발명의 기법 중에서 가장 쉬운 방법이 더하기이다. 물건과 물건 혹은 방법과 방법을 더하기만 하면 된다. 새로운 물건과 방법이 아닌 이미 있는 물건과 방법들을 활용해 서로 더하는 손쉬운 기법이다. 지우개 달린 연필의 발명이 단적인 실례이다.
④ 모양을 바꾸어 보라. 사각 모양을 삼각 또는 원 모양으로 바꿔 더욱 아름답게 했다면 그것도 발명으로 디자인등록을 받을 수 있다. 어떤 방법이든 모양을 바꿔 더욱 아름답고 편리하게 사용할 수만 있다면 훌륭한 발명인 셈이다. 유선형 만년필을 만든 파카도 디자인으로 세계적인 만년필 왕이 되었다.
⑤ 용도를 바꾸는 것도 발명이다. 물건에는 나름대로 용도가 있지만 고정관념에서 탈피해 용도를 찾다

보면 그 쓰임새를 바꿀 수 있다.
⑥ 반대 생각도 발명이다. 모양, 크기, 방향, 수, 성질 등을 어떤 방법으로든지 반대로 생각해 보는 것이다. 손으로 전진 또는 후진을 하고 발로 방향을 조정하는 세발자전거의 발명이 그 예이다.
⑦ 남의 아이디어를 빌리는 것도 발명이다. 이미 특허로 등록돼 있는 기술일지라도 이를 보다 좋게 개선하면 실용신안등록이 가능하다. 루돌프 디젤은 어느 여선생이 고안한 라이터를 기초로 디젤 엔진을 발명했다.
⑧ 크게 하고 작게 하는 것도 발명이다. '무엇인가 덧붙이면, 좀 더 시간을 걸리게 하면, 횟수를 늘리면, 길게 하면, 다른 가치를 부여하면, 크게 과장하면' 하는 생각들도 발명의 지름길이다.
⑨ 폐기물을 이용하라. 2차 대전 이후 자원이 부족한 일본이 석탄의 폐기물인 타르에서 아닐린을 채취했고 버린 가죽으로 장갑이나 지갑을 만들었다.
⑩ 재료를 바꾸는 것도 발명이다. 장갑의 경우 재료만 바꾼 고무장갑, 가죽장갑, 털장갑, 비닐장갑 등 여러 종류가 있다. 벽돌의 경우도 흙벽돌, 시멘트벽돌, 연탄재 벽돌 등 여러 가지가 있다.

2. 문제 해결 활동 개요

가. 문제의 이해 및 확인

우리는 주변에서 이용하고 있는 제품들을 사용할 때마다 제품이 주는 편리함과 동시에 불편함을 느끼게 된다. 그래서 이러한 불편함을 개선하고 보다 나은 제품을 만들기 위하여 고민하고 실험하며 여러 가지 개선 방안을 생각하게 된다.

이처럼 우리가 현실 세계에서 자주 겪게 되는 기술적 문제들을 합리적으로 해결하기 위하여 문제를 인식하고 해결 방안을 생각하는 과정을 기술적 문제 해결 과정이라 하며, 좁은 의미에서는 설계과정이라 한다.

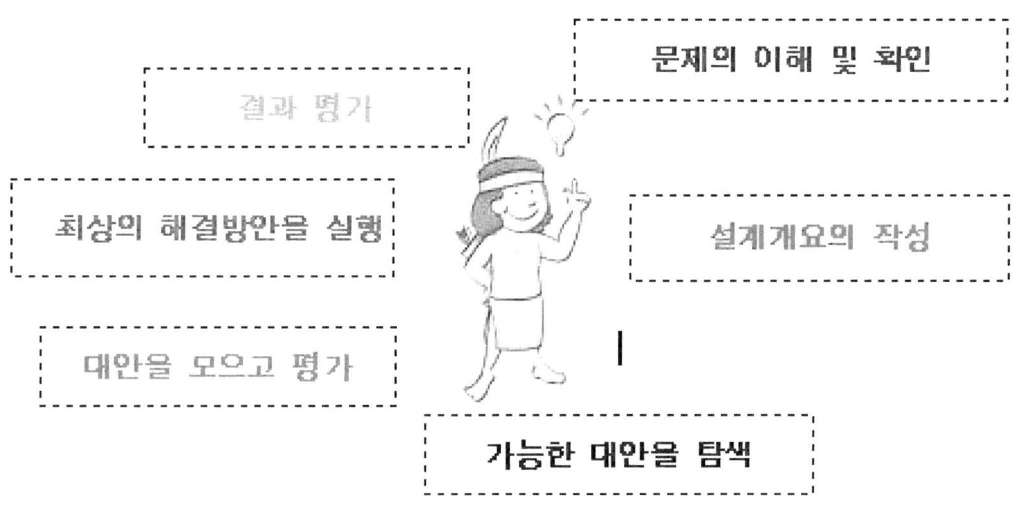

▣ 기술적 문제 해결 과정

무엇이 문제인가를 명확하게 아는 것이 문제를 올바르게 해결할 수 있는 지름길이다.

예를 들어, 음식물을 데우기 위해 가스레인지 위에 냄비를 올려놓고 가스를 켜고 한참 지나서 냄비를 집으려고 하면 냄비의 손잡이가 너무 뜨거워져서 손으로 도저히 잡을 수가 없게 된다. 그래서 냄비가 뜨겁게 가열되어도 쉽게 잡을 수 있는 냄비의 손잡이를 고안하는 것이 문제를 해결하기 위한 설계 개요가 된다.

IDEAL 모형

Bransford & Stein(1984)이 제시한 가장 간단하게 가르칠 수 있는 문제 해결 IDEAL 모형으로서 다음과 같다.

I	Identify Problems(문제를 확인하기)
D	Define and Represent the Problem(문제를 정의하고 제시하기)
E	Exploring Alternative Approaches(대안적 접근들을 탐색하기)
A	Acting on a Plan(계획대로 실행하기)
L	Looking at the Effects(효과를 알아보기)

IDEATE 모형

Todd(1990)는 학생들이 논리적이고 조직적인 태도로 기술적 문제를 해결하기 위한 6가지 단계인 IDEATE 모형을 제시하였다.

I	Identify and define the problem	문제를 확인하고 정의하기
D	Defining the desired goals and available resources	이용 가능한 자원과 바람직한 목표를 설정하기
E	Exploring possible solutions	해결 가능한 대안의 탐색
A	Assessing the alternatives	대안들을 평가하기
T	Trying out the best solution	가장 좋은 대안을 실행하기
E	Evaluating the match of goals and results	목표와 실행 결과의 부합성을 평가하기

Meys의 모형

Meys 등(1992)은 4단계 모형과 8단계 모형을 다음 그림과 같이 제시하였다.

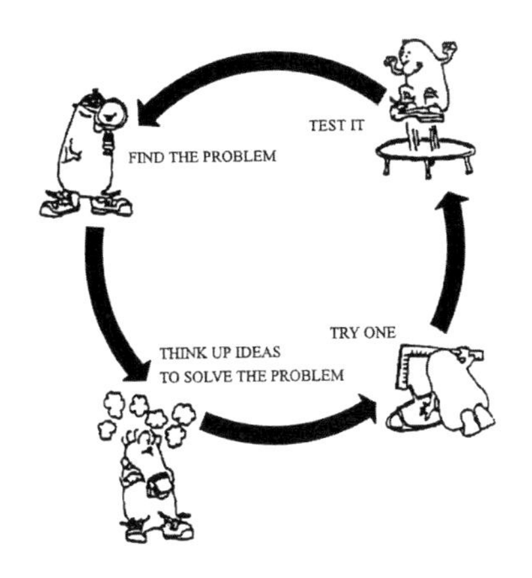

□ **4단계 모형**
- 문제를 찾기
- 문제를 해결하기 위하여 아이디어를 탐색하기
- 한 가지 대안을 실행하기
- 평가하기

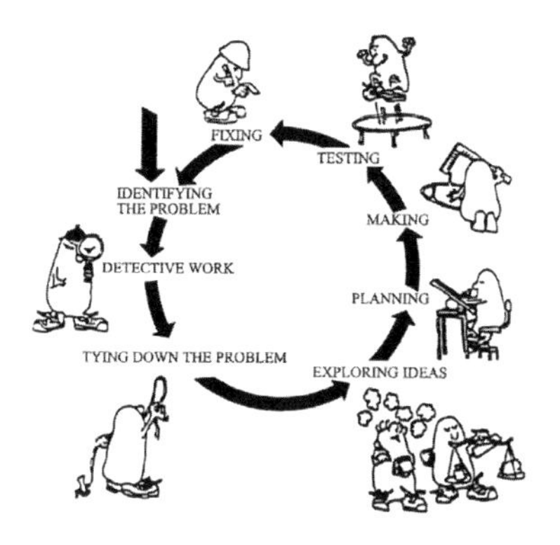

□ **8단계 모형**
- 문제를 확인하기
- 탐색하기
- 문제 해결 방법의 개략적 설계하기
- 아이디어를 탐색하기
- 계획하기
- 만들기
- 검사하기
- 적용하기

나. 설계 개요 작성하기

문제가 무엇인지 명확하게 이해하였다면, 해결 방안을 찾기 위하여 다양한 정보를 수집하고 조사해야 한다. 필요하다고 여겨지는 모든 정보를 찾아야 하는데, 주로 다음과 같은 사항을 고려해야 한다.

① 기능: 문제를 해결하는 데 가장 기본이 되는 것으로, 제품이 어떠한 기능을 가지고 있어야 문제를 해결할 수 있는지 생각해야 한다.

② 모양: 제품의 외관이나 색채, 질감이 아름답고 보기 좋아야 하며, 사람들이 편리하게 사용할 수 있도록 인체 공학적으로 설계되어야 한다.

③ 크기와 구조: 어느 정도의 크기로 만드는 것이, 제품의 목적과 기능에 잘 부합되는지, 그리고 어떠한 구조로 만들어야 충격에도 잘 견디고 오래 사용할 수 있는지 생각해야 한다.

④ 재료: 쉽게 이용할 수 있는 재료인지, 가격은 어느 정도인지를 고려해야 한다. 그리고 각 재료가 지니고 있는 장단점을 비교하고, 선택한 재료가 만들려고 하는 제품의 기능에 맞는 물리적인 특성 즉, 강도, 내구성 등이 있는지 확인해야 한다.

⑤ 가공 방법: 재료를 자를 것인지, 구부릴 것인지, 깎을 것인지, 접합할 것인지 등을 잘 고려하여 가장 적절한 가공 방법을 선택하고, 그에 필요한 작업용 공구와 측정 기구를 준비한다.

⑥ 안전성: 완성된 제품을 안전하게 사용할 수 있도록 여러 부분에서 생각해야 하며, 여러 가지 실험과 관찰을 통하여 안전에 영향을 주는 부분을 미리 찾아내어 개선해야 한다.

이상의 6가지 사항을 기본으로 하여 문제점을 찾아내고 이를 바탕으로 항목별로 해결 방안을 찾게 하는 과정 중 마인드맵을 이용하게 한다.

마인드맵(Mind Map)은 1970년대 초 영국사람 토니 부잔이 개발한 학습과 기억의 새로운 방법이다. Mind Map이란 '생각의 지도'란 뜻으로 무순서, 다차원적인 특성을 가진 사람의 생각을 종이 한가운데에 이미지로 표현해 두고 가지를 쳐서 핵심어, 이미지, 컬러, 기호, 심벌 등을 사용해 방사형으로 펼침으로써 사고력, 창의력 및 기억력을 높이는 두뇌개발기법/두뇌사용기법이다. 동시대에 로저 스페리 교수팀에 의해 발견된 "인간의 좌뇌와 우뇌의 서로 다른 기능"은 부잔의 마인드맵 이론을 뒷받침해 주는 좋은 근거였다.

마인드 매핑(Mind Mapping)은 머릿속의 생각을 마치 거미줄처럼 지도를 그리듯이 핵심어를 이미지화하여 펼쳐나가는 기법으로서, 자신의 머릿속에 있는 사고를 보다 체계적으로 정리하기 위한 기법으로 창안되었다.

마인드맵 개념 및 이의 활용에 따르는 무수한 장점과 가치 중에 몇 가지만을 정리한다면 다음과 같다.

특성상 무순서, 다 차원적인 인간 두뇌 활동이 가장 좋아하는 정리방법으로서 무언가에 대해 생각하는 것이 더 이상 고역이 아니라 즐거움이 된다. 왜냐하면 조각난 생각의 흐름이 눈에 보이기 때문에 두뇌의 활동의 조직성 및 효율성을 자연스럽게 향상하고, 기억력, 회상력, 창조력, 집중력, 독창성이 자연스럽게 향상되며, 사실 간의 상호관계에 대한 이해력이 향상된다. 또 복잡한 사실에 대한 체계적이고 논리적인 분석력이 발달하고, 보다 많은 내용을 빨리 쉽게 파악하여 지식을 내면화한다. 이러한 마인드맵(Mind Map)을 컴퓨터상에서 그리고 마음대로 편집할 수 있도록 만든 프로그램이 바로 마인드 매퍼(Mind Mapper)다.

■ 마인드맵의 진행 과정

-준비, 중심이미지, 주 가지, 부 가지의 순서로 진행한다.

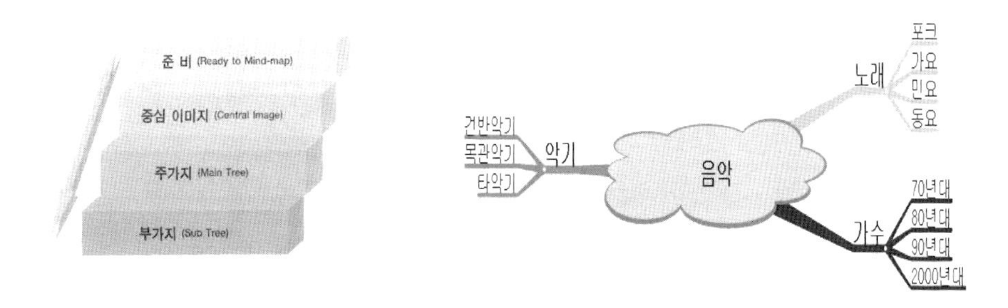

해결 방안 탐색 활동

일단 문제가 발견되면 아이디어를 구하기 전에 다시 실제 해결해야 할 문제가 무엇인가 살펴보아야 한다. 흔히 우리는 핵심적 문제를 벗어나 지엽적인 문제를 가지고 시간을 허비하는 경우가 많다.

"실제 문제가 무엇인가?", "이러한 작업을 하는 기본 목적은 무엇인가?", "내가 하고자 하는 것은 무엇인가?" 등의 질문을 통하여 문제를 확대 혹은 축소 시켜보는 과정에서 정말로 해결되어야 할 문제를 발견할 수 있으며 때에 따라서는 이 과정에서 문제의 해결책을 발견하는 경우가 있다.

창의적인 문제 해결의 도입 단계에서 우리는 문제를 넓게 생각하여야 한다. 우리가 찾고 있는 것이 무엇인가를 알고 있을 때는 그것을 보자마자 알아채겠지만 발명의 경우에는 우리가 찾고 있는 것을 모른다. 고로 문제를 광범위하게, 근본적으로, 포괄적으로, 일반적으로 진술해야만 희미한 가능성까지도 발견할 수가 있으며 광범한 대답을 받아들일 수가 있다.

문제를 넓혀서 문제의 모든 구석을 탐색하고 난 다음에는 문제 해결을 위한 가장 바람직한 방향으로 문제를 좁혀서 생각을 해야 한다.

정보의 수집 활동

사실과 정보는 아이디어 창출을 할 수 있는 자료가 된다. 상상에 의해서 사실들이 형태로 모일 때 문제 해결을 위한 새로운 아이디어가 나타난다.

문제가 부각되면 우선 이 문제에 관계되는 여러 가지 정보와 자료를 최대한으로 수집하는 작업을 해야 한다. 관련자들은 새로운 아이디어를 창출해 내는 데 기초를 제공하는 것이므로 만약 왜곡된 정보를 받아들인다면 그로부터 얻어지는 아이디어도 정확할 수 없게 된다. 사람은 입수한 정보를 과거 경험에 기초하여 해석하려는 경향이 있다. 따라서 정확한 정보를 수집하고 객관적으로 해석하도록 노력해야 한다.

정보수집에 있어서는 되도록 정확한 정보를 많이 수집하는 일이 중요하다. 따라서 수시로 다음과 같은 질문을 통하여 가능한 한 많은 사실을 밝혀내야 한다.

ㅇ 어떤 사실을 더 아는 것이 도움이 될까?

ㅇ 그것이 사실의 전부인가?

ㅇ 그것은 문제 해결에 얼마나 가치가 있는가?

ㅇ 그것은 얼마나 영향을 미치는가?

어떤 문제는 추가적 아이디어가 없어도 수집된 정보만으로 해결책을 찾을 수가 있다. 다시 말해서 문제 정의나 문제 분석 단계에서와 마찬가지로 자료 수집과정에서 문제가 저절로 해결되기도 하는 것이다.

자료 수집 방법에는 언론매체를 이용하는 방법, 시장조사를 이용하는 방법, 발명 콘텐츠를 이용한 방법, 그리고 산업재산권 CD-ROM을 이용한 방법이 있을 수 있다. 이러한 방법을 통하여 경제성, 전문적인 정보 입수, 제작 아이디어 기술습득, 시장조사, 아이디어 창출 등 다양한 자료와 정보의 수집이 가능하다.

이렇게 수집된 자료는 유용한 가치가 있는 정보로 가공하여 문제 해결에 적용될 수 있어야 한다.

나. 최적의 해결 방안 선정하기

정보수집 활동을 통해 얻은 자료 중 유용한 가치가 있는 자료만을 뽑아 발견된 문제 해결에 어느 정도 도움이 되는지, 문제 해결에 얼마나 적합한지를 다음과 같은 조건을 중심으로 평가를 한다.

자신의 능력으로 충분히 가능한지, 재료가 이용 가능한지, 시간은 충분히 있는지, 그리고 비용은 얼마나 드는지를 고려해야 한다. 여러 가지 해결 방안 중에서 하나의 방안을 선택하는 일은 그다지 쉽지 않다. 그래서 각 부분별로 표를 만들어 이것을 하나씩 하나씩 서로 비교하여 판단하는 것이 최선의 해결 방안을 선택하는 데 많은 도움을 준다.

여러 가지 해결 방안 중 최상의 해결 방안을 선정하기 위하여 평가영역별로 점수를 부여하여 가장 큰 값이 나온 해결 방안을 최종적으로 선정한다.

평가 지표				
1	2	3	4	5
전혀 좋지 않다	좋지 않다	보통이다	좋다	아주 좋다

평가 영역 \ 해결 방안	방안 ①	방안 ②	방안 ③	방안 ④	방안 ⑤
1 기능					
2 모양					
3 크기와 구조					
4 재료					
5 가공 방법					
6 안전성					
계					

위의 표는 정형화된 것이 아니고 교사의 판단에 따라 양식을 수정하여 사용할 수 있다.

다. 해결 방안 실행하기

스케치하기

아이디어의 시각화를 통하여 머릿속으로 구상한 발명 아이디어는 설계자의 손에 의해 표현된다. 즉 간단하게 프리핸드로 스케치를 하거나, 일정한 규칙에 따라 다른 사람들이 쉽게 알아보고, 이해할 수 있는 도면을 작성하게 된다. 또는 도면작성 프로그램을 이용하여 2차원으로 표현하거나 3차원 시뮬레이션으로 설계할 제품을 가상으로 시연해 보고 문제점을 발견하고 수정 보완하게 된다.

스케치는 자나 컴퍼스와 같은 도구를 사용하지 않고 손으로 입체 형상을 그리는 기술을 말한다. 이는 사람들이 언어를 이용하여 생각을 표현하듯 종이와 연필만을 이용하여 3차원 물체를 쉽게 표현하는 과정이라고 할 수 있다. 스케치를 통하여 설계 아이디어를 기록하고 구체화할 수 있으며, 또한 이 아이디어를 다른 사람에게 쉽게 전달할 수 있다. 따라서 자신이 구상한 제품을 스케치한 후 이 중 가장 적합한 모양을 선정하게 되는데, 이렇게 선택한 스케치를 바탕으로 제품의 제작도가 만들어지게 된다. 일반적으로 스케치는 선의 강약에 의해 물체의 모양과 느낌을 표현할 수 있다.

30~40mm

▣ 연필 쥐는 자세

50~60°

▣ 선 그리기 자세

스케치는 나타내고자 하는 의도의 윤곽을 잡아 개략적으로 표현하고자 할 때, 아이디어를 수집, 기록하는 과정에 필요하며, 순간적으로 떠오르는 불확실한 아이디어의 이미지를 고정하는 역할을 한다. 스케치를 하면서 아이디어를 구성적으로 분석하여 부분에서 전체로, 단위에서 복합으로 조립하는 식의 재구성, 재작성과정을 거치면서 아이디어를 전개해 나간다. 그리고 스케치는 아이디어를 평가하는 역할을 하나, 주관적이기 때문에 다른 사람이 쉽게 알 수 있도록 하기 위해 한국산업규격에 의하여 도면으로 나타내어야 한다.

구상한 제품을 보다 손쉽게 나타낼 수 있는 방법은 프리핸드 스케치이다. 구상한 제품의 길이, 높이, 너비까지 나타낼 수 있도록 입체적으로 스케치하는 것이 좋다.

발명가와 설계자들이 물체의 모양을 나타내는 데 가장 많이 이용하는 방법이 프리핸드 스케치 기법이다. 프리핸드 스케치는 자기 생각을 종이 위에 빠르고 쉽게 표현하고, 아이디어를 빨리 기록하는 방법이며, 제도 용구 없이 그릴 수 있는 방법이다.

사람이 동시에 생각할 수 있는 아이디어의 수는 3-4개에 불과하다고 한다. 더 많은 생각을 하여 용량 이상의 생각이 나면, 이전 생각 중 하나는 잊게 된다. 따라서 아이디어를 지속적이고 연속적으로 생각해내기 위해서는 기록하는 방법이 필요한데, 글로 기록하기엔 너무 번거롭고 아이디어를 묘사하기에 적절한 어휘를 찾아내는 데 너무 많은 노력이 필요하기 때문에 아이디어를 잃거나 생각이 끊기게 된다.

그래서 생각해 낸 아이디어를 순간적으로 기록해 가는 방법으로서 프리핸드 스케치가 널리 사용되고 있다. 뛰어난 화가이며, 과학자, 기술자, 발명가인 레오나르도 다 빈치(Leonardo da Vinci)는 수많은 스케치 도면을 통해 그의 발명 아이디어를 표현하였다. 그가 종이 위에 스케치한 작업은 그에게 있어서는 표현의 수단이자 아이디어 발상의 수단이 되었을 것이다.

프리핸드 스케치는 빨리 그린다고 해서, 적당히 아무렇게나 지저분하게 그려도 된다는 것은 아니다. 처음에는 어렵지만, 연습을 하다 보면 정확하고, 비례에 맞게 균형 있고, 정교하게 그릴 수 있다.

모형제작

모형을 만드는 이유는 물체를 입체적으로 보았을 때, 물체가 가지고 있는 문제점이나 개선 방안을 쉽게 생각할 수 있으며, 여러 가지 시뮬레이션을 통하여 보다 자세히 제품의 특성을 파악하여 미흡한 부분을 개선할 수 있기 때문이다.

 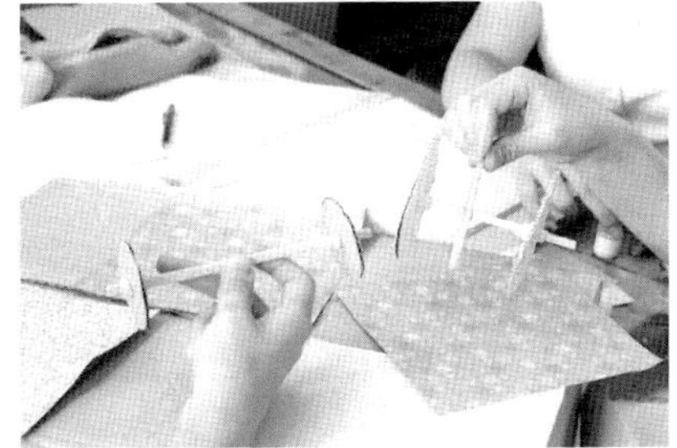

라. 해결 방안 평가하기

해결 방안 결과에 대한 평가

해결해야 할 문제가 정확하게 진술되고 그 문제에 관련된 모든 정보를 수집하였으며 문제 해결을 위한 아이디어를 산출하고 이 중 문제 해결에 가장 적합한 것을 선정하고 실행한 후에는 실행 결과에 대한 평가가 있어야 한다.

문제를 해결하기 위해 가장 적절한 아이디어를 골라내는 객관적 기준과 마찬가지로 해결 방안에 대한 객관적인 평가 기준이 마련되어야 하고 이러한 평가 기준이 마련되었으면 과거의 경험 또는 습관에 영향을 받지 않도록 판단 원칙을 정확히 적용해야 한다.

또한 해결 방안을 최종적으로 평가하고 검증하기 위해서는 만든 제품이 제대로 기능을 수행하는지, 해결 방안을 개선하기 위해 또 다른 수정이 필요한지를 발견하는 것이다.

예를 들어 우리가 사용하고 있는 자동차의 안전띠가 성능 시험을 거치지 않고 만들어졌다면 어떠한 일이 발생할 것인지 상상하기 어렵지 않다.

설계 명세서에 의한 평가

설계 명세서를 보고 제품을 평가하는 것으로, 설계 명세서에는 제품의 구조, 기능, 동작, 심미성, 재료, 가격, 제조 방법 등을 평가할 수 있는 항목들이 포함되어 있다.

설계 명세서에 의한 평가가 이루어지고 나면, 설계 시연을 하면서 문제점이 개선되었는지 확인해야 한다.

마. 보고서, 포트폴리오 작성하기

최종 작품을 다 완성하고 난 후에 설계 과제에 대한 평가가 이루어지면, 포트폴리오 형태로 보고서를 작성한다. 이 보고서에는 설계 개요에서부터 스케치와 도면, 재료표와 공정표, 그리고 설계 명세서 및 평가의 전 과정이 포트폴리오로 정리되어야 한다. 포트폴리오는 다양하게 만들 수 있으며 수행 과정이 구체적으로 제시되어 성장 과정을 볼 수 있으면 된다. 다음은 그러한 예시자료이다.

포트폴리오 수세미
이전 경험
초등학교 실과 활동
학습 단계
순서
코잡기, 겉뜨기, 연습실
친구의 조언
코마무리,수많은 시행착오
잘못과 깨달음 1
잘못과 깨달음2
잘못과 깨달음 3
잘못과 깨달음4
교수님의 팁!
결과물
감사합니다!
우리의 수세미
Design Technology Portfolio
골판지 의자 만들기
골판지
corrugated cardboard
목차
골판지 의자 자료 조사
골판지 의자 스케치
골판지 의자 구상도
골판지 의자 제작 도면
골판지 의자 제작 및 성찰
골판지 의자 자료 조사
골판지의 특성
골판지 의자
디자인
아이디어

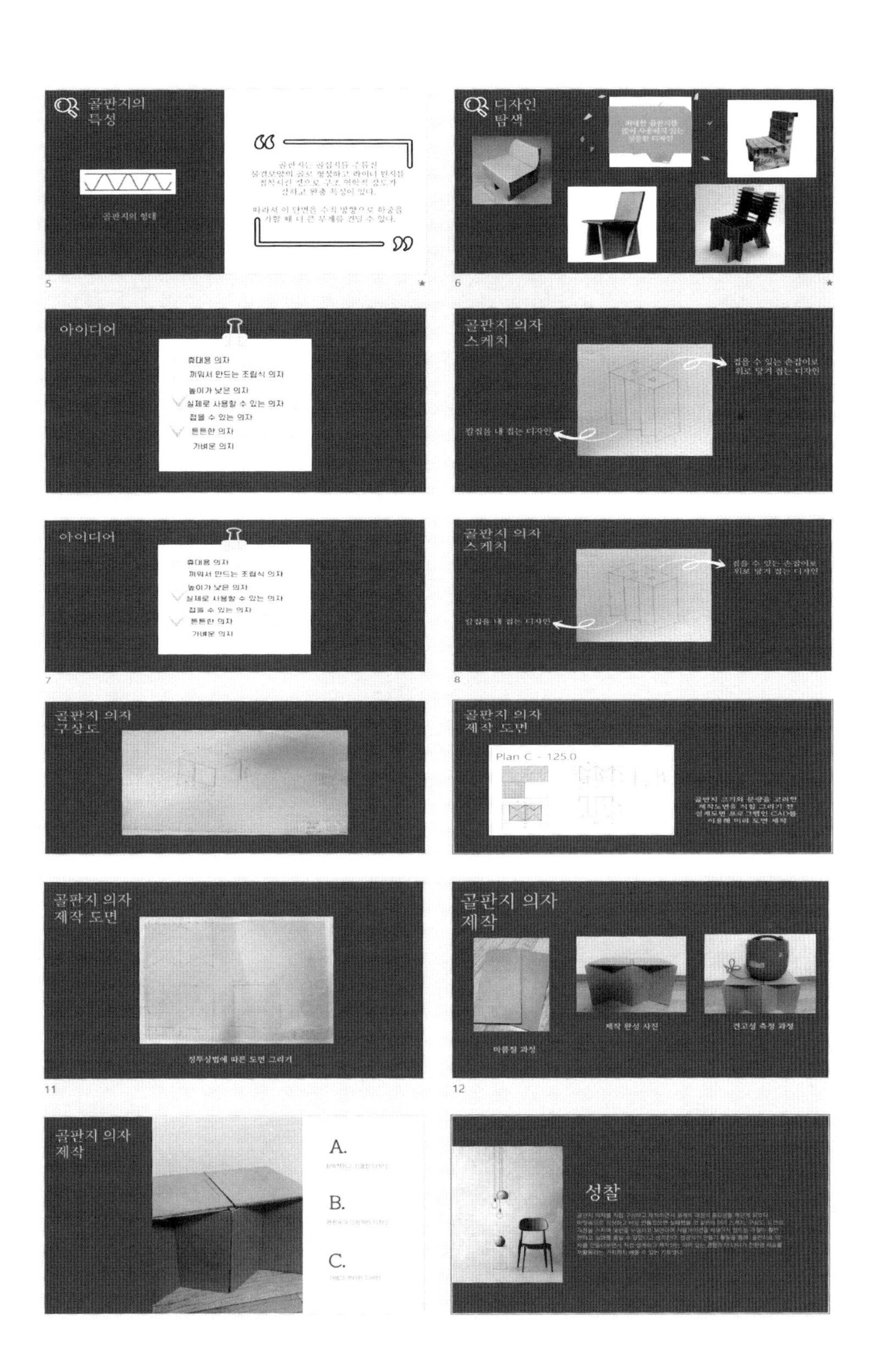
골판지의
특성
골판지의 형태
접착시킨 것으로 구조 역학적 강도가
강하고 완충 특성이 있다.
따라서 이 단면은 수직 방향으로 하중을
가할 때 더 큰 무게를 견딜 수 있다.
5
디자인
탐색
6
아이디어
휴대용 의자
끼워서 만드는 조립식 의자
높이가 낮은 의자
실제로 사용할 수 있는 의자
접을 수 있는 의자
튼튼한 의자
가벼운 의자
골판지 의자
스케치
접을 수 있는 손잡이로
위로 당겨 접는 디자인
칼집을 내 접는 디자인
아이디어
휴대용 의자
끼워서 만드는 조립식 의자
높이가 낮은 의자
실제로 사용할 수 있는 의자
접을 수 있는 의자
튼튼한 의자
가벼운 의자
7
골판지 의자
스케치
접을 수 있는 손잡이로
위로 당겨 접는 디자인
칼집을 내 접는 디자인
8
골판지 의자
구상도
골판지 의자
제작 도면
Plan C - 125.0
골판지 크기와 분량을 고려한
제작도면을 직접 그리기 전
설계도면 프로그램인 CAD를
이용해 미리 도면 제작
골판지 의자
제작 도면
정투상법에 따른 도면 그리기
11
골판지 의자
제작
마름질 과정
제작 완성 사진
견고성 측정 과정
12
골판지 의자
제작
A.
B.
C.
성찰

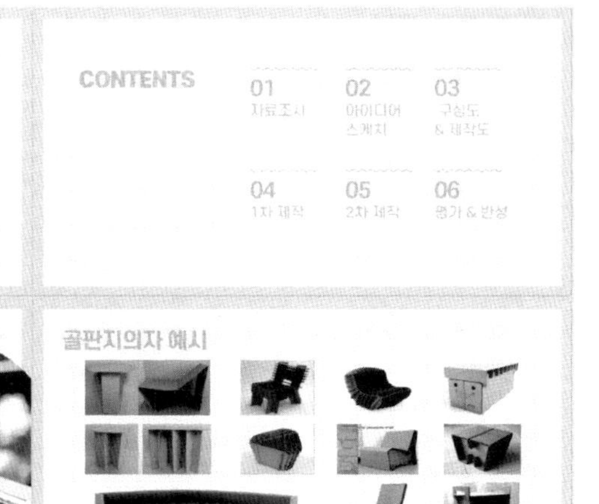

CHAPTER. 1

자료조사

골판지의자 예시

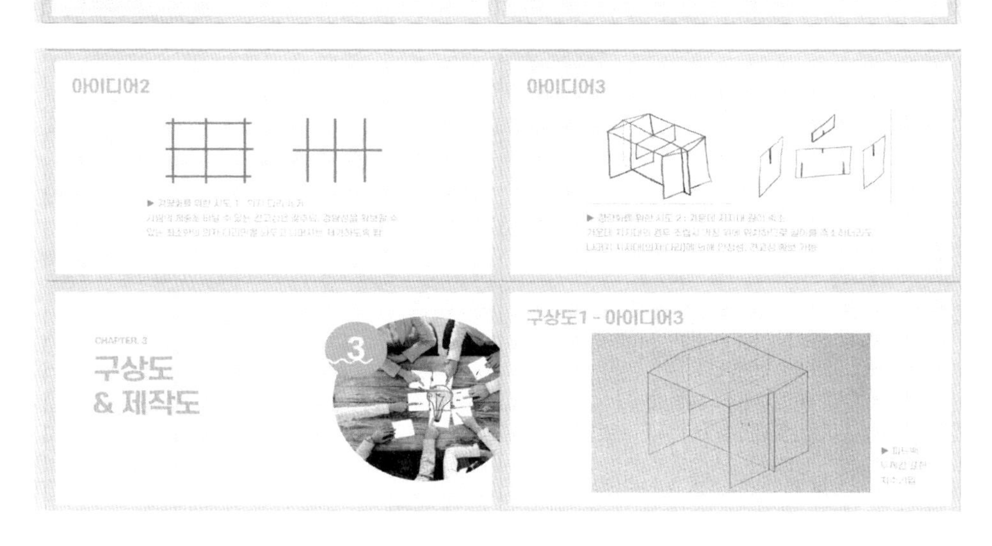

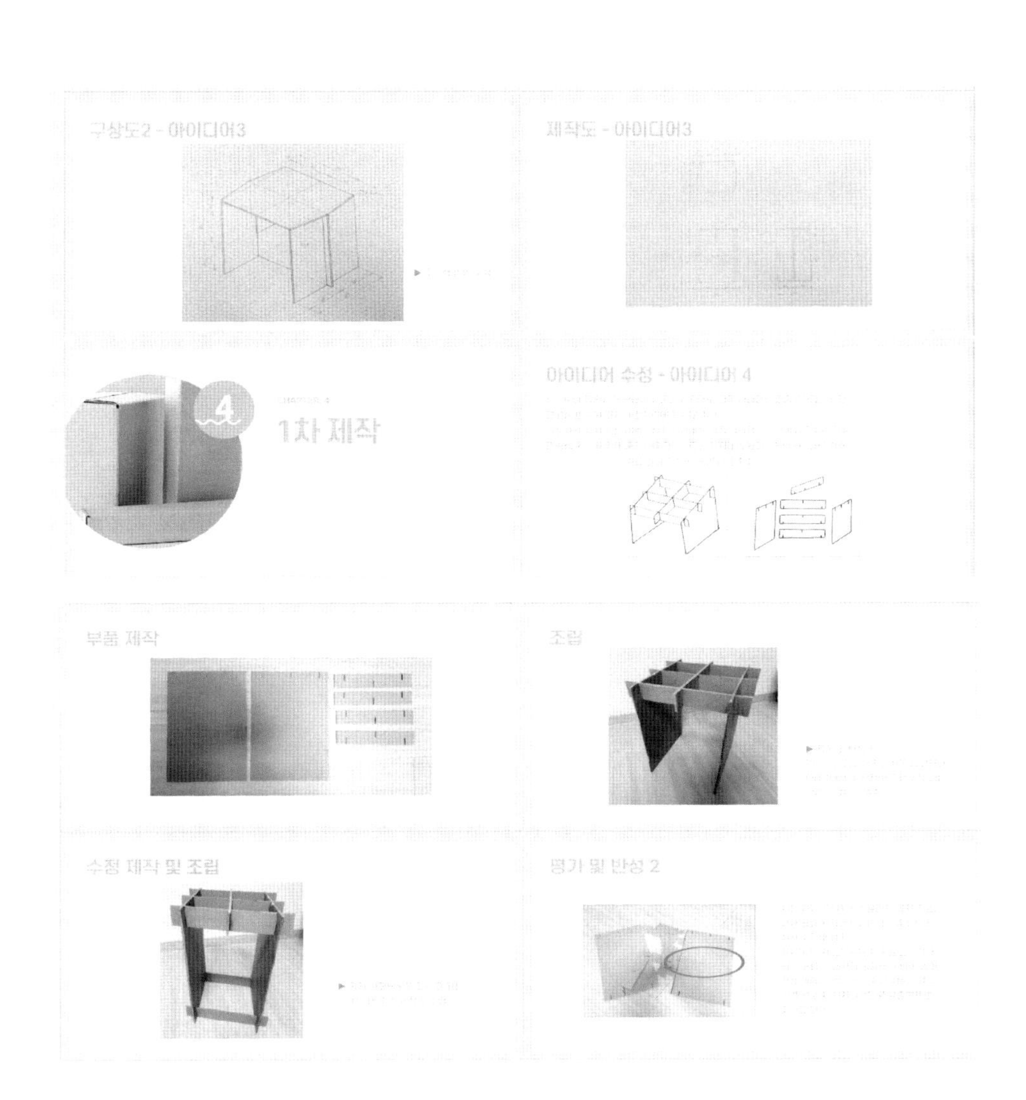
구상도2 - 아이디어3
제작도 - 아이디어3
4
1차 제작
아이디어 수정 - 아이디어 4
부품 제작
조립
수정 제작 및 조립
평가 및 반성 2

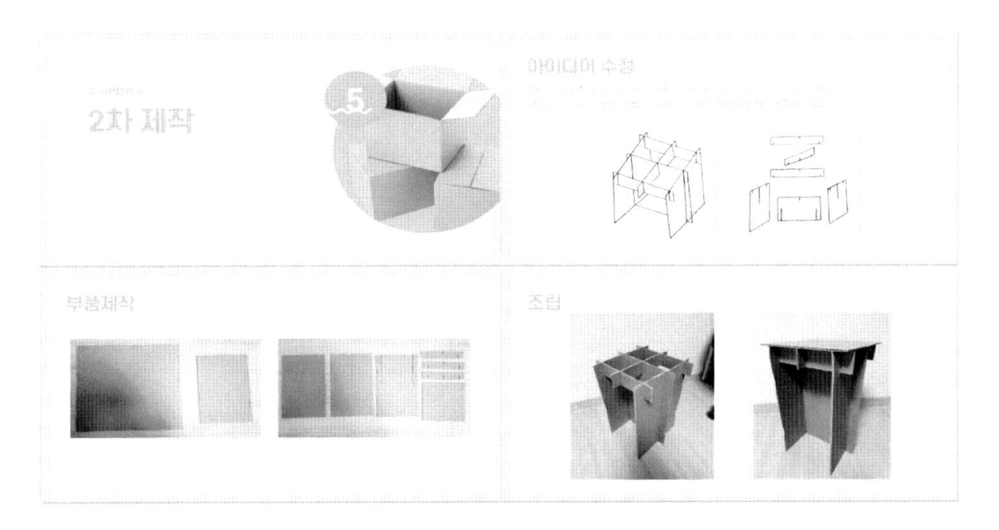
5
2차 제작
아이디어 수정
부품제작
조립

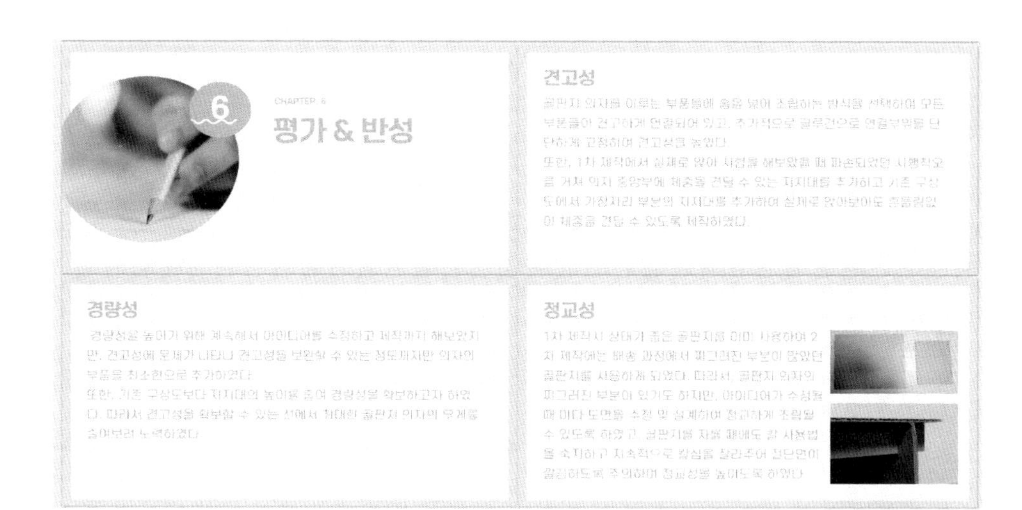

3. 문제 해결과 메이커 활동

가. 메이커 문제 해결 과정

실생활에서는 이미 배워서 익숙해진 반응 양식에서 단순하게 해결하기 어려운 장면이나 직관적인 독해로는 직접 해결에 이를 수 없는 장면(문제사태 또는 문제장면)에 직면했을 때, 우선 문제의 소재를 분명히 하고(문제파악), 어떠한 행동이 유효한가, 즉 어떻게 하면 목표에 이르는 수단·방법을 찾아낼 수 있는가를 찾게 된다. 그리고 여러 가지 시도를 해보는 동안(시행착오)에 문득 과제를 이해하는 범위에서 새로운 전망(통찰)이 세워지고, 과제가 단숨에 해결되어 간다. 이런 일련의 과정이 문제 해결이다.

과제의 해결 방법에는 실생활의 지적 수준, 문제의 어려움, 장면에 대한 익숙함 등이 관련되는데, 이들 과정을 실험적으로 연구한 것이 문제해결실험이다. E. L. 손다이크의 문제상자 실험, 켈러의 유인원을 이용한 도구사용의 예 등이 있다. 도구의 사용은 인간의 경우에는 정보의 적절한 이용과도 관련된다. 특히 오늘날처럼 정보과다 시대는 정보처리 능력과도 관계된다. 그리고 교육현장에서는 문제 해결 학습법을 이용하여 학습자가 주체적으로 학습해 갈 것을 강조한다.

첫째, 발명 대상 설정하기: 발명 대상을 설정하는 방법은 크게 특정 물건을 지정하거나, 불편한 것을 찾아내어 발명 대상으로 설정하기가 있다.

둘째, 자료 조사하기: 발명 대상으로 설정된 것과 관련된 자료를 조사하고 수집하여 검토한다.

셋째, 아이디어 도출하기: 발명 대상과 수집된 자료의 검토 결과를 통하여 발명 대상과 관련된 문제점을 해결하거나 이전에 시도되지 않았던 새로운 것들을 가감할 수 있는 다양한 방법을 가능한 한 많이 제시해본다.

넷째, 발명 아이디어 적용하기: 제시된 다양한 아이디어 중 가장 적절하다고 판단되는 방법을 실제로 적용하여 타당성을 검증한다.

다섯째, 발명품 만들기: 문제점을 개선하거나 새로운 기능을 가감하는 등 타당성이 검증된 아이디어를 적용해 발명품을 만든다.

아이디어 발상법의 하나로 차용법이라고 불리는 이 기법은 최근 아주 많이 이용되고 있다. 남의 아이디어를 빌린다는 것은 가장 신속한 방법으로 그다지 많이 생각하지 않아도 되는 장점이 있다.

그러나 도가 지나치면 단순한 모방이지 발명이 아님을 명심해야 한다. 즉 아이디어를 빌려서 새로운 발명을 하는 것은 장려하고 있다. 실용신안 제도가 바로 그것이다. 이미 특허로 등록되어 있는 기술이라도 보다 좋게 개선하면 실용신안등록이 가능하다. 이 때문에 특허를 대발명이라고 하고, 실용신안을 소발명이라고 한다.

문제의 이해 및 한정

불편함이나 어려움을 해결하거나 좀 더 새로운 기능을 추가하려고 할 때, 해결해야 할 문제점이 무엇인가를 명확하게 제한하고 몇 가지로 요약할 수 있어야 한다. 자신이 해결하고자 하는 것이 무엇인가를 명확히 할 수 있을 때 자신이 무엇을 해야 하는지도 결정할 수 있기 때문이다.

이러한 문제의 명확한 범위를 결정하기 위해서는 문제 상황을 분석하여 문제 상황이 어떤 요소들로 구성되어 있는지 확인하는 것이 필요하고, 문제 상황을 구성하고 있는 각각의 요소들을 분류하고 재구성하여 문제 상황의 원인을 몇 가지로 정리할 수 있어야 한다.

자료의 수집 및 분석

문제를 명확하게 이해하고 문제의 범위를 한정하여 해결해야 할 과제가 분명해지면, 문제 상황의 각 구성 요소 또는 문제 상황의 원인으로 보이는 것과 관련된 자료들을 수집하여 그 특성을 파악하고 해결책을 모색하여 가능한 대안들을 최대한 도출하는 과정이 필요하다.

문제 해결 방법 계획

제시된 대안 중 문제의 해결을 위한 타당성, 현실성, 경제성 등의 다양한 면을 고려하여 우선 적용할 최선의 대안을 선정해야 한다.

문제 해결을 위하여 적용할 대안이 결정되면 그 대안을 어떻게 문제 상황에 적용할 것인가에 대한 구체적인 계획을 세우고 필요에 따라 관련된 개념도나 도식 등으로 표현할 수 있어야 하고, 관련된 공구 및 기기를 열거하고 적합한 것을 선정할 수 있어야 한다.

또, 선정된 대안의 단계별 적용에 따라 기대하는 결과와 이에 부합하는지 판단할 수 있는 평가 준거(항목)와 각각의 평가 준거에 대한 평가 기준을 마련하여 대안을 적용한 뒤 그 결과가 의미 있는 것인가를 판단할 수 있도록 해야 한다.

선정된 문제 해결 방법 적용

문제 해결을 위해 도출된 대안 중 가장 합리적으로 판단되는 대안을 선정하고, 선정된 최적 안의 적용을 위한 계획을 세웠다면 해당 대안을 문제에 실제로 적용하여 변화를 관찰 및 측정 또는 계산하는 일련의 과정을 거쳐야 한다. 이러한 실제적 적용과 변화를 관찰하기 위해서는 필요에 따라 다양한 기기나 공구를 사용해야 하는 경우가 많은데 기기와 공구의 적절한 사용방법과 절차에 따라 작업을 할 수 있어야 한다.

또, 대안의 실제적 적용에 있어서 안전을 위한 보호 장구 착용 및 안전한 작업 방법의 선택, 작업에 적합한 환경 조성 등도 매우 중요하다.

이러한 실제적 적용의 결과로 단계별로 시제품(모형)을 만들어 봄으로써, 문제 해결을 위해 선정된 대안을 구체화해 갈 수 있다.

문제 해결 결과평가

최적 안으로 선정된 대안을 적용하여 단계별 시제품을 만들어 적용된 대안을 구체화해가는 과정에서 가장 중요한 것은, 대안을 적용해가는 각 단계에서 대안을 적용한 결과를 일정한 기준에 의해 평가하여서 적용한 대안이 본래 의도했던 것에 부합하거나 그 이상의 결과를 도출했는지 평가할 수 있어야 한다.

이미 대안의 적용 계획단계에서 대안의 적용 결과를 판단하기 위해 선정한 평가항목과 각 평가항목을 위한 기준에 따라 대안의 적용 결과를 평가해 적용한 대안이 의미가 있는지 판단할 수 있어야 한다.

만약 앞에서 확인한 문제의 원인을 해결하거나 개선하지 못하였다면, 적용하기로 한 대안이 계획대로 적용되었는지 여부를 점검해보아야 한다. 계획대로 적용되었는데도 그 결과가 의미 있는 것이 아니라면 앞에서 제시된 여러 대안들을 다시 검토하여 또 다른 대안을 선정하여 적용해 보고 그 결과를 평가해서 문제 상황을 해결하는 과정을 반복해야 한다.

나. 메이커 제품의 제작과 평가

재료와 공구의 선정

설계에 필요한 재료를 종류별로 적당한 양을 준비해야 한다. 이때 각각의 재료는 그 상태를 잘 확인하여 만들고자 하는 발명품의 특징을 잘 살릴 수 있는 것으로 선정해야 한다.

재료와 함께 각 재료를 가공하기에 적합한 공구와 기기를 선정하고 각 공구와 기기가 작업을 하기에 적합한 상태인지 점검한 뒤 미비한 점이나 빠진 공구와 기기가 있다면 보완하여 작업 도중에 공구를 찾거나 고치러 가는 일이 없도록 해야 한다.

메이커 활동에 필요한 공구

ㅇ 바이스: 공작물을 잡는 부분의 길이로 규격을 표시함(예, 4인치 바이스), 작업대(책상)에 볼트로 고정하고 사용해야 함

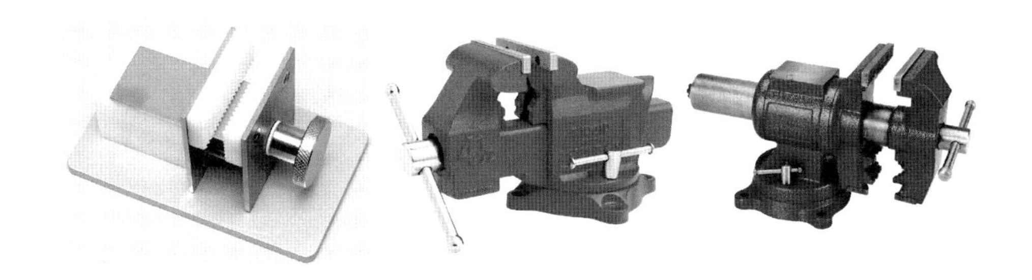

ㅇ 줄: 길이 20cm의 것으로 평줄, 둥근 줄, 반달 줄이 필요하며, 재료 면을 다듬거나 가공하는 데 필수적이다.

ㅇ 드릴: 속도 조절이 가능한 드릴이 학생들에게 안전함. 근래에는 국산의 충전식 휴대용이

발매되고 있음. 충전식은 회전 속력이 저속으로 안전하며 전선이 없어 간편하다(단 사용 전 충전해야 함). 한 코너에 탁상형 드릴링 머신을 설치하면 핸드 드릴을 사용할 때보다 더욱 안전하게 드릴 작업을 행할 수 있다. 드릴은 드릴 세트와 함께 구비하여 사용하는데, 드릴 세트는 30종 이상의 것을 권장하며 숙달되지 않은 학생들은 자주 부러뜨리므로 자주 사용하는 몇 종은 10개 정도씩 추가 구매하면 보충이 용이하다.

ㅇ 망치: 못 빼기 붙은 일반 망치 및 세공용 작은 망치를 구비하면 좋다.

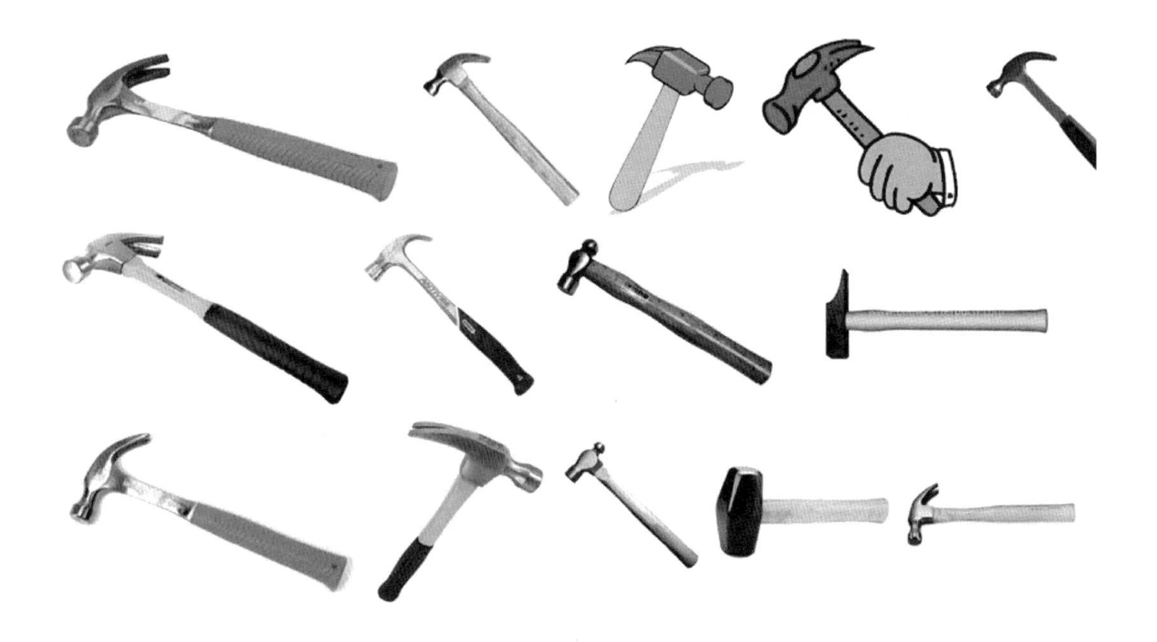

ㅇ 펜치류: 펜치, 라디오 펜치, 니퍼, 라디오용 니퍼, 플라이어를 구비

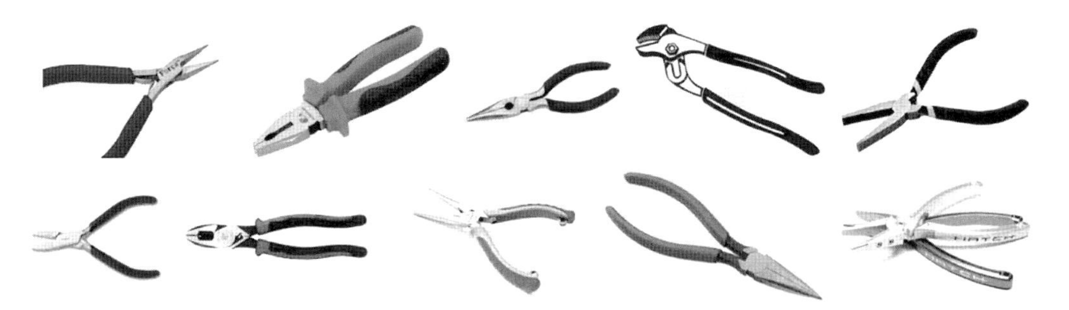

ㅇ 바이스 플라이어: 공작물을 견고하게 잡을 수 있어 드릴 작업 등을 안전하고 용이하게 해 준다.

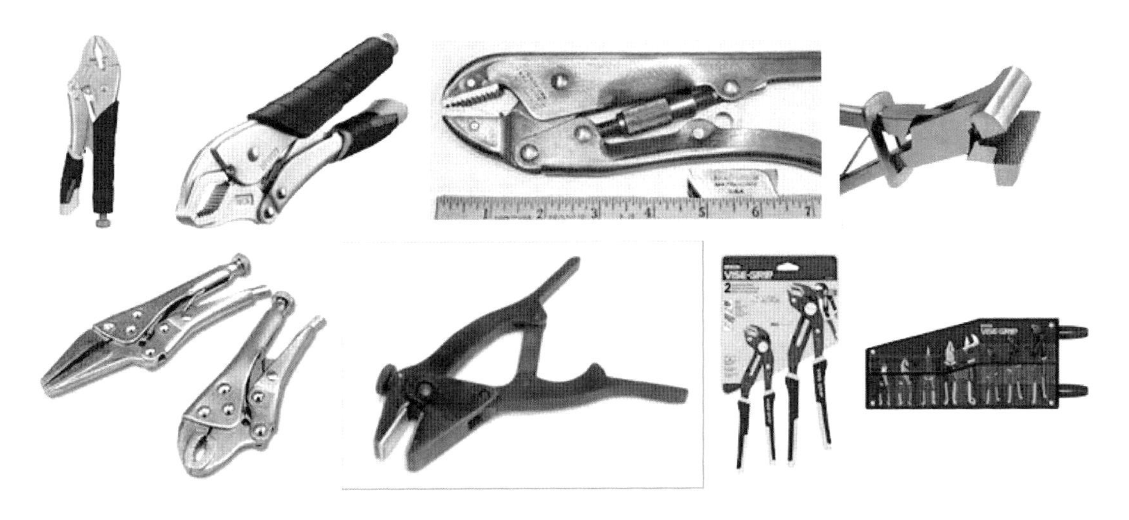

ㅇ 쇠톱/날: 쇠톱 대 또는 플라스틱 손잡이에 끼워서 사용, 쇠톱 날은 다스나 갑 단위로 구매하여 사용한다.

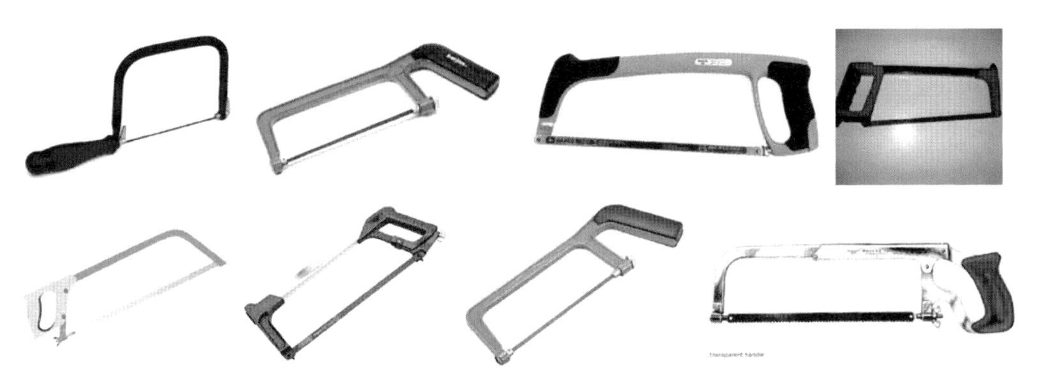

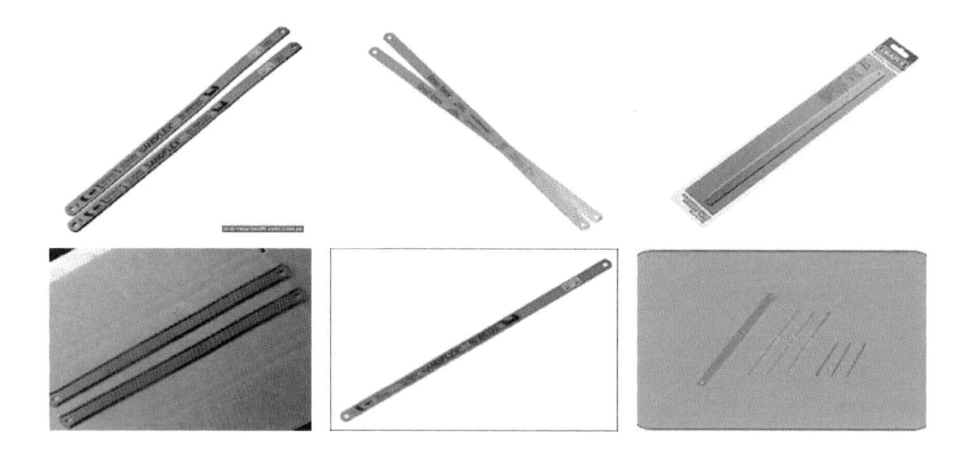

- 양날톱: 켜는 톱날과 자르는 톱날로 구성되어 있다.
- 등대기 톱: 톱니가 작아 나무를 정교하게 자를 수 있다.
- 쥐꼬리 톱: 나무판에 도형을 오려내기 위한 톱으로 드릴로 구멍을 뚫고 톱으로 썰어 간다.
- 실톱: 곡선으로 오려낼 수 있다.

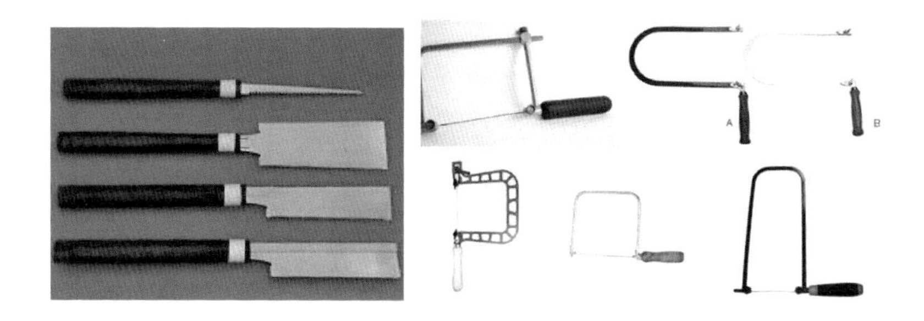

- 그라인더: 공작물을 갈아 내는 데 쓰이는 공구로서 전동용은 편리한 대신 회전속도가 대단히 빨라 학생들에게는 위험할 수도 있다. 수동식은 가격이 저렴하고 위험이 적다.

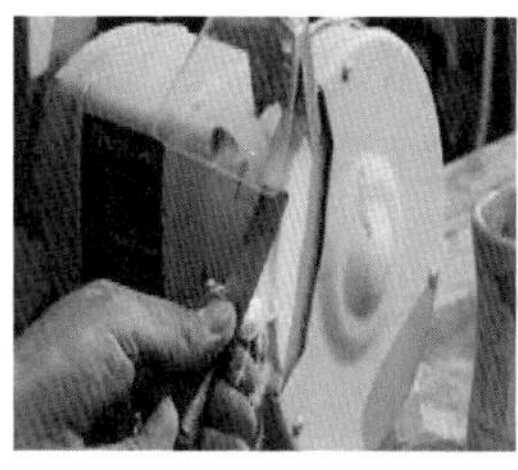

○ 조각칼, 아크릴 칼: 조각칼 세트는 나무 등의 재료에 홈을 파는 데 쓰이며 아크릴 칼은 아크릴을 자르는 데 사용된다.

○ 클램프: 공작물을 책상 면에 고정할 때 사용하며 적절히 사용하면 편리하다.

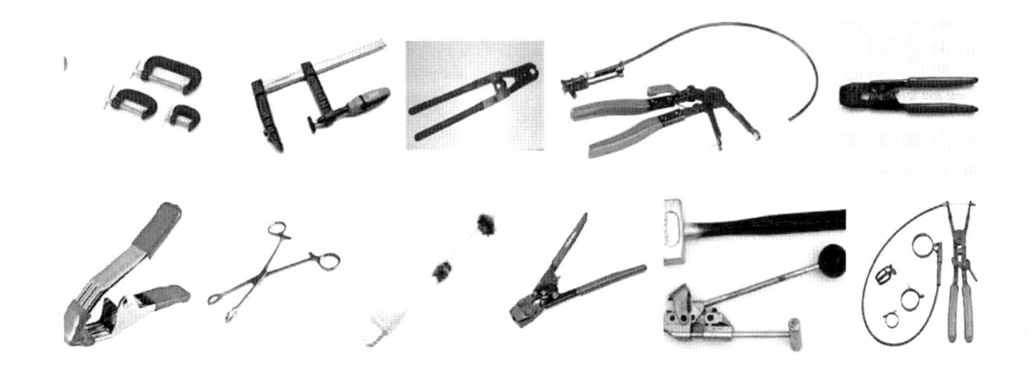

○ 전기인두: 전자 공작에 필수적이며 20W 정도의 세라믹형이 좋다. 인두 받침대, 페이스트와 납 제거기가 필요하다.

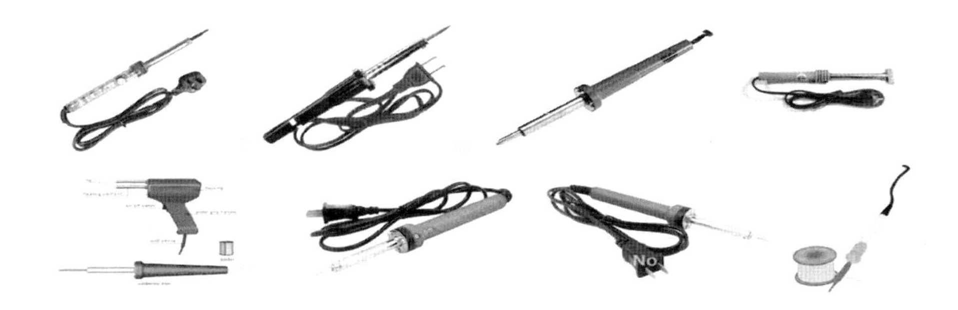

ㅇ 강철 자: 스테인리스 강철 자 1m, 60cm, 직각자 등을 구비한다.

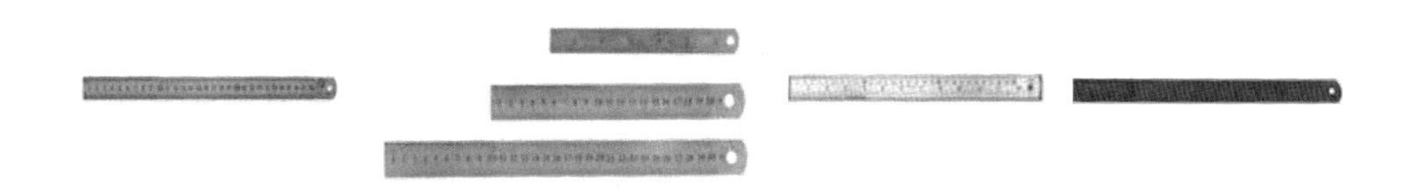

ㅇ 송곳: 일반 문구류, 나무 등에 홈을 내고 나사를 박는 데도 쓰인다.

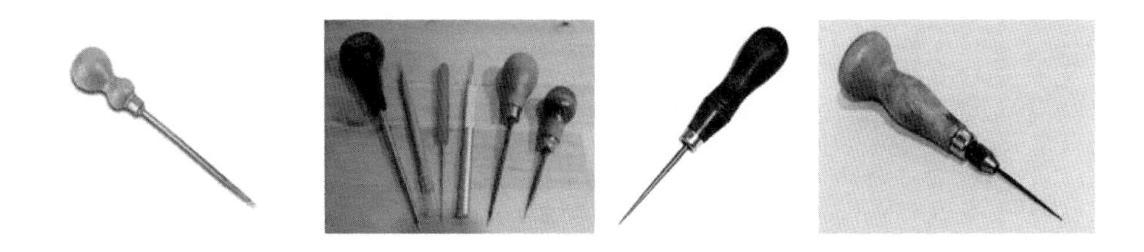

ㅇ 드라이버 세트: +, − 두 종류와 각각 큰 것, 작은 것이 있다.

ㅇ 핫 멜트 글루건: 실리콘 수지를 열로 녹여 물체를 붙이는 공구로 전기로 열을 발생한다. 나무, 아크릴 등의 물체를 대단히 빨리 붙여갈 수 있는 장점이 있으나, 열전도가 좋은 금속류에는 녹은 실리콘 액체가 급히 식기 때문에 잘 붙지 않는다.

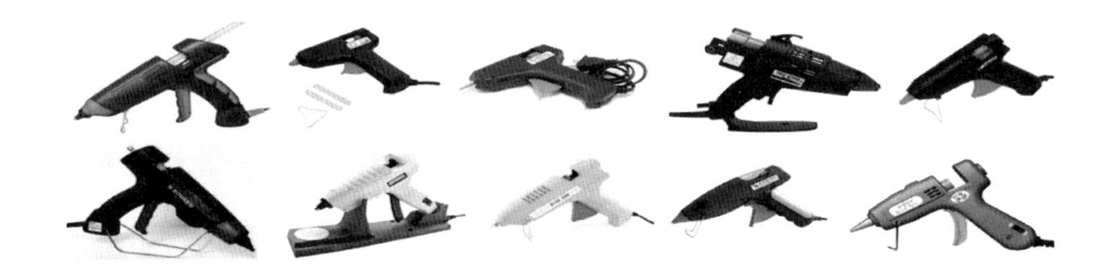

다. 브레인스토밍

브레인스토밍은 1941년 BBDO 광고대리점의 '알렉스 F 오스본'이 제안한 '아이디어를 내기 위한 회의기법'에서 비롯된 것으로, 미국과 일본에서는 이미 40여 년 전부터 회사와 학생의 발명, 발견기법으로 활용되고 있다.

우리나라에서는 한일합섬이 이 방법을 처음으로 도입하여 큰 성과를 올린 바 있으며, 학교는 부산에 있는 거성중학교 발명, 과학반이 처음 활용하여 놀라운 성과를 올린 것으로 보고되어있다.

【 브레인스토밍의 4원칙 】

1. 제1 법칙-자유자재로 사고한다.
   '자유롭게 방만하게 생각하고'라고 다짐해도 실제로는 어떻게 해야 할지 몰라 좌충우돌하기 마련이지만 발상 방법으로 귀중한 자세이다.
2. 제2 법칙-비판을 엄금
   마음을 비운다면 누구나 할 수 있는 실천적 법칙이며, 네 가지 법칙 가운데 가장 중요한 요소이다. 아이디어의 질과 타당성을 냉정하게 검토하는 것도 필요하지만 그것은 맨 마지막에 하는 방법이다.
3. 제3 법칙-질보다는 양
   한 번에 만루 홈런을 치겠다는 것은 무리이다. 긴장을 풀고 아이디어를 낳는 리듬을 탈 것, 사고하는 양이 많아지면 당연히 질은 높아진다.
4. 제4 법칙-결합 개선
   기존의 정보 및 아이디어를 조합한다는 법칙이다.
   몇 가지 제안된 아이디어를 크로스로 연결해 그 맛을 잘 음미해본다.
   발상이 필요한 모든 경우에 요긴하게 쓰이는 보편적 지침이다.

라. SCAMPER의 발명기법을 통한 아이디어 발상 연습

SCAMPER는 '체크리스트 법'에 속하는 것으로 기존의 제품을 다소간 개조하여 신제품을 발명해 내는 데 유용하게 활용되는 질문기법이다. 스캠퍼는 Osborn의 질문 리스트를 재조직하여 만든 것이다. 원래 오스본은 아이디어를 향상하는 약 75가지의 질문을 제시하고 이들을 9개로 압축하였다. 이를 다시 Eberle가 재구성하여 7가지 질문으로 구성하였다. SCAMPER란 7가지 질문에 있는 핵심 단어들의 첫 철자를 따서 기억하기에 편리하도록 만든 약어이다. 각 철자를 보면 아이디어를 자극할 수 있는 질문을 떠올릴 수 있다. 약어를 좀 더 구체적으로 표현하면 S(substitute, 대치하기), C(combine, 결합하기), A(adapt, 응용하기), M(modify - magnify - minify, 수정, 확대, 축소하기), P(put to other use, 새로운 용도), E(eliminate, 제거하기), R(rearrange-reverse, 재배열하기)의 약자들이다. 부분별로 제기할 수 있는 질문들의 유형은 다음과 같다.

S(substitute? 대치시키면?)

ㅇ 이 제품을 어린이(남자, 여자, 노인들, 젊은이들, 노동자)가 사용하려면 어떻게 해야 할까?

ㅇ 다른 성분으로 대치시킬 수는 없는가?

ㅇ 재료를 다른 것으로 바꾸면 어떻게 될까?

ㅇ 생산의 과정을 다르게 변화시키려면 어떻게 할까?

ㅇ 다른 에너지로 대치시키면 어떻게 될까?

ㅇ 만약, 장소를 바꾸면 어떻게 될까?

ㅇ 음성을 다르게 대치시키면 어떻게 될까?
ㅇ 이 제품과 대치할 수 있는 것은 어떤 것들이 있을까?

C(combine, 결합하면?)

ㅇ A의 기능과 B 기능을 결합하면 어떻게 될까?
ㅇ A의 기능과 B 기능을 섞어서 새로운 것은 만들 수 없을까?
ㅇ A의 기능 앙상블을 이루는 것에는 어떤 것들이 있을까?
ㅇ A 단원과 B 단원을 재구성한다면 어떻게 해야 할까?
ㅇ A의 아이디어와 B의 아이디어를 조합하면 어떻게 될까?

A(adapt? 응용하면?)

ㅇ 이 아이디어를 응용하면 어디에 활용할 수 있을까?
ㅇ 이 제품에서 활용할 수 있는 새로운 아이디어는 무엇인가?
ㅇ 아이디어에서 각색하여 활용할 수 있는 것은 어떤 것들이 있는가?
ㅇ 이 아이디어를~에 활용하게 각색을 하려면 어떻게 해야 할까?
ㅇ 이 제품의 기능과 비슷한 것에는 어떤 것들이 있는가?
ㅇ 이 기능은 어떤 아이디어를 시사하는가?
ㅇ 이 제품의 아이디어와 기존 제품의 아이디어와 비슷한 것은 무엇이며, 그것을 좀 더 낫게 각색하려면 어떻게 해야 할까?

M(modify - magnify - minify? 수정, 확대, 축소하면?)

ㅇ 이 모양을 좀 더 확대하면 어떻게 될까?
ㅇ 이 제품의 모양을 좀 더 작게 축소하면 어디에 활용할 수 있을까?
ㅇ 이 모양을 움직이게(이동하기, 들어 올리기, 고정하기 등) 쉽게 변형시키려면 어떻게 할까?
ㅇ 이 제품이 시사하는 의미를 좀 더 바꾸려면 어떻게 해야 하나?
ㅇ 이 제품의 색깔(소리, 향기, 형태 등)을 바꾸면 어떻게 될까?
ㅇ 이 아이디어를 활용할 빈도를 높이려면 어떻게 해야 할까?
ㅇ 이 제품의 성능을 더 강하게(약하게, 가볍게, 간소하게, 무겁게) 하려면 어떻게 해야 할까?
ㅇ 설명하는 방식을 다르게 한다면 어떻게 될까?
ㅇ 이야기의 구성을 어떻게 수정하면 재미있는 이야기가 될까?

P(put to other use? 새로운 용도는?)

ㅇ 이 제품을 다른 용도로 사용한다면 어떤 용도들이 있을까?

ㅇ 기존 제품의 기능 중 일부를~수정하여 사용한다면 어떤 용도로 사용할 수 있을까?

ㅇ 이 아이디어의 맥락을~로 바꾸면 어떤 용도로 사용할 수 있을까?

ㅇ 이 제품의 모양, 무게 또는 형태로 보아 사용할 수 있는 다른 용도는 어떤 것들이 있을까?

E(eliminate? 제거하면?)

ㅇ 이 제품에서~을 없애 버리면 어떻게 될까?

ㅇ 이 제품에서 부품 수를 줄이면 어떤 모양의 제품이 될까?

ㅇ 이 제품에서 없어도 되는 기능들은 어떤 것들인가?

R(rearrange-reverse? 재배열하면?)

ㅇ ~와~의 인물 역할을 바꾸면 어떤 현상이 일어날까?

ㅇ 조명 기구의 배치를(위에서 아래로→아래서 위로) 바꿀 수 있는가?

ㅇ 이 제품을 좀 더 편리하게 사용하려면~와~의 위치를 어떻게 바꾸어야 할까?

ㅇ 일을 좀 더 효율적으로 하려면 스케줄을 어떻게 해야 할까?

ㅇ 근무조건을 향상하기 위해 출퇴근 시간을 어떻게 조정해야 하는가?

ㅇ 이 이야기에서 원인과 결과를 바꾸려면 어떻게 전개되어야 하는가?

ㅇ 일의 효율성을 위하여 가구나 기기를 어떻게 배치해야 하는가?

ㅇ 노동자의 입장에서 생산라인을 다시 조정하면 어떻게 해야 하는가?

ㅇ 이 제품의 구성 요소를 상호 교환하면 어떤 제품으로 될까?

4. 발명 특허와 메이커 활동

새로운 발견, 관찰, 개선으로 발명이 구체적인 힘을 발휘하기 위해서는 '특허', '실용신안'과 같은 권리를 인정받아야 한다. 기술적인 노력의 결과인 발명은 그 자체로는 법적인 효력이나 인정을 받을 수 없다. 그러므로 새로운 발명품에 대하여 다른 사람이 만들거나 판매하지 못하도록 일정한 기간 동안 독점권을 부여 받아야 하는 데, 이를 특허라고 한다. 특허 받은 기술은 일반 대중들에게 공개된다. 즉 특허는 자신의 발명을 세상에 공개하는 대신에 독점권과 권리의 보호를 국가로부터 인정받는 것이다.

가. 특허제도

특허제도는 발명을 보호, 장려하고 그 이용을 도모함으로써 기술발전을 촉진하여 산업발전에 기여함을 목적으로 하고 있다. 발명자에게는 특허권이라는 독점적이고 배타적인 재산권을 부여하여 보호하고, 그 발명을 공개함으로써 그 발명의 이용을 통하여 산업발전에 이바지하는 것으로 신기술 보호제도, 발명 장려제도, 또는 사적 독점 보장 제도라고 부르기도 한다.

따라서 특허제도의 가장 중추적인 기능은 궁극적으로 발명을 장려하고 산업 발달을 촉진하여 경제적으로 부흥된 풍요로운 삶을 건설하자는 데 있는 것이다.

발명은 산업 기술에 이용할 수 있는 기술적인 창작물로서 반복하여 대량으로 생산할 수 있는 것이어야 그 가치가 커지게 된다. 따라서 아이디어의 수준에만 머무르는 발명은 법적인 권한이나 효력이 없으며, 먼저 특허청에 출원하는 것이 중요하다. 출원이란 자신의 발명 아이디어를 법적으로 보호받고 공개하기 위한 과정으로서 일정한 심사과정을 거친 후 자신의 지식재산권으로 보호받을 수 있다. 따라서 하나의 발명이 완성되고, 구체화 되면 빨리 특허청에 출원하는 것이 중요하다.

기발하고 새롭다고 하여 모든 발명이 특허권을 받을 수 있는 것은 아니다. 공업, 광업, 농업, 수산업, 어업 등 산업 분야에서 실제 활용되거나 이용될 가능성이 있어야 하며, 출원되기 이전에 일반인들이 이미 알고 있거나 알려지지 않은 것이어야 하고, 출원한 발명이 현재의 기술 수준에서 쉽게 발명할 수 없는 것이어야 특허권을 받을 수 있다.

특허제도의 목적은 발명을 보호하고 장려하며, 이용을 촉진함으로써 기술발전을 촉진하여 산업발전에 이바지하는 데 있다. 우리나라의 특허제도는 1908년 순종 2년에 대한제국 특허령을 공포하였으며, 1946년 미 군정 시기에 '특허원'을 창립하고 최초의 특허법을 제정하였다. 이후 1961년 12월 31일에 특허법, 실용신안법, 의장법이 각각 단행법으로 제정 공포되었다.

나. 지식 재산권

우리는 '재산'이라고 하면 돈, 아파트, 빌딩, 토지 등을 먼저 떠올린다. 현대사회에서는 이러한 것들 이외에도 사람 머릿속의 상상, 아이디어에서 출발한 문학 작품, 예술 작품, 발명품 등도 재산이 되며, 이러한 것들을 '지식 재산'이라고 한다.

원래는 지적 소유권으로 지칭되었지만, 산업발전으로 인한 확대 해석의 근거로 1998년부터 지식 재산권으로 변경되어 지적 산물의 포괄적 의미로 사용되고 있다.

지식 재산권은 특허・실용신안・의장・상표 등의 산업재산권과, 과학・문학・예술 작품 등의 저작권, 실연가・음반 제작가・방송사업자권리 등의 저작 인접권, 그리고 반도체 칩・집적회로 배치 설계권, 뉴미디어권, 데이터베이스권, 영업비밀보호법, 생명공학기술권, 컴퓨터프로그램 및 인공지능 소프트웨어권, 캐릭터, 프렌차이징 등의 신지식 재산권을 말한다.

지식 재산권은 지적 활동으로부터 발생하는 각종 창작물에 대한 권리와 그에 따른 제반 보호를 목적으로 하고 있다. 여기에는 산업발전을 목적으로 하는 산업재산권과 문화 창달을 목적으로 하는 저작권, 또한 급속도로 발전하는 컴퓨터 산업 등의 확장으로 인해 신지식 재산권을 포함하여 확대 분류하고 있다.

특히 지식 재산권은 지적 창작물을 보호하는 무체(無體) 재산권이며, 그 보호 기간이 한정되어 있다는 점이 특색이다. 그리고 산업재산권은 특허청의 심사를 거쳐 등록해야만 보호되는 반면 저작권은 출판과 동시에 보호되며, 산업재산권은 10~20년 정도, 저작권은 사후 70년까지 보호 기간을 설정하고 있다. 산업재산권의 모든 업무는 특허청이 하고 있으며, 발명진흥회와 대한변리사협회 등 많은 관련 기관과 단체가 관련 업무를 활발하게 수행하고 있다.

▣ 지식 재산권의 종류

이처럼 지식 재산권에는 산업재산권(Industrial Property), 저작권(Copy Right), 그리고 신지식 재산권(New Intellectual Property)이 있다. 지식 재산권이 필요한 이유는 아래 그림과 같이 독점을 통한 경쟁우위를 선점하고, 아이디어를 재산권화하며, 산업재산권 분쟁 시 해결이 용이하며, 기업에 대한 신뢰가 높아지는 효과가 있기 때문이다.

◫ 산업재산권

구 분	내용 설명
특허권	아직껏 없었던 물건 또는 방법을 최초로 발명하였을 경우 그 발명자에게 주어지는 권리이다.
실용신안권	이미 발명된 것을 개량하여 보다 편리하고 유용하게 사용할 수 있도록 한 물품의 형상, 구조 또는 조합에 부여되는 권리이다.
디자인권	물품의 형상, 모양이나 색채 또는 이들을 결합한 것으로서 시각을 통하여 미감을 일으키게 한 것에 부여하는 권리이다.
상표권	자기의 상품을 다른 업체 상품과 구별하기 위하여 사용하는 기호, 문자, 도형, 입체적 형상 등에 부여하는 권리이다.

특허제도는 발명을 보호·장려함으로써 국가산업의 발전을 도모하기 위한 제도로 내가 발명한 발명품을 모든 사람들에게 공개해 주고, 그 대가로 특허를 받아 일정 기간 동안 나만이 그 발명품을 만들 수 있도록 한 것이다. 특허를 받기 위해서는 여러 가지 요건을 만족시켜야 한다. 즉, 자연법칙을 벗어나지 않아야 하고, 산업에 이용할 수 있어야 한다. 그리고 이미 알려진 기술이 아니어야 하며, 선행기술과 차별화된 것이어야 한다.

다. 특허 발명품의 검색

발명을 하였더라도 특허청의 일정 서식에 의해, 발명의 내용을 실은 특허 출원서를 제출한 후, 엄격한 심사를 거쳐야 특허를 받을 수 있다.

그러나 같은 발명이 서로 다른 사람에 의해 중복하여 특허 출원되었다면 우리나라의 경우 먼저 특허 출원서를 특허청에 제출한 자에게 특허를 부여한다. 따라서 발명을 먼저 하였더라도 특허 출원서를 늦게 제출하였다면 특허를 받을 수 없는 것이다. 그러므로 발명을 하였다면 서둘러서 특허출원하는 것이 매우 중요하다.

그러나 특허, 실용신안, 디자인은 아직 공개되지 않은 발명 또는 고안에 대하여 독점권을 부여하는 것을 의미하기 때문에 특허, 실용신안, 디자인 및 상표를 출원하기 위해서는 먼저, 선행기술 및 선등록 상표 등을 검색하여 저촉 여부를 분석한 후에 이를 회피하여 하는 것이 중요하다. 따라서 반드시 특허 검색을 통해 이를 확인해야 하며, 특허 상표의 검색 분석을 수행한 후, 출원을 하면 등록받을 수 있는 확률을 몇 배로 높일 수 있는 아주 중요한 사항이다. 특허 검색은 주로 특허 항목별 검색이나 산업 분류별 검색을 하게 된다.

여기서는 한국특허정보원에서 제공하는 키프리스(http://www.kipris. or.kr/)를 이용하여 특허청에 출원한 산업재산권을 검색하는 방법을 안내하고자 한다. 키프리스는 회원가입을 하지 않고서도 특허 정보를 무료로 검색할 수 있다.

KIPRIS 검색시스템에서 좀 더 편리하고 개선된 이용환경을 제공받고자 할 때는 "찾아가는 특허검색서비스"를 이용할 수 있다. "찾아가는 특허검색서비스"란 기관 또는 업체의 홈페이지에 특허 검색창을 개설하고자 할 때 KIPRIS에서 제공하는 전용프로그램을 설치(소스코드 삽입)하여 특허 검색창을 생성하고, 이 창을 통하여 KIPRIS의 검색결과를 기관의 홈페이지에서 직접 조회할 수 있도록 제공하는 서비스이다.

이 검색시스템에서 현재까지 제공되는 서비스 형태는 KIPRIS 초기화면의 중앙에 위치한 통합검색의 형태와 항목별 검색에서 많이 이용되는 필드를 모아놓은 키워드/출원인 검색형태이다.

다양한 분야의 발명품을 검색하기 위해서 대한민국학생발명전시회(조선일보사), 전국학생과학발명품경진대회와 같이 학생을 대상으로 한 발명경진대회의 수상작을 검색하면서 발명 아이디어를 찾아보도록 한다.

보다 전문적이고 구체적인 발명 특허 정보를 검색하기 위해서는 한국특허정보원(www.kipris.or.kr)에 접속하여 정보를 찾아볼 수 있다.

■ 대한민국학생발명전시회

'대한민국학생발명전시회'는 특허청이 주최하고, 한국발명진흥회가 주관하는 학생발명경진대회다. 1988년부터 시작되어 매년 대회가 개최되고 있다. '발명 교육센터'에서 운영되고 있다.

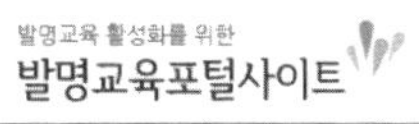

■ 전국학생과학발명품경진대회: '전국학생과학발명품경진대회'는 과학기술정보통상부가 주최하고, 국립중앙과학관이 주관하는 학생발명경진대회다. 1979년부터 시작되었고, 이 대회는 생활과학Ⅰ(실내용품), 생활과학Ⅱ(실외용품), 학습용품, 과학완구, 자원 재활용의 다섯 분야로 나누어 진행된다. www.science.go.kr >과학교육/행사 >발명품경진대회

라. 특허 출원 방법

출원이라는 것은 특허를 받기 위해서 특허를 받을 권리를 가진 자나 또는 그의 대리인이

소정의 서류를 특허청에 제출하는 행위를 말한다. 즉, 새로운 발명이나 고안을 하였으면 그 내용을 규정된 서식에 의거하여 작성하고 이를 특허청에 제출하여 심사과정을 받아야 권리를 얻는 것이다.

권리를 얻는다는 것은 그 발명에 고유권한을 갖는다는 것이다. 따라서 발명을 하였으면 그냥 방치해서는 안 되고, 반드시 출원을 해야 권리를 획득할 수 있다. 특허를 출원할 수 있는 사람은 발명자(고안자), 발명자로부터 특허 받을 수 있는 권리를 승계받은 승계인, 발명자나 승계인의 상속인이다. 특히 타인의 발명을 절취·강취하는 사기 수법에 의한 출원 행위를 무권리자의 특허 출원이라 한다. 무권리자가 한 특허 출원은 반드시 거절되며 정당한 권리자만이 보호를 받게 된다.

성찰 과제

1. 메이커 활동에 필요한 발명기법을 구체적으로 설명하시오.

2. 아이디어 발상 기법을 5가지 이상 설명하시오.

3. 기술적 문제 해결 과정을 예를 들어 설명하시오.

4. 메이커 활동을 위한 구체적인 문제 해결 과정을 단계별로 설명하시오.

5. 메이커 활동 후의 발명 특허로 출원하는 방법을 설명하시오.

6. 메이커 활동을 하기 위한 발명 특허를 검색하는 방법을 제시하시오.

참고 문헌

강인구 (2001). **창의와 발명 여행.** 서울: 세창출판사.
강일석 · 이준희 (2003). **발명의 세계 타임머신 대모험.** 서울: 두산동아.
강태훈 (2005). **클릭을 발명한 괴짜들.** 서울: 궁리.
권재열 외 (2000). 발명 활동의 저변 확대를 위한 계층별 발명 활동 활성화 방안 연구. 한국발명진흥회.
김건용 (2006). **발명 교육을 통한 창의성 효과.** 서울: 한국학술정보.
김경래 · 정수영 (2001). **인류 발명을 앞당긴 발명의 천재 에디슨.** 서울: 채우리.
김광석 역 (1999). **유레카 세상을 움직인 10가지 발명 규칙.** 서울: 인간사랑.
김동광 역 (2006). **천재 교수의 과학캠프(발명 ZONE).** 서울: 을파소(북이십일).
김문호 역 (2003). **고대 이스라엘의 발명.** 서울: 이산.
김민재 (1998). **몰래 발명 이야기.** 서울: 세창출판사.
김병재 외 역 (2005). **알기 쉬운 트리즈.** 서울: 인터비젼.
김선정 외 (2002). **선진국 직무발명보상제도 연구.** 서울: 한국발명진흥회.
김수경 · 조현숙 (2006). **단순한 생각이 만들어 낸 과학발명 100가지.** 서울: 계림.
김연수 역 (2003). **발명가가 되고 싶다고.** 서울: 문학동네어린이.
김용익(2002). 초등학교 실과교과를 통한 발명 교육의 방안. **한국실과교육학회지. 15**(3). 49-66.
김용익 · 최유현 · 이원춘 · 전인기 (2005). **교과를 통한 발명 교육 활성화 방안** 특허청 수탁과제 보고서.
김용익 · 이춘식 (2005). 초등 예비교사의 창의적 문제 해결 능력 강화를 위한 문제 중심 학습(PBL) 교육자료 개발 연구. **한국실과교육학회지.** 18(3).
김응칠 · 김승준 (2003). **꼬리를 무는 발명 여행.** 서울: 채우리.
김익철 (2006). **무엇을 만들어야 하는가 (트리즈를 활용한 신제품 개발).** 서울: 인터비젼.
김인석 (1998). **발명가로 성공하는 길.** 서울: 세창출판사.
김중만 (2004). **발명기법과 특허출원방법.** 서울: 효일.
김중만 (2004). **발명기법과 특허출원방법.** 서울: 효일.
김진준 역 (2002). **경도: 해상시계 발명 이야기.** 서울: 생각의 나무.
김현구 역 (2002). **인간의 삶을 뒤바꾼 위대한 발명들.** 서울: 여강출판사.
김호종 (2006). **실용 트리즈(기초 편).** 서울: 두양사.
김효준 외 (2004) **생각의 창의성 TRIZ(트리즈).** 서울: 지혜.
남기만 역 (2002). **에디슨의 두 개의 책상발명과 경영.** 서울: 이지북.
대한과학진흥회 (2004). **어린이 폐품 발명대회.** 서울: 효성사.
류좌식 (1999). **재미있는 발명의 세계.** 서울: 명지출판사.
류창열 (2000). **에피소드로 보는 발명의 역사.** 서울: 성안당.
문대영 · 류창열 (2000). 기술적 문제 해결을 위한 창의적 사고 과정 분석: 적응자 · 혁신자 문제 해결 활동을 적용한 사례 연구. **한국기술 교육학회지,** 1(1), 162-173.
박성균 역 (2005). **그러자 갑자기 발명가가 나타났다.** 서울: 인터비젼.
박혁구 (2000). **발명의 보물찾기.** 서울: 세창출판사.
박혁구 (2001). **생활 속의 발명.** 서울: 세창출판사.
서울대아동과학연구회 역 (2003). **놀이과학(자석 놀이).** 서울: 성우.

손영삼 (2000). **손영삼 발명 이야기.** 서울: 행림출판.
안정희 역 (2004). **세계를 바꾼 아이디어.** 서울: 사이언스북스.
오일환 역 (1998). **중국 역사 속의 과학발명.** 서울: 전파과학사.
왕연중 (2001). **어떻게 이런 일이. 발명 365.** 서울: 세창출판사.
왕연중 (2001). **엉뚱한 발상 하나로 세계적 특허를 거머쥔 사람들 9(21세기 판).** 서울: 지식산업사.
왕연중 · 김민국 (2001). **나도 발명할 수 있어요.** 과학사랑.
왕연중 · 김민국 (2001). **발명은 어떻게 해요.** 서울: 과학사랑.
유순혜 (2006). **세상이 깜짝 놀란 발명 발견.** 서울: 아이즐.
유재복 (2004). **번뜩이는 아이디어 발명 특허로 성공하기.** 서울: 새로운 제안.
유중근 (2002). **발명이 세상을 바꾼다.** 서울: 세창출판사.
윤경국 (2002). **발명이론기법.** 서울: 교우사.
윤경국 (2002). **인간 세상의 삼위일체론을 통한 발명이론 기법.** 서울: 교우사.
이명철 외 (2003). **돈 벌어주는 발명과 특허.** 서울: 학문사.
이병길 (2004). **발명과 특허의 차이 (실례로 배우는).** 서울: 이치.
이병길 외 (2004). **발명과 특허의 차이 (실례로 배우는).** 서울: 이치.
이봉기 (2003). **이웃 나라 발명과학(세계 편).** 서울: 중앙출판사.
이봉기 (2004). **생활을 바꾼 발명과 발견 1.** 서울: 사회평론.
이승구 (2004). **생활 속의 발견 발명과 그 새로운 시작.** 서울: 최신의학사.
이영민 (2000). **머리가 좋아지는 발명 이야기.** 서울: 중앙M&B.
이온화 역 (2004). **발명(클라시커 50).** 서울: 해냄출판사.
이용구 (2000). **45가지 발명 이야기(21세기를 앞당긴).** 서울: 능인.
이주형 (2002). **발명특허학 개론.** 서울: 동광출판사.
이창희 역 (2000). **지난 2000년 동안의 위대한 발명.** 서울: 해냄.
이춘식 외 (2001). **실과(기술 · 가정) 교육목표 및 내용 체계(Ⅰ).** 연구보고 RRC 2001-2. 한국교육과정평가원.
이춘식 외 (2002). **실과(기술 · 가정) 교육목표 및 내용 체계(Ⅱ).** 연구보고 RRC 2002-10. 한국교육과정평가원.
이효성 · 조성개 (2002). **세계의 위대한 발명 발견 (100선).** 서울: 지경사.
이희경 (2006). **아이디어 노트 작성법(청소년을 위한).** 서울: 아이필드.
장석봉 역 (2002). **위대한 발명과 에디슨(옥스퍼드 위대한 과학자 시리즈).** 서울: 바다출판사.
정두희 (2000). **에디슨도 놀랄 깜짝 발명.** 서울: 교보문고.
조승래 (2005). **발명 오디세이(만화와 함께 읽는).** 서울: 샘터사.
차희장 · 이기운 (2002). **발명과 특허를 알면 돈이 보인다.** 서울: 경향미디어.
최경선 역 (2002). **무시무시한 발명.** 서울: 서광사.
최달수 (2001). **우연한 발견을 발명으로.** 서울: 김영사.
최덕희 · 박종호 (2006). **기발한 도전(발명과 발견 편).** 서울: 대원키즈.
최치운 (2004). **우리들은 발명 꿈나무.** 서울: 창의마당.
특허청 · 한국학교발명협회 (2001). **발명공작교실백서.** 한국학교발명협회.
특허청 · 한국학교발명협회 (2001). **발명 교육: 이론 · 실제.** 한국학교발명협회.
하홍준 외 (2002). **국제특허분쟁 현황 및 대응전략.** 서울: 한국발명진흥회.
한광택 역 (2003). **과학과 발명.** 서울: 삼성출판사.
햇살과나무꾼 (2005). **위대한 발명품이 나를 울려요.** 서울: 사계절.
홍성모 (1998). **깜짝 힌트 왕발명.** 서울: 세창출판사.
홍재석 외 (1999). **아이디어 학교 발명가 교실.** 서울: 법경출판사.
황근기 · 강영수 (2003). **생각하는 아이를 위한 원리 과학동화.** 서울: 계림.
Egan, L. H. (1997) *Inventors and inventions* NY: Scholastic Inc.
International Technology Education Association and its Technology for All Americans Project (2000).

Standards for Technological Literacy: Content for the Study of Technology. Reston, VA: Author.
International Technology Education Association. (1996). *Technology for all Americans: A rational and structure for the study of technology.* Reston, VA: Author.
Todd, R. (1999). Design and technology yields a new paradigm for elementary schooling. *The Journal of Technology Studies, 15*(2). 26-33.

제4장 메이커 교육과 평가

학습 목표

1. 메이커 활동의 평가방법을 설명할 수 있다.
2. 메이커 활동에 대한 포트폴리오 평가방법을 설명할 수 있다.
3. 메이커 활동의 평가 틀을 제시할 수 있다.

1. 수행 활동에 근거한 메이커 활동 평가

가. 교육목표와 평가의 일관성

설계기술의 평가 활동은 교수-학습활동의 성과를 실과교육의 본질에 비추어 점검하는 것으로, 새로운 학습의 시작이자 목표 달성의 한 조건으로서의 의미를 지녀야 한다. 이런 의미에서 실시하는 실과의 평가는 실과의 교수-학습 과정을 통하여 달성하기를 기대하는 능력이 함양되었는가를 측정하는 데에 초점을 맞추어야 한다. 따라서 평가는 평가의 목적이 집단 내에서 학습자의 위치를 결정하고 서열을 매기는 도구로서가 아니라, 교수-학습 과정에서 학습자들이 어느 정도로 수업 목표, 단원 목표, 교과목의 목표를 달성하는 데 성공하였는가를 측정하기 위한 방법으로서 활용되어야 한다.

교육의 과정에서 교수-학습 과정과 평가 과정이 유기적으로 연계성을 지니는 평가 활동이 되기 위해서는 교수-학습의 과정에서 학습자들에게 요구하는 학습활동이 평가의 장면으로 직결되며 평가 활동이 곧 교수-학습 과정으로 활용될 수도 있어야 한다. 따라서 실과교육의 전 과정이 유기적으로 일관성을 유지하기 위해서는 교수-학습 과정은 물론 교육 평가 또한 실과 교육목표에 적합해야 한다. 즉, 실과의 교육목표가 평가 활동의 적절성을 평가하는 중요한 잣대이며 실과 교육목표가 교육 평가의 적합성을 평가하는 기준이므로 교육을 통하여 학습자들이 성취하기를 기대하는 바가 무엇인가를 분석하여 평가영역 전반에 걸친 종합적인 평가를 실시해야 한다(이춘식 외, 2000).

나. 교수-학습 과정과 평가의 유기적 관련성

교수-학습 과정과 연계된 평가는 일정 시점에 일회적으로 학생들이 무엇을 학습하였는가를 재는 평가와는 달리 학생들이 무엇을 학습하였는가, 어떻게 학습하고 있으며, 어느 정도 향상되고 있는지를 알려주는 평가가 되어야 한다. 이때 평가는 학습의 결과만을 측정해주는 소극적 평가에서 벗어나 학생들의 학습을 유도하고 수업의 방향을 제시할 수 있는 방향으로 평가 활동을 전개해야 한다. 이처럼 평가를 학습자의 학습 향상 정도와 더불어 수업 진행에 관한 정보를 끊임없이 제공하는 활동으로 이해할 때, 평가 활동이 일어나는 시기는 단순히 진단, 형성, 종합으로 진행되는 단계별 평가가 아니라 시간과 공간을 넘나드는 다각적인 평가로 전환되어야 한다. 즉 학습자의 학습활동을 끊임없이 관찰하고 관찰 결과를 교수-학습 과정에 바로바로 피드백을 해 주는 평가 활동으로 운영되어야 한다.

이와 같은 평가 체제는 바람직한 교수-학습 방법을 구현할 수 있도록 유용한 도움을 주는 것으로서 평가 활동이 교수-학습 과정에서 이루어지는 것이며, 교수-학습 방법과 유사한 것을 활용하여 실시하는 평가 과정이다. 이것은 평가 활동이 실제의 세계와 관련된 것이라는 점에서 그 의의가 매우 크다. 교수-학습 과정과 평가 활동의 연계성을 높이는 방법으로서 평가를 위해 따로 평가 과제를 마련하기보다는 학생들이 활동한 결과 즉 산출물을 그대로 평가의 대상으로 활용하는 방안을 고려할 수 있다. 이와 같은 평가는 교수-학습 과정과 단절되지 않는 평가, 교수-학습을 돕는 평가 활동으로서의 자리매김을 할 수 있을 것이다.

또한 공평한 평가 활동의 특성이 학습자들의 학습 양식을 고려함은 물론, 학습자들이 자신의 능력을 최대한으로 표현할 수 있는 기회를 부여한다는 점에서 볼 때 공평한 평가를 실시하기 위한 방안으로서의 가치도 함께 지닌다고 할 수 있다.

다. 타당성 높은 평가

평가 도구가 지녀야 할 조건은 우선 재고자 하는 것을 재고 있는가에 관련된 타당도, 재고자 하는 것을 얼마나 정확하게, 얼마나 오차 없이 측정하고 있느냐에 관련된 신뢰도를 확보하는 것이다. 채점자의 채점이 어느 정도 신뢰할 수 있고 일관성이 있느냐와 관련하여 객관도의 보장도 매우 중요하다. 타당도란 한 개의 검사 혹은 평가 도구가 측정하려고 의도하는 것을 어느 정도로 충실하게 측정하고 있느냐의 정도로 정의할 수 있다. 결국 타당도란, 무엇을 측정하고 있느냐, 측정하려는 것을 어느 정도로 충실하게 측정하고 있느냐의 문제로 요약할 수 있다. 교수-학습 과정을 거친 다음 학생에게 실시하는 검사가 타당한 평가 도구가 되기 위해서는 가르치려고 했던 내용을 충실하게 측정하고 있어야 한다. 교육에서 의도하는 궁극적 목적은 보다 더 고차적인 것에 있겠지만 평가 도구의 직접적 목표, 즉 준거는 교육목표 → 교수-학습 과정 → 교재의 내용을 얼마나 잘 대표하고 충실히 측정하고 있느냐의 정도에 비례하여 타당도는 높아질 것이다. 그렇게 하기 위해서는 이 평가 도구가 처음에 의도했던 교육목표에 비추어 보아 적절한가? 문항 내용이 교과 내용의 중요한 것을 보편적으로 빠뜨리지 않고 포괄하고 있는가? 문항의 난이도가 학생 집단의 성질에 비추어 보아 적절한가 등을 고려해야 한다. 실과에서 중시하는 교육목표는 문제 해결 능력과 조작적 능력, 정보의 수집 및 활용, 절차적 과정 등에 대한 이해를 포함하므로 이러한 다양한 능력들을 평가해야 한다.

라. 평가의 공평성

교사는 교수-학습 과정에서 보여 주는 학습자들의 능력과 특성을 공평(equity)하게 평가해야 한다. 평가를 공정하게 한다는 것은 각 개인에 따라 차별적(differentiated) 평가가 가능함을 의미한다. 공평한 평가에서는 각 학생의 선수 학습 정도, 학습 양식, 흥미 등에 따라 평가의 개별화가 가능하며 평가방법과 평가 범위, 수행 과제, 시행 절차, 채점 방식 그리고 해석에 이르기까지 학습자들의 다양한 특성을 고려하여 실시해야 할 것이다. 즉 공평한 평가란 학생들에게 지필 검사뿐만 아니라, 프로젝트를 수행하거나 글쓰기 주제를 선택할 수 있게 되고 평가 시간에 대한 융통성을 허용한다든지 평정 점수 부여 방식을 다양하게 하는 등 학습자 중심의 평가로의 전환을 의미한다.

또한 '개인차를 고려한 교육과정'을 고려한다면, 개인의 개인차를 고려하는 평가가 이루어져야 한다. 즉 학생 개개인의 성취수준이 상이하다는 것을 고려하여 평가를 실시해야 한다. 이에 따라 다양한 과정을 학습한 아동에 대해서는 각각 그에 상응하는 수준의 평가가 이루어져야겠고, 결과의 처리 또한 아동의 개인차에 따라 이루어져야 할 것이다. 교수-학습 과정에서 평가가 병행되어야 한다. 평가의 결과들은 학생의 학업성취수준을 판정하는 데에서 더 나아가 학생들의 학습능력과 교사의 교수-학습 방법의 적절성을 진단하고 평가하는 데 활용되어야 한다.

2. 메이커 활동의 포트폴리오 평가

지금까지 수행평가 대표적인 유형을 들라면 누구든지 포트폴리오 평가를 들 것이다. 그러나 실과, 기술교육에서 포트폴리오 평가를 어떻게 적용할 수 있는지에 대하여 구체적인 자료나 대안을 제시하려고 하면 그리 간단치가 않기 때문이다. '과연 포트폴리오 평가가 어려워서인가? 아니면 잘 몰라서 그런 것인가? 그것도 아니면 실과에서 현재와 같은 교육여건에서는 도저히 실현 불가능한 기법이기 때문에 포기한 것인가?'를 고민하면서 탐구해 보고자 한다. 다음은 일반적으로 알려진 포트폴리오 평가방법의 내용이다.

포트폴리오(portfolio) 평가는 자신이 수행한 제품과 과제물을 지속적이면서도 체계적으로 모아 둔 개인별 서류철을 이용한 평가방법으로, 과제물, 연구보고서, 실습의 결과 보고서 등을 체계적으로 모아 평가할 수 있는 것으로 알려져 있다. 물론 이 방법을 적용하기 위해서는 장기간에 걸친 프로젝트가 있어야 하고 지속적인 관심을 가지고 수행할 수 있도록 안내를 해주어야 하는 복잡한 과정이 따른다. 그러한 과정을 거치면 포트폴리오를 통해 학생들은 자기 자신의 변화 과정을 알 수 있고, 자신의 강점이나 약점, 성실성 여부, 잠재 가능성 등을 스스로 인식할 수 있으며, 교사들은 학생들의 과거와 현재의 상태를 쉽게 파악할 수 있을 뿐만 아니라 앞으로의 발전 방향에 대한 조언을 쉽게 할 수 있어서 유용하게 활용될 수 있다(이춘식 외, 1999).

실과, 기술교육에서 포트폴리오 평가를 도입하여 실지로 적용하려면 포트폴리오가 무엇인지, 어떤 종류가 있어서 그중에서 실과에 적절한 것은 무엇인지, 그리고 그 구체적인 방법은 무엇인지에 대하여 간단히 알아보기로 한다.

가. 포트폴리오의 유형

여러 가지 수행평가의 유형 중에서 포트폴리오를 이용한 방법에 대해 교사들의 관심이 커지고 있으나 포트폴리오가 유형이 많고, 그 활용방법도 다양하기 때문에 혼란스러워 하고 있다. 포트폴리오의 주요한 유형으로는 작품 포트폴리오, 전시 포트폴리오, 평가 포트폴리오 등을 들 수 있다. 그러나 이러한 유형들이 이론적으로는 구분이 가지만 실제로는 중첩되는 경향이 있다. 따라서 많은 프로그램에서는 서로 다른 유형의 여러 가지 포트폴리오를 갖게 되고 목적하는 바도 다르게 나타난다.

작품 포트폴리오(working portfolios)

작품 포트폴리오는 수행 중의 프로젝트에 여러 가지 작품을 갖고 있기 때문에 붙여진 이름이다. 작품 포트폴리오는 작품의 활용 목적도 없이 단순히 모든 작품을 모아 둔 작품 폴더(work folder)와는 달리 학습 목표에 따라 작품을 의도적으로 모은 형태이다.

작품 포트폴리오는 일차적으로 학생들의 작품을 모아 두는 작품 저장의 역할을 하며, 구체적인 주제와 관련된 작품은 평가 포트폴리오(assessment portfolio)나 전시 포트폴리오, 또는 학생들이 집으로 가져갈 때까지 모인다. 이차적으로는 학생들의 요구를 진단하는 데 활용된다. 따라서 학생과 교사는 학습 목표를 달성하는 데 필요한 학생의 강점과 약점에 대한 증거를 갖게 되고, 앞으로의 수업을 계획하는 데 매우 유익한 정보를 갖게 된다.

전시 포트폴리오(display, showcase, best works portfolios)

학생들이 수행한 포트폴리오를 가장 가치 있게 활용하는 방법은 아마도 자신이 자부심을 가질 만한 가장 좋은 작품을 전시하는 것이다. 학생뿐만 아니라 교사도 그 과정에 확실하게 참여함으로써 가장 좋은 작품을 전시하는 기쁨과 그 의미를 경험하게 될 것이다. 다른 목적으로 포트폴리오를 활용하지 않는 많은 교사들은 전시 포트폴리오를 만드는 데 학생들을 참여시킨다. 따라서 성취감을 맛봄으로써 학생들은 의미 있는 노력을 하게 되고 교실에서의 학습 분위기를 바꾸는 데 기여를 하게 된다.

전시 포트폴리오는 학생들이 성취한 최고의 수준을 보여 주는 데 목적이 있다. 이 포트폴리오를 위해서 1년 정도 작품을 모아야 하며, 해마다 새로운 작품이 더해져 시간에 따른 자신들의 성장을 알아볼 수 있도록 서류화하게 된다. 그리고 교육과정의 목표에 따라 학생들이 노력한 것을 나타내 주는 가장 좋은 작품 포트폴리오가 쌓이게 되며, 여기에는 학교 이외의 활동에서 나온 결과 즉 가정에서 쓴 글 등도 포함된다.

이 포트폴리오에 해당하는 내용에는 많은 것들이 있을 수 있는데, 예컨대 글을 쓴다든가, 자기가 좋아하는 물건의 도면을 그린다든가, 또는 자신들이 해결한 어려운 문제 등에 대한 가장 좋은 작품을 들 수 있다.

대부분의 전시 포트폴리오의 작품은 학교에서 수행한 프로젝트인 작품 포트폴리오에서 모인다. 그러나 때로는 교실 수업 이외에서 수행한 작품 즉, 스카우트 활동에서 수행한 프로젝트나 집에서 쓴 시, 또는 기술 관련 작품 등이 포함되기도 한다. 작품을 만들고 선정할 때 자신이 수행 과정에서 배운 내용과 다른 사람들에게 보여 주려고 했던 가치와 신념 등을 설명하게 된다.

평가 포트폴리오(assessment portfolios)

평가 포트폴리오의 주목적은 학생들이 배운 것을 서류철로 만들어 놓는 것이며, 그 내용은 자신의 포트폴리오를 선정할 수 있다. 이때 교육과정의 목표에 도달하였는지를 나타내는 반성적인 설명(reflective comments)에 중점을 두게 된다. 예컨대, 교육과정이 남을 설득하는 내용, 설명적인 내용, 글을 쓰는 내용이라면 평가 포트폴리오는 글을 쓰는 각 형태의 예를 보여 주어야 한다. 또한 교육과정의 목표가 어떤 문제를 해결하고 자신의 의사를 전달하는 통신에 있다면, 이때에는 전시 포트폴리오가 서류화하여 제시되어야 한다.

평가 포트폴리오는 교육과정의 영역에서 배운 것을 작품으로 전시하는 데 사용될 것이며, 어떤 일정 시간에 걸쳐서 그리고 한 단원에서 전체 단원에 이르기까지 1년에 걸쳐서 이루어지며, 한 교과나 많은 교과에 해당할 수도 있다.

나. 포트폴리오의 활용

포트폴리오를 사용함에 따라 주요하게 기여 하는 것은 학생들이 자신들이 배운 학습의 결과를 서류로 만들어서 보여 주는 데 있다. 이러한 결과는 전통적인 평가에서는 보여 줄 수 없는 방법이다. 포트폴리오를 활용하는 방법은 다음과 같다.

첫째, 지역사회의 봉사 활동 서비스(community service)로 활용될 수 있다. 이 서비스는 많은 학교에서 필수로 요구하고 있으며, 이러한 활동 형태는 시험과 퀴즈와 같은 전통적인 평가에는 적절하지 않다. 따라서 포트폴리오 평가는 지역사회에 서비스하는 교육과정의 목적을 평가하기 위한 좋은 수단으로 활용될 수 있다. 학생들은 서비스의 예를 수집할 수 있고, 그중 가장 좋은 것을 선정하고, 자신의 경험을 반영하여 미래의 목적을 결정한다. 이러한 포트폴리오의 목록에는 연구자료, 수행 활동을 요약한 설명자료, 그림, 비디오, 프로젝트 등과 같은 것들이 포함될 수 있다. 따라서 학교와 더불어 지역사회가 이 포트폴리오의 수혜 대상이 될 수 있다.

둘째, 다양한 학문이 관련되는 단원에 활용될 수 있다. 간학문적인 단원 (interdisciplinary unit)에는 많은 다른 내용 영역이 포함되는데 이러한 영역은 전통적인 평가방법으로는 어려울 때가 많다. 하나의 포트폴리오에는 다양한 학문에서의 능력을 나타내는 많은 활동과제를 포함하기 위한 방법을 제공한다. 포트폴리오의 목록에는 단일 내용 영역이나 조합된 영역에서 학생의 성장을 나타내는 증거를 보여 준다. 단일 주제와 관련하여 많은 학문에서 활동과제를 모아놓은 효과는 다른 사람들과 학생들에게 전체적으로 조망할 수 있게 해준다. 예컨대, 자동차와 관련된 단원에서는 보고서, 수학 계산, 사회학, 기술 등과 관련지어 학생들이 수행한 결과를 나타내는 포트폴리오를 축적하게 된다.

셋째, 교과 영역과 관련된 포트폴리오에 활용할 수 있다. 어떤 특정 영역을 학습한 학생은 학습한 내용을 기록한 포트폴리오를 활용함으로써 학습효과를 크게 높일 수 있다. 이 포트폴리오에는 글을 쓰는 과제, 외국어 포트폴리오, 사회과 관련 포트폴리오, 기술 관련 포트폴리오 과제가 있을 수 있다. 그중에서 기술작품 포트폴리오는 과제를 수행한 과정에서 제도작품, 프레젠테이션 발표자료 등을 포함하여 제출한다.

넷째, 대학 입학에 활용할 수 있다. 요즘은 많은 대학에서 입학을 추천하기 위하여 학생 작품의 예를 요구하고 있다. 학생이 수행한 가장 좋은 포트폴리오는 이러한 목적에 잘 어울린다. 어떤 경우에는 글을 쓴 과제, 비디오, 프로젝트 등과 같은 것들이 포함될 것이며, 그 내용은 학생과 해당 기관의 목적에 맞게 주문하여 만들어지기도 한다. 대학진학을 위해 포트폴리오를 모으는 목적은 고등학생들에게는 학습의 강력한 동기를 부여하는 데 부가적인 효과를 가져올 수 있다.

다섯째, 취업에 활용할 수 있다. 어떤 고용주는 유능한 근로자를 뽑기 위하여 수행한 과제를 요구하기도 한다. 대학진학의 목적으로 포트폴리오를 준비하듯이, 학생들은 기본기능, 문제 해결능력과 적응능력, 합동 작업 기능과 같은 영역에서 전문성을 고용주에게 나타내기 위하여 가장 좋은 포트폴리오를 준비한다. 취업을 위한 포트폴리오를 작성하는 동향은 국립학교에서 크게 유행하고 있다. 이것은 사회가 보다 나은 교육을 받은 인력을 요구하기 때문이다(U.S. Dept. of Labor, 1991).

마지막으로, 기능을 향상할 목적으로 활용할 수 있다. 이 포트폴리오는 특정 영역에서 요구되는 기능을 보여 줄 때 활용된다. 즉 대중 연설, 문제 해결, 기술의 사용 등과 같은 영역이다. 이것은 평가 포트폴리오이기 때문에 관련 기준(criteria)을 세우고, 수락할 만한 수행기준을 세우며, 이러한 기준을 충족시킬 만한 작품을 선정하는 데 주의하여야 한다. 골판지 의자 만들기 프로젝트의 포트폴리오 사례는 다음과 같다.

• 다리 구조
제가 처음에 설계한 의자의 다리구조는 골판지로 만든 의자가 버틸 수 없는 구조였습니다. 제가 참고했던 자료의 의자는 단단한 재료를 사용한 의자였기에 무게를 견딜 수 있었지만 비교적 단단하지 않은 골판지로는 70kg을 버틸 수 없다는 것을 알았습니다.
따라서 의자의 모든 모서리에 다리를 붙이고, 의자의 중앙부에도 다리를 붙여 의자가 무게를 적절히 나눠 버틸 수 있도록 제작했습니다.
13
• 다리 구조
또한 판 한 개만
오는 판을 하나
더 붙여서 다리의
14
의자를 설계할 때, 디자인만이 아니라 여러 가지로 고려할 점이 많다는 것을 알게 되었습니다.
우선 사용하는 재료에 따라 적절한 설계의 형태가 있다는 점을 알 수 있었습니다.
다음으로 모든 물건은 그 물건에 맞는 일반적인 크기와 형태가 있다는 것을 알았습니다. 의자의 경우로 본다면 의자의 높이, 면적은 가장 적절한 크기가 있다는 사실을 알게 되었습니다.
또한 스케치, 구상도, 도면의 순서대로 설계하여 물건을 만들면 중간에 조금의 수정은 있을 수 있지만 결국 목표했던 기능을 수행하는 물건을 만들 수 있다는 것을 알 수 있었습니다.
쉽지는 않았지만, 의자를 직접 만들어보면서 책에서는 배울 수 없었던 새롭고 직접적인 지식을 배울 수 있어서 의미 있었습니다.
15
골판지 의자
포트폴리오
최수경
1
목차
조사 정보 및 스케치
구상도
제작도면
제작 과정 및 결과물 사진
2
첫번째 이야기
3
첫번째 이야기
4
첫번째 이야기
5
두번째 이야기
6
두번째 이야기
7
세번째 이야기
8
세번째 이야기
9
네번째 이야기
10
네번째 이야기
11
네번째 이야기
12

네번째 이야기
네번째 이야기
네번째 이야기

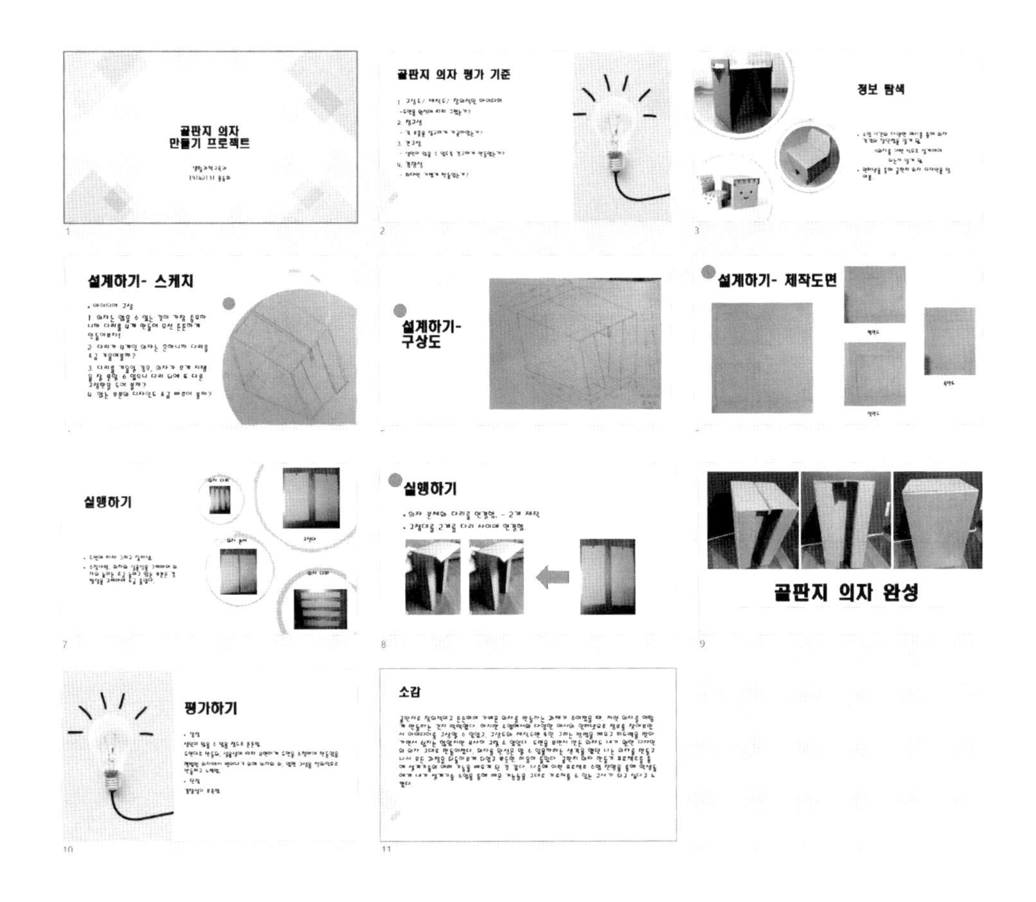

3. 메이커 활동의 평가 틀

메이커 교육의 일환으로 이루어지는 메이커 활동은 기존의 평가 관점이나 틀을 가지고 하기에는 무리가 있다. 평가가 활동의 목적과 가치를 드러내어 이에 맞게 이루어져야 하기 때문이다. 메이커 교육이나 활동이 기존의 단순한 기능 향상이나 실습이 아니기 때문이다. 각자의 관심과 흥미에 따라 자기 생각과 아이디어를 표현하여 만들어 보는 데 집중하기 때문에 하드 스킬로서의 태도와 소프트 스킬로서의 능력을 평가해 주어야 한다. 결국 메이커 활동을 통해 개인의 만족을 넘어서서 사회적 공유를 통한 변화를 추구하는 메이커들을 평가할 필요가 있다. 기존의 학습의 결과로서의 성취 평가는 메이커 활동의 평가에 크게 도움이 되지 못한다. 따라서 새롭게 대두되는 것이 메이커 교육의 개념적 요소인 5 ONs(Minds-on, Hands-on, Hearts-on, Social-on, Acts-on)에서 실마리를 얻을 수 있다(강인애 외, 2019). 이러한 영역에서 평가의 틀을 그림으로 나타내면 다음과 같다.

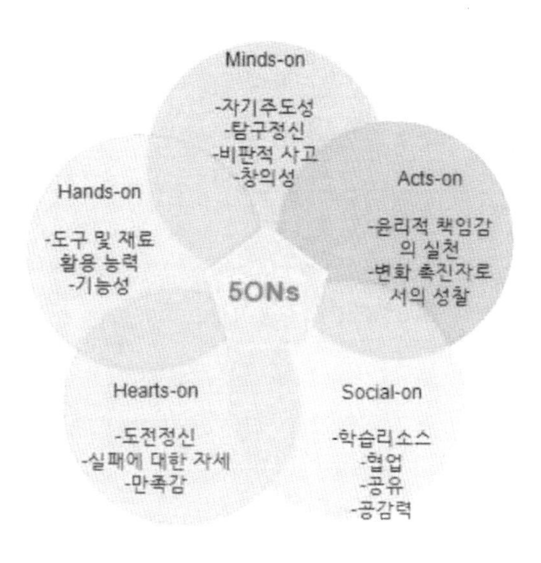

▣ 메이커 교육 평가 틀 구성 소별 세부 항목(강인애 외, 2017)

첫째, 인지적 영역(Minds-on)에서의 평가는 자기 주도성, 탐구 정신, 비판적 사고, 창의성이 평가의 대상이다. 여기에서는 메이커 활동을 하면서 생활에서의 복잡한 문제를 다양한 관점에서 창의적인 아이디어로 해결하는 과정을 평가할 필요가 있다. 메이커들의 성찰적 활동과 태도의 평가가 중요하다.

둘째, 체험적 영역(Hands-on)에서의 평가는 여러 가지 도구와 재료의 활용 능력, 기능의 정도가 평가의 대상이다. 메이커 활동에서 다루게 되는 각종 도구와 재료, 이에 필요한 기능을 통해 최종 산출물을 만들게 된다. 이러한 도구들을 잘 능숙하게 다루는지를 평가의 주요 요소로 하는 것이 아니라 창의적인 아이디어를 표현하여 산출물로 만들어 내는 도구로 활용하는 능력에 초점을 두는 것이 필요하다.

셋째, 감성적 영역(Hearts-on)에서의 평가는 도전정신, 실패에 대한 태도, 활동 후의 만족감을 평가의 대상으로 삼는다. 스스로 만들어 내는 능력을 최대화하기 위해서는 메이커들이 자신의 관심과 흥미를 가지고 몰입을 해야 한다. 그러기 위해서는 메이커 활동에 대한 도전정신이 매우 필요하다. 무엇인가에 대한 도전의식이 없으면 메이커 활동을 기대하기 어렵기 때문이다. 이 과정에서 실패는 좌절이 아니라 새로운 접근방법에 대한 도전이다. 실패를 두려워하는 메이커는 어떤 활동도 성취할 수 없다. 메이커 활동 초기에 실패하는 경험을 통해 도전에 대한 두려움을 없애는 것이 매우 필요하다. 이를 건전한 실패, 성공을 위한 실패, 도전을 위한 실패라고 한다. 학습의 과정에서 실패는 두려움의 대상이 아니라 과정이다.

넷째, 사회적 영역(Social-on)에서의 평가는 학습자 스스로 학습의 자원이 될 수 있음을 의미하는 '학습 리소스', 협업, 공유, 공감력을 주요 요소로 한다. 학습자는 메이커 활동에 참여하는 메이커로서 결과물 창작 활동 과정과 완성 후에도 동료 메이커들과 기술 및 지식과 관련한 자발적인 나눔, 공유, 소통의 상호작용에 참여함으로써 협업과 소통의 민주적 정신을 경험하게 된다. 특히 혼자 하는 메이커가 아니라 공동으로 협업을 하는 경우가 많기 때문에 협업 능력은 매우 필요하다. 최종 산출물은 메이커들과 공유함으로써 정보나 자원을 나누어 가짐으로써 다른 메이커들에게 더 나은 산출물을 만들 수 있도록 배려하는 자세이다.

마지막으로 실천적 영역(Acts-on)에서의 평가는 메이커로서의 윤리적 책임감의 실천, 변화 촉진자로서의 성찰을 주요 요소로 한다. 메이커 활동은 개인적이고 사회적 이슈나 문제에 관한 해결 방안을 마련하기 위한 맥락적 활동이기 때문에 결과물이 실제 삶 속에서 적용되어 문제의 해결 방안으로 작동되었을 때, 소기의 메이커 활동의 목적을 이루게 된다. 변화 촉진자(change agent)로서의 성찰은 메이커 활동 과정에서 지속해서 이루어져야 하는 요소이다.

루브릭(Rubric)은 학습자가 과제를 수행할 때 나타내는 반응을 평가하는 기준의 집합이다. 보통 항목별·수준별 표로 구성되며, 표의 각 칸에는 어떤 경우에 그 수준에 해당하는지가 상세히 기술되어 있다. 1990년대에 미주 지역에서 기존의 지필 평가를 대체하기 위해 수행평가가 등장하면서 루브릭이 개발되기 시작했다.

이러한 맥락에서 루브릭을 만들어서 구체적인 가이드라인을 제시하는 것도 필요하다. 루브릭이라는 용어는 라틴어인 rubrica(영어로 'Red Earth' 의미)에서 유래하였는데 중세기에는 다양한 형식의 문서에 붉은색 잉크로 표시를 하는 것을 의미하였다. 이 시기에 법률문서에 붉은색으로 표시해서 법조문의 표제 부분을 가리키기도 하였는데 이것이 변화해서 간단하면서도 권위적인 규정이나 규칙을 의미하게 되었다(위키백과; https://ko.wikipedia.org/wiki/).

루브릭은 다양하게 정의할 수 있지만 메이커 활동의 측면에서 간단하게 정의하면, 메이커들의 산출물이나 성취 정도를 평가하기 위하여 사용하는, 명세화하여 미리 공유된 기준이나 가이드라인이다. 이 가이드라인에는 메이커의 수행 역량이 수행 수준별로 우수함, 능숙함, 만족함, 불만족함으로 영역별로 세분되어 제시된다. 루브릭은 메이커의 활동에 대하여 실제로 점수를 산출하도록 성취수준을 결정하는 평정척도(rating scale)를 제공한다. 그 예시는 다음과 같다(Yokona, 2015; 강인애 외, 2019에서 부분 수정).

□ 메이커 활동의 평가 루브릭 예시

평가요소	불만족	만족	능숙	우수
기능과 이해	산출물이 개념, 재료, 기능에 대한 부족한 이해를 드러냄	산출물이 개념, 재료, 기능에 대한 약간의 이해를 드러냄	산출물이 개념, 재료에 대한 이해와 기능의 사용을 잘 드러냄	산출물이 능숙한 기능과 개념과 재료에 대한 깊은 이해를 드러냄
메이커 정신	사고와 탐험이 부족하고 산출물 완성을 위한 수동적 자세를 보임	가능한 해결책을 찾으면서 한 개 이상의 아이디어를 생각했지만 실천하지는 않음	여러 해결책을 탐색하면서 혁신적인 사고를 발전시킴	다양한 해결책을 찾기 위한 노력과 반복적인 실험과 질문을 하면서 더 나은 결과를 얻고자 하였음
반성과 성찰	수행 과정의 서류철 과정이 부족하고, 내용의 이해가 부족하였음	학생 스스로 어느 정도 내용을 이해하였지만 모든 과정에 대해 제대로 보여주지 못함	학생 스스로 내용에 대한 이해와 대부분의 과정을 잘 보여 주었음	산출물이 내용의 깊은 이해를 잘 드러내며 모든 과정이 목적과 사고를 잘 드러냄
장인정신	산출물이 완성되지 못하고 전체적으로 정돈되지 못함	산출물이 어느 정도 완성되었지만 정돈되지 못하였음	산출물이 깔끔하고 완성도 있음	산출물이 우수하고 전체적으로 장인정신을 잘 보여 줌
책임감	결석, 지각, 동료학생과 교사에 대한 불손한 태도를 보였음	가끔 지각, 결석과 불성실한 태도를 보이고, 뒷정리가 불성실함	지각, 결석 없이 잘 참여하였으며 자발적으로 뒷정리를 하였음	지각, 결석 없이 참여하고 모범적인 행동과 스스로 뒷정리를 하였음
노력	산출물을 완성하지 못하고 학생 스스로 노력을 기울이지 않음	산출물의 완성도가 떨어지고, 요건을 충분히 만족시키지 못함	어느 정도 완성도 있는 작품이지만 조금 더 노력이 필요함	교사의 기대를 넘어서는 산출물을 완성하고, 많은 노력을 기울임

성찰 과제

1. 메이커 활동의 평가방법을 예를 들어 설명하시오.

2. 메이커 활동에 대한 포트폴리오 평가방법을 설명하고 사례를 제시하시오.

3. 메이커 활동의 평가 틀을 메이커 활동에 근거하여 제시하시오.

4. 메이커 활동을 평가하기 위한 루브릭을 만들어 구체적으로 설명하시오.

참고 문헌

강인애, 윤혜진, 정다애, 강은성 (2019). **메이커 교육의 이론과 실천**. 서울: 내하출판사.

강인애, 윤혜진(2017). 메이커 교육의 평가를 위한 평가 틀 및 요소 탐색. **한국교육공학회 춘계학술대회논문집**, 1, 21.

Bevan, B., Gutwill, J. P., Petrich, M. & Wilkinson, K. (2015). Learning through STEM-rich tinkering: Findings from a jointly negotiated research project taken up in practice. **Science Education, 99**(1), 98–120.

Blikstein, P. (2013). Digital fabrication and'making' in education: The democratization of invention. FabLabs: Of machines, makers and inventors, Transcript Publishers.

Blikstein, P., Martinez, S. L. & Pang, H. A. (2016). **Meaningful making: Projects and inspirations for fab labs and makerspaces**. Heather Allen Pang Constructing Modern Knowledge Press.

Bowler, L. (2014). Creativity through "Maker" experiences and design thinking in the education of librarians. **Journal of the American Association of School Librarians. 42**(5), 59-61.

Brahms, L. J. (2014). Making as a learning process: Identifying and supporting family learning in informal settings. Doctoral dissertation, University of Pittsburgh.

Cohen, J., Jones, M. & Calandra, B. (2016). Makification: Towards a framework for leveraging the maker movement in formal education, **Association for the Advancement of Computing in Education,** 1, 129-135.

Dougherty, D. (2012) The maker movement, **Innovations.** 7(3), 11-14.

Eddy, S. L. & Hogan, K. A. (2014). Getting under the hood: How and for whom does increasing course structure work?, **Sciences Education, 13,** 453-468.

education. In K. Peppler, E. Halverson, & Y. Kafai (Ed.), Makeology: Makerspaces as learning environments, 1. (pp. 121-137). NY: Routledge.

Halverson, E., & Sheridan, K. (2014). The maker movement in education. **Harvard Educational Review, 84**(4), 495-504.

Hatch, M. (2014). **The maker movement manifesto**. NY: McGraw-Hill.

Kafai, Y. B., Fields, D. H. & Searle, K. A. (2014). Electronic textiles as disruptive designs: Supporting and challenging maker activities in schools. **Harvard Educational Review, 84**(4), 532–556.

Kafai, Y., Fields, D., & Searle, K. (2014). Electronic textiles as disruptive designs: Supporting and challenging maker activities in schools. **Harvard Educational Review, 84**(4), 532-556.

Lang, D. (2013). Zero to maker: Learn to make anything. Maker Media.

Loertscher, D. V., Leslie, P. & Bill, D. (2013). Makerspaces in the school library learning commons and the uTEC maker model, **Teacher Librarian; 41**(2), 48-51.

Martinez, S. L. & Stager, G. S. (2013). **Invent to learn: Making, tinkering, and engineering in the classroom**. Constructing Modern Knowledge Press.

Yokana, R. (2015). Creating an Authentic Maker Education Rubric. Retrieved on April 27, 2021 from https://www.edutopia.org/blog/ creating-authentic-maker-education-rubric-lisa-yokana.

제5장 메이커 교육의 동향

학습 목표

1. 메이커 교육이 대두된 배경을 이해할 수 있다.
2. 메이커 교육의 국내외 실천 사례를 제시할 수 있다.
3. 메이커 교육을 위한 디자인 씽킹을 설명할 수 있다.
4. 디자인 씽킹의 각 단계별 특징을 설명할 수 있다.
5. 디자인 씽킹을 메이커 교육 활동에 적용할 수 있다.

1. 국내 메이커 교육

가. 미래교육과 메이커 교육

4차 산업혁명이 화두가 되면서 시대가 요구하는 역량에도 많은 변화가 일고 있다. 학자마다 다르기는 하지만, 많은 사람들은 미래가 요구하는 역량을 4C로 들고 있다. 즉 비판적 사고(Critical Thinking), 창의성(Creativity), 의사소통능력(Communication), 협업 능력(Collaboration)이다. 이러한 4가지 역량은 과거의 시대가 요구했던 역량과는 차이가 있다. 역량의 차이는 곧 교육의 변화를 요구한다. 미래의 교육은 이러한 역량을 키울 수 있는 방향으로 설정되어야 한다. 미래의 세대들은 예측할 수 없는 문제를 해결해 나갈 수 있는 다양한 지식, 통합이 가능한 창의성을 요구하며, 새로운 문제를 발견해 낼 수 있는 호기심과 주어진 상황을 분석적이고 비판적으로 바라보는 능력을 갖추어야 한다.

이와 같은 상황 속에서 메이커 교육도 대두되었다. 직접 체험하고 만들어 보는 것의 중요함은 결국 창의성과 관련되어 있다. 창의성은 다름만을 의미하지는 않는다. 또한 새로움만을 의미하지 않는다. 창의성이라는 단어 안에는 인류에의 기여, 옳음에 대한 가치판단이 포함되어 있다. 따라서 창의성은 차별적인 경험과 지식에서 비롯된다. 같은 지식과 경험 속에서 창의성을 요구하는 것은 충분한 기반 없이 결과만을 요구하는 것일 수 있다

메이커 교육이 창의성 교육이 될 수 있는 이유는 학생들이 만드는 과정에서 같은 것을 만들지 않을 수 있기 때문이다. 문제를 주고 해결 방안을 찾는 과정에서 학생들은 자신의 지식

과 경험을 가지고 문제에 접근하고, 선호와 감정을 가지고 해결 방안을 찾아간다. 이 과정이 창의성을 촉진하는 과정이다. 정답이 있고, 심지어는 정답을 도출하는 과정이 정해져 있는 교육에서는 학생들이 창의성을 발휘할 기회가 없다(정종욱, 2017).

나. 자발적인 메이커 교육

지금까지는 메이커 활동이 개인적인 차원에서 이루어져 왔으나, 메이커 활동을 학교 교육에 도입하면서 메이커 교육은 메이커를 양성하기 위한 교육으로 관심을 끌기 시작했다. 정부에서도 메이커를 양성하기 위한 정책들을 다양하게 펼치고 있지만, 그 구체적인 방법은 나라마다 크게 차이가 있기도 하다. 한국형 메이커라는 이름으로 창의적 사고를 통해 새로운 제품을 만들고 창업하는 사람을 육성하고 있다. 이를 위해서는 메이커 활동에 필요한 장비의 사용법과 장비를 사용하기 위한 프로그램을 운영한다. 그러다 보니 메이커가 창업 활동에 대해 교육하는 것으로 인식되고 수행되는 경향이 있기도 하다. 하지만 실제 메이커 문화에서는 '메이커는 자발적으로 어려운 문제에 흥미를 갖고 스스로 혹은 협력을 통해 무엇인가를 만들면서 문제를 해결하며, 이 과정을 통해 학습하고, 학습한 과정과 결과를 공유하는 사람'으로 정의한다. 메이커 교육에서는 이를 앞으로 시민이 기본적으로 갖춰야 하는 능력과 소양으로 보고, 이런 태도와 자세를 갖춘 사람을 양성하는 것을 목표로 삼는다(https://www.makered.kr/).

메이커 교육은 기본적으로 진보주의 교육철학을 따르기 때문에 민주주의적인 접근을 위해 지속적인 노력을 하고 있다. 다시 말해서 메이커 교육에서는 만들기 활동에 있어서 특정 분야가 성 역할 고정관념에 고착되는 것을 방지하고 균등한 기회를 주기 위한 노력을 한다. 그러한 일환으로 여학생들에게 비교적 심리적 장벽이 높은 컴퓨터 프로그래밍, 전자공학 분야 등으로의 진입을 유도하기 위해 바느질 회로를 구축한다든지, 인터렉션 인형을 만드는 활동을 통해 심리적 장벽을 낮추고 있다.

메이커 교육의 목표는 학생들이 공부를 덜 하고 놀 수 있는 환경을 만들어 기분을 맞춰주는 것도 아니다. 그렇다고 메이커 활동에 필요한 단순한 기술을 가르치는 것도 아니다. 메이커 교육의 실제적인 목표는 학생들이 어떤 학습을 하든 간에 자기 주도적으로 좋아하고 흥미 있는 것을 찾고 그것을 자발적으로 심도 있게 공부하고, 어려운 단계를 해결하면서 몰입하는 즐거움을 느끼는 것이다. 수행 과정과 결과를 정리하여 다른 사람들과 공유함으로써 서로에게 도움을 준다. 공유하면서 메이커로서의 자신을 적극적으로 홍보하고 그 과정을 통해 학습이 일어나도록 유도하는 것이다. 이 과정에서, 많은 학생이 자발적으로 스스로 학습하고 만들기를 지속하는 것이 그 목표이다.

다. 방과 후 활동으로서의 메이커 교육

메이커 교육이 붐을 일으키고 있지만, 그것이 학교 정규교과나 커리큘럼으로 포함되는 것은 또 다른 문제이다. 메이커 교육을 통해 창의성을 기르고 조작적 능력을 기르게 하고 싶은 학부모들의 욕구는 충분히 이해가 가지만 학생들에게 닥친 최종의 목표가 입시와 맞물리면 사상누각에 불과하기 때문이다. 정규교육을 통하든 방과 후 활동을 통하든 결국 입시에 도움이 되는지, 입시에 활용할 수 있는 도구가 되는지에 관심이 가는 것이 현실이다. 초, 중학교 수준에서 잘 이루어지는 것이 고등학교에서 단절이 일어나서 수준 높은 작품 활동으로 이어지지 못한다. 비단 이러한 문제는 우리나라만의 문제가 아니라 미국이나 유럽도 마찬가지이다. 메이커 교육이 지속성을 갖기 위해서는 메이커 활동 포트폴리오를 대학 입학의 실증적인 자료로 인정을 받아야 한다. 우리나라에서 메이커 교육의 저변 확대는 아직 갈 길이 먼 것도 사실이다. 메이커 교육을 지도할 수 있는 교사가 필요하고, 이를 수행할 수 있는 메이커 스페이스의 접근성이 있어야 하고, 충분한 예산 지원도 필요하다. 이와 더불어 메이커 교육 활동 소프트웨어인 다양한 자료개발도 매우 필요하다.

라. 메이커 교육 실천 사례

서울 혁신 파크 영 메이커 교육현장을 소개하고자 한다. 이 사례는 소년중앙과 함께한 2017 영 메이커 프로젝트 시즌 2의 메이커 현장으로, 경기창조경제혁신센터의 영 메이커 교육현장이다(https://www.makered.kr).

> 프로젝트 첫날, 약 25명의 메이커들이 경기창조경제혁신센터에 모여 자신이 만들 제품에 대한 소개를 하는 시간을 가졌어요. 저마다 기발한 아이디어를 가져와 자랑스럽게 발표를 했죠. 송00(성남 보평초 5) 학생은 지갑에서 자동으로 돈이 나와 편하게 쓸 수 있는 제품을 만들겠다고 했습니다. 단순한 지갑이 아닌, 모터와 상자가 부착된 신기하고도 독특한 제품이었죠. 최00(수원 매원중 1) 학생은 레진 공예에 도전할 생각입니다. 평소 좋아하는 분야이기도 하고 직접 만들어서 도전해 보고 싶기 때문이라고 프로젝트의 의의를 밝혔어요. 다만 구체적인 제작 방법은 아직 정하지 않았다고 합니다. 만들면서 분명히 시행착오가 닥칠 텐데, 이에 따라 방법을 달리하며 만들 생각이기 때문입니다.
>
> …(중략)…
>
> 몸을 풀며 친해진 메이커들은 자리에 앉아 조를 나눴습니다. 초등학교 저학년부터 고등학생까지 골고루 섞여 만들어진 조는 이제부터 15주 동안 함께 메이커 활동을 하게 됩니다. 이날은 프로젝트 첫 주라 사고의 유연성을 기르는 훈련을 집중적으로 했습니다. '두뇌 풀기'에 해당하는 문장 만들기입니다. 책상 앞에 녹색과 빨간색 종이에 쓰인 단어들이 무작위로 놓였습니다. '공간이동' '태평양' '아마존' '베짱이' 등의 단어가 있었죠. 아무리 봐도 서로 어울리지 않는 단어 천지입니다.
>
> 이 단어들을 조합해 하나의 완성된 이야기로 만들어 내는 것이 과제였습니다. 참가자들은 차분하게 머리를 모아 신중한 표정으로 단어를 조합해 나가기 시작했습니다. 심00(성남 태성고 3) 학생은 조의 맏형다운 모습을 보이며 동생들의 의견을 모아 차분하게 글을 써 내려갔습니다. 급기야 '가뭄' '베짱이' '아마존' '드론' 등의 단어를 사용한 이야기를 완성해냈죠.
>
> '이 이야기는 베짱이 울음소리가 메아리치던 날의 이야기이다. 2030년, 지구는 지독한 가뭄에 시달리고 있었다. 아마존이라는 회사에서 드론을 이용해 화성에서・・・・・・.' 엉뚱하지만 그럴듯한 이야기가 탄생했습니다. "이야기가

완성됐으면 그림을 그려보세요. 각자의 이야기로 만들 수 있는 것들에 대한 그림을 그리면 됩니다."

리더의 발언에 참가자들은 다시 당황했습니다. 대부분 엉뚱한 이야기들을 만들었기 때문에 이야기와 연관된 물건을 그리는 것은 더욱 어려웠죠. 그래도 결국 은하수로 건너가 우주 한복판에서 다이빙을 하는 도구나, 로봇이 홀로그램으로 미래의 기상재앙을 경고한다는 내용의 그림이 탄생했습니다.

마지막 순서는 '마시멜로 챌린지'입니다. 마시멜로 · 스파게티면 · 테이프 · 털실 등의 한정된 도구를 사용해 가장 높이 마시멜로를 올리는 활동이죠. 정해진 방법이 없기 때문에 참가자들은 다양한 방법으로 마시멜로를 올리려 머리를 굴렸습니다. 어떤 조는 단순히 스파게티 면에 마시멜로를 꽂아 테이프로 고정해 세웠지만 금방 무너졌어요. 이를 본 다른 조는 안정적인 지지대를 만들기 위해 스파게티 면을 작게 잘라 10개의 지지대를 만든 후 마시멜로를 올렸지만 높이가 낮아 불만이었죠. 결국 챌린지의 우승은 스파게티면 3개를 삼각 다리의 형태로 세워 마시멜로를 쌓은 조에게 돌아갔습니다. 단순해 보이지만 창의력을 극대화하는 두뇌 풀기의 하이라이트였습니다.

참가자들은 신기하면서도 뿌듯하다는 반응을 보이며 15주간 진행할 프로젝트의 각오를 다졌습니다. 심00 학생은 "편안한 마음으로 프로젝트에 임하다 보면 좋은 결과가 나올 것으로 생각한다."라며 "즐기면서 만들 것"이라고 말했습니다. 황00(성남 초림초 4) 학생은 "황00표 드론을 만들려고 하는데 전압 조절 문제에 대한 우려가 조금 있다."라며 "하지만 문제가 생기면 그때마다 멘토들에게 물어보면서 할 생각이라 걱정은 없다."라고 웃어 보였습니다.

2. 외국의 메이커 교육

미래사회에 대한 세계 각국의 교육적 변화에 관한 관심은 매우 지대하다. 그중에서도 소프트웨어에 관한 관심이 매우 크다. 영국을 중심으로 소프트웨어 교육을 학교 교육에 적극적으로 도입하였다. 메이커 교육은 개념적으로 소프트웨어 교육보다 광범위하며, 단지 만드는 것만을 의미하지 않는다. 미국을 중심으로 하는 STEM 교육과 밀접한 관련이 있으며, 다양한 융합 교육을 포괄하고 있다. 그러함에도 각 나라의 메이커 교육에 대한 개념적 정의와 방향이 명확한 것은 아니며, 학교 교육 제도 안에 들어가고 있지 못한 상황이다. 하지만 많은 나라는 미래 교육의 하나의 방안으로 메이커 교육을 고려하고 있으며, 이에 관한 관심과 정책에의 반영이 조금씩 증가하고 있다.

가. 메이커의 영역을 확장

초기의 메이커들은 컴퓨터를 중심으로 하드웨어를 만들고 프로그래밍을 통해 자신의 실력을 맘껏 발휘하였다. 실생활에서 필요한 물건을 만드는 활동이 차고나 창고 등과 같은 작업실에서 이루어졌다. 메이커 운동이 확산하여 메이커 페스티벌이 전국적으로, 그리고 전 세계적으로 확산하면서 메이커의 영역은 제한이 없어졌다.

미국의 경우, 2011년부터 STEM 교육을 활성화할 것을 오바마 대통령은 과학기술자문위원회(PCAST)를 중심으로 여러 교육정책을 추진하게 하였다. STEM 교육은 메이커 교육의 가장 기본적인 배경이 되었다. 기본적으로 물리, 화학, 재료, 구조, 역학 등에 대한 지식이 없으면 메이킹을 할 수 없다고 생각하여, 오바마 정부는 10년간 10만 명의 STEM 교사를 양성하고, 2012년에는 1억 달러를 투자하여 교사들이 STEM 교육의 다양한 경험을 가질 수 있도록 하고 있다. 이것이 메이커 운동을 학교 교육 차원으로 끌어들이는 계기가 되었다.

오늘날 메이커 교육의 영역은 학교 교육의 전 교과에서 이루어질 수 있는 주제가 되고 있다. 도서관에서 이루어지고 있는 메이커 교육의 예로는, 미국은 'Future Ready Librarians' 프로젝트를 통해 도서관 사서들을 메이커 강사로 재교육하고 도서관 내에서 메이커 프로젝트를 운영할 수 있는 역량을 강화하고 있다. 학생들이 많이 찾는 도서관 및 박물관 등에 메이커 스페이스 구축을 지원하고 있는데 미국 박물관과 도서관서비스협회(IMLS, Institute of Museum and Library Services)를 중심으로 이루어지고 있다(정종욱, 2017).

나. 수행 가능한 메이커 교육

메이커 교육을 여러 가지 실제적인 수행을 통해 얻은 다양한 사례와 이에 대한 메이커 교육 연구를 진행하고 있다. 예컨대 미국에서는 스탠퍼드 대에서 Invent to learn, Meaningful making, 하버드 대에서 Maker Centered learning, MakerEd(Makerspace playbook, Youth Makerspace playbook) 등을 개발하여 활용하고 있다. 메이커 교육이 이론적으로 진보주의 교육철학, 구성주의 교육에 기반을 두기 때문에, 시행착오, 실생활에서의 문제 해결, 경험의 재구성 등을 매우 중요하게 생각한다. 따라서 메이커 교육에서는 '실천하면서 배우기(Learn by Doing)'의 연장 선에서 '만들면서 배우기(Learn by Making)'를 강조하고 있다(https://www.makered.kr/).

미국에서는 메이커 교육에 대해 교육 전문가들이 중심이 되어 실제 수행 가능한 형태로의 연구가 진행되고 있다. 메이커 교육이 STEM, 진보주의 교육 등을 대표하는 말로 사용되고 있기도 하다. 초기의 메이커 교육은 예산이 많은 사립학교의 메이커 스페이스나 팹랩 중심의 교육방식의 일종처럼 인식되었지만, 메이커 운동이 확산하면서 인식의 변화가 일어났다. 이에 따라 각급 국공립학교 교원들이 자발적으로 큰 비용을 들이지 않고도 메이커 교육을 할 수 있는 방법들을 만들어 내면서, 사립학교뿐만이 아닌 전국의 평범한 학생들을 위한 메이커 교육으로 확산시켜 가고 있다. 메이커 교육을 기존의 교육 시스템에 편입시키기 위한 다양한 방법을 강구하고 있다.

영국의 경우 디자인과 기술(D&T; Design and Technology) 교과는 현실 세계를 반영하는 프로젝트 활동을 대표적으로 요구하고 있다. 예술과 디자인 교육은 학생들로 하여금 자신의 예술, 공예 및 디자인 작품들을 만들고, 개발하는 지식과 기술을 갖추게 한다. 이 교과의 목표 중에는 창조적인 작품을 생산하고, 그림, 조각 및 공예와 디자인 기술에 능숙해지는 것이 포함된다. 디자인과 기술 교육과정은 실용적 지식을 경험과 함께 학습할 수 있는 기회를 제공하며, 직접 만들어 보는 과정을 통해 학생의 수준을 향상하는 것을 목적으로 한다.

3. 메이커 교육을 위한 디자인 씽킹

디자인 씽킹은 원어로 Design Thinking이다. 그런데 우리나라에 들어와서는 번역하기를 '디자인 사고'라 하지 않고 '디자인 씽킹'으로 발음하는 대로 표기하고 있다. 디자인 사고로 부르면 뭔가 다른 느낌을 주고 생경하다. 디자인 씽킹으로 표기하는 책이나 논문이 90% 이상이고, 디자인 사고로 표기하는 것은 10%도 안 된다. 이러한 현상을 무작정 비판할 수도 없는 노릇이다. 그래서 이 논의에서도 디자인 씽킹으로 표기하여 혼란을 막고자 한다(이춘식, 2020; SWEET한 융합 교육에서 소개한 글을 중심으로 맥락에 맞게 수정 보완하였다).

가. 왜 디자인 씽킹인가?

디자인 씽킹은 디자이너 즉 설계자들이 물건을 디자인할 때의 사고방식이나 마음가짐에 관한 접근방법이라고 부를 수 있다. 우리가 디자인한다고 말할 때와 설계한다고 말할 때 역시 어감이 다르다. 그러나 여기에서는 혼용하도록 한다.

Design의 어원은 라틴어로 데시그네르(designare)에서 파생되었다. 본래는 계획, 의도, 목적, 모델, 그림 등을 의미한다. 디자인의 광의는 '인간의 특정 목적을 위해 무엇인가를 계획하는 활동'이다. 즉 인간이 어떤 목적을 가지고 하는 활동을 총칭한다. 협의로는 '제품의 외적인 형태 및 기능 향상'을 의미한다. 산업화 시대에 주로 사용해 왔던 의미이다. 그러나 오늘날에는 디자인을 '물건에 특별한 정체성을 붙이는 작업으로서 소통을 돕는 일'로 사용한다. 즉 디자인의 개념이 일반화되어 널리 쓰이는 형태이다. 구글에서 디자인을 입력하면, 시각 디자인, 산업 디자인, 무대 디자인, 패션 디자인, 공예 디자인, 순수 디자인, 환경 디자인 등 수도 없이 나온다. 이처럼 오늘날에는 디자인이 특정 정체성을 부여하는 네이밍으로 사용됨을 방증한다.

디자인 씽킹에서 '디자인'이라는 단어가 포함되어 있으므로 디자이너가 생각하는 방식이라고 개념을 혼동할 수 있다. 그러나 디자인 씽킹은 포토샵을 사용하여 그림을 그려 디자인하는 것과는 전혀 달리, 디자인적 사고방식을 비즈니스나 교육현장에 도움을 주는 것이라 할 수 있다. 즉 디자인을 전혀 몰라도 사용할 수 있고, 디자인과 관계없는 사람이 더 많이 사용한다는 것이다.

4차 산업혁명 시대로 대변되는 오늘날에 와서 디자인 씽킹이 유행하는 이유는 무엇일까? 디자인 씽킹이 과밀하고 혼잡한 주거 공간의 문제점들을 해결하고 스트레스를 최소화하는 데 도움을 주고, 우리 주변의 자원을 효율적으로 활용하고 에너지 소비를 최소화하는 데 유용하게 적용될 수 있기 때문이다. 대니얼 링은 왜 디자인 씽킹이 필요한지에 대한 이유 3가지를 들었다. 즉 기업의 혁신을 위하여, 사회의 사람들과 관련된 문제를 해결하기 위하여, 개인의 경쟁우위를 선점하기 위하여가 바로 그 이유이다. 기업들은 혁신이 절대적으로 필요하다. 그렇지 않으면 도태되기 때문이다. 오늘날의 소비자들은 자아의식 수준이 매우 높고 선택에 민감하며 매우 변덕스럽다. 그래서 혁신을 위하여 디자인 씽킹을 활용한다. 살아남기 위한 전략인 셈이다. 또한 일상생활에서 직면한 어려운 문제들을 해결하기 위하여 디자인 씽킹이 필요하다. 결국 디자인 씽킹은 개인의 경력이나 업무의 측면에서 경쟁우위를 점하기 위한 방편으로 자리매김하여 왔다. 이러한 디자인 씽킹을 교육적으로 활용하는 시도가 매우 활발하다.

나. 디자인 씽킹의 개념과 역사

'디자인 씽킹'이라는 용어는 Rowe(1991)가 수십 년 동안 그 과정을 연구해 왔음에도 불구하고 디자인 연구자들이 디자인 문제에 접근하는 방법을 언급하기 위해 대중화되었다(예: Schon, 1983; Simon, 1969). 오늘날 디자인 씽킹은 기존의 디자인 영역뿐만 아니라 비즈니스와 컴퓨팅과 같은 다양한 맥락에서도 사용한다. 이렇게 이질적으로 사용하고 적용함에도 불구하고, 디자인 씽킹은 여러 분야의 팀이 의사소통하고 활동을 조정하기 위한 기초적인 틀로 간주된다. Dorst(2011)는 전문가 설계의 핵심 요소가 어떻게 구조화되는지 설명하며, 가치를 창출하기 위해 서로 상충하는 고려사항을 처리하는 과정에서 일어나는 것을 역설적으로 다룬다.

오늘날 '디자인(design)'의 의미에는 시각적인 것뿐만 아니라 문제 해결을 통해 가치를 창출하는 과정의 의미도 포함되어 있다. 전례 없이 빠른 속도로 변화하는 경쟁 사회 속에서 기업은 살아남기 위하여 혁신을 하고 있다. 애플, 구글, 이케아, 삼성 등의 세계적인 기업들이 디자인 씽킹에 주목하고 있는 이유이다.

Fellet(2016)에 따르면, 디자인 씽킹은 30년 이상의 역사를 가지고 있다. 학문적으로는 스탠퍼드 대학교의 디자인 스쿨에서 기반을 다져 왔고, 기업의 측면에서는 디자인 회사인 IDEO를 통해 확산하여 왔다. 디자인 씽킹은 IDEO의 CEO인 Tim Brown이 2008년 Harvard Business Review에 'IDEO Design Thinking'을 발표한 것으로부터 시작해, Business Week지가 2009년 9월에 'Design Thinking'이라는 특집호를 출간하면서 그 이름이 본격적으로 알려지게 되었다(Ling, 2015). Tim Brown은 'Change by Design'에서 "디자인은 만족스러운 경험의 전달에 대한 것이다. 디자인 씽킹은 프로젝트를 수행하는 모두가 대화에 참여하는 기회를 통해서 다양한 경험을 만들어 내는 과정이다"라고 하였다.

디자인 씽킹은 초기에는 창조적 직관과 분석적 경험을 문제 접근과 해결 방식에 이용하는 디자이너들의 사고방식에 기반을 두었다. IDEO와 같은 기업들이 비즈니스 현장에서 기업의 혁신을 위해 디자인 씽킹을 도입하면서 성공적인 결과를 도출하였다. 이후 IDEO의 창립자인 David Kelly와 사업가 George Kembel이 IDEO에서의 활동을 바탕으로 스탠퍼드 대학에 설립한 d.school이 전 세계적으로 알려지게 되면서 디자인 씽킹이 하나의 교육 패러다임으로 발전하게 되었다(강인애 외, 2017). 디자인 씽킹은 공감을 통한 통찰력을 활용하여 주어진 문제를 인간 중심에서 접근하며 직관적이고 감성적인 사고와 분석적, 이성적 사고의 조화로운 균형을 추구하는 것이 특징이다. 이와 더불어서 디자인 씽킹의 활동 과정에서 다양한 분야의 사람들과의 협업 활동을 하며 넓은 시각을 가짐으로써 편향적인 관점에서 벗어나게 해준다.

디자인 씽킹이라는 개념은 디자이너가 창의적으로 사고하는 방법으로, 한 가지로 함축되기 어려울 정도로 수많은 정의가 있다. 연구자들의 디자인 씽킹에 대한 개념을 정리해 보면, 대체로 직관과 분석의 균형, 사고방식 또는 종합 능력으로 정의하고 있다. 이는 디자인 씽킹이 크게 사고방식이자 방법론이며 교육 패러다임의 3단계로 진화한 움직임과 그 의미가 같다고 할 수 있다. 디자이너들의 사고방식으로부터 시작하여, 그러한 디자인 씽킹의 과정을 구체화한 방법론으로 발전하고, 다시 이러한 방법론이 기업에 성공적으로 적용된 결과, 현재는 기업과 학계에서의 교육 패러다임으로까지 단계적으로 진화되었음을 알 수 있다(전효은, 2015). 특히 2005년 스탠퍼드대 디스쿨(Standford d.school)의 설립은 디자인 씽킹이 교육 패러다임으로 확대되어 교육을 통해 전파되어 가는 계기를 마련한 분기점이 된 셈이다.

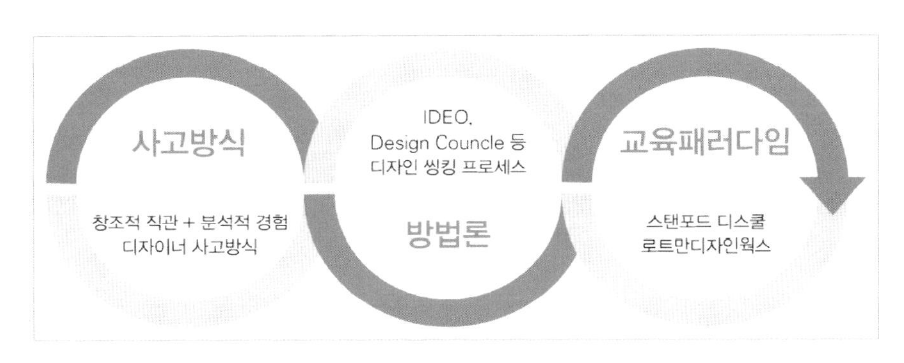

▣ 디자인 씽킹 개념의 단계적 발달(전효은, 2015)

지금까지의 논의를 통해 디자인 씽킹을 간단히 정의해 보면, 디자인 씽킹은 ‘문제를 바라보는 시각을 재정의(reframe)하여 진짜 문제를 발견하는 수요자 중심의 창의적 사고이자 문제 해결 방법’이다. 디자인 씽킹은 혁신적인 사고(Design Thinking=Innovative Thinking)이다.

다. 디자인 씽킹의 활동 과정

디자인 씽킹의 활동 과정은 개념만큼이나 많은 모형, 방법 등이 있다. 그러나 디자인 씽킹이 세간에 널리 알려진 후 초미의 관심의 대상은 2005년 스탠퍼드 대학교에 세워진 디스쿨(Standford d.school)이다. 디스쿨이 생겨나면서 기업에서 디자인 씽킹의 단계를 적용하여 혁신의 결과를 얻어 내는 것도 사실이다. Stanford 대학교 대학원에 설립된 d.School은 2009년 독일 경영 솔루션 그룹 SAP사의 설립자인 Hasso Plattner가 디자인 씽킹을 중요하게 생각하여 원하였다. 디스쿨은 '디자인 스쿨'의 약자다. 그러나 디스쿨에서는 역설적으로 '디자인'을 가르치지는 않는다. 디자인이라고 하면 가구 디자인, 자동차 디자인이나 옷 디자인 등 '물건을 만드는 것'을 떠올리지만 디스쿨은 물건을 디자인하는 것을 가르치는 것이 아니라 '생각'을 디자인하는 방법을 가르친다. 이것이 특징이다. 혁신과 창조하는 방법을 디자인하는 것을 가르치는 학교이다. 디스쿨은 학위와 학점을 주지 않는 것도 특이하다. 왜냐하면 '학부'나 '학과'가 아니기 때문이다. 이 과정을 수료하면 '동문'이 될 뿐이다. 또한 디스쿨은 MBA나 로스쿨처럼 따로 지원해서 들어가는 곳은 아니다. 스탠퍼드 대학원에 재학 중인 학생이면 누구나 등록할 수 있다. 디스쿨을 전공하는 것이 아니라 자신의 전공이 있고 디스쿨은 '수료'한다고 보면 된다. 그래서 디스쿨은 다양한 전공을 가진 학생들이 모여서 활동한다.

손재권(스탠퍼드 아태연구소 방문연구원; www.venturesquare.net)의 리포트에 따르면, 창조적 아이디어는 다양함과 다름에서 나오기 때문이라고 믿기 때문에, 디스쿨에서는 '극단적 협력(Radical Collaboration)'이라고 부른다. 문제를 해결하기 위해서는 서로 다른 관점과 다른 경험이 필요하다. 수업에서는 팀도 서로 다른 관점과 경험을 가진 이들이 섞여서 만들어진다. 컴퓨터 과학 전공자와 정치 과학 전공자를 섞어 놓는다든가 정책 결정자와 CEO, 교육학과 학생과 산업 전공자를 섞어 놓는 방식이다. 스탠퍼드 대학원생이라면 누구나 등록할 수 있다고 해서 등록만 하면 다 수업을 들을 수 있는 것은 아니다. 자신이 왜 이 수업을 들어야 하는지에 대한 에세이를 써서 제출하고 이를 디스쿨 운영진이 승인을 해야 수강을 할 수 있다. 실리콘밸리 기업들이 디스쿨 동문은 특별 채용해서라도 데려가려고 하는 분위기로 볼 때, 과목당 경쟁률은 3:1이 넘는다. 디스쿨의 또 다른 원칙은 '실천하면서 배운다(Learn by doing)'라는 것이다. 디스쿨에서는 교수가 학생들에게 문제를 내지도 않고 풀라고 하지도 않는다. 학생들에게 "문제는 무엇인가?"라고 묻는다. 학생들이 스스로 문제를 내고 해결할 수 있도록 한다. 그래서 디자인 씽킹을 '문제 해결 방식'이라고도 부른다. 도대체 해결해야 할 문제가 무엇인가를 설정하고 이를 해결하기 위해 다양한 전공을 가진 동료들과 협력하고 문제를 해결한다.

예를 들어 '자전거용 커피 홀더'를 만드는 과정이 그렇다. 스탠퍼드는 학교가 넓어서 강의실과 강의실을 이동할 때 주로 자전거를 이용한다. 자전거는 두 손으로 타야 하므로 커피를 들고 다닐 수가 없다. 한 손으로 핸들을 잡고 한 손에 커피를 들고 강의실을 가는 것은 영화에서는 낭만적일지는 모르겠으나 현실에서는 위험한 행동이다. 하지만 수업시간에 커피를 들고 가고 싶은데 이때는 어떻게 해야 하나? 이렇게 문제를 스스로 설정하고 해결 방법을 찾는다. 자전거 타는 학생들과 커피를 든 학생들을 유심히 관찰하고 이들과 인터뷰를 해서 어떻게 만드는 것이 좋은지 방법을 찾은 후 '자전거용 커피 홀더'가 있었으면 좋겠다고 결론을 내리고 프로토타입을 만드는 과정을 거치게 된 것이다. 어느 누구도 '자전거 커피 홀더'가 필요하다고 하지 않았다. 교수들이 지시하는 것은 더더욱 아니다. 학생들이 느끼는 '문제'는 무엇이고 이를 어떻게 해결해야 하는지 협력을 통해 만들어 내는 것이다(손재권, 스탠퍼드 아태연구소 방문연구원; www.venturesquare.net).

▣ 스탠퍼드 대학교 d.school의 모습
(※ 자료: https://commons.wikimedia.org/wiki/File:D.school_Stanford.jpg)

따라서 여기에서는 디스쿨에서 활용하고 있는 디자인 씽킹의 5단계 과정에 대해서 설명하고자 한다. 아래 그림은 디자인 씽킹 단계를 홈페이지(https://dschool.stanford.edu/resources)를 참고하여 이해하기 쉽게 재구성하였다.

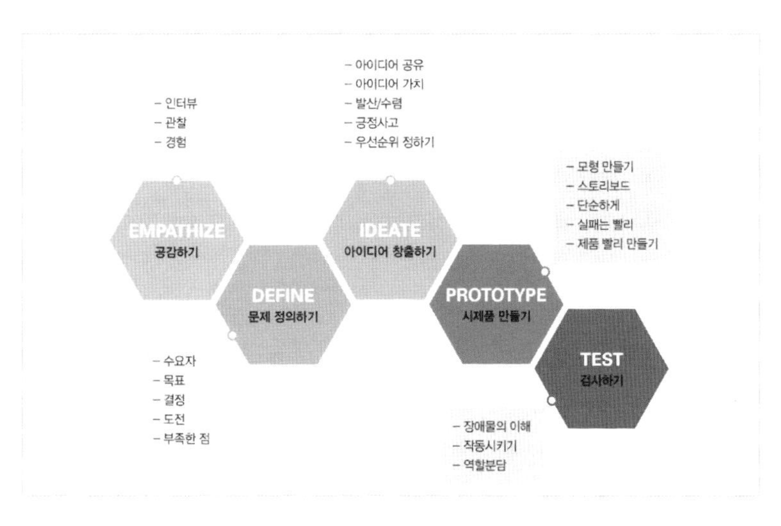

▣ 디스쿨의 디자인 씽킹 5단계

(1) 공감하기

첫 번째 단계인 공감은 다른 사람의 입장이 되어 그들의 시선으로 '바라보는' 능력이다. 개발자의 관점이 아니라 수요자의 관점이 되어 바라봐서 아이디어를 내기 때문에 새로운 물건이 나올 수 있다. 공감하는 방법으로는 인터뷰, 관찰, 경험의 세 가지가 있다. 인터뷰를 통해서는 수요자들의 경험을 들어본다. 대체로 사람은 말과 행동이 다르다. 인터뷰를 하여 수요자를 깊이 이해한다. 인터뷰를 진행하는 동안에는 인류학자처럼 중립적인 태도를 유지하는 것이 필요하다. 어떤 대답이 나올지 짐작이 가도 이유를 물어야 한다. 관찰하기 방법을 통해서는 수요자들이 실제로 어떻게 행동하는지를 살펴본다. 인터뷰를 통해 얻은 정보가 사실인지를 파악한다. 마지막으로 디자이너가 직접 체험하여 '진짜 문제'를 찾는다. 디자인 씽킹 과정에서는 전반적으로 양보다는 질을 권장한다. 인터뷰의 참여자 수가 적더라도 제품이나 서비스의 다양한 고객을 대표할 수 있는 사람을 선택하는 것이 중요하다. 인사이트(insight)가 필요한 것이지 오해와 진실을 밝히는 과정이 아니기 때문이다. 여기서 인사이트란, 어떤 것을 이해하는 '깊이 있는 시선'이라고 말할 수 있다.

(2) 문제 정의하기

발명이나 혁신에서 그렇듯이 비상한 천재는 남들이 볼 수 없는 문제를 해결한다. 천재는 문제를 정확하게 꿰뚫고 있기 때문이다. 바른 문제를 먼저 찾아내야 하는 이유가 여기에 있다. 일반인들은 학습의 과정에서 문제를 찾는 방법을 배우거나 경험한 적이 거의 없기 때문에 연습이 필요하다. 정확한 문제의 조건에는 다음과 같은 것들이 있다. 수요자들이 원하는 것인가? 수요자에게 가치를 주어서 진정으로 필요로 하는 것을 찾는 것이다. 개발자인 제공자가 바라는 것인가? 개발자에게 영감을 주는 문제를 발견하면 지속적 열정을 불러일으킬 수 있다. 예컨대, "어떻게 하면 아이들이 MRI 검사를 받을 때 두려움을 느끼지 않도록 할 수 있을까?" "어떻게 하면 노인들이 앱을 이용할 때 잘못하여 다른 사람에게 송금할까 봐 두려움을 느끼지 않도록 할 수 있을까?" 등 이런 것들이다. 즉 사람 중심, 고객 중심의 사고방식을 갖는 것이다.

(3) 아이디어 창출하고 수렴하기

실제로 아이디어를 만드는 과정이다. 이때는 발명하기 과정에서 사용하는 다양한 확산적 기법을 접목할 수 있다. 대표적으로 브레인스토밍이나 트리즈, 디자인 씽킹 툴킷 등을 활용할 수 있다. 다양한 아이디어를 도출하기 위해서는 제시한 아이디어에 대해 판단하거나 비평하지 말고 모든 아이디어를 수용한다. 허무맹랑하고, 엉뚱한 아이디어를 내도록 장려하면 뜻밖의 아이디어가 나온다. 제안된 아이디어로부터 새로운 아이디어를 끌어내거나 아이디어를 결합할 수도 있다. 아이디어의 양에 집중하면 명확한 해결책은 잠시 뒤로하고 진정한 혁신을 찾기 위한 미지의 영역으로 들어갈 수 있기 때문이다.

수많은 아이디어가 제시되면 디자이너는 작업에 반영할 아이디어를 선택해야 한다. 이때 스티커를 이용해 투표하는 방법을 많이 사용한다. 수렴의 과정에서 팀원들은 스티커를 여러 장 가지고 개별적으로 만들고 싶은 아이디어에 스티커를 붙인다. 이 과정이 끝나면 최적의 아이디어를 민주적으로 해결할 수 있다.

(4) 시제품 만들기

정리된 아이디어를 바탕으로 시각화하는 과정이다. 초보적인 완성도의 그림 그리기를 하거나 만들기를 통해 시제품을 만들어야 한다. 이때 시제품은 빠르고 쉽고 싸게 만들 수 있어야 한다. 시제품은 빠르게 실패하고 빠르게 학습하는 데 도움을 주는 좋은 도구이다. 개발팀의 의사소통을 돕고, 기억의 한계를 극복하는 방법으로써 시각화하는 것이다.

(5) 검사하기, 평가하기

마지막으로 검사하기 과정을 거치면서 문제의 정의를 수정하거나 아이디어를 수정한다. 평가하기를 할 때에는 사용자가 시제품을 마음대로 이용하고, 보고, 들을 수 있도록 해야 한다. 사소한 수정 사항을 쉽게 적용할 수 있다면, 수정하여 다시 검사하는 과정을 거친다. 이 과정에서 수요자의 필요에 집중하고 디자이너의 아이디어에 애착을 갖지 않는 것이 중요하다. 자신의 아이디어에 집착하게 되면 소비자의 필요는 점점 더 멀어진다. 디자인 씽킹의 과정은 한 번에 끝나는 것이 아니라 디자이너가 최상의 결과를 얻을 때까지 빠르게 반복하여 가장 효과적으로 시제품을 만들고 개선하는 데 집중한다.

4. 디자인 씽킹과 메이커 교육의 만남

디자인 씽킹과 메이커 교육이 만나면 어떤 교육적 효과가 날까? 이 물음은 메이커 교육을 하는 입장이나 디자인 씽킹을 가르치는 입장이나 서로 교차하여 물을 수 있다. 디자인 씽킹의 과정을 기업에서는 매우 사활을 걸고 적용한다. 그러나 학교 현장에서는 디자인 씽킹도 하나의 물건을 만드는 과정의 체험이다. 각각이 별개로 이루어지면 또 다른 학습을 한 것에 불과하다. 따라서 디자인 씽킹을 하면서 적절한 과정에 메이커 활동을 접목하면 그 효과는 배가된다. 디자인 씽킹이 전체적으로 소비자의 입장이 되어서 문제를 바라보고, 그 문제를 정확하게 정의하여 이에 걸맞은 아이디어를 도출하고 시제품을 만들어 시각화하며 마지막으로 테스트를 하여 완성한다. 이 과정 중에서 시제품을 만드는 과정에 메이커 활동을 접목하면 디자인 씽킹 기반의 메이커 교육으로 변신할 수 있다.

첫째, 디자인 씽킹은 본래 디자이너의 사고 과정으로 융합과 협력을 통한 문제 해결 방법이다. 이를 과학, 건축 등 미술계가 아닌 타 분야에서 활용하기 시작하며 확산하였다. 이후 디자인컨설팅 전문 회사의 등장으로 디자인 씽킹이 대중화되며 대학을 비롯한 교육기관에도 도입되었다(공완욱 외, 2018). 교육기관에서 디자인 씽킹이 도입되면서 메이커 교육과도 자연스럽게 융합적으로 사용하기에 이르렀다.

둘째, 디자인 씽킹이나 메이커 교육이나 모두 평가에서 실패를 강조한다. 학습자들이 실패를 학습이나 경험의 과정으로 인식하고 개선의 기회를 반복적으로 제공하는 것이 특징이다. 즉 실패는 성공의 도구로 활용된다.

셋째, 학습의 과정과 결과물을 실제로 만질 수 있고 눈에 보이도록 '실체화'시킨다. 메이커 교육은 수행 활동의 과정과 결과물을 여러 가지 방법으로 기록하는 것을 중요하게 여긴다. 그 결과 공유활동의 매개체로 활용됨과 더불어 학습자들의 학습 진행 과정에서 결과물에 대해 스스로 성찰하게 하고 결과물을 더 나은 방향으로 개선하는 것을 촉진한다(유예은 외, 2018).

넷째, 협업과 공동작업의 형태로 이루어진다. 메이커 교육과 디자인 씽킹 모두 동료와의 협업이 중요하다. 혁신적인 아이디어는 개인의 독자적인 생각과 활동보다는 공동의 사고와 활동에서 훨씬 쉽게 나온다. 디자인 씽킹이 극단적인 협업을 강조하는 이유이기도 하다. 메이커 활동이 개인의 작업에서 시작되었지만, 교육의 영역으로 메이커 활동이 들어오면서 공동활동의 형태로 수행되면서 교육적 효과를 내고 있다.

다섯째, 디자인 씽킹과 메이커 교육을 학교 교육에 접목할 때의 오해를 불식시켜야 한다. Why 없는 Making은 숙제이다. How 없는 Making은 순서도 조립이다. What 없는 Making은 불가능하다. 디자인 씽킹은 학생들에게 골든 서클(Golden Circle)을 알려 주고 분명한 방향을 갖도록 해야 한다(정종욱, 2018). 골든 서클은 사이먼 시넥(2013)이 강조한 것으로, 사람의 마음을 움직이는 비밀로 간주하였다. 대부분 일반인들은 문제 해결의 접근을 what-how-why 순서로 수행하는 데 반해 세상을 바꾸는 사람들과 회사는 why-how-what 순서로 한다. 여기서 why는 목적이고, how는 과정이며, what은 그 결과이다. 이것이 골든 서클이다. 모든 문제를 접근할 때 why로부터 시작하여 근본적인 목적을 설정하는 것이 중요하다.

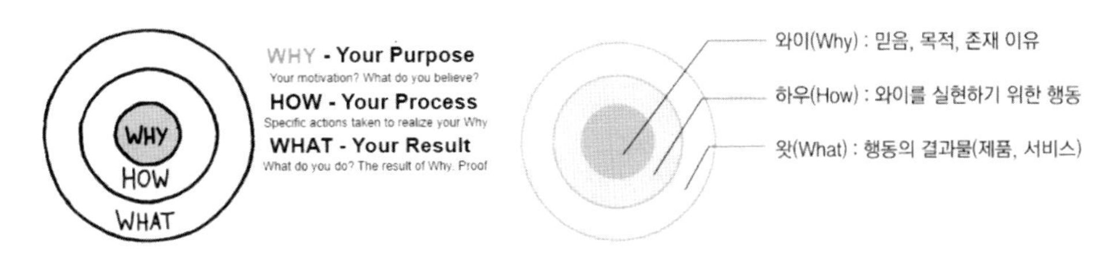

▣ 골든 서클(Sinek, 2009; https://brunch.co.kr)

여섯째, 방법론을 단순화하거나 버리자. 디자인 씽킹이나 메이커 활동을 할 때 아이디어 창출의 지름길로 여겨지는 방법에 너무 집착하는 경우가 많다. 예컨대 포스트잇, 마인드맵, 브레인스토밍 등은 하나의 방법에 불과하기 때문에 과감히 이것을 버려야 한다. 또한 디자인 씽킹의 5단계에 집착하지 말아야 한다. 5단계의 가치를 인식하고 분야별로 수정하여 적용할 수 있다. 즉 문제 인식-아이디어-창작-공유(발표, 스토리텔링, 유튜브 등) 등의 순서로 적용해도 된다. 메이커 교육을 하면서 3D 프린터, 레이저 커팅, 아두이노 등을 먼저 가르치지 않는 것도 하나의 방법이다. 이것을 먼저 배우면 메이커 활동이 여기에 제한되어 벗어나질 않는다.

일곱째, 활동을 하면서 모든 것을 평가하려 들지 말자. 개인의 아이디어는 자유이다. 그 아이디어의 독창성을 인정하자. 점수화하지 말고 그 자체로 존중하자. 스스로 할 수 있음을 격려하자. 메이커 활동이든 디자인 씽킹이든 경쟁이 아니라 협업이기 때문이다.

마지막으로, 학생들에게 문제 해결능력을 길러 주자. 자유로운 실험의 기회를 주고, 융합적 사고로 지역과 사회의 공동 문제 해결 기회를 주는 것이 필요하다. 교육 영역에서의 디자인 씽킹과 메이커 교육은 직업교육이 아니고, 창업교육도 아니며, 특정 기술 교육이 아님을 기억하여야 한다.

성찰 과제

1. 메이커 교육이 대두된 배경을 설명하시오.

2. 메이커 교육의 국내외 실천 사례를 구체적으로 제시하시오.

3. 메이커 교육을 위한 디자인 씽킹의 중요성을 설명하시오.

4. 디자인 씽킹의 각 단계별 특징을 구체적으로 설명하시오.

5. 디자인 씽킹을 메이커 교육 활동에 적용할 수 있는 구체적인 방법을 설명하시오.

6. 디자인 씽킹과 메이커 교육을 학교 교육에 접목할 때의 오해를 불식시키기 위하여, Why 없는 Making은 숙제이고, How 없는 Making은 순서도 조립이고, What 없는 Making은 불가능하다는 주장에 대해 자기 생각을 논하시오.

참고 문헌

강경희, 신호진 (2017). **디자인 씽킹 for 컨셉 노트**. 서울: 성안당.

강인애, Romero, 유예은 (2017). 디자인 씽킹 기반의 메이커 교육프로그램 개발 및 적용. **한국교양교육학회 학술대회 자료집**, 252-257.

강인애, 윤혜진, 정다애, 강은성(2019). **메이커 교육의 이론과 실천**. 서울: 내하출판사.

공완욱, 임혜원, 이미희, 박수정, 이주연 (2018). 미술교육 관점에서 디자인 씽킹에 대한 비판적 고찰. **미술교육연구논총**, 55. 217-247.

김경수 (2017). **디자인 씽킹을 활용한 One Day 팀 워크숍**. 서울: 밥북.

김승, 강지훈, 유정훈, 한양대사회혁신센터 (2019). **상상하고 만들고 해결하고**. 서울: 미디어숲.

대니얼 링 (2017). **디자인 씽킹 가이드북**. 서울: 생능출판.

리팅이, 스신위, 황즈엔, 황칭웨이 (2012). 송은진 역. **스탠퍼드 대학의 디자인 씽킹 강의 노트**. 서울: 인서트.

메이커교육실천코리아(2018). 메이커 운동이란. http://www. makered.or.kr/

메이커교육연구소(2018). 메이커 교육, 현장에서 배우다. 미국 메이커 교육 탐사 리포트 pdf. www.makerschool.kr

사이먼 사이넥 외, 이영민 역 (2013). **나는 왜 이 일을 하는가**. 서울: 타임비즈.

사이먼 사이넥 외, 이지연 역 (2018). **당신만의 Why를 찾아라**. 서울: 마일스톤.

송기봉, 김상균 역(2015). **메이커 혁명, 교육을 통합하다**. 서울: 홍릉과학출판사.

우영진, 박병주, 이현진, 최미숙 (2018). **디자인 씽킹 수업**. 서울: I-Scream.

유예은, 강인애, 전용찬 (2018) 디자인 씽킹 프로세스 기반의 메이커 교육프로그램을 통한 감성 지능의 향상 연구: 대학교 사례를 중심으로, **한국융합학회논문지, 9**:7, 163-175.

이정주, 이승호 (2018). **새로운 디자인 도구들**. 서울: 인사이트.

전효은 (2015). 후츠파 문화 정신과 디자인 씽킹 연구를 통한 기업 융합형 창의성 모형 제언. **브랜드디자인학연구, 13**(2), 333-344.

정병익 (2019). **4차 산업혁명 시대, 디자인 씽킹이 답이다**. 서울: 학현사.

정종욱 (2018). 디자인 씽킹과 메이커 교육. **메이커 교육 컨퍼런스 2018 발표자료**.

정종욱 (2009). 메이커 교육 및 메이커 스페이스 국내외 현황 및 적용 방안. KERIS 이슈 리포트. 한국교육학술정보원.

최재규 (2014). 국내외 메이커 운동 사례조사 및 국내 메이커 문화 활성화 방안 정책 연구, 정책연구과제, 한국과학창의재단.

Follett, J. (2016, December). What is design thinking? https://www.oreilly.com/radar/what-is-design-thinking/

Hatch, M. (2013). *The Maker Movement Manifesto; Rules For Innovation In The New World Of Crafters, Hackers, And Tinkerers.* McGraw-Hill Education.

Rowe, P. G. (1991). Design thinking. Cambridge, MA: The MIT Press.

Schon, D. (1983). The Reflective Practitioner: How Professionals Think in Action. New York, NY: Basic Books.

Sinek, S. (2009). Start with Why: How Great Leaders Inspire Everyone to Take Action. Portfolio. ISBN. 1591842808.

제2부

설계기술과 메이커 활동

Design & Technology and Maker Activities

제6장 기술 교육의 개관

학습 목표
1. 뇌 연구가 기술 교육에 주는 시사점을 설명할 수 있다. 2. 노작교육과 기술 교육과의 관계를 이해할 수 있다. 3. 노작교육의 실천 사례를 제시할 수 있다. 4. 기술 소양에 대해 이해하고 설명할 수 있다. 5. 미국의 기술-공학 소양 표준이 주는 시사점에 대해 설명할 수 있다.

1. 기술 교육의 국제적 동향

교과의 성격에는 그 교과가 지니고 있는 본질과 핵심적인 아이디어가 내재되어 있기 때문에 이를 명확히 하면 여기에 더하여 교수-학습과 평가의 방향을 설정하는 데 매우 유용하다. 목하 우리의 관심은 초등기술 교육의 성격이 암시하는 바에 따라 기술 교육의 활동에 대한 시사점을 얻고자 한다(이춘식, 2015).

가. 뇌 연구와 기술 교육

최첨단의 다양한 과학기술의 장비를 이용하여 뇌에 대한 연구가 활발히 진행되고 있다. 그 중에서도 뇌의 발달과 기술 교육 간의 관련성에 대한 새로운 연구가 전개되고 있다. 오늘날의 뇌에 대한 연구로 새로운 정보를 보여 주고 있다. 즉, 기술 교육의 실습장에서 왜 실습 활동(practice)을 중시해야 하는지를 주장해야 하는지, 학생들에게는 실습 활동을 왜 제공해 주어야 하는지에 대한 정보의 실마리가 밝혀지고 있다. 이러한 정보를 제공해 주는 것은 다음 표와 같은 '뇌 영상기술'에 힘입은 바가 크다(www.hemr.org/wiki/Function).

□ 뇌 연구를 하기 위해 사용된 영상 기술

용어	명 칭	특 징
CT	컴퓨터 단층 촬영 (Computed Tomography)	X선을 우리 뇌에 쪼이면 뇌 안의 원자는 X선을 흡수하거나 반사하게 되는데, 이 차이를 적절히 처리하면 X선 사진이 나온다. 2차원 X선 평면 사진들을 하나의 축에 의해 컴퓨터를 이용하여 합쳐 놓으면 CT 영상을 얻을 수 있다
EEG	뇌전도 (Electroencephalogram)	두피에 전극을 붙여서 뇌의 전기적인 활동을 측정하는 촬영기법이다. 뇌의 수많은 신경에서 발생한 전기적인 신호가 합성되어 나타나는 미세한 뇌 표면의 신호를 전극을 이용하여 측정한 전위를 이용하여 영상을 만든다. 뇌파 신호는 뇌의 활동, 측정 시의 상태 및 뇌 기능에 따라 시공간적으로 변화하는 뇌파를 측정한다.
MEG	뇌자도 (Magnetoencephalography)	수만 개의 뉴런이 거의 동시에 활동 전위를 나타내게 되면 전류가 형성된다. 이 전류는 자기장으로 바뀌게 되고, 이 자기장을 감지한 뒤 적절히 처리해서 MEG 신호를 만들어 낸다.
MRI	자기공명 영상기술 (Magnetic Resonance Imaging)	전자기파의 한 종류인 라디오파와 자기장을 이용해서 뇌를 영상화한다. 피관찰자의 뇌에 강한 자기장을 걸어주면, 원자핵들이 자기장의 방향에 따라서 나열된다. 이 나열된 상태에 라디오파를 때려주면 원자핵 중 일부가 거꾸로 뒤집혔다가 강력한 자기장에 의해 원상태로 돌아온다. 되돌아오는 과정에서 첫 번째 라디오파에 대한 메아리로 두 번째 라디오파가 방출되는데 이 메아리를 분석하고 컴퓨터로 적절히 처리하면 뇌의 3차원 영상을 얻을 수 있다. 여기에는 fMRI(functional Magnetic Resonance Imaging; 기능성 자기공명 영상촬영기술)와 DTI(Diffusion Tensor Imaging, 확산텐서영상)가 있다.
NIRS	근적외선 분광광도계 (Near-infrared Spectroscopy)	전자기파를 이용하고, fMRI와 마찬가지로 혈류량의 변화를 통해 뇌의 활동을 측정한다. 파장의 길이가 800nm~2,500nm 사이인 NIR 선을 이용한다. NIR 선을 통해 혈액의 변화를 측정하고 적절히 처리해서 어떤 부위의 뇌가 활성화되어 있는지를 알 수 있다.
PET	양전자 단층 촬영기술 (Positive Emission Tomography)	인체 내의 여러 기본 대사물질에 양전자를 방출하는 방사성 동위원소를 표지하여 인체에 투여한 후 양전자와 물질 간의 상호작용으로 발생하는 소멸 방사선을 체외에서 CT와 유사한 방법으로 검출하여 단층촬영 영상을 만들어 인체의 생화학적 변화를 영상화할 수 있는 새로운 촬영기법이다.
SPECT	단일광자 단층촬영 (Single Photon Emission Computed Tomography)	감마선을 직접 방출하는 방사성 동위원소를 사용한다. PET가 SPECT에 비해 즉각적으로 방사선을 검출할 수 있어서 더 좋은 시간적 해상도를 가진다.

(※ 출처: www.hemr.org/wiki/Function; http://new-learn.kr/neurowiki 재구성)

뇌와 학습의 관계는 다음과 같다(Wolfe & Brandt, 1998; National Academies of Sciences, Engineering, and Medicine, 2018).

첫째, 인간의 뇌는 착상에서 20대 초반까지 질서정연하게 발달한다. 중요한 기능과 자율 기능은 먼저 인지, 운동, 감각 및 지각의 과정을 개발하고, 복잡한 통합 과정과 가치 중심적이고 장기적인 의사결정이 마지막으로 발전한다.

둘째, 뇌는 문화적 혁신이나 새로운 도전과 같은 새로운 현상에 적응할 수 있는 놀라운 능력이 있다. 적응이 전통적으로 진화론과 관련되었던 것보다 훨씬 짧은 시간 내에 이루어질 수 있다는 것이다. 문자 언어와 수학은 메소포타미아의 수메르인들로 거슬러 올라가지만, 둘 다 6,000년 이상 존재하지 않았을 가능성이 있다. 이러한 비교적 짧은 역사에도 불구하고, 특정한 뇌의 신경 영역은 읽기와 수학적 추론(Amalric and Dehaene, 2016; Dehaene and Cohen, 2011)과 관련되어 있다.

셋째, 뇌는 경험의 결과에 따라 생리적인 변화가 일어난다. 뇌가 정상적으로 역할을 할 수 있는 능력의 상당 부분은 환경이 결정한다. 이러한 주장에 대해 유전적인 요인과 환경적인 요인으로의 논쟁이 되는 부분이기도 하다. 그러나 새롭게 이해해야 할 것은 유전적인 요인과 환경적인 요인을 체계적인 방법으로 이용해야 한다는 것이다.

다섯째, 지능지수(IQ)는 출생 시에 확정되어 있는 것이 아니다. 모든 건강한 뇌는 일정 연령에 이르기까지 성장하고 발달한다고 과학자들은 믿어왔다. 그 이후부터는 뇌가 성장하지 않고 점점 쇠퇴한다(Gross, 1991). 이러한 사실은 어린 나이에 학습해야 하는 설명으로 보편화 되었고, 나이가 들어감에 따라 기억과 지식을 점점 잃어버린다는 것이다. 그러나 인간이 점점 더 지능을 발달시킬 수 있는 방법을 발견하기도 하였다. 여기서 말하는 지능이 복합지능 요소를 말하든 아니면 단순 지능을 의미하든 인간의 삶 전체를 통하여 발달할 능력이 있다(Sylwester, 1995). 물론 그렇게 하기 위해서는 지능을 개발하도록 뇌를 자극하고, 적절한 환경을 조성해주어야 한다.

여섯째, 손놀림은 기억력, 창의력, 사고력을 향상한다. 손놀림은 손가락 끝의 협응 운동으로써 나무 블록, 작은 공, 구슬과 병 등을 사용하여 평가할 수 있다. 손놀림이란 단순한 소근육만의 문제가 아니라 안구의 고정, 눈과 손의 협응 등이 이루어져야 하고 청각, 시각, 촉각 등의 감각과도 상호작용을 하여야 이루어진다. 외부를 탐색하며 그것에 적응하는 수단이 되기 때문에 손놀림은 지능과 관련이 깊은 동작이 된다. 아이가 자기 연령에 맞는 손놀림을 하면 정신지체를 보이는 경우는 거의 없으며, 손놀림이 빠른 아이의 지능은 비교적 높다(김영훈, 2011).

새로운 뇌 연구는 보다 훌륭한 교사, 보다 유능한 실과교사가 되는 데 도움을 줄 수 있다. 우리는 뇌 연구를 학교의 모든 장면에 이용할 수 있으며, 사회에서도 뇌에 대한 새로운 연구를 적용할 수 있다. 아동들을 건강한 뇌로 발육시키기 위해서는 아이를 낳고 기르는 것에 대한 새로운 정보가 절대적으로 필요하다.

기술 교육자들은 어떻게 어린이들의 뇌가 발달하고 학습하는지에 대하여 이해함으로써 지대한 혜택을 받을 수 있다. 오늘날 실과의 교육과정, 실습실, 교수 방법, 평가절차, 학급경영, 학문적 원리, 위험에 조정하는 방법 등에 도움을 주는 많은 정보를 얻을 수 있다. 뇌에 대한 정보를 잘 이용하면 기억에 도움을 주는 잠의 중요성과 같은 개인적인 생활에 도움을 받을 수 있다. 뇌의 연구에 대한 많은 정보는 실과교육의 많은 면에서 유익한 영향을 줄 수 있다. 아마도 가장 중요한 것은 새로운 뇌 연구가 교육개혁의 도구로 사용될 수 있다는 것이다.

앞에서 제시한 연구결과와 기타 다른 연구에 기초한 네 가지 원리로부터 실과/기술교육과 뇌에 대한 연구를 관련지어 그 유용성을 제시하고자 한다.

첫째, 초등학교에서 기술 교육의 내용을 가르치는 것은 보다 중요한 의미를 갖고 있다. 심지어는 초등학교 이전의 유치원에서도 지금까지 우리가 생각하고 있던 것 이상으로 실과와 관련된 내용은 중요한 의미를 갖고 있다. 이와 관련된 연구의 하나로, 상호 유사한 방법이라고 할 수 있는 문제 해결 활동, 비판적인 사고(critical thinking) 활동, 프로젝트 활동, 종합활동 등은 정규적인 피드백을 통해서 완성된다. 그런데 아동의 비판적인 사고 발달 단계 시기에서의 학습과 여러 가지 활동의 기회를 통하여 뇌의 발달이 극대화된다는 것이다(Jenson, 1998).

둘째, 기술 교육을 위한 실습장은 학교의 시설 가운데 가장 유용하고 쾌적한 환경을 갖추도록 해야 한다. 왜냐하면 실습장에서의 활동이 아동의 뇌 발달에 긍정적으로 영향을 끼치고 있으며, 모든 교과 영역에서의 학습에도 영향을 주기 때문이다. 학생들을 위한 풍요로운 환경으로 다음과 같은 것을 들 수 있다(Wolf & Brandt, 1998). 즉, ① 인간의 모든 감각을 자극할 수 있는 환경, ② 과도한 기압이나 스트레스로부터 자유로운 분위기, 그러나 즐거울 정도의 습도는 있는 환경, ③ 학생들에게 너무 어렵거나 너무 쉽지 않을 정도의 적절한 일련의 도전을 줄 수 있는 환경, ④ 의미 있는 활동을 하기 위한 상호작용을 할 수 있는 환경, ⑤ 광범위한 기능 발달을 촉진하고 정신적, 신체적, 심미적, 사회적, 정서적인 흥미를 유발하는 환경, ⑥ 학생들 자신의 노작 활동을 선택할 수 있는 기회와 그러한 활동을 수정할 수 있는 기회도 아울러 제공할 수 있는 환경, ⑦ 재미있는 학습과 탐구 활동을 촉진할 수 있는 즐거운 분위기를 제공하는 환경, ⑧ 학생들이 수동적인 관찰자보다는 적극적인 참여자가 될 수 있도록 도와줄 수 있는 환경 등이다.

셋째, 기술 교육은 아동들의 다중 지능(multiple intelligence)과 아동에게 잠재되어 있는 천재성을 개발할 수 있는 가장 좋은 교육과정이다. 기술 교육에서는 아동들의 정체성을 발견하고 가질 수 있는 기회를 자연스럽게 부과할 수 있다. 이러한 것은 Gardner(1983)가 주장하는 7가지 지능 즉, 언어적 지능, 논리-수학적 지능, 공간 지능, 신체 운동 감각적 지능, 음악적 지능, 대-인간 지능, 개인 내 지능 중의 하나라고 할 수 있다. 또는 Armstrong(1998)이 말하는 12가지 천재적인 자질 즉, 호기심, 장난을 좋아하는 행동, 상상력, 창의성, 놀라는 성격, 지혜, 발명가적 기질, 지구력, 감성, 유연성, 유머, 즐거움을 자연스럽게 줄 수 있는 교과이다.

넷째, 다양한 활동과 실습장이 필요한 기술 교육은 아동들의 건강한 뇌의 발달과 학습을 위해서 필요한 아동의 긍정적인 정서를 전달할 수 있는 환상적인 통로가 될 수 있다. 기술 교육자들은 아동이 많은 면에서 자기 자신을 긍정적으로 느끼게 하는 풍토를 만들어 줄 수 있다.

지금까지는 뇌가 베일에 가려져 있지만, 장차 언젠가는 뇌에 대한 신비와 아동이 어떻게 학습하는지에 대한 과정에 대한 의문이 완전히 풀릴 것이다. 그러면 우리는 학생을 심오하고 효율적으로 가르칠 수 있을 것이다. 지금은 아동들이 가장 잘 배울 수 있는 인지 과정을 완전히 이해할 수 없고, 가장 효율적인 여러 가지 교수 방법을 확실하게 상호 연결하지도 못하고 있다. 아직도 오늘날의 뇌에 대한 연구는 광범위하게 이루어지고 있으며 이러한 연구가 장차 학교의 미래가 어떻게 될지에 대해 애를 태우고 있다. 하지만 요즘 뇌에 대한 새로운 사실이 발견되고 있어서 우리의 기대를 높여주고 있다. 그래도 교육 전문가들은 뇌의 처리 과정이나 학습의 과정에 대한 새로운 정보가 있을 때, 이를 비판적으로 읽고, 활용할 수 있는 책임을 갖고 있어야 한다.

나. 노작교육과 기술 교육

노작을 가르치는 것이 노작교육이라면, 노작이 무엇인지에 대한 의미 규정이 먼저 필요하리라고 본다. 우리가 일상생활에서 '노작'이라는 말보다는 '일'(work)이라는 용어를 더 많이 사용하고 있다. 그런데 일이 의미하는 여러 가지 중에서 '노력하여 무엇인가를 만들어 내는 작업'이 노작교육과 관련지을 수 있다(김기민, 1992). 따라서 일의 교육적 가치를 가르치는 교육과정을 노작교육으로 규정할 수 있다. 노력하여 의도적으로 무엇인가를 만들어 낸다는 작업의 의미로서의 일을 노작이라고 본다면, 학교 교육에서의 노작은 중요한 의미를 띠고 있다. 오늘날과 같은 교육과정 편제에서 어느 교과목을 통하여 학생들이 노력하여 물건을 만들어 낼 수 있는 시간과 기회가 있는지를 살펴본다면 실과 교육과 연관 지을 수밖에 없을 것이다. 적어도 타 교과보다는 실과 시간에 다양한 재료를 가지고 물건을 만들 수 있는 기회가 있음을 직시한다면 그 유용성을 인정해야 한다.

이러한 의미를 가지고 있는 기술 교육에서 진정한 의미의 노작교육을 하고 있는지 심각히 고려해 보아야 할 것이다. 혹여 실과-기술 시간에 노동을 강요하거나 노작을 노동으로 착각하여 사용하지는 않는지 꼼꼼히 따져 보아야 할 것이다. 노동은 결과에 집착하고 그것을 중요시하는데 반해, 노작은 결과보다는 과정을 중요시하는 활동인 것이다. 노동을 한 결과 사회적으로 유용한 상품을 만들어 내지 못한다면 그 활동은 의미가 없어지지만, 노작은 무엇인가를 만들어 내지 못하였다 하더라도 활동하는 과정에서 즐거움과 보람을 느끼고 그 의미를 깨달았다면 그 자체만으로도 충분한 가치를 가질 수 있다. 이러한 노작을 실과교육에서 감당해 내야 할 것인데, 초등학교에서의 작금의 현실은 이러한 것과는 거리가 있어서 귀찮고 어려운 교과로 취급되고 있음에 주목할 필요가 있다.

아동의 전인적인 발달에 있어서 손을 사용하는 것과 뇌의 발달이나 인지발달에 미치는 영향을 매우 크다. 어려서부터 손을 어느 정도 잘 사용하는가에 따라 지능의 발달에도 영향을 미친다는 것이다. 이러한 연유로 요즘에는 아동들이 어려서부터 기지고 놀 수 있는 여러 가지 상품 즉, 레고, 블록 등과 같은 장난감이 많이 출시되어 상품화되었다. 이러한 손의 움직임을 특히 중요시하고 있는 교과 중의 하나가 바로 '실과'라고 할 수 있다. 이와 관련하여 Kimbell(1991)은 마음과 손의 상호작용으로서 실과교육(영국에서는 디자인과 기술 D&T 교과에 포함되어 있음)의 중요성을 다음 그림과 같이 모형으로 제시하였다(Todd, 1999).

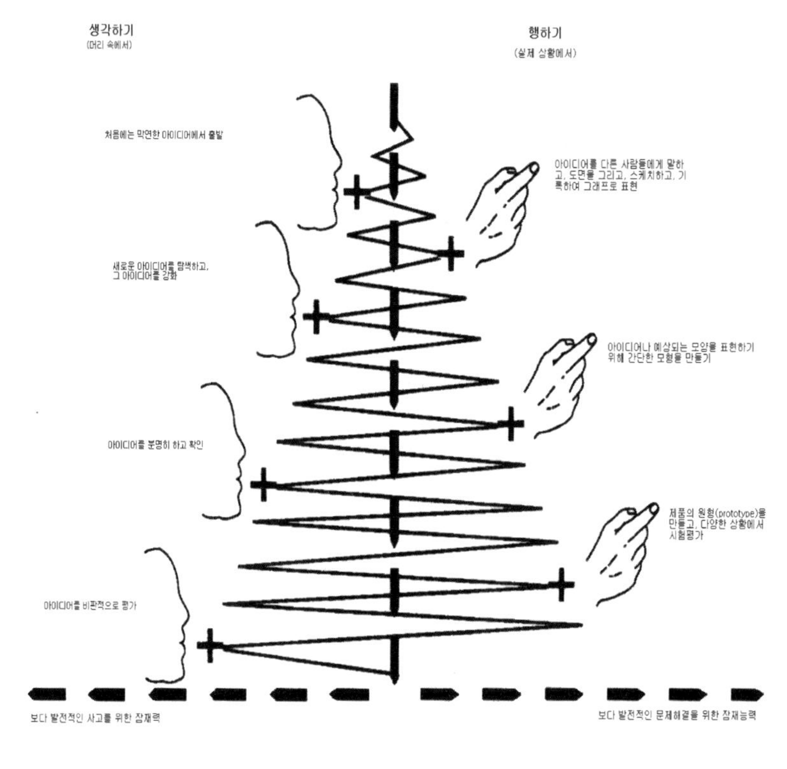

▣ 마음과 손의 상호작용 모형

위의 그림은 마음과 손의 상호작용 즉, 두뇌의 안과 밖의 상호작용으로서 기술 교육의 핵심을 확인해주고 있다.

> 이 모형은 개념적인 이해의 그 이상을 의미한다. 때로는 개념적 이해에 의존하고 있지만 실천적 기능(practical skill)보다 더 많은 것을 의미한다. 그러나 이 모형은 또다시 개념적 이해와 상호 관련되어 있다. 실과(디자인과 기술)에서,

아이디어를 구체적인 형태로 표현하기 위하여 마음속에 품은 아이디어가 필요하고, 그리고 나서 그러한 아이디어가 얼마나 유용한지를 검증하게 된다(Kimbell 등, 1991, p. 20).

이와 같이 머릿속에서 생각한 것이 실제 상황에서의 행동으로 나타나는데, 기본적으로 학생들은 문제의 해결을 위해 처음에는 막연한 아이디어를 만들어 내는 것이 결정적인 출발점으로 작용한다. 그러나 이러한 막연한 아이디어는 출발점에 불과하고, 아이디어를 발전시키게 해주며, 마음속에 있는 아이디어를 밖으로 끄집어내어서 실제적인 형태로 표현하게 해 주는데 꼭 필요한 것이다.

따라서 이러한 활동을 통하여 실과/기술 교육은 학생들의 할 수 있는 능력을 갖추도록 하는데 다음과 같이 기여할 수 있다.

- 학생들이 자부심을 갖도록 하는 기회를 제공해 준다.
- 학생들에게 의미 있는 학습경험을 더 많이 갖도록 해준다.
- 학습에 대한 질문과 구성(constructing)을 하도록 도와주는 경험을 갖게 해 준다.
- 학생들의 융통성과 적응성을 향상하는 경험을 제공해 준다.
- 학생들이 모험을 갖고 때로는 실패하도록 하여서 배우게 해준다.
- 학생들은 자신의 학습을 담당할 수 없을 것이라는 잘못된 신화를 증명할 수 있게 해준다.

다. 노작교육의 실천적인 예

이제 노작교육을 초등학교에서 잘 실천하고 있는 독일의 발도로프 교육에 대하여 알아보기로 하자. 학교에 갈 나이가 된 어린이에게 가장 뚜렷한 특징 두 가지가 있다. 하나는 손으로 하는 행동을 비롯해서 모든 행동에서 기쁨을 느낀다는 것이다. 또 다른 하나는 내부의 활동 즉, 상상력이 상당히 활발하다는 것이다. 따라서 수업시간에는 이런 어린이에게 창조 활동을 할 수 있는 틈을 주어야 한다. 슈타이너(Rudolf Steiner)의 인지학을 교육철학 이념으로 하는 발도로프(Waldorf) 학교 학생들에게 "여러분은 무엇을 가장 좋아해요?"라고 물었다. 이때 학생들의 대답은 언제나 '그림 그리기'나 '노래 부르기', 또는 '공작 활동' 같은 것이었지 인습에 젖어 있는 어떤 과목을 말하는 학생은 하나도 없었다(카렌 뵘, 1999).

위에서 질문한 것을 똑같이 우리나라의 학급에 옮겨놓아 보자. "여러분은 무엇을 가장 좋아해요?"라고 물었을 때 과연 '공작 활동'이나 '실과'라는 대답을 얻을 수 있을까? 답은 '아니다'다. 왜 우리나라의 현실과 발도로프의 현실은 다른 것일까에 의문을 갖지 않을 수가 없다. 여기에는 우리의 잘못된 교육이 게재되어 있는 것은 아닐까? 원래 어린이들은 공작 활동을 좋아하는데 이것을 가르치는 우리 기성세대가 이러한 흥미를 말살시키고 있는 것은 아닐까?

어린이들의 잘못이 아니라 교사와 교육자들의 잘못이 아닌가 말이다. 잘못된 교수-학습 방법, 잘못된 교과서, 잘못된 평가, 이러한 모든 것이 어우러져서 나타나는 현상은 아닌가 말이다. 자기가 만들고 싶은 물건을 만들어 본다는데 이를 싫어할 아동이 있겠는가? 만들고 난 후 성취감을 맛볼 수 있다는데 이를 마다할 아동이 있겠는가 말이다. 우리의 관점이 잘못되었다면 이를 고치는 데서부터 시작해야 하는 것은 아닌가?

학생들이 실습 활동을 한다는 것은 무엇을 의미하는가? 발도로프 학교에서는 수업의 내용을 고정해 놓은 것이 아니라 우리의 일상생활에서 도움이 될 만한 것들을 시의적절하게 찾아내어 그 유래와 목적, 작동방식 등에 대한 주제로 학습을 시킨다. 이러한 활동이 현대기술을 이해하는 지름길이라는 것이다. 예컨대, 방적기술을 이해하기 위하여 실제로 방적을 해보는 것에서부터 시작을 한다. 이 과정에서 다양한 방식의 방적기술을 경험할 수 있고, 이 과정에서 실은 어떻게 만드는지, 천은 어떻게 만드는지, 실로 자은 뒤에는 어떻게 하는지 등에 대하여 아는 기회가 된다. 그리고 나서 방적 과정의 기계화에 대하여 이야기를 한다. 학생들이 방적 자체를 수업의 목적으로 삼은 것은 아니기 때문에 이제는 방적을 하면서 보였던 관심을 바탕으로 하여 방적에 필요한 기계를 고안하는 데로 관심을 기울여야 한다. 그러니까 학생 스스로 문제의 해결 방법을 고안해 내는 것이다. 이를 위하여 작업 준비와 작업 계획을 중요하게 여긴다. 그런데 우리의 학교 수업에서 간과하고 있는 것이 바로 실습 활동 자체를 목적으로 삼는 것이 아니라 실습을 통하여 이와 관련된 물체를 고안하고 계획하는 과정이 생략되어 있다는 것이다. 우리는 그다음 단계로의 전이가 약하다는데 약점을 가지고 있다.

그렇다면 발도로프 교육에서는 실과나 기술 수업을 어떤 관점에서 시작하고 있는 것인가를 살펴볼 필요가 있다. 질문이라는 것은 원래 생동감 있는 관심에서 나오는 것이다. 이때 관심은 새로운 것을 경험할 때만 펼쳐진다. 이미 알고 있는 것에는 흥미를 느끼기가 쉽지 않다. 실과 수업을 하기 전에 학생들이 아무런 편견을 갖지 않는 질문을 할 수가 있을까? 즉, 학생들이 이미 알고 있는 내용이 잘못이나 오류를 갖고 있을 때에는 질문 자체도 편견을 갖게 된다는 것이다. 따라서 잘못된 개념이나 내용을 바로잡는 것부터 시작해야 되는 어려움이 있다.

이와 관련하여 발도로프 학교에서 실과와 기술에 관한 전문 내용을 어떻게 하는지 좀 더 살펴보자(카렌 뵘, 1999). 전문지식 수업을 10학년 훨씬 전부터 가르치기 시작하는데, 이 수업은 여러 과목으로 나타난다. 예컨대, 3학년에서는 '집짓기 집중기간 수업시간'과 '농업 집중기간 수업시간'과 같은 것이 있는데, 물리학과 화학 시간에는 철 생산을 다룬다. 보다 전문적인 기술 과목은 고등학교 나이가 돼서야 특별과목으로 다룬다. 이러한 전문과목을 배우려면 실습, 공장견학 등을 해야 하며, 시간이 모자랄 때에는 다른 과목의 도움을 받을 수도 있다. 실습과 공장견학, 다른 과목의 학습자료 참고와 같은 과정을 통해 기술의 모든 영역을 다룰 수는 없다. 그러나 이 정도면 어느 정도는 기술의 과제와 본질에 대해 눈을 뜨게 할 수는 있다. 따라서 실과라는 광범위한 주제를 모두 다룰 수는 없기 때문에 그 본보기로 몇 개의 주제에 국한하여 가르칠 수밖에 없다. 슈타이너의 말처럼 "우리가 만일 사람의 정신이 만들어 낸 것에 알맞게 최소한의 일반적인 이해조차도 못한 채 주위 환경에 자신을 내맡겨 버린다면, 그 순간부터 바로 반사회의 생활이 시작될 것이다"(슈타이너, 1955). 그가 이렇게 말한 것은 우리의 일상생활과 관련된 모든 과목을 총망라한 것으로, 기술 과목이나 실과는 그 가운데 하나일 뿐이며 왜 우리가 이러한 교육을 해야 하는지에 대한 슈타이너의 강연 내용을 들어볼 필요가 있다.

> "사람의 판단은 14살부터 비로소 가꾸어 주어야 합니다. 그때가 되면 판단력을 필요로 하는 내용이 나올 수 있다는 말입니다. 그리고 앞으로 여러 교육기관에서 가구 견습공과 기계 견습공이 선생님이 될지도 모를 사람과 함께 앉아 있게 되더라도, 그것은 좀 특이한 학교라고 볼 수 있을지 모르나 아직은 그저 통합학교일 수밖에 없는 그런 학교가 생겨나리라는 것을 여러분은 알 것입니다. 다만 그런 통합학교에서 살아가는 데 필요한 모든 것이 들어있을 뿐입니다. 만일 그런 것이 그런 학교에 들어있지 않다면 우리가 겪고 있는 것보다 훨씬 더 불행한 사회에 빠져들게 될지도 모릅니다. 모든 수업은 살아가는 데 필요한 지식을 제공해야 합니다.
>
> 15-20세(중 · 고등학교의 시기)의 연령층에서는 이성과 경제의 방법으로 농업, 공업, 산업, 상업 따위와 관련 있는 것을 모두 가르칠 수 있을 것입니다. 농업, 상업, 산업, 공업 같은 분야에서 무슨 일이 일어나는지를 알지 못하고는 한 사람도 이 연령층을 그냥 통과해서는 안 됩니다. 그러므로 이런 과목을 현재 이 또래의 학생들이 배우고 있는 수많은 다른 수업 과목보다 훨씬 더 필요한 과목으로 설정해야 할 것입니다."

이 연설에서 알 수 있듯이 생활에 필요한 지식을 제공해 주는 실과와 같은 과목에서의 수업과 판단력 교육을 직접 연결하여 하나의 단서를 제공해 준다는 것이다. 초등학교 상급 학년부터 중 · 고등학교의 시기에는 학생들이 살아가는 그 시대의 모든 삶에서의 사회생활을 알아야 한다. 따라서 이 시기의 학생들에게 도움을 주는 지식을 제공하는 과목과 예술, 수공업 과목이 매우 특별한 가치를 가지고 있다는 것이다. "손으로 일하지 않는 사람은 진실을 볼 수 없으며, 정신생활에서도 결코 제대로 그 진실 속에 서 있지 못한 것이다."라고 한 그의 말처럼, 우리는 땀 흘리며 일하는 과정에서 살아있는 지식과 진실을 볼 수 있도록 교육해야 할 책무성을 느낀다.

라. 우리나라 실과교육의 변천

실과교과는 제1차 교육과정기부터 지금까지 교육과정에서 교과로서 자리매김을 해왔지만, 다른 교과와 마찬가지로 일곱 차례의 개정을 통해 많은 변화를 겪어 왔다. 제1차 교육과정에서 종래의 교과를 '실과'로 통합하여 지도하여 온 이래로 실과 교육과정의 내용은 많은 변화를 가져 왔다.

많은 개정을 통해 전체적으로는 재배와 사육 영역, 가정과 가사 영역, 상업 영역, 설계 공작 영역이 주를 이루고 있었다. 그러나 제5차부터는 컴퓨터 영역이 도입되면서 상업 영역이 상대적으로 축소되었고, 제6차 교육과정기에서는 내용의 통합을 위한 시도로 활동 중심의 다루기, 만들기, 가꾸기 및 기르기, 건사하기 등의 내용을 제시하고 있다. 제7차에서는 영역을 가족과 일의 이해, 생활기술, 생활환경과 자원의 관리 영역으로 제시하여 중등학교 기술・가정과 교육과정 영역과 동일하게 적용하고 있다.

교육목표 면에서 보면, 교수요목기부터 제3차 교육과정까지는 의식주 및 직업을 강조하고 있는데, 이는 직업 교육적 성격을 강조한 접근이라고 할 수 있으며, 제4차 교육과정 이후 2007 개정 교육과정까지는 아동들의 소질 계발 등을 강조하는 보통 교육적・교양 교육적 성격을 강조한 접근이라고 할 수 있을 것이다.

교육내용 선정은 선정된 내용을 그대로 조직하여 제시하는 방법, 유사한 영역으로 묶어서 제시하는 방법, 활동 중심으로 묶어서 제시하는 방법, 선정된 내용을 3개의 영역으로 묶어서 활동 중심으로 전개될 접근방법으로 구분된다.

'통합내용 중심의 접근 방식'은 실과교육의 모 학문을 통합적 관점에서 제시한 것으로 제4차, 제5차, 제7차 실과 교육과정에서 확인할 수 있다. 즉 제4차와 제5차는 생활 계획과 관리, 생활 기능, 소비와 절약, 일과 직업의 이해 등의 네 영역을, 제7차에서는 가족과 일의 이해, 생활기술, 생활환경과 자원의 관리 영역으로 제시하였다. 한편 '통합 활동 중심의 접근 방식'은 통합의 관점에서 좀 더 진보된 형태로 제6차 실과 교육내용에서 확인할 수 있다. 즉 활동을 중심으로 '다루기' '만들기' '가꾸기 및 기르기' '건사하기'의 네 영역을 제시하고 있다. 그러나 제7차 교육과정과 2007 개정 교육과정은 세 영역의 조직은 통합내용 중심의 접근을 보이지만, 세 가지 영역 중 생활기술 영역의 내용은 제6차의 통합 활동 중심의 접근 방식(다루기, 만들기, 가꾸기 및 기르기, 건사하기 등)을 취하고 있다. 2009 개정 교육과정에서는 교육과정의 형식이 5-6학년의 집중이수제 실시에 따라 2개 학년을 통합적으로 운영하는 형식을 띠고 있다. 2015 개정 교육과정에서는 핵심역량을 중점으로 통합적으로 편성하였다. 영역별로 핵심기준을 제시하여 핵심역량을 기르도록 하고 있다.

표 실과 교육과정 내용의 변천 특징

접근 방식	교육과정기	내용 영역	특 징
내용 영역 중심 접근	제1차 교육과정	미화 작업, 재배, 사육, 공작, 기계 기구 다루기, 조리, 재봉 뜨게, 세탁 염색, 위생 보건, 문서정리 등의 10개 영역	· 내용을 일감, 기능, 이해로 제시 · 기능에서 남녀 구분하여 지도
	제2차 교육과정	재배, 사육, 일, 기구제작, 관리 교육, 가정 교육 등의 6개 영역	· 생산성과 유용성이 강조되어 재배·사육 영역 강조
	제3차 교육과정	재배, 사육, 설계 공작, 기계 기구 조작, 경영 계산, 식품 조리, 재봉 세탁, 주택 및 환경 위생, 생활 계획 등의 9개 영역	
통합 내용 중심 접근	제4차 교육과정	생활 계획과 관리, 생활 기능, 소비와 절약, 일과 직업의 이해 등의 4개 영역	· 진로교육의 도입
	제5차 교육과정	생활 계획과 관리, 생활 기능, 소비와 절약, 일과 직업의 이해 등의 4개 영역	· 실습 길잡이 도입 · 컴퓨터 교육 도입
통합 활동 중심 접근	제6차 교육과정	다루기, 만들기, 가꾸기 및 기르기, 건사하기 등의 4개 영역	· 행동영역 중심 · 3학년부터 이수(주당 1시간)
대영역: 통합 내용 중심 접근 중영역: 통합 활동 중심 접근	제7차 교육과정	가족과 일의 이해, 생활기술, 생활자원과 환경의 관리 등의 3개 영역 생활기술 대영역 내에- 다루기, 만들기, 가꾸기 및 기르기 등의 활동이 구성	· 5학년부터 10학년 제 도입 · 5-6학년 이수시간 2시간
대영역의 간소화 접근	2007 개정 교육과정	대영역: 가정생활, 기술의 세계 기술의 세계에는 기술, 농업 생명, 정보, 컴퓨터, 진로 내용으로 구성	7차 교육과정과 같음
집중이수 접근	2009 개정 교육과정	대영역: 가정생활, 기술의 세계 기술의 세계에는 기술, 농업 생명, 정보, 진로 내용으로 구성	영역은 2007 개정 교육과정과 같음
핵심역량 중심 접근	2015 개정 교육과정	대영역: 가정생활(인간발달과 가족, 가정생활과 안전, 자원 관리와 자립), 기술의 세계(기술 시스템, 기술 활용)로 구성	핵심 개념 제시 · 가정영역: 발달, 관계, 생활문화, 안전, 관리, 생애 설계 · 기술영역: 창조, 효율, 소통, 적응, 혁신, 지속 가능

2. 기술 소양(Technological Literacy)

기술 소양은 기술을 사용하고, 취급하고, 평가하고 이해하는 능력이다. 기술에 대한 소양이 있는 사람은 시간이 지남에 따라 점차 복잡해져 가는 기술은 무엇이며, 어떻게 만들어지고, 어떻게 사회를 형성하는지, 반대로 어떻게 사회가 기술을 발전시키는지를 이해하는 사람이다. 기술 소양인은 텔레비전에서 기술에 대한 이야기들 듣거나 신문에서 기술에 대해 읽고, 맥락에 맞는 정보를 가지고 현명하게 기술에 대한 정보를 평가할 수 있고, 그러한 정보를 바탕으로 견해를 밝힐 수 있을 것이다. 기술 소양인은 기술을 두려워하거나 기술에 열광하지 않고, 기술로 인해 편안하고 객관적이 될 수 있다.

그러한 기술 소양은 여러 가지로 학생들에게 도움이 된다. 미래의 엔지니어, 열망을 가진 건축가, 기술 관련 분야의 직업을 갖게 될 학생들에게 그들의 직업에 대한 유리한 출발을 고등학교 시기에 시작했다는 것을 의미한다. 그들은 이미 기술의 설계과정과 같은 기초를 이해하고 있고, 그들이 원하는 직업 분야의 전체 맥락을 알고 있으므로 나중에 배우고자 하는 전문화된 지식에 더 광범위한 내용을 더할 수 있을 것이다.

하지만 기술 소양은 모든 학생들 즉 기술 관련 직업을 갖지 않는 사람들에게도 중요하다. 왜냐하면 기술이 우리 경제에 큰 영향력을 끼치기 때문에 기술에 익숙해지면 누구나 많은 혜택을 받을 수 있다. 기업체 임원과 사원들, 중개인과 투자 분석가, 저널리스트, 교사, 의사, 간호사, 농부와 가정주부에 이르는 모든 이들이 기술적인 지식이 있다면 개인의 직업을 더 잘 수행할 수 있을 것이다.

개인적인 수준에서 보면, 기술 소양은 소비자로서 제품을 잘 평가하고 더 현명한 구매 결정을 하도록 도와준다. 최근의 컴퓨터나 전자제품을 평가할 때 중요한 요소는 무엇인가? 유전공학으로 생산된 음식을 피해야 하는가? 내 아이에게 인공 기저귀가 아닌 천으로 만든 기저귀를 입일까 아니면 일회용 기저귀를 입힐까? 지금부터 몇 년 후에 내가 태양전지나 수소로 움직이는 자동차를 사게 될까? 기술적인 제품을 평가하는 것이 익숙하지 않거나 기초지식이 없는 사람들에게 이러한 결정은 단순히 짐작하거나, 육감 또는 감각적인 반응에 기초하여야 할 것이다.

사회적인 수준에서도 기술 소양은 시민들이 더 나은 결정을 하도록 도와준다. 21세기가 다가옴에 따라 새로운 기술은 이전에는 불가능했던 일을 인류에게 열어줄 것이다. 이러한 일에는 어려운 선택을 수반할 것이다. 우리는 정보의 흐름에 제한을 두어야 하는가? 환영받지 못하는 새로운 종을 만드는 유전 공학에 얼마나 많은 주의를 기울여야 하는가? 동시에, 과거의 낡은 기술은 선택을 요구하고 있다. 즉 지구 온난화 현상을 늦추기 위해 이산화탄소 방출을 급격히 줄여야 하는 선택을 해야 할 것이다.

미국에서는 그러한 결정이 각각의 시민들에 의해 많은 영향을 받을 것이다. 어떤 나라에서는 일반 시민이 기술에 대한 의사결정을 하지 않고 기술 관료나 국가의 통치자에게 일임하기도 한다. 하지만 미국의 정치적 구조는 개방되어 있고 일반 국민은 의원과 공청회, 법정 소송을 통해 기술적 여론을 형성할 수 있다. 기술에 대한 지식이 있는 시민을 갖는다는 것은 해결이 어려운 문제, 이론이 분분한 논쟁에 대해 최선의 해결 방법이 있음을 보장할 뿐만 아니라 분명한 개선을 가져온다.

가. 기술 소양의 개념

초기의 STL에서의 기술적 소양은 '기술을 활용하고 운영하고(manage) 평가하며 이해할 수 있는 능력'으로 정의하여 사용하였다(ITEA, 2000). 이러한 정의에 따라 기술적 소양이 있는 사람은 시간이 지남에 따라 점점 더 정교해지는 방식으로 기술이 무엇인지, 어떻게 만들어지고, 사회를 형성하는지, 그리고 사회에 의해 형성되는 방식을 이해한다.

최근의 STEM에서의 기술적 소양은 '기술과 공학 소양'으로 확대되었다. 여기에서의 소양은 '기술과 공학 활동의 산물인 인간이 설계한 환경을 이해하고, 사용하고, 생성하고, 평가하는 능력'으로 정의하고 있다(ITEEA, 2020). 과거의 기술적 소양을 기술과 공학적 소양으로 개념이 확대됨에 따라 기술 및 공학에 대한 소양을 가진 사람은 기술과 공학이 인공환경의 설계에 어떻게 기여하였는지를 알고 기술세계를 통합적으로 이해하는 능력을 갖추게 된다.

이러한 변화는 미국의 교육 방향이 STEM(Science, Technology, Engineering, and Mathematics) 교육으로 변화됨에 따라 이를 뒷받침해 주는 교육의 일환으로 개정된 것으로 보인다

나. 기술 소양의 필요

인간이 처음으로 부싯돌로 돌칼을 만들고, 불을 이용하고, 파종할 밭고랑을 만들기 위해 날카로운 막대를 땅에 끌고 다녔던 이후로 기술은 계속되었다. 그러나 오늘날 기술은 역사상 전례가 없는 발전을 이루었다. 비행기, 기차, 자동차는 사람들과 화물을 빠른 속도로 실어 나른다. 전화기, 텔레비전, 컴퓨터 네트워크는 전 세계의 다른 사람들과 대화하게 해준다. 의료 백신에서부터 자기공명단층촬영(MRI)에 이르기까지 의료 기술은 사람들이 더 오래, 더 건강하게 살 수 있게 해주었다. 더구나 기술은 새로운 기술로 혁신되고 확장되어 엄청난 속도로 발전하고 있다.

이 모든 것은 사람들이 현대기술의 개념과 작동하는 것에 친숙해지게 하고 이해하는 데 매우 중요하다. 개인적인 관점에서 사람들은 각자의 목적에 맞는 최고의 제품을 선택하고 적절히 작동시키며, 고장 났을 때 수리함으로써 직장과 가정에서 기술의 혜택을 본다. 사회적 관점에서는 지식이 있는 시민들은 기술의 사용에 관한 결정이 합리적이면서 책임감 있게 이루어질 수 있는 기회를 갖는다.

이러한 이유로 과거 수년 동안 초·중·고교에서 학문의 핵심영역으로 기술학이 포함되어야 한다고 요구하는 목소리가 증가하였다. 그러한 논의를 다룬 전문가들 사이에서 기술 교육의 가치와 중요성은 널리 인정받았다. 그러나 이런 노력에도 불구하고, 기술 교육이 이루어지고 있는 학교의 환경인 기술 교실은 지역적으로 일부 초·중·고교에서만 이용되고 있다. 몇몇 교육청에서 종합적인 기술 교육프로그램을 제시하였고, 소수의 주정부에서는 기술 표준(technology standards)을 발표하였지만 전국적으로 대부분의 학생들에게는 기술 교육에 대한

정규교육이 이루어지지 못하였다. 학생들은 오늘날 사회에서 가장 영향력 있는 기술에 대해 최소한의 이해만 한 채 졸업하고 있다. 이러한 상황이 일어난 이유를 찾는 것은 어렵지 않다. 한 가지 이유는 간단한 관습(관성)에 있다. 즉 어떤 것을 하려고 하면 새로운 것을 배우기 위한 것보다 늘 쉬운 쪽에 보조를 맞추려는 경향이 있다. 그러나 이보다 큰 이유는 오늘날의 교육 시스템에 대한 압력에 있다. 기본으로 돌아가자(back-to-basics)는 압력은 전통적인 교과목인 영어, 수학, 과학, 역사, 사회 과목의 성취능력은 강조되었으나 기술 과목은 대부분의 학생들에게 기본 교과로 취급되지 않았다. 더욱이 표준화된 학업성취도 평가는 학교에서 기본 교과에 대한 관심으로 이어져 평가 문항에 기술적 소양에 대한 문항은 거의 취급되지 않았다. 그래서 학습시간과 각종 시설자원을 쥐어짜서 일부 주에서는 핵심 교육과정에 기술 교육이 포함되는 것을 사치로 여기는 경향을 보인다.

이러한 문제를 간단히 말하면 기술 교육이 많은 교사들과 행정가들에게 애매하다는 사실이다. 학문의 영역으로서 산업 공예(industrial arts) 프로그램은 과거 15년에서 20년에 걸쳐 연구해 왔지만, 기술 교육은 새로운 정체성을 가지고 이제 막 시작되었기 때문에 사람들은 학문의 변방으로 인식하고 이해한다는 것이다. 아직도 사람들은 기술 교육과 교육공학(educational technology) 간의 차이점이 무엇인지 상당히 혼동하고 있다는 것이다. 즉 기술교육과 교육공학 모두 교수학습 과정을 향상하기 위한 도구로서 기술을 사용한다는 점에서 혼란스럽다는 것이다. 그래서 여기에서는 표준과 벤치마크를 통해 이러한 점을 분명하게 해줄 것이다.

국가 연구 위원회(National Research Council)와 국가 공학 아카데미(National Academy of Engineering)의 교육과정 전문가 및 대표자들은 '기술 내용 표준'을 검토하고 수정할 것을 제안하였다. 그 결과로 학문의 한 영역으로 기술학을 정의하고, 교사, 학교, 교육청, 주 교육부에 로드맵을 제공하여 모든 학생들에게 기술적 소양을 신장시키도록 하였다. 여기에 나타난 표준은 학생들이 각 단계에서 숙달해야 하는 기술적 사실, 개념, 능력을 위한 체크리스트를 제공하는 것 이상의 역할을 한다. 기술적 소양이 왜, 어떻게 학교에서 추구하는 폭넓은 목표에 적절한지를, 그리고 학생들에게 기술학의 장점을 설명해 준다. 다시 말하면, 기존의 관습, 기본으로 돌아가는 교육운동, 표준화된 학업능력 평가, 교육자들에게 가해지는 다양한 압력 등에도 불구하고 기술 교육이 학교 교육과정의 필수 과목이 되어야 하는 이유를 기술 교육 표준이 설명해 준다.

3. 미국의 기술-공학 소양 표준

가. STL과 STEL의 개요

K-12 학생들을 위한 기술적 소양은 미국의 ITEA(International Technology Education

Association)에서 1990년대에서부터 강조하기 시작하였다. 기술적 소양을 표준 형태의 문서로 발표한 것은 2000년이었으며 전 세계적으로 기술적 소양에 대한 보급에 크게 기여한 바 있다. Technology Content Standards는 Technology for All Americans Project(TfAAP)의 연구결과에 기초하고 있다(ITEA, 2000). Standards for Technological Literacy(이하에서는 STL)를 만들기 위하여 교육자, 공학자, 연구자, 교사 등이 3년 동안 참여하였다. 또한 6번의 draft를 4,000명 이상이 검토하였으며 60개 이상의 학교가 참여하여 의견을 개진하였다. 결국 STL은 방대한 예산과 인력이 투입되어 산출된 결과물로 평가받고 있다.

STL을 발표한 이후 ITEA는 2010년도에 STEM 교육을 확산하기 위하여 기술교육과 공학교육을 접목한 ITEEA(International Technology and Engineering Educators Association)로 확대 개편하였다. 학회를 ITEEA로 개편함에 따라 기존에 발표된 STL을 전면 개정하여 STEL(Standards for Technological and Engineering Literacy)을 2020년도에 발표하였다. 이러한 맥락에는 미국의 STEM(Science, Technology, Engineering, and Mathematics) 교육의 확산과 관련이 깊다. 기술 및 공학 소양은 STEM 교육을 위한 소양 표준이라고 볼 수 있다. STL이 K-12 학생을 대상으로 하였으나, STEL은 PreK-12로 확대하여 아동에서부터 고등학생에 이르기까지 기술 및 공학적인 소양을 갖추길 기대하고 있다.

초기의 ITEA(2000)에서는 기술을 인간의 능력을 확장하기 위한 시스템의 개발로 보고, 기술의 내용 구조를 아래 그림과 같이 과정(process), 지식(knowledge), 맥락적 상황(context)으로 설정하여 제시하였다. 이 중에서 맥락적 상황은 정보시스템(information systems), 물리적 시스템(physical systems), 생물학적 시스템(biological systems)으로 상정하였다.

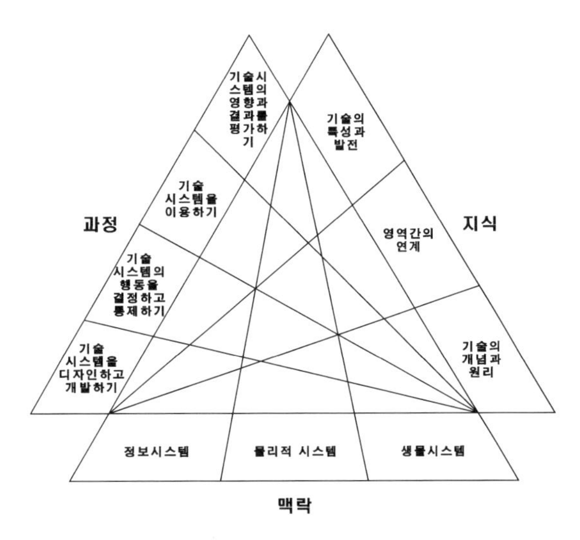

▣ ITEA가 설정한 기술의 보편적 체제

STEL에서는 기술을 크게 contexts와 practices 차원으로 보고, 표준을 개발하였다. 기술의 맥락을 인공지능과 로봇, 재료변환과 처리, 수송과 물류, 에너지와 동력, 정보통신, 환경구축, 의료와 건강 관련 기술, 농업과 생물기술로 구성하였다. Practices 차원에서는 시스템적 사고, 창의성, 만들고 실행하기, 비판적 사고, 최적화, 협업, 의사소통, 기술윤리를 핵심으로 하고 있다. STEL은 기존의 지식과 맥락과 처리 과정의 상호 관련성에서 벗어나 맥락 중심에서 기술과 공학을 어떻게 실행할 것인지에 초점을 두고 있다. 따라서 8개의 맥락에 실행사항과 표준이 그대로 반영되었다.

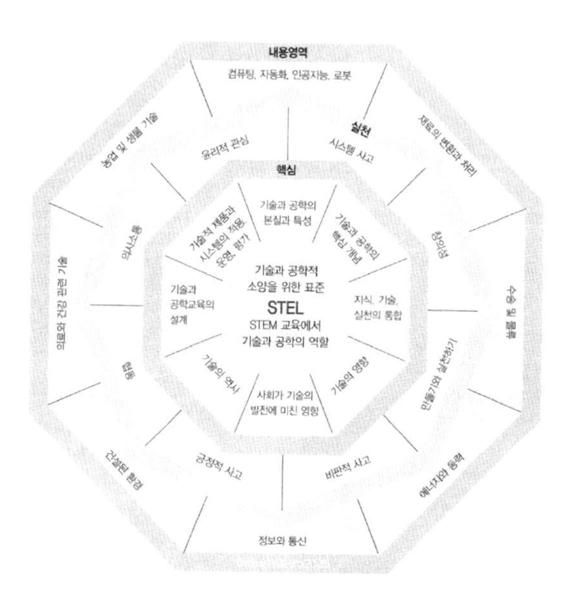

▣ STEL의 기술 및 공학의 조직(ITEEA, 2020, p.8).

'기술 내용 표준'은 일관성 있게 학생들이 질 높은 기술 소양에 도달하기 위해 알아야 할 것과 할 수 있어야 하는 것을 제시한다. 즉, 기술 내용 표준은 유치원에서부터 12학년 학생들에게 학습을 잘할 수 있도록 기술에 대한 내용을 제시해준다.

나. STL에서 설계의 역할

현재 STL의 중심에는 설계, 기술 설계 및 공학 설계에 대한 기본적인 개념적 이해가 필요하다. 종종 무차별적으로 사용되는 이러한 용어의 개념적이고 조작적인 정의는 표준의 수와 폭에 대한 잠재적 변화와 관련된 의사결정을 하는 사람들이 명확히 인식해야 한다. 다음 정의는 STL 형식의 잠재적 변화를 고려할 때 유익할 수 있다.

ABET(Accreditation Board for Engineering and Technology)는 다음과 같이 공학 설계를 정의한다.

원하는 요구를 충족하기 위해 시스템, 구성 요소 또는 공정을 구안하는 프로세스이다. 이것은 의사결정 과정(종종 반복적)으로, 기초 과학, 수학 및 공학 과학(engineering sciences)이 이러한 명시적 요구를 충족하도록 자원을 최적으로 변환하기 위해 적용된다(Accreditation Board for Engineering and Technology[ABET], 2016-17).

학생들이 공학 설계를 시연할 수 있는 작업에 대한 NGSS 설명은 다음과 같다.

가능한 해결책을 제안할 수 있는 관련된 과학적 원리와 사람과 자연환경에 미치는 잠재적 영향을 고려하여 성공적인 해결책을 보장하기 위한 충분하게 정교한 설계 문제의 기준과 제약조건으로 정의한다. (NGSS Lead States, 2013)

ITEEA는 기술 설계(technological design)를 "인간의 필요와 욕구를 충족하는 제품 또는 시스템으로 자원을 변환하는 계획을 수행하는 반복적인 의사결정 프로세스"로 정의한다(ITEA/ITEEA, 2000, 2002, 2007, p. 237). 이 세 가지 정의에서 명백하게 볼 수 있듯이, 설계는 간학문 분야에서의 지식과 실행을 사용하는 의사결정 또는 "추론" 프로세스(NAE & NRC, 2009, p. 39)로 광범위하게 간주한다. 그런데도, 일부 뚜렷한 차이를 감지할 수 있으며, 개정된 표준에서 "설계"를 다룰 때 고려해야 한다.

다른 국가에서 제공되는 기술-공학교육 및 설계 교육에서 설계는 단순한 공학 설계가 아닌, 보다 광범위한 용어로 정의되고 운영된다. 여기에는 공업 설계, 그래픽 설계, 모델링 및 시뮬레이션을 통한 수학 설계, 재료 설계, 실험 및 시험 프로토타입을 통한 과학 및 공학 과학 설계, 통신 설계 및 기술 능력, CAD 등이 포함될 수 있다. Williams, Cowdroy & Wallis(2012)는 기술 교육의 설계가 예술에서 과학에 이르는 디자인의 스펙트럼을 포괄하여 혁신적 사회의 발전에 어떻게 초점을 맞춰야 하는지를 설명했다. 학생들에게 필요한 핵심 능력은 다중적이고 복잡한 요구의 결과를 개념화하고 이러한 결과를 합리적으로 분석하는 능력이다. 이러

◫ 학문 내용 영역 간의 비교

구분	명사로서의 공학	동사로서의 공학	기술 교육	과학	수학
관심	공학 관련 진로 준비	공학적 마인드 습관 개발, 모델링 하기, 역공학	기술, 사회, 환경과 관계된 손놀림과 설계 기반 학습	일상의 결정, 서술, 설명, 자연 현상을 예측하기 위한 과학적 이해의 사용	수학에 대한 깊은 이해와 절차적 유창성, 수학적 실천과 과정을 결합하여 현재와 미래의 문제를 해결
PK-6(유치원에서 초등학교) 교육에서는 무엇을 하는가?	공학 전문가에 대한 기본 인식을 구축. 기술 개발, 사용 및 제어 방법 탐색 및 인식	공학 설계 프로세스를 학습하고 활용. 설계 및 공학 원리를 사용하여 인간이 만든 세계가 어떻게 작동하는지 조사	특히 기본적인 소양을 통합하고 지원하기 위한 실습과 설계 기반 활동	자연과 인공세계가 과학적 실천에 개입함으로써 어떻게 상호작용하는지 알기	수치 및 기하학적 추론, 이해 및 기능 개발; 문제 해결, 다중 표현 사용, 데이터 분석 및 측정

구분	명사로서의 공학	동사로서의 공학	기술 교육	과학	수학
중등교육에서는 무엇을 하는가?	데이터 기반 의사결정, 수리력, 공학 설계	기준과 제약에 기반을 둔 설계 및 제작	기준과 제약에 기반을 둔 설계 및 제작	과학적 사실, 실험실 절차, 가설 검증	개념적 지식 개발; 수학적 개념과 실제 응용 프로그램 간의 연결; 수학적 기술의 개발 및 적용; 문제 해결
선택한 이수 과정 및 프로그램	토목, 기계, 화학, 항공 우주 및 전기 공학	Project Lead the Way (PLTW) EbD (Engineering by Design) NAE 그랜드 챌린지	기술, 정보 통신기술, 기술 설계, 기술 및 사회의 기초	물리학, 생물학, 지구 과학, 화학 등	수리, 대수 및 함수, 기하학, 측정, 확률, 통계, 예비 미적분, 미적분, 수학적 모델링 등
설계	공학 설계는 원하는 요구사항을 충족하기 위해 시스템, 구성 요소 또는 프로세스를 구안하는 과정이다. 기본 과학, 수학 및 공학 과학을 적용하여 이러한 요구사항을 충족하도록 자원을 최적으로 변환하는 의사결정 과정이다(ABET, 2016-2017)	설계과정의 단계에서 학생들이 많은 다양한 학습과 사고방식으로 그릴 것을 요구한다. 학생들은 상상력, 의사소통 능력, 예술적 또는 창조적 능력, 기술적 지식, 그리고 실패에 대한 인내심을 가져야 한다. 설계 과정은 학생들이 공학을 공부하면서 얻는 가장 가치 있는 수업이다(Iversen, 2015).	자원을 인간의 필요와 욕구를 충족시키는 제품 또는 시스템으로 변환시키는 계획을 수립하는 반복적 의사결정 과정이다 (ITEEA 2000, 2002, 2007).	가능한 해결책을 제안할 수 있는 사람과 자연환경에 대한 관련 과학적 원리와 잠재적 영향을 고려하여 성공적인 해결 방안을 보장하기에 충분히 정교한 설계 문제의 기준과 제약조건으로 정의한다(NGSS Lead States, 2013).	설계사고는 일상적인 문제에 대한 해결책을 재정의하고 재구상해야 하며 창의적인 문제 해결 접근 방식을 활용하며 다른 사람과 공감해야 한다. 아이디어, 접근 방식 및 해결 방안을 내기 위한 협업을 지원한다. 가설 검증이 필요하다. 세상을 개선하기 위해 학제 간 경계에 걸쳐 있다. 수학적 내용과 실천을 모두 포함한(Bush & Cook, 2019; Cook & Bush, 2018; Wrigley & Straker, 2017).
필수 기본 소양	수리력, 읽기 능력, 데이터 분석, 21 세기 기능(NEA)	수리력, 읽기 능력, 데이터 분석, 21 세기 기능	수리력, 읽기 능력, 데이터 분석, 21 세기 기능	수리력, 읽기 능력, 데이터 분석, 21 세기 기능	수리력, 읽기 능력, 데이터 분석, 21 세기 기능, 문제 해결
관련 표준과 평가	공학 소양 차원, P-12(유치원에서 고등학교) 공학교육을 위한 학습발달(AEE)	ITEA(2000, 2002,2007), NAEP 기술공학 소양 평가 (2014)	ITEA(2000,2002,2007), ITEA, AETL 2003 ISTE 2014 NAEP TEL 2014, edTPA, Praxis II 5051	NGSS, 2013 NSES, 1996 AAAS Project 2061(1989, 2007)	CCSSM,2010 GAISE, 2005 NAEP, 2017 NCTM (1995, 1989, 2000, 2006, 2014, 2018) TIMSS

한 다른 설계 유형에 기초해 기술-공학교육에서 공학 설계 용어만 사용하는 것은 제한적이라고 생각한다.

다. 기술-공학 소양 표준(STEL)의 특징

'기술-공학 소양 표준(Standards for Technological and Engineering Literacy; 이하에서는 STEL)'은 다음과 같은 기본 특징을 가지고 있다.

- ㅇ 기술 및 공학 또는 STEM 실습수업에서 학생들이 알고, 생각하고, 실습 활동을 통해 무엇을 배워야 하는지에 대한 공통적인 기대수준을 제공한다.
- ㅇ 학생들이 적절하게 성장하도록 해준다.
- ㅇ 지역 수준에서, 주와 연방 수준에서 유의미하고 적절하고 계열성이 있는 교육과정이 개발될 수 있는 기초를 제공한다.
- ㅇ 유치원부터 12학년까지 기술 내용을 다른 교과 영역과의 연계를 강화한다.

STEL은 교육과정은 아니다. 교육과정은 내용이 어떻게 가르쳐져야 하는지에 대한 구체적인 사항을 제공해 준다. 여기에는 실습실과 교실에서의 내용을 조직화 하고 균형을 잡고 기술 내용을 다양한 방법으로 제시해주면서, 어떠한 내용이 포함되어야 하는지에 대해서도 설명해 주고 있다. 교육과정 개발자와 교사, 다른 관련자들도 STEL을 적절한 교육과정 개발의 안내서로 사용해야 한다. 그러나 이 기준은 실습실과 교실에서 무엇을 가르쳐야 하는지는 구체적으로 다루지 않는다.

기술학의 핵심을 제시하면서 STEL은 기술-공학 소양을 갖추기 위해 어떤 기능과 지식이 필요한지를 교육자, 공학자, 과학자, 수학자, 그리고 많은 부모들로부터 제안을 받았다. 그러나 STEL은 연방 정책이나 이행 명령이 아니다.

STEL은 학생들이 얼마나 그 기준을 충족시키고 있는지를 결정하기 위한 평가(assessment) 과정을 규정하지는 않지만, 평가와 같은 준거는 제공하고 있다. 평가 활동은 학생들이 STEL의 내용을 얼마나 잘 배웠는지를 다룬다. 교사가 학습 과정에서 직접 얼마나 잘 가르치고 학생들을 잘 안내하는 것이 평가와 밀접하게 관련되어 있다. 뿐만 아니라 얼마나 많이 학교를 지원하고 있는지, 그리고 교육청은 얼마나 많은 노력을 하고 있는지도 평가와 관련되어 있다. 어떤 교육 평가 과정의 궁극적 목적(goal)은 각각의 학생들이 유치원에서부터 12학년에 이르기까지 기술-공학 소양을 얼마나 잘 달성하였는가를 판단할 수 있는 것이다. 평가는 많은 형태로 이루어지는데, 즉 매일 매일 학생의 과업을 기록한 내용, 면접내용, 퀴즈, 정규시험, 실습실과 교실에서의 장기간의 활동 포트폴리오에서부터 학교나 주에서 주관하는 표준화된 시험에 이르기까지 다양한 형태로 이루어진다. 학생들의 교육을 통해 종합적인 평가(comprehensive assessment)를 하기 위한 계획에는 설계되고 실행되어야 하고, 지속해서 관리해야 한다.

라. 기술-공학 핵심 표준

표준 1. 기술과 공학의 본질과 특성

'기술'과 '공학'이라는 용어는 많은 의미와 함축을 내포하고 있다. 인간이 발명한 제품과

인공물 즉, 비디오카세트나 살충제와 같은 것을 가리킨다. 기술은 그러한 제품을 만들어 내는 데 필요한 지식을 의미한다. 그러한 지식이 만들어지고, 그러한 제품이 만들어지는 과정을 나타내기도 한다. 기술은 가끔 전기 생산기술이나 인터넷 통신기술처럼 제품, 지식, 인력, 조직, 법규, 사회 구조의 전체 시스템을 함축하여 아주 넓게 사용되기도 한다. 이러한 혁신을 통해 사람들은 생활필수품과 편리함을 위해 주변 세계를 변화시켰다. 기술적으로 소양을 갖춘 사람은 매일의 생활에서 기술의 중요성과 그것이 세계를 만들어 낸 방법을 이해한다.

세 가지 핵심 아이디어는 기술과 공학의 본질과 특성을 명확히 한다. 벤치마크는 이러한 주요 아이디어로 다시 연결되며, 학년별 특수성과 복잡한 정도가 증가한다. 첫 번째 핵심 아이디어는 기술과 공학의 연구가 자연 세계와 인간이 만든 세계에 대한 지식을 필요로 한다는 것이다. 학생들은 자연 세계와 인간이 만든 세계 사이에는 유사점과 차이점이 있으며, 한 세계의 변화가 의도한 것과 의도하지 않은 영향을 모두 미칠 수 있다는 것을 배운다. 이 첫 번째 핵심 아이디어에 대한 확고한 이해는 자연(생물 모방)을 모방하는 디자인과 지속 가능성을 위한 디자인과 같은 고급 개념으로 이어질 것이다.

두 번째 핵심 아이디어는 인간 활동으로서 기술과 공학에 대한 연구가 학문 간 융합이라는 것이다. 과학, 기술, 공학, 수학 사이에 많은 관련성이 일어났다. 그러나 각 부문은 STEM 교육에 다음과 같은 고유한 특징이 있다.

- ○ **기술**은 인간이 설계한 제품, 시스템, 프로세스를 통해 자연환경을 변화시켜 필요와 욕구를 충족시키는 것이다.
- ○ **공학**은 주어진 제약조건 하에서 기준으로 정의된 요구사항을 충족하기 위해 기술을 최적화하는 과학적 원리와 수학적 추론을 사용한다.
- ○ **과학**은 자연 세계에 대한 조사와 이해를 포함한다.
- ○ **수학**은 의사소통과 비판적 분석을 가능하게 하며 숫자와 계산 추론을 사용하여 인간과 자연 세계를 이해하는 방법이다.

기술과 공학 연구는 인간 경험 전반에 걸친 지식, 도구 및 프로세스를 활용한다. 이것은 지식을 얻고 기술 제품과 시스템을 만드는 과정을 나타낼 수 있다. 또한 제품, 지식, 사람, 조직, 규정 및 사회 구조의 전체 시스템(예: 전력망 기술 또는 인터넷 전체)과 관련하여 매우 광범위하게 사용할 수 있다.

세 번째 핵심 아이디어는 기술과 공학 연구에 기술 제품, 시스템 및 사고방법을 이해, 사용, 평가 및 만드는 능력이 포함된다. 지식과 혁신의 결과로 사람들은 필수품과 편의를 모두 제공하기 위해 세상을 변화시켰다. 기술과 공학에 정통한 사람은 일상생활에서 기술과 공학의 중요성을 이해한다. 역사를 통틀어 자연 세계의 변화는 다른 형태로 나타났다. 이러한 형태를 이해하면 인간 혁신에 대한 더 많은 지식을 얻을 수 있다.

[유치원-2학년]

STEL-1A. 자연 세계와 인공세계를 비교한다.

STEL-1B. 사람들이 일을 하는 데 사용하는 도구와 기술을 설명한다.

STEL-1C. 창작은 누구나 할 수 있음을 시범으로 보여 준다.

STEL-1D. 과학자, 엔지니어, 기술자 및 기술을 다루는 다른 사람들의 역할에 대해 토론한다.

[초등학교 3-5학년]

STEL-1E. 자연에서 발견된 것들이 인간이 만든 것과 어떻게 다른지 비교하면서 그것들이 생산되고 사용되는 방법의 차이점과 유사점에 주목한다.

STEL-1F. 과학과 기술의 특별한 관계와 자연 세계가 혁신을 촉진하기 위해 인간이 만든 세계에 어떻게 기여할 수 있는지 설명한다.

STEL-1G. 기술 시스템을 만들고 유지하는 데 있어 과학자, 공학자, 기술자 등의 역할을 구분한다.

STEL-1H. 도구, 재료 및 기술을 안전하게 사용하여 문제 해결 방안을 설계한다.

STEL-1I. 문제에 대한 해결책이 경제적, 정치적, 문화적 힘에 의해 어떻게 형성되는지 설명한다.

[6-8학년]

STEL-1J. 문제를 해결하고 개인이나 집단의 필요와 욕구에 따라 능력을 확장하는 혁신적인 제품과 시스템을 개발한다.

STEL-1K. 기술 시스템 개발에서 과학, 공학, 수학 및 기술의 기여를 비교하고 대조한다.

STEL-1L. 기술과 공학이 창의성과 밀접하게 연결되어 의도된 혁신과 의도하지 않은 혁신을 모두 초래할 수 있는 방법을 설명한다.

STEL-1M. 창의적인 문제 해결 전략을 기존 장치나 프로세스의 개선 또는 새로운 접근 방식의 개발에 적용한다.

[9-12학년]

STEL-1N. 생활 주변의 세계가 기술 개발 및 공학 설계를 어떻게 안내하는지 설명한다.

STEL-1O. 과학, 수학, 공학, 기술 지식과 기술의 유사점과 차이점이 제품이나 시스템 설계에 얼마나 기여했는지 평가한다.

STEL-1P. 기술 개발 속도를 분석하고 새로운 기술의 향후 확산과 채택을 예측한다.

STEL-1Q. 특수한 필요와 요구를 해결하는 의도적인 발명과 혁신을 알리기 위한 연구를 수행한다.

STEL-1R. 과학, 수학 및 기타 분야의 지식을 통합하여 기술 제품이나 시스템을 설계하거나 개선하는 계획을 전개한다.

표준 2. 기술과 공학의 핵심 개념

다른 지식 분야와 마찬가지로 기술과 공학에는 다른 연구 분야와 특징 및 구별되는 여러 핵심 개념이 있다. 이러한 개념은 기술 연구의 기초 역할을 한다. 학생들이 설계된 세계를 이해하도록 도와줌으로써 기술과 공학 연구를 통합하는 데 도움이 된다.

기술과 공학의 핵심 개념은 기술의 기본적인 양상을 정의하며 모든 기회와 다양한 상황에서 기술과 공학교육 수업에 통합되어야 한다. 표준 2를 정의하는 핵심 아이디어로 7가지 핵심 개념이 아래에 제시되어 있지만 다른 표준 전체에 산재해있는 것으로도 볼 수 있다. 여기에는 다음과 같은 것들이 포함된다.

- 시스템은 원하는 목표를 달성하기 위해 집합적으로 설계된 상호 관련된 구성 요소의 집합이다.
- 기본적인 기술과 공학의 자원(또는 입력)에는 도구와 기계, 재료, 자본, 돈, 지식, 에너지, 시간 및 가장 중요한 사람이 포함된다.
- 요구사항(requirements)은 완성된 제품이나 시스템의 예상 결과이며 설계자에게 개발 과정에 제한, 기준, 제약 및 기회를 제공한다.
- 절충(trade-offs)은 하나의 품질(또는 요구사항)을 다른 품질보다 선택 또는 교환하는 것을 포함한다.
- 최적화(optimization)는 제품, 프로세스 또는 시스템을 설계하거나 만드는 과정이나 방법론이다.
- 과정(process)은 산출을 생성하는 데 사용되는 일련의 체계적인 작업이다.
- 제어(controls)는 시스템이 원하는 방식으로 작동하도록 하기 위해 정보를 적용하는 메커니즘 또는 활동이다.

[유치원-2학년]

STEL-2A. 시스템에 목표를 달성하기 위해 함께 작동하는 부품이나 구성 요소가 어떻게 있는지 설명한다.

STEL-2B. 도구를 안전하게 사용하여 작업을 완료한다.

STEL-2C. 재료는 바람직한 특질(properties)과 특성이 있기 때문에 사용하도록 선택되었음을 설명한다.

STEL-2D. 작업을 끝내기 위한 계획을 전개한다.

STEL-2E. 팀원으로서 효과적으로 협업한다.

[3-5학년]

STEL-2F 하위 시스템(subsystem)이 다른 상위 시스템의 일부로 작동하는 방식을 설명한다.

STEL-2G. 시스템의 일부가 누락된 경우 계획대로 작동하지 않을 수 있는 방법을 설명한다.

STEL-2H. 사람, 재료, 자본, 도구, 기계, 지식, 에너지 및 시간과 같은 기술 작업을 수행하는 데 필요한 자원을 구별한다.

STEL-2I. 다양한 재료의 특성을 설명한다.

STEL-2J. 도구와 기계의 파지(holding), 들어 올리기, 운반하기, 고정하기, 분리하기, 컴퓨팅과 같은 인간 능력을 어떻게 확장하는지 보여 준다.

STEL-2K. 제품 또는 시스템을 설계하거나 만드는 데 필요한 요구사항을 설명한다.

STEL-2L. 누군가의 삶을 향상하는 새로운 제품을 만든다.

[6-8학년]

STEL-2M. 기술 시스템에서 투입, 과정, 산출 및 피드백을 구분한다.

STEL-2N. 시스템적 사고(thinking)가 모든 부분 간의 관계를 고려하는 것과 시스템이 사용되는 환경과 상호 작용하는 방식을 포함하는 방식을 설명한다.

STEL-2O. 피드백 경로가 없고 사람의 개입이 필요한 개방형 루프 시스템(open-loop system)을 만든다.

STEL-2P. 피드백 경로가 있고 사람의 개입이 필요하지 않은 폐쇄 루프 시스템(closed-loop system)을 만든다.

STEL-2Q. 설계과정 초기에 미래의 제품이나 시스템의 결과를 예측한다.

STEL-2R. 서로 다른 기술이 서로 다른 프로세스 상황을 어떻게 포함하는지 비교한다.

STEL-2S. 설계 문제와 관련된 의사결정을 방어한다.

[9-12학년]

STEL-2T 개념적, 그래픽적, 가상적, 수학적, 물리적 모델링의 사용을 시연하여 전체 시스템이 개발되기 전에 결정적인 고려사항을 식별하고 설계 의사결정에 도움을 준다.

STEL-2U. 더 큰 기술적, 사회적 또는 환경적 시스템에 결함이 있는 시스템을 진단한다.

STEL-2V 기술 시스템의 안정성과 기술 시스템의 모든 구성 요소, 특히 피드백 루프에 있는 구성 요소에 의해 어떻게 영향을 받는지를 분석한다.

STEL-2W 문제를 해결하는 동안 가용성, 비용, 만족도 및 낭비와 같은 경쟁하는 가치 간의 절충이 수반되는 자원을 선택한다.

STEL-2X 제품이나 시스템의 기준과 제약조건 및 최종 설계에 어떤 영향을 미치는지 사례를 인용한다.

STEL-2Y 품질 관리를 계획된 프로세스로 구현하여 제품, 서비스 또는 시스템이 정해진 기준을 충족하는지 확인한다.

STEL-2Z 관리 프로세스(management processes)를 사용하여 작업을 계획, 구성, 제어할 수 있다.

표준 3. 지식, 기술, 실습의 통합

다양한 콘텐츠 영역에서 아이디어와 절차를 연결할 수 있는 기회가 많다. 새로운 제품과 시스템은 한 환경에서 습득한 지식이 다른 환경에 어떻게 적용될 수 있는지를 보여 주면서, 이전의 발명과 혁신을 기반으로 한다. 예를 들어, 연구실에서 개발된 생물학적 제품을 대량생산하는 방법을 이해하는 것은 생명공학 회사를 설립하는 데 필수적이다. 생명공학 업계는 실험실에서 제품을 설계하는 것과 고객을 위해 제품을 대량생산하는 것 사이에는 큰 차이가 있다는 것을 알게 된다. 바이오 공정과 관련된 생산 문제를 해결하기 위한 다양한 노력에 대한 연구는 매우 중요한 것으로 입증되고 있다.

세 가지 핵심 아이디어는 지식, 기술 및 프로세스의 통합을 명확히 한다. 모든 것을 따르는 벤치마크는 이러한 주요 아이디어로 다시 연결되며, 학년별 특수성과 복잡성의 수준이 증가한다. 첫 번째 핵심 아이디어는 기술과 공학이 두 개 이상의 콘텐츠 영역에 관련된 학문 간 융합이라는 것이다.

두 번째 핵심 아이디어는 기술과 공학이 다른 분야와의 기술이전(transfer)으로 인해 영향을 주고받는다는 것이다.

세 번째 핵심 아이디어는 기술과 공학지식 및 실습이 다른 분야에 의해 발전되고 발전한다는 것이다.

[유치원-2학년]

STEL-3A 여러 콘텐츠 영역에 걸쳐 개념과 기술을 강화하는 기술과 공학 활동의 개념과 기술을 적용한다.

STEL-3B 기술과 인간 경험 간의 연결을 끌어낸다.

[3-5학년]

STEL-3C 간단한 기술을 결합하여 보다 복잡한 시스템을 구성하는 방법을 시연한다.

STEL-3D 기술과 공학 및 기타 콘텐츠 영역 간에 어떻게 다양한 관계가 존재할 수 있는지 설명한다.

[6-8학년]

STEL-3E 서로 다른 기술 시스템이 경제, 환경 및 사회 시스템과 상호 작용하는 방식을 분석한다.

STEL-3F 어떤 환경에 대해 개발된 제품, 시스템 또는 프로세스를 다른 환경에 적용한다.

STEL-3G 다른 내용 영역에서 얻은 지식이 기술 제품과 시스템의 개발에 어떤 영향을 미치는지 설명한다.

[9-12학년]

STEL-3H 사용자가 어떤 기능(function)을 위해 개발된 기존 혁신을 다른 목적에 적용할 때 기술이전이 어떻게 발생하는지를 분석한다.

STEL-3I 기술이 세계화를 통해 새로운 제품 및 서비스의 기회를 어떻게 향상하는지 평가한다.

STEL-3J. 기술적 진보를 지식의 다른 영역의 진보와 연결하고, 그 반대도 마찬가지이다.

표준 4. 기술의 영향

인간은 기술세계에 살고 있다. 시간이 흐르면서, 인간에 의해 만들어진 기술 제품과 공학 시스템은 더욱 복잡하고 강력하며 어디서나 볼 수 있게 되었다. 기술은 우리가 사는 곳, 먹는 것, 여행하는 방법, 의사소통 방법 등 우리 삶의 모든 측면에 영향을 미친다. 공학과 기술이 사회와 환경에 미치는 많은 영향은 바람직한 것으로 널리 간주한다. 그러나 다른 영향은 덜 바람직한 것으로 간주 된다. 기술과 공학적 발전은 소수 민족과 집단이 세계 자원의 대부분을 통제하고 사용하는 상황을 만들어 냄으로써 사람과 사회의 불평등을 초래할 수 있다. 기술 변화의 속도가 계속 빨라지면서 사회의 정치·사회적 규범이 효과적으로 따라갈 수 있을지에 대한 의문이 제기되고 있다.

똑같이 중요한 네 가지 핵심 아이디어는 기술과 공학의 영향과 관련된 학생들의 이해와 능력을 위한 기초를 제공한다. 모든 것을 따르는 벤치마크는 이러한 주요 아이디어로 다시 연결되며, 학년별 세부성과 복잡성의 수준이 증가한다. 첫 번째 핵심 아이디어는 기술과 공학이 사회와 환경에 긍정적인 영향과 부정적인 영향을 모두 미친다는 것이다. 두 번째 핵심 아이디어는 기술과 공학에 대한 결정에는 비용, 이점 및 절충(trade-offs)을 고려해야 한다는 것이다. 시민 개개인은 그러한 기술의 개발과 사용에 대해 책임감 있고 정보에 입각한 결정을 내릴 수 있어야 한다. 세 번째 핵심 아이디어는 기술의 책임 있는 개발과 사용은 재생 및 비재생 자원의 지속 가능한 사용과 폐기물 처리를 필요로 한다는 것이다. 지속 가능한 개발은 지역사회와 삶의 질을 향상하고, 자원의 보다 평등한 분배를 초래하며, 이러한 자원이 미래 세대를 위해 이용될 수 있도록 보장하는 방식으로 자연과 인적 자원을 사용하는 것을 포함한다. 이 표준을 뒷받침하는 네 번째 핵심 아이디어는 기술의 사용이 개인, 인간 문화, 그리고 환경에 근본적인 변화를 가져올 수 있다는 것이다. 이러한 변화는 인간 생물학과 행동에 변화를 가져올 수 있다. 이것 또한 예측하지 못하거나 의도하지 않은 방법으로 기존 문화를 파괴할 수 있다. 게다가, 기술의 사용은 상당한 환경 변화를 초래하였지만, 이러한 변화는 생태계의 복잡성으로 인해 예측하기 어려울 수 있다.

[유치원-2학년]

STEL-4A 기술이 일상 업무에 도움이 되는 방법을 설명한다.

STEL-4B 기술의 유용성과 유해성을 설명한다.

STEL-4C 간단한 기술을 비교하여 영향을 평가한다.

STEL-4D 일상생활에서 자원을 절약, 재사용 및 재활용하는 방법을 선택한다.

STEL-4E 일상생활을 개선할 수 있는 새로운 기술을 계획한다.

[3-5학년]

STEL-4F 기술의 유익과 해로운 영향에 대해 설명한다.

STEL-4G 주어진 과제를 완료하거나 필요를 충족시키기 위해 사용할 수 있는 최선의 기술을 평가한다.

STEL-4H 기술을 개발하는 데 사용되는 자원을 재생 자원이나 비재생 자원으로 분류한다.

STEL-4I 책임 있는 기술의 사용으로 지속 가능한 자원 관리가 필요한 이유를 설명한다.

STEL-4J. 기술이 없다면 일상생활의 특정 측면이 어떻게 달라질지 예측한다.

[6-8학년]

STEL-4K 기술이 긍정적인 효과와 부정적인 효과를 동시에 가질 수 있는 방법을 조사한다.

STEL-4L 기술의 개발과 사용이 재생 및 비재생 자원을 소비하고 폐기물을 발생시키는 방법을 분석한다.

STEL-4M 기술의 개발과 사용으로 인해 발생하는 폐기물을 줄이고, 재사용하고, 재활용하기 위한 전략을 세운다.

STEL-4N 사람들의 생각, 상호작용 및 의사소통 방식을 변화시킨 기술의 예를 분석한다.

STEL-4O 다른 기술적 해결 방법을 선택하였을 때 어떤 대체 결과(개인, 문화, 환경)가 초래될 수 있는지 가설을 세운다.

[9-12학년]

STEL-4P 기술이 개인, 사회 및 환경에 영향을 미치는 방법을 평가한다.

STEL-4Q 기존 기술과 제안된 기술이 자원을 지속 가능하게 사용하는지를 비판한다.

STEL-4R 목표를 달성하기 위해 자원의 사용과 그에 따른 낭비를 최소화하는 기술을 평가한다.

STEL-4S 환경과 사회적 부정적 영향이 가장 적은 기술적 문제에 관한 해결 방안을 세운다.

STEL-4T 기술이 인간의 건강과 능력을 어떻게 변화시키는지 평가한다.

표준 5. 기술 개발이 사회에 미치는 영향

사회는 기술발전에 영향을 미친다. 사회는 공동의 가치, 차별화된 역할, 문화적 규범과 같은 공통적인 요소뿐만 아니라 지역사회 기관, 조직, 기업 등의 주체로 특징 지워진다. 기술 변화에 미치는 사회적 영향을 파악하려면 끊임없이 수렴하고 변화하는 기술과 공학의 역사적, 현대적 발전을 분석해야 한다. 기술발전은 종종 교육, 교통, 통신, 농업, 그리고 인간의 생존과 관련된 다른 영역의 변화 때문에 일어난다. 기술과 공학은 미래에 인간이 살아가는 방식을 계속해서 변화시킬 것이다. 역사적 시기, 주요 발명 날짜 및 유명한 혁신가들의 이름을 배우는 것을 넘어서서 이러한 힘에 대해 학생들이 이해할 필요가 있다.

세 가지 핵심 아이디어는 기술발전에 대한 사회의 영향과 관련된 학생들의 이해와 능력을 위한 기초를 제공한다. 벤치마크는 이러한 주요 아이디어로 다시 연결되며, 학년별 세부성과 복잡성의 수준이 증가한다. 첫 번째 핵심 아이디어는 사회의 요구와 욕구가 종종 개인의 요구와 욕구보다 기술과 공학을 더 많이 개발하도록 한다는 것이다. 기술혁신은 문화, 조직 및 기술혁신을 사용하는 시민에 의해 형성되고 영향을 받는다. 두 번째 핵심 아이디어는 사회의 가치와 신념이 기술에 대한 태도를 형성한다는 것이다. 만약 어떤 기술이 사회에서 유용하거나 바람직하다고 여겨진다면, 그 기술은 사용되고 더 발전될 가능성이 있다. 세 번째 핵심 아이디어는 사회가 기술혁신의 확산에 영향을 미치는 서로 다른 발전 단계에 있다는 것이다. 선진국의 사회에서 채택된 기술은 개발도상국에 적합하지 않을 수 있다.

[유치원-2학년]

STEL-5A 개인과 사회의 필요와 욕구를 설명한다.

STEL-5B 개인과 사회적 필요와 요구를 충족하기 위해 기술이 어떻게 개발되는지 조사한다.

STEL-5C 가정과 지역사회에서 기술의 사용을 조사한다.

[3-5학년]

STEL-5D 사회의 기술 시스템이나 기반 구조의 변화에 영향을 미치는 요인을 평가한다.

STEL-5E 개인이나 사회적 필요와 변화를 원할 때 기술이 어떻게 개발 또는 변용되는지 설명한다.

[6-8학년]

STEL-5F 발명이나 혁신이 역사적 맥락에 의해 어떻게 영향을 받았는지를 분석한다.

STEL-5G 기술의 경쟁 요인들 간의 신중한 타협의 필요성을 인식하는 의사결정 과정으로서 다양한 관점을 기반으로 절충(trade-offs)을 평가한다.

[9-12학년]

STEL-5H 특정한 사회의 고유한 필요나 요구에서 발생한 기술혁신을 평가한다.

STEL-5I 사회적 저항에 부딪혀 기술 개발에 영향을 미친 기술혁신을 평가한다.

STEL-5J 다른 문화에서 사용할 수 있는 적정기술(appropriate technology)을 설계한다.

표준 6. 기술의 역사

최초의 기술은 매우 간단한 도구였다. 바위나 다른 자연 물건들은 만드는 사람의 목적에 더 잘 맞도록 개조되었다. 시간이 지남에 따라, 인간은 도구를 만드는 데 더 정교해졌고, 또한 원료를 청동, 강철, 도자기, 유리, 종이, 잉크 등 자연에 존재하지 않는 형태로 가공하는 법을 배웠다. 이러한 새로운 재료는 기존 도구를 개선하고 완전히 새로운 기술을 창출하는 길을 열었다. 사람들은 개별 부품으로는 작업을 할 수 없는 것에서 시스템(바퀴와 축, 지렛대, 활과 화살)을 만들기 위해 개별 부품을 조립하는 방법을 배웠다. 분업으로 해당 분야의 전문가가 되어서 개인이 혼자 만드는 것보다 복잡하고 정교한 제품을 만드는 데 협력할 수 있었다.

세 가지 핵심 아이디어는 기술의 역사와 관련된 학생들의 이해와 능력을 위한 기초를 제공한다. 벤치마크는 이러한 주요 아이디어로 다시 연결되며, 학년별 세부성과 복잡성의 수준이 증가한다. 첫 번째 핵심 아이디어는 르네상스 시대에 다른 분야의 노력과 함께 기술 지식이 가속화되었다는 것이다. 과학적, 수학적 지식은 시행착오를 기반으로 한 새로운 유형의 설계로 길을 열었다. 또한, 어떤 것이 제작되기 전에도 어떻게 작동해야 하는지 모델링하고 예측할 수 있다는 것이다. 두 번째 핵심 아이디어는 역사적인 시대가 종종 기술발전에 따라 정의된다는 것이다. 역사는 기술에 의해 주도된 적어도 세 가지 큰 변화를 보았다. 세 번째 핵심 아이디어는 기술의 역사가 인류의 긍정적 측면과 부정적 측면을 기록한다는 것이다. 기술의 역사를 아는 것은 사람들이 발명과 혁신이 어떻게 진화했는지, 그리고 어떻게 오늘날 존재하는 방식으로 세상을 이끌었는지 확인함으로써 사람들이 주변 세계를 이해하는 데 도움이 된다.

[유치원-2학년]

STEL-6A. 사람들이 생활하고 일하는 방식이 기술로 인해 역사 전반에 걸쳐 어떻게 바뀌었는지 토론한다.

[3-5학년]

STEL-6B. 사람들이 만든 도구, 식량 재배 방법, 옷 만들기, 자신을 보호하기 위한 대피소 건설 방법 등을 어떻게 했는지 발표한다.

[6-8학년]

STEL-6C. 다양한 기술과 그 기술이 인간 발전에 어떻게 기여했는지 비교한다.

STEL-6D. 연구개발 과정에 참여하여 체계적인 검사와 개선을 통해 발명과 혁신이 어떻게 진화했는지 시뮬레이션한다.

STEL-6E. 기능(function)의 전문화가 많은 기술 개선의 핵심이 되었는지 확인한다.

[9-12학년]

STEL-6F. 기술 개발이 어떻게 진화해 왔는지, 종종 기초 발명이나 기술 지식에 대한 일련의 보완의 결과를 설명한다.

STEL-6G. 문명의 진화가 도구, 재료, 처리 과정의 개발과 사용에 직접 영향을 받았는지 확인한다.

STEL-6H. 역사 전반에 걸쳐 사회, 문화, 정치 및 경제 환경을 재구성하는 데 기술이 어떻게 강력한 힘이 되었는지 평가한다.

STEL-6I. 산업 혁명이 어떻게 대량생산, 정교한 교통 및 통신 시스템, 첨단 건설 시공, 교육 및 여가시간의 발전을 가져왔는지 분석한다.

STEL-6J. 정보처리 및 교환에 중점을 둔 정보화 시대로 인해 발생한 광범위한 변화를 조사한다.

표준 7. 기술 교육과 공학교육에서의 설계

인간은 즐거움과 문제 해결을 위해 설계하고, 인간의 능력을 확장하고, 필요와 욕구를 충족시키며, 인간의 환경을 개선한다. 설계 없이는(실행 계획의 목적적 개발) 제품이나 시스템을 효과적으로 만들 수 없다. 설계는 모든 기술과 공학 활동의 토대이다. 중요한 8가지 핵심 아이디어는 설계에 대한 학생들의 이해와 능력을 위한 기초를 제공한다. 벤치마크는 이러한 주요 아이디어로 다시 연결되며, 학년별 세부성과 복잡성의 수준이 증가한다.

첫 번째 핵심 아이디어는 설계가 인간의 근본적인 활동이라는 것이다. 기술과 공학에서의 설계는 몇 가지 정의적 특성을 가진 인간의 뚜렷한 과정이다. 이는 특정 요구사항에 기초하고 반복적이고 창의적이며 많은 가능한 해결책으로 귀결된다.

두 번째 핵심 아이디어는 종종 기술과 공학 설계에는 하나의 정확한 해결 방안이 없다는 것이다. 더군다나 설계는 항상 개선되고 정교해질 수 있다. 이러한 기본 속성은 모든 제품 또는 시스템의 설계와 개발에 핵심적인 역할을 한다.

세 번째 핵심 아이디어는 오늘날 시행착오를 겪거나 단순히 우연히 생겨난 제품과 시스템은 거의 없다는 것이다. 기술과 공학에서의 설계는 반복적이다. 거의 모든 설계는 아이디어가 최종 제품 또는 시스템으로 변환됨에 따라 개발 단계로 다시 돌아가는 순환 과정의 결과이다.

네 번째 핵심 아이디어는 기술과 공학 설계를 수행하는 데 필요한 다양한 기술이 있다. 즉 커뮤니케이션, 창의성, 협업, 비판적 사고, 컴퓨터 사고, 시각화, 자원, 혁신, 아이디어, 추상적 사고, 시민 정신, 인내, 실패로부터의 학습, 피드백의 수용과 기각, 공간적 사고, 프로젝트와 시간 관리, 자기 주도적 학습 등이다.

다섯 번째 핵심 아이디어는 보편적 원리와 설계 요소가 있다는 것이다. 설계의 원리는 균형, 리듬, 패턴, 강조, 대비, 통일, 그리고 움직임이다.

여섯 번째 핵심 아이디어는 만드는 것이 기술과 공학 설계의 본질적인 부분이라는 것이다. 기술과 공학에서의 설계 또한 특정한 신체적 메이킹 기능을 필요로 한다.

일곱 번째 핵심 아이디어는 설계 최적화가 기준과 제약조건에 의해 관리된다는 것이다. 공학 설계는 과학적 지식, 공학 과학 및 수학적 예측 분석을 사용하여 최종 해결 방안을 최적화하는 정보에 입각한 설계 접근법을 만들기 때문에 이상적인 STEM 통합자이다.

여덟 번째 핵심 아이디어는 학생들이 설계에 대한 많은 접근법이 있다는 것을 보여 줄 지식과 기능을 갖게 된다는 것이다. 학생들은 참여형 설계, 생태 설계 및 사용자 중심 설계와 같은 다른 설계 접근 방식을 사용하는 방법을 배울 것이다.

[유치원-2학년]

STEL-7A. 놀이와 탐색을 통해 설계 개념, 원리, 과정을 적용한다.

STEL-7B. 설계에 요구조건(requirements)이 있음을 보여 준다.

STEL-7C. 설계는 욕구와 필요에 대한 반응임을 설명한다.

STEL-7D. 모든 설계는 서술할 수 있는 서로 다른 특성이 있음을 토의한다.

STEL-7E. 설계에 대한 다양한 해결 방안이 있으며 완벽한 해결 방안은 없음을 설명한다.

STEL-7F. 기술 및 공학 설계과정의 필수 기능을 변별한다.

STEL-7G. 설계에서 메이킹에 필요한 기능을 적용한다.

[3-5학년]

STEL-7H. 설계에 대한 다양한 접근 방식이 있음을 설명한다.

STEL-7I. 기술 및 공학 설계과정을 응용한다.

STEL-7J. 기준, 제약 및 표준을 기반으로 설계를 평가한다.

STEL-7K. 좋은 설계가 인간의 조건을 어떻게 개선하는지 해석한다.

STEL-7L. 보편적인 원칙과 설계 요소를 적용한다.

STEL-7M. 자체의 해결 방안을 포함하여 기존 설계 해결 방안의 장단점을 평가한다.

STEL-7N. 성공적인 설계기술을 연습한다.

STEL-7O. 설계과정의 일부로 도구, 기술 및 재료를 안전한 방식으로 적용한다.

[6-8학년]

STEL-7P. 설계에 대한 다양한 접근 방식과 관련된 이점과 기회를 설명한다.

STEL-7Q. 기술과 공학 설계과정을 적용한다.

STEL-7R. 기준과 제약을 해결하기 위해 설계 해결 방안을 개선한다.

STEL-7S. 설계에서 인적 요소를 식별하고 적용하여 문제에 관한 해결 방안을 제시한다.

STEL-7T. 세워진 원칙과 설계 요소를 기반으로 설계결과의 질을 평가한다.

STEL-7U. 다양한 설계 해결 방안의 장단점을 평가한다.

STEL-7V. 성공적인 설계에 필요한 필수 기능을 향상한다.

[9-12학년]

STEL-7W. 설계의 목적을 평가하여 최상의 접근 방식을 결정한다.

STEL-7X. 최적의 설계를 하기 위해 기술과 공학 설계과정의 장단점을 문서화 한다.

STEL-7Y. 기준과 제약 내에서 원하는 품질을 처리하여 설계를 최적화한다.

STEL-7Z. 인간 중심 설계 원칙을 적용한다.

STEL-7AA. 설계 원칙, 요소, 요인을 설명한다.

STEL-7BB. 설계에 대한 최상의 해결 방안을 구현한다.

STEL-7CC. 다양한 설계기술을 설계과정에 적용한다.

STEL-7DD. 설계과정에 다양한 메이킹 기능을 적용한다.

표준 8. 기술 제품과 시스템을 적용하고, 유지하고, 평가하기

모든 사람이 차량, 텔레비전, 컴퓨터, 가전제품 등 기술 제품과 시스템을 사용하지만 모든 사람이 기술을 잘, 안전하게 또는 가장 효율적이고 효과적인 방법으로 사용하는 것은 아니다. 기술 제품과 시스템의 사용과 관련된 많은 문제들은 기술 변화의 빠른 속도에서 비롯된다. 신기술이 너무 자주 등장해 다음 기술이 자리 잡기 전에 기술을 편하게 사용하기 어려울 수 있다.

세 가지 핵심 아이디어는 기술 제품과 시스템을 적용, 유지, 평가할 수 있는 기초를 제공한다. 벤치마크는 이러한 주요 아이디어로 다시 연결되며, 학년별 세부성과 복잡성의 수준이 증가한다. 첫 번째 핵심 아이디어는 기술 지식이 있는 사람들이 사전 기술 경험이 부족한 개인들보다 기술 제품과 시스템에 대해 배우고 사용할 수 있는 조건이 더 잘 갖추어져 있다는 것이다.

두 번째 핵심 아이디어는 기술 제품, 시스템 또는 처리 과정의 유지보수가 적절한 작업 순서를 유지하는 데 매우 중요하며, 오작동이 발생할 경우 적절한 수리가 필요하다는 것이다.

세 번째 핵심 아이디어는 사람들이 기술적 제품, 시스템 또는 처리 과정을 평가할 때 결론을 도출하기 전에 정보를 수집, 종합 및 분석해야 한다는 것이다.

[유치원-2학년]

STEL-8A. 물건의 작동방식을 분석한다.

STEL-8B. 일상에서의 기호를 식별하고 사용한다.

STEL-8C. 일상적인 제품의 품질을 서술한다.

[3-5학년]

STEL-8D. 기술적인 작업을 완료하려면 지시를 따른다.

STEL-8E. 적절한 기호, 숫자 및 용어를 사용하여 기술 제품 및 시스템에 대한 핵심 아이디어를 전달한다.

STEL-8F. 제품이나 시스템이 제대로 작동하지 않는 이유를 확인한다.

STEL-8G. 정보를 검토하여 제품이나 시스템 사용의 장단점을 평가한다.

[6-8학년]

STEL-8H. 기술 제품이나 시스템을 사용하고 유지하기 위해 다양한 출처에서 정보를 조사한다.

STEL-8I. 도구, 재료, 기계를 사용하여 시스템을 안전하게 진단, 조정, 수리한다.

STEL-8J. 장치를 사용하여 기술 시스템을 제어한다.

STEL-8K. 기술 시스템에 대한 데이터 수집 방법을 설계한다.

STEL-8L. 수집한 정보의 정확성을 해석한다.

STEL-8M. 도구를 사용하여 일상적인 제품의 성능에 대한 데이터를 수집한다.

[9-12학년]

STEL-8N. 다양한 접근 방식을 사용하여 기술 제품과 시스템을 사용, 유지 관리 및 평가하기 위한 과정과 절차를 전달한다.

STEL-8O. 시장에 필요한 장치나 시스템을 개발한다.

STEL-8P. 정확하고 안전하며 적절한 기능(functionality)을 보장하기 위해 적절한 방법을 적용하여 시스템을 진단, 조정, 수리한다.

STEL-8Q. 데이터를 통합하고 추이를 분석하여 기술 제품, 시스템 또는 처리 과정에 대한 결정을 내린다.

STEL-8R. 기술 평가 결과를 해석하여 정책 개발을 안내한다.

마. 기술과 공학의 실천

기술과 공학교육 맥락에서 적용되는 바와 같이, 이러한 기술과 공학 실천은 성공적인 성취에 기본이 되는 능력과 기질이 필요하다. 기술과 공학의 실천은 인간의 필요와 욕구를 충족시키기 위해 사용하는 인간 중심 설계 제품, 시스템과 과정에 참여할 수 있도록 도와준다. 이러한 실무에 참여하는 것은 학생들이 기술 사용에 능숙해지고 설계와 문제 해결 능력을 얻을 수 있도록 도와줌으로써 기술적, 공학적 소양에 필수적인 구성 요소이다. 이러한 실천은 과학, 수학, 그리고 인문학과 연결되며 학문 간 맥락에서 중요하다. 8가지 기술 및 공학 실천 지침(Technology and Engineering Practices; 이하에서는 TEP로 사용)은 다음과 같다.

> **TEP-1.** 시스템 사고는 모든 기술이 상호 연결된 구성 요소를 포함하고 이러한 기술이 작동하는 환경과 상호 작용한다는 이해를 의미한다. 또한 투입, 과정, 산출 및 피드백으로 구성된 보편적인 시스템 모형에 대한 이해도 포함된다.

기술과 공학에서 시스템 사고는 모든 기술이 상호 연결된 구성 요소를 포함하며 이러한 기술이 작동되는 사회 및 자연환경과 상호 작용한다는 것을 이해하는 것이다. 기술은 단순한 제품이 아니다. 기술 개발과 생산에 사용되는 과정과 재료뿐만 아니라 기술이 사용되는 광범위한 시스템에 미치는 영향도 포함된다.

> **TEP-2.** 창의성(Creativity)은 설계의 목적을 포함하여 목표를 달성하기 위해 조사, 상상력, 혁신적인 사고 및 신체 기능을 사용하는 것이다.

전형적인 맥락에서 창의성은 상상력, "기존의 틀 밖의 생각" 그리고 독특한 생각들을 떠올리는 것을 말한다. 기술과 공학에서 창의성은 이러한 측면과 그 이상을 가리킨다. NAE(2019)는 업무에 탁월한 엔지니어를 새로운 패턴을 파악하거나 세상을 바라볼 때 새로운 작업 방식을 상상하는 사람이라고 설명했다.

> **TEP-3.** 기술과 공학교육을 다른 분야와 다르게 해주는 핵심은 메이킹과 실습(Making and Doing)이다. 기술과 공학을 배우는 학생들은 기술 제품과 시스템을 설계하고, 모델링하고, 구축하고 사용한다. 컴퓨터 소프트웨어, 도구와 기계 또는 기타 다른 방법을 통해서든 기술과 공학 학생들은 신체 운동적으로 학습을 한다.

메이킹과 실습은 기술 및 공학 교실과 같은 교육 환경을 포함하여 많은 공식 및 비공식 환경에서 발생할 수 있다. 메이킹은 기술 제품과 시스템을 설계, 구축, 운영 및 평가하는 것과 관련된 실제 프로세스를 사용하는 것과 같이 광범위하게 정의한다. 반면에 무언가를 만드는 행위와 창조하는 행위를 하는 것은 기술 제품과 시스템의 설계, 구축, 운영 및 평가와 관련이 있다. 만드는 작업에는 모델링, 프로그래밍, 도구 및 장비 사용, 프레젠테이션 자료 작성 등 다양한 활동이 포함될 수 있다.

TEP-4. 비판적 사고(Critical Thinking)는 정보에 입각한 결정을 내리는 과정에서 질문, 논리적 사고, 추론, 정교함을 포함한다. 비판적 사고에는 기술과 공학의 많은 하위분야의 중요한 활동요소인 분석적 사고가 포함된다.

모든 사람이 비판적 사고력을 갖도록 하는 것이 그 어느 때보다 중요하다. 가정이든 직장이든 간에, 사람들은 정보에 입각한 결정을 내리기 위해 증거와 주장을 비교하고 평가할 수 있어야 한다. 이는 정보의 가치와 정확성을 판단하고 도출된 결론의 건전성을 평가하는 것을 포함한다. 21세기 직장에서 고용주는 중요한 질문과 문제에 대해 체계적으로 사고하고, 데이터와 정보를 수집하고 분석하며, 현장의 표준을 준수하고, 의사결정에 응용하며, 복잡한 상황에 대한 접근 방식을 효과적으로 전달할 수 있는 직원을 고용하고 싶어 한다. 비판적 사고는 가정과 직장에서의 행동을 구조화하고, 수행하고, 평가하는 더 나은 방법을 개발하는 데 유용하다.

TEP-5. 긍정 사고(Optimism)는 실험, 모델링 및 적용을 통해 설계 과제에 대한 더 나은 해결 방안을 찾기 위한 노력을 의미한다. 그것은 또한 기술적 문제에 대한 해결책을 찾는 끈기와 더불어 모든 도전에서 기회를 찾을 수 있다는 긍정적인 시각을 반영한다.

미국 국립공학원(NAE, 2010)은 최적화를 6가지 공학적인 마음가짐의 하나로 파악하고 이를 "모든 도전과제에서 가능성과 기회를 발견할 수 있는 세계관과 모든 기술이 개선될 수 있다는 이해"로 정의했다(p. 45). NAE(2019b)에 따르면 "엔지니어들은 일반적으로 항상 상황이 개선될 수 있다고 믿는다. 아직 안 했다고 해서 안 되는 건 아니다. 좋은 아이디어는 어디에서나 얻을 수 있으며 공학은 모든 사람이 새로운 또는 다른 것을 설계할 수 있다는 전제하에 이루어진다."

TEP-6. 협업(Collaboration)은 설계 과제를 수행할 때 팀 구성원을 찾고 포함하려는 관점, 지식, 역량 및 의지를 갖는 것을 말한다.

협업은 목표를 달성하기 위해 한 명 이상의 사람들과 협력하는 것이다. 삶을 살아가면서 다른 도전과 어떤 일상과 더 어려운 문제에 직면하게 된다. 때때로, 우리 스스로 이러한 문제들을 해결할 수 있는 충분한 준비가 되어 있지 않다는 것을 깨닫게 될 수도 있다. 다른 사람들의 도움이 필요하다는 것을 깨닫는, 다른 상황에서는 만족스러운 결과를 얻기 위해 여러 가지 관점이 필요하다는 것을 깨닫고 다양한 지식과 전문지식을 테이블로 가져오는 협력자를 찾을 수 있다.

TEP-7. 기술 및 공학교육에서의 의사소통(Communication)은 두 가지 방법으로 이루어진다. 즉, 기술 사용자의 필요와 요구를 이해함으로써 문제를 정의하고 설계과정에서 선택한 사항을 개발하고 설명하는 수단으로 사용된다.

커뮤니케이션은 우리가 매일 경험하고 실천하는 활동이다. 사람들은 사회에서 적절하게 기능하기 위해 그들의 생각과 아이디어를 적절하게 표현해야 한다. 복잡한 의사소통과 사회적 기능을 보유하는 것은 정보를 받아들이고 처리하는 것뿐만 아니라 다른 사람들에게 정보를 전달하기 위해서도 필요하다. 국립 공학 아카데미는 공학 설계의 맥락에서 "커뮤니케이션은 효과적인 협업, '고객'의 특정 필요와 요구를 이해하고 최종 설계의 해결 방안을 설명하고 정당화하는 데 필수적이다"라고 했다(NAE, 2009).

TEP-8. 윤리에 대한 관심은 사회에서 인간이 되는 것의 핵심이다. 기술과 공학교육에서 윤리에 대한 관심(attention)은 기술 제품, 시스템 및 프로세스가 다른 사람과 환경에 미치는 영향에 초점을 맞추는 것을 의미한다. 학생들은 위험을 평가하고 의사결정 시 절충을 고려해야 한다.

윤리의 가르침은 가정에서, 놀이터에서, 어린이집에서 그리고 다른 장소에서 어린 아이들과 함께 시작한다. 장난감을 공유하고, 다른 사람에게 공손하게 말하고, 옳고 그름을 아는 간단한 교훈이 아이들에게 제시된다. 게다가, 아이들은 규칙을 어기는 것에는 처벌이 있다는 것을 배운다. 이러한 교훈과 훈계는 초등학교 이후까지 계속된다. 중고교 수준의 학생들의 경우, 이러한 메시지에 더 많은 저항이 있을 수 있지만, 사회가 그들의 결정과 타인에 대한 대우에 있어서 모든 시민들에게 윤리적이어야 한다는 생각은 안정된 사회의 기본이다. 어떤 문화권에서는 윤리의식이 다른 문화권보다 더 강할지도 모른다. 기술과 공학 교실에서 학생들은 해결책에 대한 지나친 최적화가 기술자들을 어두운 윤리적 딜레마로 이끌 수 있다는 것을 배워야 한다. 선정된 사례에 대한 토론을 통해, 기술이 개인과 환경에 미칠 수 있는 차별적 영향을 더 잘 이해할 수 있으며, 의사결정에 정보를 제공하는 비판적 사고의 장을 마련할 수 있다. 학생들에게 위험 분석, 기술 평가, 비용 편익 분석 및 의사결정 다이어그램과 같은 기법을 사용하는 방법을 가르칠 수 있다. 진정으로 효과적이기 위해서는 기술이 설계된 즉각적인 작업뿐만 아니라 사용자 및 환경에 미치는 영향을 최소화하면서 필요한 기능을 수행하도록 최적화되어야 한다.

사. 기술과 공학의 내용 맥락

학문적 맥락이 반드시 특정 과정이나 프로그램을 암시하는 것은 아니다. 이러한 맥락의 대부분은 기술과 공학 또는 핵심 교육과정 내의 학습단원 또는 현장 학습, 박물관에서의 공학 과제, 도서관의 메이커 공간 또는 학생 조직(예: 기술 학생 협회 [TSA]), 경쟁 이벤트 또는 주 전체의 STEM 조직 내의 활동으로 표현될 수 있다.

기술과 공학의 맥락은 기술 활동의 폭을 폭넓게 나타내는 8가지 영역으로 분류된다. 대부분의 최신 기술과 공학 코스는 다음의 내용 맥락 중 하나 이상에 해당한다.

TEC-1: 컴퓨팅, 자동화, 인공지능, 로봇 공학

컴퓨팅은 종종 수학적 과정으로 생각된다. 컴퓨팅 사고는 계획, 문제 해결 및 생성에 대한 체계적인 접근법으로 더 폭넓게 정의될 수 있다. STEL에서 컴퓨팅이라는 용어는 컴퓨팅 사고와 설계과정이 기술과 공학교육에 사용되는 맥락을 설명하는 데 사용된다.

TEC-2: 재료변환 및 처리

물질 변환과 처리란 물리적 상품의 생산이다. 이 제품들은 주방 기구와 컴퓨터와 같은 도구에서부터 신발과 테니스공과 같은 제품, 그리고 생물학적 재료까지 다양할 수 있다. 제품의 물질적 전환과 가공은 지난 세기에 걸쳐 엄청나게 변화해 왔다. 공산품이 널리 보급되기 전에는 많은 상품이 주문 제작되었다. 즉, 개인이 수작업으로, 한 번에 하나씩 만들었다. 표준화된 부품, 조립 라인, 자동화 등의 개발로 재료변환과 처리가 크게 달라졌다. 처음으로, 제품들이 더 많이 생산될 수 있게 되면서 가격이 더 저렴해졌고, 이는 규모의 경제라고 알려진 효과이다. 기계가 더 정확해짐에 따라, 교환 가능한 부품으로 더 복잡한 아이템을 만드는 것이 더 저렴해졌다. 크라우드 펀딩, 오픈 소스 설계, 지속 가능한 개발 등과 같은 신흥 모델과의 재료변환 및 처리의 발전이 계속되고 있다.

TEC-3: 수송과 물류

사람들은 교통수단을 삶의 기본 욕구 중 하나로 본다. 수송 시스템은 개인을 직장에 데려가 주고, 쇼핑에 대한 편리한 접근을 제공하고, 친구들과 가족과 함께 방문하도록 해주고, 레크리에이션의 기회를 제공하고, 사회에서 필요한 제품을 운반해준다. 전체적인 교통 체계는 육상, 수상, 공중, 그리고 우주에서 작동하는 상호 연결된 요소들의 복잡한 네트워크이다. 고속도로, 항만, 공항, 파이프라인 등과 같은 교통 시스템의 많은 하위 시스템은 다른 하위 시스템에 의존하며, 각 하위 시스템은 서로 연결되어 있고 상호 종속적인 더 작은 구성 요소로 구성된다. 오랫동안 사람들은 선박, 보트, 제트기, 헬리콥터, 엘리베이터, 에스컬레이터와 같은 다양한 형태의 교통수단을 사용해 왔지만, 새로운 형태의 교통수단은 제한된 지역에서 사용되고 있거나 아직 실험 단계에 있다.

TEC-4: 에너지와 동력

에너지는 일을 하는 능력이다. 대규모 에너지 공급은 기술세계의 기본 요건이다. 에너지와 동력이라는 용어는 종종 서로 교환하여 사용되지만, 서로 구별되는 고유한 특성이 있어서는 안 된다. 에너지는 일을 하는 능력이다. 동력은 일의 수행 속도로 정의된다. 에너지와 동력 기술은 현상과 측정 단위를 설명하는 데 사용되는 많은 특정 표현과 용어와 계산을 위해 사용되는 공식을 포함한다. 이러한 맥락에서 열역학(엔트로피 포함), 에너지 효율, 잠재 에너지, 에너지 절약, 화석 연료, 탄소 배출 및 폐기물의 법칙을 이해하는 것이 필요하다.

TEC-5: 정보와 통신

사람들은 장거리 통신을 위해 오랫동안 다양한 기술을 사용해 왔다. 이동방식의 발명은 인쇄물을 통해 전 세계 사람들에게 지식을 전달할 수 있는 수단을 제공했다. 그 이후로 데이터를 기록, 저장, 조작, 분석, 전송하는 매우 다양한 통신기술이 개발되어 기술 및 공학 교실 내에서 중요한 연구 영역을 제시한다. 데이터, 정보, 지식은 통신기술 엔진을 구동하는 연료가 되었다. 이러한 변화는 모든 종류의 데이터를 디지털 형식인 “비트”로 기록하고 저장할 수 있는 기능, 즉 0과 1의 문자열, 컴퓨터 모니터의 색, 베토벤 소나타에 있는 노트, 그리고 많은 다른 종류의 정보를 표현할 수 있게 해주었다. 정보통신 기술은 컴퓨터와 관련 장치, 그래픽 미디어, 전자 송신기 및 수신 장치, 엔터테인먼트 제품 및 기타 다양한 시스템을 포함한다. 정보통신 기술은 또한 CAD, 비디오 제작, 팟캐스팅, 그래픽 디자인, 증강 현실, 인터넷 등의 분야를 포함한다.

TEC-6: 건설 환경

인간은 수천 년 동안 구조물을 만들어 왔다. 중국인들은 만리장성을 세우고, 고대 이집트인들은 피라미드를 짓고, 그리스인들은 정교한 사원을 건설했고, 로마인들은 거대한 도로와 수로 시스템을 만들었다. 수 세기 전에 사용된 구조물을 짓는 것과 같은 많은 원리들이 오늘날에도 여전히 적용되고 있다. 구조물을 앉히는 것, 필요한 기초의 종류, 사용할 재료, 그리고 그것을 튼튼하게 하고 매력적으로 만드는 구조의 특성 등은 오늘날의 관행에서 여전히 건축 환경을 구성하는 데 매우 큰 부분을 차지하고 있다. 건설된 환경은 단지 개별적인 구조와 건설보다 더 크다. 도시계획가들은 미래 변화에 대한 선택을 할 때 전체 도시의 효율성과 목적을 건설된 환경으로 본다. 건설된 환경은 건물과 도로가 어떻게 구조화되어 있는지, 그리고 서로와의 관계를 포괄한다. 도시와 도시는 시민들을 위해 건강한 환경을 개발하기 위해 좋은 계획에 의존한다.

TEC-7: 의료와 건강 관련 기술

사람들은 건강 문제를 해결하고, 질병과 죽음으로부터 살아있는 유기체를 보호하고, 삶의 질을 향상하기 위해 기술적 도구, 장치, 의약품, 그리고 시스템을 사용한다. 신기술이 개발됨에 따라, 진단, 치료, 예방을 위한 다양한 건강 관련 제품, 기기 및 서비스에 적용하거나 적용할 수 있다. 혁신은 의료 기술의 핵심이다. 환자에게 더 나은 삶을 제공하고 보다 효율적인 의료 시스템을 제공한다. 의학적 기적은 종종 뉴스에서 인용된다. 즉, 사지를 다시 부착하거나 새로운 장치나 시스템에 의해 가능하게 된 의료 절차를 통해 생명을 구하는 것이다. 인체의 기능을 연구하는 새로운 방법이 빠른 속도로 소개되고 있다. 기기와 시스템은 인간의 능력을 확장하고 인간의 건강을 향상하는 데 도움이 되도록 컴퓨터와 전자 제어장치를 점검, 평가 및 작동하도록 설계되고 있다. 정형외과와 보철학을 포함한 보조 기술은 개인의 기능과 독립성을 유지하거나 향상하도록 설계되었다. 의료기기는 의도된 의료용으로 설계와 개발되었지만 예기치 않거나 계획되지 않은 새로운 용도를 발견할 수도 있다.

TEC-8: 농업과 생물기술

약 14,000년 전 농업 혁명은 처음으로 인간이 필요한 양보다 더 많은 양의 식량을 생산하도록 허용함으로써 사회를 변화시켰다. 쟁기, 관개 등 다양한 농업 도구와 재배방법이 개발되면서 생산성이 향상되고 사회 전체를 먹여 살리는 인구가 줄어들어 일부 사회 구성원들이 다른 일을 할 수 있게 되었다. 그 이후 농업기술의 발전은 계속되어 왔다. 오늘날 미국 인구의 2% 미만이 농업에 직접 고용되어 있는 것으로 추정된다.

농업은 음식, 섬유질, 연료, 화학 물질 또는 다른 유용한 제품을 위한 식물과 동물을 기르는 것이다. 농업에는 많은 기술적 과정과 시스템이 사용된다. 간단한 과정의 한 예로, 한 생장기의 끝에서 다음 생장기 초에 심을 씨앗을 절약하는 것이다. 또 다른 것은 식물의 성장을 증진하기 위한 비료와 잡초 조절을 위한 제초제 사용이다. 원하는 특성을 가진 종자를 낳기 위해 식물과 동물을 사육하는 것은 농업기술의 또 다른 예이다. 씨앗을 심기 위해 토양에 고랑을 파는 뾰족한 막대기에서부터 드론, 자동 젖 짜내기 기계, GPS 유도 시스템과 같은 오늘날의 첨단 정밀 농업기술에 이르기까지 농업 도구와 기계에는 진화적인 변화가 오래 이어지고 있다. 기술은 식량의 수확량과 품질을 향상시켰고, 농민들이 날씨와 관련된 변화, 물 부족과 홍수, 과다 사용한 토양 등 환경 변화에 적응할 수 있게 되었다.

4. 기술 소양과 기술 교육

가. 기술 소양의 개요

기술 교육에 있어서 기술 소양이 갖는 의미는 자못 의미심장하다. 기술 교육 교육과정에서도 **기술 소양을 갖게 하는 교과**로 명시하고 있기 때문이다. 기술 교육의 성격에 기술 소양(technological literacy)이라는 용어를 사용하는 것이 일견 보기에는 명료하지 않은 면이 있다. 기술적 소양 자체에 대한 정확한 의미 규정을 하지 않은 상태에서 기술 교육의 성격으로 제시하는 것이 부분적으로 모순된 점이 없는 것은 아니다. 기술적 소양이라는 용어가 기술 교육의 교육목표에 등장한 것이 제5차 교육과정에서의 고등학교 기술 과목에서부터였다. 물론 미국에서는 1980년대부터 사용하기 시작하였으며, 2000년도에는 '기술적 소양을 위한 내용 기준(standards for technological literacy)'을 발표하여 그 중요성을 한층 부각했다. 여기에는 '기술에 대한 개념과 원리를 이해하여 실생활에 활용하는 교과'라는 성격이 포함되어 있는 것으로써, 기술과의 정체성을 분명하게 한다는 의미에서 기술 소양에 포함하였다. 또한 기술 소양과 기술 능력(technological capability)[3]은 지향하는 바가 다르기는 하나, 기술적 소양과 전혀 다르다고 할 수도 없다. 기술적 소양과 기술적 능력을 구분하여 제시하면 이 두 가지에 해당하는 구체적인 구성 요소나 내용을 체계화하든지 밝혀 주어야 한다. 그런데도 여기에서 기

---

3) 기술적 능력은 과거의 단순 기능(skill)이나 직무능력(competency)의 차원이라기보다는 문제 해결을 통한 만드는 능력의 차원에서 제시된 것이다. 실생활에서의 문제는 거대한 내용보다는 기술적 원리만 알고 있다면 해결될 수 있는 실용적인 것들이기 때문에 지식기반 사회에서 우리가 모두 가지고 있어야 하는 기초적인 능력이라고 보아야 한다. 또한 이것은 기술과 교육의 가치에 대한 설명으로 타당하고 광범위하게 이루어지기 위해서는 기술적 원리(principles)라는 기반을 통해 습득되어야 한다.
만일 기술과 교육을 기술에 대한 학습에 관심을 두는 것으로 본다면, 여기에는 세 가지 구성 요소 즉, 기능(skill), 지식, 가치(value)로 이루어져 있다고 말할 수 있다(Assessment of Performance Unit[APU], 1981). 그러한 예로써, 영국에서는 이러한 기술적 이해와 성취(accomplishment)는 디자인하고 물건을 만드는 과정을 통해서 습득된다고 알려져 있다. '디자인과 기술' 교과는 핵심적으로 학생들이 실제적인 행동(action)과 능력(capability)에 관심을 가지며(National Curriculum Council [NCC], 1981), 어떤 내용은 문제 해결 능력을 촉진하기 위해 고안된 집중 과제를 통해서 습득되기도 하고, 구체적인 기능과 지식의 개발을 통해 습득되기도 한다.

술적 소양을 기술과의 중요한 개념으로 제시하였으며, 기술적 능력을 별개의 기술과 성격으로 제시하지 않고 이 개념에 해당하는 내용 중의 일부를 기술적 소양에 포함하여 제시하였다. 델파이 조사(이춘식, 2001)에서도 알 수 있듯이 기술적 소양에 해당하는 내용으로는 기술의 개념과 체제 및 역할을 알게 하기, 기술의 생산적 원리를 알게 하기, 실생활에서 활용할 수 있는 지식을 갖게 하기, 문제 해결 능력을 길러주는 능력 등의 내용이 모두 기술적 소양에 포함되는 내용으로 상정하여 단일화한 바 있다.

기술 교육은 **기술적 경험을 통하여 인간의 조작적 본능을 충족시키는 교과**로 자리매김 하고 있다. 지금까지 기술 교육은 인간 본래의 조작적 활동 요구를 충족시켜주는 교육으로 이해되어 왔으며, 인간을 '호모 파베르'(工作人: Homo-Faber)라고 부르는 것은 도구의 역사와 궤를 같이한다. 이것은 실천적인 성격이 강하게 내포되어 있음을 암시하고 있다. 인간의 조작적 본성은 새로운 것을 만들어 보고 이용해 보려는 경향을 지니고 있으며, 새로운 것을 탐구하고 알아내려는 인지적 본성과 함께 인간이 본연적으로 지니고 있는 내재적 동기 중의 하나이다. 따라서 기술과 교육은 도구를 사용하는 능력이나 재료를 활용하는 능력을 길러 주는 운동 기능적(psychomotor) 특성이 있다(류창열, 2000). 여기서 제시한 인간의 조작적 본능을 충족시키는 것은 아무런 의미 없는 활동이 아니라 기술적인 경험을 통해서만이 의미가 있음을 암시하고 있다. 기술과 관련이 있는 도구나 재료를 가지고 의미 있는 활동을 할 때만이 기술 교육에서 의미하는 조작적 본능을 충족시킨다는 데 유의할 필요가 있다. 이것은 인간의 활동 중에는 조작적 본능에 해당하기는 하나 기술과 관련이 없는 활동이 얼마든지 있기 때문이다.

기술 교육의 또 다른 특성으로는, **기술적 활동을 통하여 직업진로를 탐색하는 교과**라는 점이다. 기술 교육을 통하여 학생들이 가지고 있는 기술적 능력을 길러주고, 다양한 기술 관련 활동을 하게 하여 일의 세계를 이해함으로써 자신의 진로를 탐색하도록 하는 것이 이 시기에서는 매우 중요한 기능 중의 하나이다. 지금까지 기술 교육을 통해 자신의 진로를 탐색하도록 하는 것이 기술과의 중요한 목적 중의 하나로 여겨왔으며 앞으로도 의미 있는 기여를 할 수 있음을 강하게 내포하고 있다. 모든 교과가 진로와 직·간접적으로 관련이 있기는 하나 우리가 사는 직업 세계와 산업분포는 기술과 관련된 것이 대부분이다. 이러한 기술의 세계와 관련된 진로는 기술적 활동을 통해서만이 길러질 수 있는 특성이 있기 때문에 기술적 활동을 통한 진로의 탐색을 기술과의 중요한 성격의 하나로 부각하였다.

우리나라에서는 기술 소양(technological literacy)이라는 용어를 때로는 기술적 교양으로 사용하기도 하지만, 여기에서는 기술 소양이 일반인들에게 보다 친근하고 이해하기 쉽다고 생각되어서 일관되게 사용하기로 하였다. 이 용어가 의미하는 바는, 일반 시민으로서 급변하는 기술사회에서 시대에 뒤떨어지지 않으면서 기술에 대한 문맹인이 되지 않도록 하자는 것이다. 오늘날과 같이 복잡한 사회에서 우리는 늘 기술과 접하고 생활하고 있으면서도 기술적 판단이 필요할 때에는 결정적으로 발뺌을 하는 현상이 빈번하게 일어나고 있다. 사회에서 개인들은 제기되는 다양한 문제 즉, 교통문제, 환경오염의 문제, 생명기술의 문제 등에 참여하여 그 문제에 대한 해결책을 결정하여 선택하도록 요구받고 있다. 이러한 올바른 문제 해결에 시민들이 참여하기 위해서는 모든 시민들이 기술에 대해 기본적인 지식과 이해를 하고 있지 않으면 다분히 감정적이요 개인이나 집단의 이해득실을 따지는 현상이 벌어질 수밖에 없다. 따라서 기술적 소양은 하루아침에 이루어지는 것이 아니라 초·중등 기술 교육을 통하여 지속적이며 체계적으로 이루어져야 함을 시사하고 있다.

나. 기술 소양의 구성 요소

지금까지 기술적 소양에 대한 목표 차원의 제시는 있었지만 구체적으로 무엇을 의미하는지에 대해서는 규명을 하지 않았기 때문에 상식선에서 인식하는 면이 많았다. 따라서 델파이 조사에 참여한 토론자들의 응답을 분석한 결과와 다양한 자료를 종합한 결과를 인용하여 제시하면 다음과 같다(이춘식 외, 2001).

◫ 기술 소양의 개념적 구성 요소

구 분	구성 요소
이해의 측면	- 기술의 개념과 원리에 대한 이해 - 기술의 특성과 중요성에 대한 이해 - 기술의 발전과 변화에 대한 이해
활동의 측면	- 실생활에서의 문제를 해결하는 능력 - 기술적 지식을 활용하는 능력
태도에 대한 측면	- 일을 안전하게 수행하는 태도 - 기술에 대한 올바른 태도 - 기술과 관련된 문제에 적극적으로 참여하고 해결하는 태도 - 기술이 인간과 환경에 미치는 영향을 평가하는 태도

여기에서 제시한 기술 소양의 내용을 지니고 있는 사람을 기술 소양인이라고 할 수 있는데, 이러한 수준에는 각 나라마다 사회·문화적 수준에 따라 매우 달라질 수 있음에 유의하여야 한다. 기술 소양은 그 사회의 기술 수준과 구성원들의 인식수준에 따라 달라질 수 있는 것은 당연할 것이다. 21세기 지식기반사회에서 교과를 통한 지식을 중요시하게 여기는 것 중의 하나가 '삶 중심의 교과 내용'이다. 삶 중심 지식의 교과 내용은 사회에 직접 적용할 수 있는 활용중심 지식을 지향하게 된다. 지식의 활용 기준은 먼저 실천 가능한 지식이어야 하며, 그리고 문제 해결을 구체적으로 도모할 수 있어야 하며, 사회생활의 영위에 직접 필요한 지식임을 이미 고찰한 바 있다. 그래서 기술과 교육을 통해서도 삶 중심의 교육을 실천 가능한 지식

이 되게 하기 위하여 기술적 소양에 중요한 개념 요소 중의 하나로 기술적 지식을 활용하는 능력을 갖추는 것이 포함되어 있다. 21세기에도 기술과에서 중요시하는 기술적 소양을 갖춘 소양인이 된다면 얼마든지 삶 중심의 활용지를 갖출 수 있는 도구 교과가 될 수 있는 단서를 얻을 수 있다.

다. 기술 소양에 따른 기술 교육의 내용

기술 교육의 평가와 내용은 매우 밀접한 관련이 있다. 기술 교육내용이 지금까지 모 학문 체계에 의하여 일관되게 조직되고 선정되었다고 말하기는 어려울 것이다. 이러한 사정은 중등학교에서의 기술과 교육이 일천하기도 하지만 모 학문 체계가 이러이러하다고 내세우면서 알려진 것이 그리 오래된 일이 아니기 때문이다. 일단 여기에서는 기술과 교육의 근간을 이루고 있는 학문의 영역에는 어떤 것들이 있고, 그러한 학문 영역에서 학습의 영역을 어떤 내용으로 제시하는 것이 보다 가치가 있는 것인가를 알아보기 위하여 교육의 내용을 들고나온 것이다. 그렇다고 하여 기술과 교육의 내용과 평가의 내용이 일치한다고 보지는 않는다. 다음 장에서 또 논의되겠지만 기술과의 평가영역 또는 내용은 크게는 세 가지의 범주에서 이루어지고 있기 때문이다. 즉, 기술적 지식, 기술적 활동, 기술적 태도가 바로 그것이다. 따라서 다음 그림에 제시되어 있는 내용은 기술과의 교육목표와 내용 체계를 구현하기 위한 개념 구조 속에서 도출된 결과이기도 하다(이춘식 외, 2002).

기술의 영역

기술의 과정	기술학 영역	제조기술	건설기술	통신기술	수송기술	생물기술
	학습영역	재료의 이용		정보의 가공	에너지와 동력의 이용	생물체의 처리
	계획/디자인하기					
	실행/만들기					
	평가					

▣ 기술 교과 교육내용의 구조

위의 그림에서 보는 바와 같이, 기술의 영역 축과 기술의 과정 축이 만나는 셀은 그 크기가 다를 뿐만 아니라 똑같게 할 필요는 없다. 그렇다고 그 크기가 크다고 해서 반드시 그만큼 중요하다는 것이 아니라 학습의 대상과 위계에 따라 얼마든지 가변적으로 활용할 수 있음을 암시하고 있다. 이 매트릭스는 교육과정을 구현하기 위한 하나의 예시적인 표현으로 제시한 것인데, 기존의 접근방법과 다른 것이 있다면 모 학문 영역과 학습영역을 구분하였다는 사실이다. 이것은 학생들이 배우는 기술과의 내용이 기술학이라는 모 학문에 근거를 두고는 있지만, 그러한 모 학문을 그대로 학생들에게 가르치는 것은 현실적으로 문제가 있다.[4] 따라서 기술학이라는 모 학문에 교육내용을 근거하되 학습의 영역은 재료의 이용, 정보의 가공, 에너지의 이용, 생물체의 처리 등과 같은 내용이 되어야 한다는 것을 강조한 결과이다.

'기술의 영역'은 다분히 기술과의 모 학문적인 성격이 더하여 제시되기는 하나, 그것과 꼭 일치시켜 모든 모 영역을 그대로 중·고등학교 학생들에게 가르쳐야 할 필요는 없다고 본다. 이를 다른 용어로 나타낸다면, 재료의 이용에 관한 기술(production technology)[5], 정보의 가공에 관한 기술(information technology)[6], 에너지와 동력의 이용에 관한 기술(transportation technology)[7], 생물체의 처리에 관한 기술(biotechnology; bio-related technology)[8]로 부를 수도 있다.

기술과의 내용을 구성하기 위한 또 다른 축으로써 상정해 볼 수 있는 것이 바로 '기술의 과정(process)'이다. 과정에 해당하는 구체적인 구성단계는 다르지만 이미 다른 나라에서도 이와 유사하게 교육과정 구성의 한 요소로 사용하고 있다(ITEA, 1996; Australia Board of

---

4) 여기서 혼동하지 말아야 할 것은 기술과의 내용을 학습영역의 차원에 해당하는 것으로 조직하고 선정한다고 하여 모 학문의 내용을 전혀 반영하지 않는다든가, 모 학문과는 관련이 없는 학생의 필요에 의하여 구성한다는 의미는 아니다. 교과의 내용이 생활경험이어야 하는가, 아니면 학문의 구조, 지식의 형식, 지식의 구조이어야 하는가의 논쟁은 교육의 항구적 문제이다. Peters나 Hirst와 같은 학자들은 교육의 실제적 유용성과는 무관하게 교과의 가치를 '실용적' 또는 '외재적' 관점에서 규정하는 것은 교과의 의미와 그것을 가르치는 일로서의 교육적 의미를 그릇되게 파악하는 것이라고 주장하였다. 그것에 대한 대안으로 교과의 의미는 '내재적 가치'에 의하여 규정되어야 함을 주장하였다(이홍우, 1992, pp. 400-410).

5) 여기에서 '재료의 이용에 관한 기술'은 생산기술 또는 물리적 기술(physical technology)에 해당하는 것으로써, 제조기술과 건설기술 등을 포함하고 있는 영역이다. 굳이 용어를 길게 사용한 것은 많은 내용을 포함하고 있으면서도 일반인들에게도 친근하게 다가갈 수 있어야 한다는 생각에서였다. 물리적 기술이라는 용어를 사용하면 일반인들이 과학과 동일시하는 경향이 있어 오해를 불러일으킬 가능성이 높기 때문이다. 또한 생산기술이라는 용어는 기존의 대량생산이나 공장에서의 산업적 측면만을 강조한 생산을 의미하는 것으로 오해하는 경향이 있기 때문에 그보다는 여러 가지 재료를 이용하여 생활에 유용한 물건을 만들 때 필요한 기술 내용을 학습하는 데 중요한 의미를 부여하였다. 그렇다면 기존의 제조기술과 건설기술을 그대로 사용하는 것이 좋다는 이견이 있을 수 있으나 가능하면 인접 영역을 통합하여 통합적인 사고와 문제 해결을 할 수 있도록 하자는 맥락에서 통합된 학습영역을 설정하였다.

6) 정보기술이나 정보통신 기술을 의미하는 것으로써, 어떻게 정보를 가공하고(생성) 활용하는 지의 내용과 컴퓨터의 이용 등을 내용으로 하는 통합된 영역을 의미하며 다양한 접근이 가능하도록 광범위한 용어를 사용하였다.

7) 기존의 수송기술 또는 에너지와 수송기술을 의미하는 것으로써, 수송기술의 근원이 되는 에너지나 동력을 어떻게 이용하여 인간 생활에 적용할 수 있는지에 초점을 두고 설정한 것이다.

8) 생명기술이나 생물기술에 해당하는 용어를 대체하여 사용한 용어이다. 생물기술이 생명기술보다는 보다 광범위한 용어이며 생물체의 조작과 처리를 통해 인간에게 유용한 고부가가치의 물질을 만드는 데 관심을 두기 때문에 이러한 원리와 과정을 교육적으로 이해하도록 하는 데 의의가 있다. 'Biotechnology'라는 용어를 사용하는 개인이나 단체마다 생명공학기술, 생명기술, 생물기술로 번역하여 사용하고 있기 때문에 다소 혼란스러운 면이 있기도 하다. 여기서 사용한 생물체의 조작에 관한 기술 역시 기존에 교육내용으로 가지고 있던 동·식물을 가꾸거나 기르는 차원이 아니라 생물 자원을 이용하여 새로운 형태의 개체를 만들어 내어 부가가치를 창출해 내는 일련의 전 과정을 시스템적으로 이해할 수 있도록 하자는 의도에서 제시하였다. 이와 더불어 일반인들이 가지고 있는 오해 중의 하나는 생물기술이나 생명기술이라는 용어를 사용하면 좀 더 첨단기술이라고도 생각하고 있기도 하고, 과학 교과의 생물과 동일시하는 경향이 있기 때문에 용어를 풀어서 사용하였다.

Studies, 1995; Hong Kong CDC, 2000). 따라서 여기에서는 기술의 과정을 디자인하기(designing) 또는 계획하기(planning), 만들기(making) 또는 실행하기(practicing), 평가하기(assessing/evaluation) 등으로 구분하여 기술과의 교수-학습이나 평가의 상황에서 활용할 수 있다. 이들 각 단계를 보다 세분화할 수는 있으나 단계가 많을수록 복잡하고 이해하기 힘든 단점이 있기 때문에 여기에서는 간단하게 제시한 것이다.

5. 실과교육에서 기술학의 성찰

가. 교과 교육학에 대한 반성

교과교육과 교과 교육학에 대한 몇 가지 질문을 하면서 이를 반성해 보고자 한다.

첫째, 교과교육은 무엇인가? 교과와 교육이 만나서 이루어지는 중간영역을 교과교육이라 한다면, 교과와 교육의 만남은 물리적 결합이 아니라 화학적 결합을 의미해야 한다. 교과와 교육은 사실적인 맥락에서 별개로 분리될 수 없는 '결합체'로 존재한다. 따라서 교과와 교육을 별개로 보고 성격이나 구성방식을 논하는 것은 탈맥락적이지 않을까? 그렇다면 기실 교과교육 교육과정 운영에 있어서 교과 내용에 관한 강좌와 교육원리에 관한 강좌로 분리하여 운영하는 것은 정당한 것인지 고민해야 하지 않을까?

둘째, 교과교육에서 교과와 교육의 상호관계를 고려하지 않고 별개로 논의할 수 있는가? 교과와 교육은 교과교육이라는 전체적인 맥락 안에서 논의되어야 하며, 그러한 맥락을 떠나서는 그 성격을 제대로 파악하기 어려워지는 특성이 있다. 따라서 교과에 대한 논의를 하기 위해서는 적어도 교과의 속성을 함께 고려해야 하며, 교육에 대한 논의도 교과의 본질을 고려하면서 해야 하지 않을까? 이것은 교과와 교육을 별개로 연구하는 것은 가능한 것인지에 대한 논의이기도 하다. 일반적으로, 교과는 교과교육의 '내용'에 해당하고, 교육은 교과교육의 '방법'에 해당하는 것으로 가정하면, 교육이란 학문적 내용 체계를 학교에서 가르치기 위한 일련의 활동과 방법적 원리가 된다(허경철 외, 2001). 즉 배경학문의 가치가 교육의 가치에 우선한다는 의미이다. 교과는 교육을 통하여 구현해야 할 목적이 된다는 의미도 담고 있다. 이 관점에서는 교과교육의 본질을 교육이 아닌 기초학문의 성격과 가치에서 찾는다.

셋째, 교과교육학의 학문적 구조 양태는 무엇인가? 그리고 교과교육학이 종합학문의 성격을 가지고 있다고 말할 수 있는가? 교과교육학이 기초학문과 응용학문의 결합이라면, 기초학문은 교과 내용(subject matter)이고, 응용학문은 교과 내용을 가르치는 지식과 방법을 제공하는 교육학(pedagogy)을 가리킨다. 그렇다면 교과교육학은 단일학문이 아니라 교과교육과 관련된 기초학문, 교육학, 인접 학문들이 함께 관여하는 일종의 종합학문이다. 이러한 맥락에서 교과교육학은 기초학문과 응용학문의 결합, 학제적 접근에 의한 종합학문, 교과교육 실천과 개선을 위한 실천 지향적 학문이라는 특징을 갖는다고 말할 수 있다.

넷째, 지금까지의 교과교육학 연구의 무게중심은 어디에 있었는가? 대부분은 교과교육학에서 가르치고 배우는 내용 그 자체에 대한 이해보다는 그것을 지도하는 방법과 절차를 마련하는 데 많은 노력을 기울인 것은 아닌가? 교과를 가르치는 활동에 관한 제반 절차를 처방하는 쪽으로 편향되어 있는 것은 아닌가? 그렇다고 교과교육학의 무게중심을 '방법'이라는 차원에서 '내용'이라는 차원으로 옮기면 되는 것인가? 이것은 방법이라는 기존의 무게중심에 더하여 내용이라는 또 다른 하나의 무게중심을 설정함으로써 교과교육의 학문적 위상을 새롭게 정립해야 함을 의미하는 것으로 판단된다. 즉, 일차적으로 내용 측면을 먼저 검토하여 기존 교과교육학 논의에서 미진한 부분을 보완한 다음, 방법의 측면을 보완하는 형식을 띠게 될 것이다. 결국 방법이라는 기존의 무게중심에 더하여 내용이라는 무게중심을 설정하면 교과교육학의 사고와 논의에 있어서 균형을 이룰 것으로 본다. 이와 더불어 기존 사고에서 탈피한 내용 중심의 교과교육에 대한 이론적 논의는 보다 상위적인 입장에서 이루어지는 메타 이론적 성격의 논의가 될 수도 있을 것이다(허경철 외, 2001).

다섯째, 교과교육의 '내용'과 '방법' 사이의 관계는 어떠한가? 지금까지의 교과교육은 내용과 방법을 '가법적' 사고(이홍우, 2000)로 규정해 왔다는 것이다. 즉, 교과교육에서 가르쳐야 할 '내용'과 그것을 가르치는 '방법'은 각각 별개의 과정(course)에서 가르치거나 배워야 할 내용으로 간주해 왔다는 것을 의미한다. 이러한 사고의 배경에는, 유능한 교사가 되려면 각각 별개로 개설된 두 개의 과정을 성공적으로 이수하고, 실지로 학생들에게 교과를 지도할 때가 되면 교사가 교재연구 시간에 공부한 교과의 '내용'과 교수법 시간에 배운 '방법'을 수업사태에 적절히 결합할 수 있어야 한다는 것이다. 그러나 학교에서 이루어지는 교과교육은 물론 어떠한 수준의 교과교육이라도 먼저 내용과 방법을 따로따로 배우고 그다음에 이를 실지 교육사태에서 적절한 방식으로 결합하는 과정으로 단순히 해석될 수 없다는 것이 문제이다. 따라서 교과교육에서의 내용과 방법은 가법적으로 관련을 맺고 있다기보다는 이와 다른 방식인 '승법적'(이홍우, 2000) 관련을 맺고 있어야 한다. 즉, 교과교육을 통해서 가르쳐야 할 내용과 그것을 가르치는 방법은 사실상 분리될 수 없다는 것을 의미한다(이홍우 외, 2007). 교과를 가르치는 방법은 그 내용을 가르치고 난 뒤에 별도로 가르치거나 배울 수 있는 것이 아니라 오히려 교과의 내용을 가르치거나 배우는 동안에 '동시에' 가르치거나 배워야 한다는 것이다.

나. 기술학의 성찰

초등과 중등의 연계

지금까지의 실과교육은 초등학교 수준에서만 이루어져 왔고, 중등수준에서는 보다 분과학문이라고 할 수 있는 기술학(기술과)과 가정학(가정과)으로 분과적으로 가르치고 있다. 여기에서의 문제는 초등학교와 중등학교를 연결하는 교과가 다르다는 데 있다. 현재의 교육과정 수준에서, 초등학교의 '실과' 과목과 중등학교의 '기술·가정' 과목은 같은 과목으로 볼 수 있는가이다. 대부분은 관련은 되어 있지만 다른 과목으로 인식하고 있다. 이것은 초등에서 가르치는 내용과 중등에서 가르치는 내용은 그 범위와 성격이 일치하지 않는다는 것이다. 부분적으로는 맞는데 내용의 구성 틀에서 크게 벗어나고 있다는 것이다. 그렇다 보니 초등 실과 관련 교육자들과 중등 기술·가정 관련 교육자들 간의 교류와 활발한 상호 협력이 미약한 상태이다. 따라서 교과교육 관련 연구도 서로 다른 차원에서 이루어지고 있다.

초등에서의 기술학 위상

초등 실과의 학문 구조를 독립학문과 공유학문의 체계로 분류하고 있다(이춘식 외, 2001). 독립학문에는 기술학, 가정학, 생명과학이 있으며, 공유학문에는 정보통신, 환경, 진로가 있다. 여기에서 논의의 핵심은 실과의 독립학문에 속하는 기술학의 핵심 원리나 방법이 실과 교육학과 얼마나 관련이 있느냐의 문제이다. 실과교육은 1945년에 공포된 교수요목기에서부터 시작되었고, 기술 교육은 제2차 교육과정의 부분개정이 된 1969년부터 시작되었으므로 양자 간의 시차가 있다. 따라서 실과에서의 기술학은 초기에는 공업기술의 측면에서 시작되어 학습 내용에서도 주로 기계나 공작을 다루는 것이 전부였다. 그 이후 중등학교에서 기술학이 대두되면서 초등에서도 자연스럽게 기술학의 학문적 결과를 들여오기 시작하였다. 그러나 실과 교육과정에서 기술 관련 내용을 선정하고 조직할 때에는 기술의 전체 시스템을 보지 못하고 단편적인 기술영역을 중심으로 이루어져 왔음을 볼 수 있다. 즉 1차 교육과정에서는 공작·기계 기구 다루기, 2차에서는 기구제작·설계와 관리, 3차에서는 설계 공작·기계 기구 조작, 4차에서는 목제품 만들기·가정 기기 다루기, 5차에서는 목재 금속제품 만들기·가정 기기 선택, 6차에서는 전기 전자·목제품 만들기, 7차에서는 전기기구 다루기·전자 키트 만들기·목제품 만들기, 2007 개정에서는 목제품·전기 전자 등이 바로 그것이다. 결국, 기술학의 철학이나 학문적 구조를 근간으로 한다고 하면서도 실제 학습 내용에 있어서는 여전히 신변 생활 중심이고, 한 부분만을 대상으로 하고 있다는 것이다. 여기에는 사회에서의 기술에 대한 안목을 길러주는 접근은 보이지 않는다. 왜 초등기술 내용에서는 목공 부분과 전기 전자 부분이 핵심이 되어야 하는지에 대한 고민의 흔적이 보이질 않는다. 4차 교육과정에서 우리 사회에서 개인이 필요로 하는 내용이면서 초등학생들이 쉽게 접근할 수 있는 내용으로 공업기술 차원의 목제품 만들기와 가전기기 다루기 내용을 편성한 이후로 계속 답습해 오고 있다. 그 내용이 중요하다 아니다는 문제가 아니라 기술의 접근방법과 철학이 바뀌면 학습 내용도 재구성되어야 하는 게 순리라고 보는데 변화의 모습이 없어 보인다. 학생들이 구체적으로 활동하는 과제로서는 가능할지 몰라도 기술적 소양에서의 기술의 안목을 길러주는 데에는 버거워 보인다. 2009 개정 교육과정에 와서 발명과 로봇의 내용이 추가되면서 중등과의 연계의 흔적을 보이고는 있으나 여전히 계열성에는 미흡하다.

초등 실과를 위한 기술학의 과제

초등의 실과와 중등의 기술･가정은 교과 명칭을 통일할 방법은 없는가? 이 문제는 2007 개정 교육과정을 연구하기 위한 기초 연구(이춘식 외, 2004)에서 심각하게 다루었으나 실패한 주제이기도 하다. 초등에서의 입장과 중등에서의 견해 차이가 워낙 커서 협의나 조율이 되지 않는 부분이다. 국민 공통 교육과정에서 유일하게 교과의 명칭이 서로 달라서 같은 교과로 보이지 않는 것이 바로 그것이다. 실과로 통일하면 중등의 사범 학과가 실과교육과로 바꾸어야 하기에 중등에서 반대한다. 초등을 기술･가정으로 통일하면 실과에 기술과 가정만이 전부인 것으로 비치기 때문에 극구 반대한다. 실과, 기술, 가정, 기술･가정 이외의 제3의 참신한 명칭이 나오지 않는 한 풀리지 않는 숙제이기도 하다. 예컨대 영국에서는 'Design & Technology'에 기술, 가정, 농업 등 모든 과정(process)이 들어있기 때문에 교과의 명칭에 대해서만큼은 크게 갈등을 일으키지 않아 보인다. 내용 중심이 아닌 과정 중심의 교육과정을 갖고 있기 때문이다. 그러나 우리나라는 유독 내용 중심의 교육과정을 선호하는 체제에서 명칭이 무엇이냐에 대단한 관심과 집착을 보이는 것이 현실이다. 전체 교육에 대한 패러다임이 변화하여 교과에 대한 통섭이 있을 때에만 가능하리라고 본다.

학문적 기여

실과교육에 기술학이 학문적 기여를 해야 한다. 기술학의 학문적 배경이 실과교육 내용에 직･간접적으로 영향을 미쳐서 학생들에게 기술에 대한 안목을 길러줄 수 있도록 할 필요가 있다. 학생들이 장차 기술에 대한 소양을 갖도록 하기 위해서는 기술에 대한 이해가 먼저 필요하다. 기술을 이해하지 않고서는 그다음 단계의 기술적 활동에 근본적인 필요와 영향을 끼칠 수 없다. 현재와 같이 지나치게 활동 중심으로만 되어 있는 체제에서는 구체적인 하나의 만들기에 대해서는 경험할 수는 있을지언정 전체 숲을 보기는 힘들 수밖에 없다. 그러한 활동을 생활과 관련을 지을 필요는 있으나 생활 장면에서의 신변잡기에 머물러서는 교과 내용으로서의 정체성에 혼란을 야기할 수 있다. 현 수준에서는 실과의 기술 내용과 중등의 기술 내용 간의 연계성이나 계열성은 크지 않아 보이고, 내용구성 접근 자체에 혼란을 주고 있다. 따라서 실과교육에서의 기술 교육을 초등기술 교육과 중등 기술 교육으로 하였을 때, 초등기술 교육과 중등 기술 교육은 어떠한 공통성과 차별성이 있는지에 대한 심도 있는 연구가 필요하다. 그래야만 초등과 중등의 연계성을 확보할 수 있는 단초를 제공할 수 있다.

학생을 위한 기술적 활동

학생들의 기술적 활동을 경험시키기 위해 학교 현실 상황을 어느 정도 반영해야 하는지에 대한 연구가 필요하다. 초등학생들이 기술 체험 활동을 하려면 기본적으로 교실 상황을 벗어나 실습실이나 공작실에서 이루어질 수밖에 없다. 현재도 그러한 상황에서 이루어질 수 있도록 제시하고 있다. 그러나 초등학교에서 실과 만들기 활동을 할 수 있도록 '실과실'을 구비하고 있는 학교는 약 12%에 불과하였다(이춘식 외, 2004). 이 조사연구에 따르면 대다수 88% 학교는 실과 만들기 활동을 교실이나 야외에서 한다고 보인다. 실과실이 있는 12%의 학교에서도 교사들이 적극적으로 활용하는 정도는 소수에 불과하다는 것이다. 그렇다 보니 교사들은 교사들대로 실습 활동을 할 수 있는 여건이 안된다고 포기하고, 어렵다고 포기하고, 이래저래서 포기하고 피해는 학생들이다. 초등학교의 여건 개선이 어렵다면 현실을 고려한 활동을 고려해야 하는 것은 아닌지 고민하고 대안을 제시할 때이다.

미래의 수요

마지막으로 실과의 미래 수요를 위한 기술적 체험 활동에 대한 연구가 필요하다. 미래의 고객들은 빠르게 변화하는 사회에 적응하기 위하여 몸부림치고 있는데, 교과에서 학생들을 위한 몸부림은 적어 보인다. 미래의 잠재적 수요는 많지만, 이를 구체적인 활동으로 구현하기 위한 외연에서의 연구는 미흡하다. 사회적 변화에 발맞추어 학습경험으로서 중요하게 살아남을 수 있는 것은 무엇인지에 대한 연구도 절실하다. 이때 고려해야 할 것은 기술적 활동에 기술적 문제 해결력과 창의력을 내포하고 있어야 한다는 것이다. 단순한 체험 활동을 하는데 그쳐서는 잠재적 수요 창출에 실패할 가능성이 크다. 또한 우리 시대의 기술이 우리 생활에 구체적으로 어떤 영향을 미치며 여기에는 어떻게 대처해야 하는지에 대해서도 깊은 고민과 연구가 필요하다. 기술에 대한 철학적 사고를 하지 않고 무비판적으로 떠밀려 기술을 수용할 때 일어나는 문제와 피해는 상상을 초월하기 때문이다. 기술이 한번 시스템적으로 개발되면 거대한 기술은 스스로 관성이 붙어서 더 이상 인간이 제어할 수 없는 상태에 이르게 된다. 앞으로의 첨단기술은 그 방향이나 수준을 예측하기 힘들기 때문에 이에 대한 다양한 대비책을 마련하고 교육할 필요가 있는 이유이다.

다. 기술의 눈으로 세상 바라보기

기술이란 무엇인가?

오늘날 우리는 기술이라는 세계 속에서 살아가면서 떼려야 뗄 수 없는 불가분의 관계가 있다. 아침에 일어나면서 통신기술의 한 축인 신문과 방송을 통해 뉴스를 접한다. 출근하면서 자동차나 버스, 전철 등의 수송기술의 혜택을 누린다. 직장과 사무실에서는 종이와 펜 대신 컴퓨터를 이용해 이메일을 주고받고 문서를 작성하며 보낸다. 먹기 위해서는 각종 먹거리는 생명기술의 산물인 쌀과 싱싱한 채소를 한겨울에도 공급받는다. 잠자리에 드는 순간에도 건설기술의 산물인 아파트나 단독주택에서 쾌적하게 잠을 청한다. 그 순간에도 핸드폰의 문자는 쉴새 없이 울려댄다. 우리의 삶 자체가 기술로 온통 둘러싸여 있다. 이러한 기술 속에 살면서도 우리는 기술에 대한 고민은 적은 것이 사실이다. 거의 기술에 무비판적으로 수용하기도 하고 배척하기도 한다.

기술(technology)이라는 용어의 어원은 고대 그리스어의 '테크네(techne)'에서 찾을 수 있다. 테크네는 이론적인 관조와는 달리 '실천(practical)'을 의미한다. 머리가 아닌 온몸으로 깨달아 익히는 것을 말한다. 테크네는 목수가 무엇인가를 만들다, 구성하다, 생산한다는 말에서 유래되었다고 본다. 즉, '나무로 만드는 일', '목수일' 등과 같이 무엇인가 고안하고 만들어 내는 솜씨 혹은 모든 가능한 기술, 방법 등을 의미한다. 철학적으로 테크네란, 사물이 만들어지는 데에 대한 이성적 판단이나 정확한 지식(episteme, theoria, logos)을 바탕으로 무엇인가를 만들어 내는 능력뿐만 아니라 지식까지 포함한다.

이러한 기술이 도대체 무엇인가? 우리가 매일 사용하는 컴퓨터와 같이 형체가 있는 대상이나 컴퓨터 회사가 제공하는 무형의 서비스도 기술에 속한다. 컴퓨터를 만들어 내는 공학적인 지식도 기술의 일부이다. 인터넷으로 상징되는 세상도 넓은 의미의 기술로 포함되며, 인터넷을 통해 다른 사람들과의 관계를 바꾸려는 의지도 기술에 속한다고 말할 수 있다. 이렇듯 기술은 대상, 과정, 지식, 상징, 의지하는 여러 가지 층위 차원으로 존재한다. 그렇기 때문에 오늘날 기술의 실체를 한정하거나 파악하기가 쉽지 않은 것도 사실이다. 또한 구석기 시대부터 오늘날의 첨단기술이 보편화 된 시기에 이르기까지의 역사에서 인간의 생활에서 기술이 떠난 적은 없다. 그러나 수천 년의 철학사에서 기술이 철학의 탐구 주제가 된 것은 최근의 일이다. '-란 무엇인가?'라든가 '왜 -한가?'라는 질문을 쉴새 없이 퍼붓는 철학자들도 기술에 대해서 별 관심을 두지 않는 것은 왜일까? 이에 대한 답은 의외로 간단하다. 기술은 인간이 자기 목적을 위해 사용하는 도구라고 하면, 더 이상 물을 거리가 없었기 때문이다. 사용의 주체인 인간이나 사용의 목적에 대해서는 몰라도, 사용되는 기술에 대한 철학이란 무의미해 보이기 때문이다. 이런 점에서 하이데거(1899-1976)가 기술의 문제를 자기 철학의 한 축으로 삼은 것은 여러 가지로 의미심장하다. 20세기 서양 철학에서 가장 중요한 철학자라는 평을 받을 만큼 철학사에 큰 영향을 미친 대사상가인 그를 알든 모르든 그 그림자를 피해갈 수는 없다. 이렇게 중요한 철학자가 지금까지 외면하던 기술의 문제를 본격적으로 다루었으니 철학의 무대에서 기술도 마침내 한번 뜬 셈이다. 물론 그가 기술을 주제로 삼은 것은 산업 혁명 이후 현대의 기술의 급격한 발달을 온 몸으로 체험한 계기가 있었다. 하이데거의 기술에 대한 시각은 긍정적이기보다는 부정적이다. 정밀한 이론적 철학에 근거해서 현대기술이 비인간화를 초래했다고 주장한 것은 하이데거가 처음이라고 할 수 있다(손화철, 2006). 현대기술은 자연에 에너지와 원자재를 내놓으라고 강요한다는 것이다. 현대기술 앞에서 모든 존재자는 필요하면 언제라도 갖다 쓸 수 있는 대체 가능한 '부품'이 되고, 강물은 수력댐을 통해 에너지를 공급하는 자원일 뿐이고, 울창한 숲은 신문을 만들어 내는 종이의 재료일 뿐이다. 옛날의 기술은 자연에 강요하는 것이 아니라 자연과 어우러지는 도구로 사용했다는 것이다. 따라서 하이데거는 기술을 인간의 도구로 보는 인간적, 도구적 정의가 맞기는 하지만 예술과 더불어 숨겨진 진리가 드러나는 통로나 존재가 자신을 내 보이는 한 방식으로 본다.

기술 교육학회에서는 전통적으로 기술을 '인간이 환경에 적응 발전해 나가기 위해 노력하는 실천적 과정 체계'로 정의한다(이재원, 1985). 이 정의는 미국의 인간적응 시스템의 관점에서 출발한다. 인간이 환경에 적응하는 과정에서는 도구나 자원, 에너지 등을 투입하여 자연환경을 인공환경으로 바꾸는 과정에서의 지식 체계로 기술을 바라보는 관점이다. 인공환경에는 제조기술의 세계, 건설기술의 세계, 수송기술의 세계, 통신기술의 세계, 생명기술의 세계가 있다. 이러한 기술의 세계는 모든 나라가 예외 없이 비슷한 과정을 거쳤다는 것이 이 이론의 주장이다. 예컨대 인간이 환경에 적응하고 살아남기 위해서 도구를 만들어서 사냥하는 것은 제조기술에 속한다. 인간이 생활을 하기 위하여 집을 만들고 길을 내는 것은 건설기술에 해당한다. 점차 사람들이 촌락을 만들어 살아가는 동안에 이웃과의 의사소통을 위해 편지나 책, 더 나아가 전화 등을 만든 것은 통신기술에 속한다. 내가 필요한 물건을 사기 위하여 시장에 남는 물건을 내다 파는 수단으로 수레나 마차, 더 나아가 자동차 등을 만들었는데 이것이 바로 수송기술이다. 또한 자연의 것을 채취하는 수준에서 종자를 심고 동물을 가두어서 기르는 행위는 생물기술에 속한다. 이렇듯 모든 인간사에 다섯 가지 기술이 공통으로 내재해 있으니 이것을 기술로 보는 시각에서 출발하였다. 그러다 보니 기술이 투입(input)-처리 과정(process)-산출(output)의 시스템적인 것으로 한정되어 있어서 전체를 투영하는 데 한계를 가지고 있다.

생활 속의 기술

장차 우리의 생활에서 인간 복제가 현실화되어 수명을 100세 이상으로 늘린다든가, 생각하는 로봇이 인간의 비서 역할을 할 시대가 도래할 것인가? 라는 질문에 부정적으로 답할 사람은 많지 않을 것이다. 그러나 이러한 것들이 우리의 원하는 바와 무관하게 실현될 것으로 생각하는 것은 약간 다른 문제이다. 급격한 기술 발달 앞에서 수동적이 되는 것은 기술자나 공학자, 과학자들도 예외는 아니다. 기술을 직접 이끄는 전문가들에게도 이러한 기술의 완급을 조절하거나 방향을 틀 권한이 없다. 왜냐하면 자신의 전문 영역에서 조금만 비켜나면 그 내용을 잘 모를 뿐 아니라 자신이 개발하고 있는 기술이 장래 어떻게 쓰일 것인가에 대해서도 정확하게 예측하기 어렵기 때문이다. 설령 안다고 하여도 기술경쟁의 살벌한 한가운데 서 보면 어떤 기술을 개발하여 인간에게 유용한 기술이 되도록 논쟁하는 것 자체가 사치일 뿐이다. 적자생존의 상황에서는 '기술은 인간이 자신의 목적을 위해 사용하는 도구'라든가 '인간은 기술의 주인'이라는 말이 허공을 맴도는 말로 들릴 수 있기 때문이다. 인간이 기술을 사용하는 것은 분명한데, 그렇다면 인간은 기술의 주인인가, 하인인가? 가 모호하게 들린다. 이와 관련하여 프랑스의 자크 엘룰(Jacques Ellul)의 '현대기술이 자율적이 되었다'라는 말이 의미심장하다(손화철, 2006). 현대기술은 과거의 기술과 전혀 다른 특징을 가지고 있다는 것이다. 전통기술이 상위의 목적을 성취하기 위한 수단으로 인간의 다른 활동에 비해 열등한 것으로 취급되었는데, 현대의 기술은 발전 그 자체로 의미 있는 것이 되었다. 엘룰이 오늘날의 기술을 관찰한 결과, 기술이 인간의 통제를 벗어나 인간의 자유를 억압하는 방식으로 발전한다는 것이다. 과거의 기술은 발달이 매우 느렸고 공간적 시간적 제약이 많아서 사람들이 그 변화에 억지로 맞출 필요는 없었다. 그러나 현대의 기술은 발전속도가 워낙 빨라서 컴퓨터와 인터넷, 핸드폰 등과 같은 첨단기기를 사용해야만 하고, 때가 되면 바꾸기를 강요당하고, 이렇게 바꾸면 인간의 삶은 더욱 나아진다고 생각하도록 만든다는 것이다. 생활 속에서 기술이 인간의 삶을 강요하고 통제하면서 기술이 자율적이 되었다. 기술이 '자율적'이 되었다는 것은 무엇을 의미하는가? 이것은 예컨대 자동차가 사람 없이 혼자 돌아다닌다는 것을 말하는 것이 아니라, 기술발전이 기술 시스템에 의해서 움직임에 따라 그 관성에 의해 지속되고 그 과정에 인간이 개입할 여지가 없다는 것이다. 오늘날의 사회를 움직이는 기술 시스템은 인간들에 의해 조정되기보다는 '효율성의 법칙'에 따라 운영되고 발전한다. 인간의 가치나 필요는 효율성이라는 경제 논리에는 무력할 수밖에 없다. 우리는 더 빠른 컴퓨터와 얇고 첨단화된 핸드폰을 꼭 필요해서 구입하는가? 소비자의 필요에 의해서 기술이 만들어지기보다는 기술이 필요를 창출하는 시대에 살고 있다. 누가 움직이는 자동차 안에서 DMB를 강력히 소망하여 개발하였는가? 기술이 시장을 개척한 결과물을 우리는 사용하기를 강요당하고 있다.

기술 시스템을 주창한 이는 토마스 휴즈(Tomas Hughes)이다. 휴즈가 말하는 기술 시스템은 우리가 생각하고 있는 그러한 기술이 아니다. 기술 시스템에는 우리가 볼 수 있는 인공물만 아니라 조직, 과학기반, 법적 장치, 자연자원 등으로 구성되어 있다. 기술 시스템에 속하는 구성 요소들은 다른 요소들과 상호작용하면서 시스템 전체의 작동에 기여한다. 예컨대 전력 시스템에서 저항의 크기가 변하면 그에 따라 발전, 송전, 배전에 필요한 구성 요소들도 모두 변한다. 또한 어떤 은행이 회사에 거대한 자금을 지원할 경우에는 해당 업체의 의사결정 과정에 깊숙이 관여하게 된다. 이러한 것들이 모두 기술 시스템에 속한다. 기술의 역사에서 거론되는 유명한 사람들은 대부분 단편적인 기술을 넘어서서 기술 시스템을 구성한 사람들이다. 에디슨이 백열등만 발명한 것이 아니라 발전기, 배전기, 계량기 등과 같은 전력 시스템을 구축한 것이 그 예이다. 그런 점에서 본다면 독일의 구텐베르크나 미국의 자동차 왕인 헨리 포드 역시 기술 시스템 구축가인 셈이다. 이렇듯 우리는 기술 시스템 속에서 살고 있다고 해도 과언이 아니다.

예술과 기술

기술의 어원이 '테크네'임을 앞서 거론한 바 있다. 테크네는 예술과 기술을 포괄하는 실천적 인식이었다. 예술에서는 기계의 사용을 경멸하기도 한다. 그런데 잘 생각해 보자. 기술을 혐오하는 그 기저에는 기술을 단순한 도구로 보지 않고 세계에 대한 인간의 태도를 좌우하는 매체로 보고 있기 때문이다. 오늘날 필름 카메라만을 고집하는 작가들도 비슷한 문제를 안고 있다. 문제는 해상도가 아니라 작가의식이다. 쉽게 수정하여 쓸 수 있는 디지털카메라를 사용한다면 세계를 대하는 태도가 안이해질 것을 두려워한 나머지 필카만을 고집하는 것이다. 여기서 기술은 인간의 존재 방식을 구성하는 매체로 이해된다. 순수 예술가의 믿음과는 달리 기술은 종종 예술을 보충한다. 기차여행을 하면서 빠르게 흘러가는 풍경만이 눈에 들어온다. 멀리 놓인 자연이 영화처럼 되어버린다. 관객이 풍경에 속하지 않은 채 마치 현실을 극장의 화면처럼 바라보게 된 것이다. 오늘날 인류를 사로잡은 '파노라마적' 시각은 기차여행의 대중화와 더불어 발달했다고 할 수 있다(이지훈, 2006).

이런 일이 가능한 것은, 기술이 그 자체로 인간과 세계의 관계로 작용하기 때문이다. 기술은 단순히 자연의 모방에서 그치지 않고 도구의 제작에만 그치지도 않는다. 기술은 매체로서 나름대로 세계에 대한 인식을 담고 있다. 하나의 기술체계가 곧장 예술형식으로 바뀌기도 한다. 인쇄 매체가 나오자 '육필'은 '서예'로 자리 잡았다. 인터넷상의 '웹진'이 나오자 신문과 책 인쇄는 예술 차원으로 진입하였다. 결국 하나의 기술체계가 새로운 체계와 만나면 우리는 과거의 것을 미적 수준에서 재인식하는 것이다. 이렇게 기술은 예술을 촉발하기도 한다.

21세기 하이테크, 무엇이 문제인가?

20세기 후반에 본격적으로 발달하기 시작한 하이테크 첨단기술에는 생명기술, 나노기술, 유비쿼터스 기술 등이 있다. 이러한 첨단기술의 등장으로 우리 삶은 양적으로나 질적으로 급격한 변화를 초래할 것이 분명하다. 이 기술들은 인간의 본성을 포함하여 기술을 매개로 하는 모든 관계들을 근본적으로 바꾸어 놓을 수 있다. 그렇다면 이 기술이 어떻게 변화되었고 변화될 것인지에 대하여 살펴보기로 한다.

먼저 **나노기술**에 대해 알아보자. 나노는 난쟁이를 뜻하는 그리스어 나노스(nanos)에서 유래하였다. 1나노초(ns)는 10억 분의 1초를 뜻한다. 1나노미터(nm)는 10억 분의 1m에 해당한다. 이 숫자가 주는 감이 쉽게 와 닿지 않아서 머리카락에 비유해 보자. 머리카락이 10마이크로미터이니까, 1나노에 비하면 머리카락은 10만 배나 굵다는 얘기다. 이것은 대략 원자 3~4개의 크기에 해당한다. 나노기술은 100만 분의 1을 뜻하는 마이크로를 넘어서는 미세한 기술로서 1981년 스위스 IBM 연구소에서 원자와 원자의 결합상태를 볼 수 있는 주사형 터널링 현미경(STM)을 개발하면서부터 본격적으로 등장하였다. 나노기술의 특징은 물리·재료·전자 등 기존의 재료 분야들을 횡적으로 연결함으로써 새로운 기술영역을 구축하고, 기존의 인적 자원과 학문 분야 사이의 시너지 효과를 유도하며, 크기와 소비 에너지 등을 최소화하면서도 최고의 성능을 구현할 수 있으므로 고도의 경제성을 실현할 수 있다는 점 등이다. 이러한 나노기술은 지금까지 알 수 없었던 극미세 세계에 대한 탐구를 가능하게 하고, DNA 구조를 이용한 동식물의 복제나 강철 섬유 등과 같은 새로운 물질을 만들 수 있다. 그런데도 이 기술은 일반적인 물리 역학의 지배를 받지만 동시에 양자역학의 지배를 받는 세계이기 때문에 예측할 수 없는 상황이 벌어질 수 있다는 데 문제가 있다. 지금도 나노기술을 이용한 제품들이 쏟아져 나오고 있다. 자외선 차단 나노 화장품, 스스로 깨끗해지는 나노 유리창 등과 같이 상품에 나노를 붙이면 불티나게 팔리고 있다. 나노기술이 한계에 다다른 현재의 기술을 대체할 차세대 기술인 것은 분명하지만, 나노기술의 개발과 응용과정에는 기술적인 연구 외에 다학문적인 학제적 분석과 평가가 필요하다. 이런 문제들은 단순히 나노기술의 오남용에 따른 파생적 차원의 문제가 아니라 나노기술이 지닌 본성으로부터 불가피하게 초래될 수밖에 없는 근본적인 차원의 문제라는 것이다. 여기에는 사회적, 윤리적, 문화적, 법적인 요소들이 그물망처럼 얽혀 있는 복합 구조물로 간주하여야 하기 때문이다.

20세기 후반부터 또 하나의 괄목한 만한 기술의 발전은 생명공학기술을 들 수 있다. 이 기술은 유전자 지도를 만드는 일뿐만 아니라 포유류의 복제, 줄기세포의 제작과 응용, 단백질의 합성 등 거대한 기술적 연구가 진행되고 있다. 이러한 기술에 힘입어 인간의 수명이 연장되고 질병 없는 사회가 도래할 것이라는 예측은 실현될 가능성이 크다. 그런 반면, 거대 생명 물질의 조작에 대한 기술의 불확실성이 야기할 수 있는 인간, 생명체, 생태계의 오작동은 심각한 문제라 아니할 수 없다. 생명기술의 근간을 이루고 있는 생명 활동의 매커니즘이 완전하게 규명되지 않은 상태에서 수행한 기술의 응용은 자칫 알 수 없는 유전자의 변형을 가져올 수 있고 새로운 종들이 출현할 가능성이 농후하다. 문제의 심각성은 이러한 문제가 왜, 어디서, 어떻게 일어났는지를 전혀 설명할 수 없으며, 이러한 위험에 대한 통제도 불가능하다는 점이다. 이와 더불어 윤리적인 문제점도 일어날 수 있다. 예컨대 인간 우생학의 출현 가능성이라든가, 생명에 대한 서로 다른 이해와 종교 간의 갈등 상황 등은 생명기술의 본질과 무관하지 않다. 장밋빛 환상에 사로잡혀 있을 때 이러한 문제는 우리의 현실로 다가올 수 있기 때문에 기술에 대한 분명한 철학과 사고가 있어야 한다.

마지막으로 **유비쿼터스**(Ubiquitous) 기술의 출현이다. 유비쿼터스는 물이나 공기처럼 시공을 초월해 '언제 어디에나 존재한다'라는 뜻의 라틴어로, 사용자가 컴퓨터나 네트워크를 의식하지 않고 장소에 상관없이 자유롭게 네트워크에 접속할 수 있는 환경을 말한다. 1988년 미국의 사무용 복사기 제조회사인 제록스의 와이저(Mark Weiser)가 '유비쿼터스 컴퓨팅'이라는 용어를 사용하면서 처음으로 등장하였다. 이 기술은 시간과 공간을 초월하여 컴퓨터를 통해 자유롭게 네트워크에 접속할 있다는 것을 의미한다. 이 기술이 초래하는 일종의 IT 혁명은 조용하게 추진되는 혁명일지는 모르나 그것이 가져올 파급효과는 엄청날 것으로 예측된다. 유비쿼터스 컴퓨팅 혁명은 새로운 지식정보 국가 건설과 자국의 정보산업 경쟁력 강화를 위한 핵심 패러다임이라는 인식하에 미국, 일본, 유럽의 정부뿐만 아니라 이들 국가들의 기업과 주요 연구소들이 유비쿼터스 관련 기술을 앞다투어 개발하고 있다. 이러한 사회가 실현되기 위해서는 우리 주변의 모든 대상물에 정보처리 능력을 갖춘 컴퓨터나 지능형 센서가 부착되어야 하고, 이들과 정보를 상호 교환하기 위하여 다양한 네트워크가 유기적으로 연결되어 있어야 한다. 이로 인해서 현실 공간과 가상공간의 경계가 허물어지고 두 공간이 확대되고 적용되는 융합이 일어난다. 이 기술을 활용하면서 컴퓨터와 전자기기들이 자동으로 작동되는 U-home이나 U-office가 등장하고 있다. 또한 환자의 의료정보를 병원의 네트워크와 연결한 U-health 시스템도 등장하고 있다. 이 기술은 우리가 좋든 싫든 모든 개인에게 노출되어 있으며 직·간접적으로 영향을 받게 된다. 그럼으로써 이 사회가 제공하는 기회와 위험은 누구에게나 균등하게 일어나는 것은 아니다. 결국 정보에 접근을 쉽게 할 수 있는 자와 그렇지 않은 자와의 격차인 디지털 격차는 더욱 심화할 것이다. 우리가 주목해야 할 부정적인 측면을 생각해 보자(이중원 외, 2008). 전자 감시사회(전자 파놉티콘)의 출현 가능성, 디지털 격차에 따른 사회적 불평등 확산 및 심화 가능성, 사람과 기계 또는 사물의 역할 전도 가능성, 개인 정보의 심각한 유출 가능성, 개인 프라이버시의 심각한 침해, 개인주의 심화에 따른 사회적 연대의 약화, 사이버 범죄의 범람과 사이버 윤리의 추락, 불필요한 정보들의 융합에 따른 정보의 신뢰성 약화, 노동환경의 변화와 불안정성 등이다. 이러한 문제점들은 지금까지의 문제와는 전혀 양상이 다르기 때문에 이 기술의 사회적, 경제적, 문화적, 윤리적인 모든 요소들을 복합적으로 검토해야 할 사항인 것이다.

라. 우리나라 전통 목가구와 문화적 소통

문화와 가구

오늘날 문화를 한마디로 정의하기란 쉽지 않다. 워낙 문화의 개념이 확장되었기 때문이기도 하다. 문화라는 용어의 개념이 시대나 학자들에 의해서 다양하게 변천되었고 그 개념이 실생활에서 폭넓게 이해되는 현실이다. 그래서 영어에서 문화가 가장 난해한 단어 가운데 하나임이 분명하다. 18세기까지만 하더라도 문화는 부르주아 계급의 전유물이었다. 이 당시의 문화는 고급문화를 의미하는 전심적인 개념이었다. 그러나 19세기에 들어서면서부터 문화의 개념이 확장되어서 좋고 나쁨의 차별적 개념이 아니라, 한 집단의 삶의 방식이 다른 것과 구별되는 행동 양식으로 사용되었다(김진옥, 2006). 문화는 이미 우리 생활에 깊숙이 배어있다. 또 다른 측면에서 문화를 과학과 기술을 포함하는 "인간이 후천적으로 습득하고 유형화한 모든 삶의 양식"이라고 폭넓게 규정하는 경우에도 많은 학자들은 문화를 가치문화, 규범 문화, 도구문화로 세분해왔다(임희섭, 2003). 그렇다면 목가구도 하나의 기술의 산물인데 어떤 범주에 속할까? 기술(technology)을 '인간이 자연에 적응하고 자연자원을 사용하는 데 활용하기 위해 유형화한 물질적 수단으로서의 도구적 유형들'로 구성된다고 볼 수 있다. 이때 기술은 과학과 달리 가치문화보다는 도구문화로 범주화될 수 있는 문화유형으로 보는 것이 타당하다.

그렇다면 가구는 어떠한가. 가정이나 직장에서 가구 없이 살아갈 수 있을지를 생각해 보면 이미 가구는 생활이고 문화이다. 가구가 삶의 방식으로 자리매김하고 있기 때문이다. 어느 사회이건 그 사회의 독특한 문화가 있고 그 문화를 통해 의식주의 생활양식에 크게 투영된다. 즉 문화를 통해 생활양식에 투영되어 있는 것들을 탐구해 보는 것이 이 글의 목적이다. 가구는 주거 문화의 중심에 서 있다. 과거에는 좌식생활의 문화가 투영되어 한옥이 자리를 잡았다. 한옥에는 온돌 문화가 자리 잡음에 따라 자연스럽게 이동식 가구가 보편화 되었다. 오늘날은 어떤가. 한옥의 자리에 아파트가 자리매김함에 따라 입식 생활이 기본이 되었다. 입식생활의 공간에는 이동식 가구가 아니라 built-in 가구가 들어섰다. 아파트 공간에서는 침대문화가 보통이어서 이에 맞는 가구들을 사용하고 있다. 우리 생활에서 사용하는 가구에는 그 시대의 생활양식과 문화가 깊이 묻어있음을 부인할 수 없다.

이후에 논의할 전통 목가구에는 선조들의 어떤 문화가 스며들어 있을까? 전통 목가구라고 하면 현대적이지 못하고 무언가 시대에 뒤처져 있어서 서민들의 것으로 생각하기 쉽다. 그러나 나무는 죽어서도 숨을 쉬듯이 살아있는 무늬결로 자신을 드러내 보이기도 한다. 전통 목가구는 독특한 짜맞춤 기법으로 인해 못을 사용하지 않는 것이 특징이다. 못을 사용하지 않기보다는 굳이 못이 필요 없는 가구 형태라는 것이다. 즉 ㄱ자, ㄷ자, ㅁ자 형태로 나무와 나무를 연결하는 짜맞춤 기법을 사용하기 때문에 못이 필요 없다. 가구의 짜맞춤 방법은 가구를 만드는 장인에 따라서 달리 표현되기도 한다. 그러한 기법에는 장인의 정신과 땀이 배어있다. 기후에 따라 수축과 팽창을 할 수 있으면서 변형이 일어나지 않도록 틈을 주어서 짜맞춤을 해야 하겠기에 나무를 오랫동안 살리는 방식이기도 하다. 이제 전통 목가구에 스며있는 문화적인 코드에 대해서 살펴보기로 한다.

우리나라 전통 목가구와 문화

우리나라의 전통 목가구를 분류하는 방법은 시대나 모양, 재질 등에 따라서 다양하게 분류할 수 있다. 그러나 이 글에서는 독자들의 이해를 쉽게 돕기 위하여 전통 목가구(the traditional Korean wooden furniture)를 조선 시대로부터 비롯된 가구로 보았다. 왜냐하면 목재의 특성으로 보아 그 보존 기간은 100년에서 200년 정도에 불과하다. 그러다 보면 지금으로부터 조선 시대에 이른다. 이 시기의 목가구는 유교 사상에 큰 영향을 받아 발달하였다. 그러다 보니 남성의 공간에는 사랑방 가구가, 여성의 공간에는 안방 가구가, 음식 만드는 공간에는 부엌 가구 등이 바로 그것이다. 다시 말해서 유교 사상은 남성 공간과 여성 공간의 구분이 명확하였기 때문에 그 구분에 따라서 목가구가 발달한 것은 우연이 아니다. 가구가 공간에 따라서 구분되었기 때문에 가구의 모양이 구분되어 발달하였다. 예컨대 사랑방 가구의 대표주자는 사방탁자(book and display stand)이며 서가를 의미한다. 사방이 개방된 직선형 가구이어서 책과 문서, 문방구 등을 수납할 수 있게 만든 것이다. 사방탁자를 안방에서 사용하면 장식용이기도 하였다. 각 층의 넓은 판재(층널)를 가는 기둥만으로 연결한 가구로서, 책·도자기·수석 등의 작은 물품을 장식하는 데 사용되었다. 3, 4층이 일반적이며, 1층에 문을 달아 장(欌)같이 만든 것도 있다. 간결한 구성과 쾌적한 비례를 자랑하는 대표적 사랑방 가구이면서 매우 현대적 감각으로도 높이 평가받고 있다. 사방탁자는 사방이 트여 있어서 물건을 쉽게 올려놓을 수 있으며, 좁은 공간 문화를 최대한 살린 목가구이다. 조선 시대의 전통 목가구의 특징 중의 하나는 재료가 얇다는 것이다. 20mm 내외의 기둥 각재와 16mm 내외의

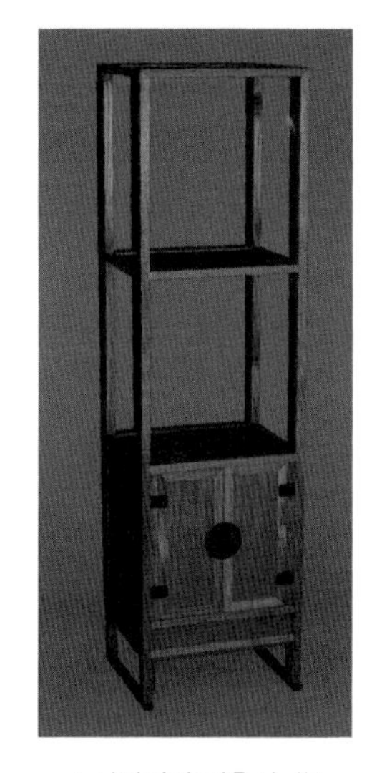

△사방탁자(이춘식 作)

쇠목이 견고하게 붙들고 있도록 울거미 기법으로 짜 맞추어져서 그 어떤 가구에 못지않게 매우 튼튼하다. 재료를 많이 사용하지 않고도 튼튼하게 만들 수 있다는 것을 보면 우리 조상들의 지혜에 절로 감탄이 나온다. 사방탁자의 미덕은 절제미와 균형, 그리고 비례미라고 할 수 있다. 그래서 사방탁자는 단순한 형태이면서 가장 현대적인 디자인으로 평가받고 있다. 그 비결은 바로 가구 판재와 골재를 못을 사용하지 않고 결속하는 짜맞춤 전통기법에 있다. 이와 더불어 전통 목가구를 만들 때에는 나무가 여름에는 늘어나고, 겨울에는 줄어들어서 숨을 쉴 수 있도록 결구에서 공간을 만들어 주는 것이 기본이다. 가구로 변신한 나무는 죽어있는 것이 아니라 살아서 숨을 쉬고 수축하고 팽창한다. 때론 습기를 머금어 스펀지처럼 되기도 한다. 나무는 수백 년의 생명력을 그대로 품고 있어서 선조들은 가구를 만들 때 휘는 방향까지도 예측하여 사개 물림을 사용하였다. 즉 손가락을 맞물린 것처럼 판재와 판재를 짜 맞추는 결구 방법이 사용되었다. 겉으로 보기에는 단순하지만, 짜임의 구조를 들여다보면 그 정교함에 혀를 내두를 정도이다. 어떤 공학적인 해법으로도 쉽게 이해하지 못할 정도로 정교함을 가지고 있다. 고려 시대의 목가구가 겉으로 드러나는 부분으로 치장을 하였다면, 조선 시대의 목가구는 짜임의 구조나 결구 방식과 같은 내부구조의 극치를 이루었음을 알 수 있다.

조선의 목가구는 그 시대의 특징을 보여 주는 시대적 산물이다. 고유의 미적 가치가 있으며, 시대를 초월하는 미적인 조합도 있다. 21세기인 지금도 우리는 조선 목가구의 아름다움을 말하지 않은가. 시대를 초월한 바로 클래식이라고도 할 수 있다.

선비를 닮아 순수한 사랑방 가구

조선 시대의 선비들이 살아가는 행동지침 9가지가 있다. 시사명(視思明)은 무엇인가를 볼 때에는 분명한가를 생각하고, 청사총(聽思聰)은 들을 때에는 확실한가를 생각하며, 색사온(色思溫)은 얼굴 낯빛은 온화한가를 생각한다. 모사공(貌思恭)은 태도가 공손한가를 생각하며, 언사충(言思忠)이란 말은 충실한가를 생각하고, 사사경(事思敬)은 일이 신중한가를 생각한다. 의사문(疑思問)은 의심나면 물어볼 것을 생각하고, 분사난(忿思難)은 분이 날 때 재난을 생각하며, 견리사의(見利思義)는 이득을 보면 의로운 것인가를 생각해 보는 것이 행동지침이다. 이러한 선비의 일상생활에서 가장 중요한 일은 역시 공부였다. 선비는 학문에 정진하여야 하고, 그러면서도 자연 속에서 풍류를 즐길 줄 알아야 했다. 선비들이 생활하는 공간이 바로 사랑방(舍廊房)이다. 사랑방은 바깥주인의 일상 거처이자 남성 접객의 공간으로 주택 외부와 가까운 곳에 있었다. 공간이 좁은 데다 앉은키에서 사용하기 편리하며, 시각적으로 아담하게 정리된 선과 면의 형태로 구성된다. 따라서 사랑방은 주인이 거처하는 방이자 손님을 맞는 응접실 역할도 하였다. 결국 주인은 양반이면서 글을 읽는 선비이기 때문에 방의 구성을 유교적 덕목에 맞도록 꾸밀 수밖에 없었다. 사랑방은 소박하고 안정된 분위기가 중요하여, 가구들도 단순하고 간결한 선과 면을 지닌 것을 선호하였다. 나무는 광택이 없고 소박한 질감의 오동나무와 소나무를 주로 사용하였으며, 간혹 느티나무와 먹감나무 등 나뭇결(木理)이 좋은 나무를 이용하여 자연미를 살리기도 하였다.

사랑방에 쓰인 가구에는 검소한 생활과 단순미를 느낄 수 있도록 하였다. 선비에 흐르는 문화적 코드는 학식이 있고 행동과 예절이 바르며 의리와 원칙을 지켜 관직과 재물을 탐내지 않는 고결한 품성을 지닌 사람들이기에 화려함보다는 단아함을 드러내도록 하였다. 그러하기에 '선비 논 데 용 나고, 학이 논 데 비늘이 쏟아진다.'라는 속담이 생겨났다.

사랑방에서 사용하는 가구에는 책가, 지통, 사방탁자, 문갑, 연상, 책상 등이 보통이었다. 구체적으로 살펴보면, 사랑방에는 선비의 문방생활에 꼭 필요한 가구인 서안, 연상, 문갑, 탁자, 책장, 이층장 등이 놓이고, 벽면에는 고비, 필가 등이 걸리며, 좌등이나 등가 등의 조명 기구가 배치되었다. 또한 문방용품인 필통·지통·필격 등과 소품이나 서류 등을 담아 두는 각종 함이 사용되었으며, 서안 옆에는 낮고 넓은 재판이 있어 담뱃대·연초함·타구·재떨이 등을 한데 모아 두었다. 이외에 망건 통·목침·팔걸이·좌경 등이 있다. 선비들이 생활하는 사랑방에서 글을 읽거나 쓸 때 사용하는 작은 책상이 바로 서안(reading desk)이다. 서안은 글을 읽고 쓰거나 간단한 편지를 작성하는 데 사용되었으며, 손님을 맞을 때 주인의 위치를 지켜주는 역할도 겸하였다. 선비들이 늘 곁에 두고 쓴 가구여서 단순한 모양에 담박한 멋을 풍기며, 소박한 가운데 격조가 넘치는 작품이 많다. 주인의 취향에 따라 재질이나 형태가 다양한 편이다. 서안은 사랑방의 온돌과 마룻바닥에 앉아 생활하는 한옥에 맞게 높이가 낮고 책을 하나 정도 펼 수 있는 작은 크기로 만들었다. 선비들이 글을 읽을 때 정신을 집중할 수 있도록 장식을 최대한 절제한 것이 특징이다. 서안에 서랍을 달아서 공부에 필요한 기구들을 보관하도록 충분히 배려하였다. 이와 더불어 경상은 원래 절에서 불경을 읽을 때 사용하던 것을 일반 가정에서도 받아들인 것으로 기본형은 서안과 유사하나 다소 장식적이면서 세부적으로 차이가 있다. 위 판(천판)은 양쪽 귀가 두루마리처럼 들려 있으며, 다리도 서안처럼 곧게 뻗지 않고 호족형(虎足形)이 많고 운각(雲脚)을 비롯해 서랍과 다리 등에 장식이 가해진 것이 많다.

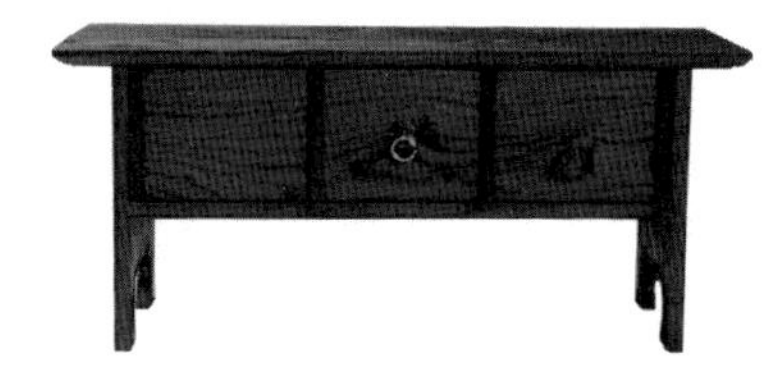
△ 서안(이춘식 作)

조선 시대의 사회문화는 당시 명나라의 영향으로 문방생활에 의하여 권위와 성품을 높이려는 풍조가 유행하였다. 따라서 문방구 및 가구의 양상은 문화 수준의 척도로서 중요시되었고, 가구의 모양이나 배치에 있어서 소박하고 안정된 분위기가 강조되었다. 선비들이 학문을 즐기기 때문에 글을 읽을 뿐만 아니라 글을 쓰기도 한다. 글을 쓸 때 사용하는 벼루와 먹, 종이

붓 등의 문방용품을 한 곳에 모아놓고 정리하는 작은 상을 연상(ink stone)이라고 한다. 연상도 나뭇결의 목리를 최대한 살려서 간결하고 단순함을 추구하였다. 문방사우인 벼루·먹·붓·종이와 연적 등의 소품을 한데 모아 정리하는 문방가구로, 서안 옆에 위치한다. 상·하부로 이루어져, 위는 벼루를 담아 두는 공간이고 아래는 소품을 놓게 빈 공간으로 두거나 서랍이 달려 있기도 하지만, 벼루를 넣는 것이 주된 목적이어서 연상이라 부른다. 뚜껑은 외짝 혹은 두 짝으로 되어 있다

문갑(stationary chest) 또한 사랑방과 안방에서 모두 사용했는데 이는 우리나라의 좌식생활 문화를 반영한 대표적인 가구라 할 수 있다. 문갑(文匣)은 중요한 기물이나 문방용품을 보관하면서 진열대 역할까지 겸한 가구로, 뒷마당으로 통하는 문의 아래 공간이나 측벽면에 놓였다. 사랑방과 안방에 두루 사용되었으며, 낮게 만들어져 벽면에 시원한 여백을 주면서 넓은 면적을 차지하지 않도록 세로 폭을 좁게 설계하였다. 단문갑과 쌍문갑으로 대별되며, 서안처럼 공간으로 구성된 공간 문갑은 사랑방에 놓였다. 선비들이 사용하는 문갑은 서류나 문방 용품들을 놓아 두는 가구로서 대개는 방의 뒤뜰로 난 창문 아래에 놓는다. 창문을 가리지 않도록 높이를 낮게 했으며, 벽면에 시원한 여백을 주도록 배려하였다. 또한 폭을 좁게 하여 면적을 많이 차지하지 않도록 하여 선비의 문화적 코드와 궤를 같이했다.

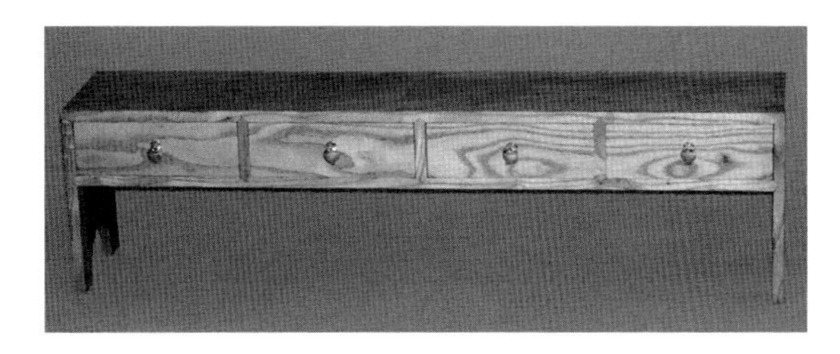

△ 장문갑(이춘식 作)

또 사랑방 가구에 빼 놓을 수 없는 것이 바로 책장이다. 책장은 말 그대로 책을 넣어 두는 장으로, 원래 대가(大家)에서는 서고가 따로 있으나 가까이 두고 즐겨 읽는 책들을 위해 실내에 자그마한 책장을 두었다. 선비들이 학문과 예술을 논했던 사랑방에는 많은 책이 있었다. 책을 보관하기 위하여 책장을 만들었으며, 보통 기둥은 책의 무게를 견딜 수 있도록 단단한 나무를 사용하였다. 판재는 책에 좀이 스는 것을 막고 습도 조절을 하기 위하여 오동나무를 썼다. 이 책장의 문은 오동나무 판재의 표면을 인두로 지지고 볏짚으로 문질러서 나뭇결이 드러나도록 하는 낙동법으로 만들었다. 낙동법을 사용하여 문의 알판을 만들면 어두운 색감이 드러나는데 이는 검은 칠을 한 것보다 은은하고 점잖은 느낌을 주어서 선비들이 선호하였다. 때로는 알판으로 오래된 느티나무의 뿌리 부분에서 나오는 용목(龍目)을 사용하기도 한다. 용목은 용이 꿈틀거리는 것처럼 여러 가지 역동적인 무늿결을 띠어서 귀중하게 취급하였다. 이러한 책장은 책 무게를 충분히 감당할 수 있도록 굵은 골재와 견고한 짜임이 중요시되었다. 책궤는『논어』『주역』등 여러 권이 한 질로 된 책들을 정리 보관하기 위한 궤로 책상·책함

이라고도 부른다. 안방 가구로 주로 사용된 이층장은 사랑방에서 책 또는 귀중본·서화 등을 넣어 두는 데에도 사용되었다.

여인들의 숨결이 녹아 있는 안방 가구

안방은 여성들의 공간으로 선비들의 사랑방과는 확연히 다르다. 바깥출입이 제한되어 있던 사대부가의 여인들이 가지고 있던 소망과 간절한 염원을 가구에 표현하려고 하였다. 여인들의 욕망을 가구가 대신해 주곤 하였다. 안방은 여성들이 거처하는 방으로 유교적 관습에 의해 외부와 격리된 곳이지만, 자녀를 기르고 가정생활의 중심을 이루는 매우 중요한 곳으로 화목함이 으뜸이었다. 그래서 사랑방의 검소한 분위기와는 달리, 안방은 여성 취향이 반영된 아담하고 따뜻하며 아름다운 가구가 배치되었다. 따라서 간결한 목가구 외에도 나전이나 화각 등 화려한 장식들을 이용한 화사한 가구들도 즐겨 사용하였다. 안방의 주된 가구는 장과 농으로, 이들은 사계절에 따른 많은 의복과 솜·천·버선 등을 보관하는 데 사용되었으며, 다양한 형태로 발달하였다. 측벽면에는 낮고 긴 문갑이 놓였으며 물품의 보관을 위해 각종의 함·상자들이 사용되었다. 몸단장을 위한 좌경과 빗접은 안방의 필수품이었다.

조선의 목가구에는 또 다른 기호가 숨어있다. 그것이 바로 장석인데, 경첩이나 들쇠, 고리, 자물쇠 등을 일컫는 것으로 두석(豆錫)이라고도 한다. 장석들은 사람들의 만수무강과 복을 기원하는 상징적인 문화 코드였다. 예컨대 장수를 의미하는 수(壽)와 복(福) 그림과 같이 형상화하였다. 가구에 쓰인 작은 대못 하나라도 감추고 싶은 마음에서 광두정(廣頭釘)을 아름답게 사용하였다. 즉 가구의 못이나 흠집을 가리기 위한 장석을 말한다.

안방은 안채로서 안방 가구가 차지한다. 안방이 기본적으로 여자들의 생활공간이며, 부엌과 연결되어 있어서 집안의 행사공간이나 자녀의 양육 공간으로 사용되었다. 여인들이 살림살이를 꾸려가는 주체이기 때문에 화려하고 꾸밈이 많은 가구를 놓게 마련이다. 여기에는 주로 장(藏), 농(籠), 반닫이, 함, 경대, 반짇고리 등을 배치하였다. 또한 부엌 가구에는 찬장, 찬탁, 뒤주, 소반 등이 있다.

안방 가구의 으뜸은 장롱이다. 장과 농은 안방의 주된 가구로, 옷가지를 보관하는 용도로 사용된 수납 가구이다. 계절의 변화에 따른 의복과 솜, 천, 버선 등을 보관하던 것이다. 외양은 비슷하나 각 층이 분리되면 농(籠)이고, 분리되지 않고 측널이 한 판으로 되어 있으면 장(欌)으로 분류된다. 장은 대개 몸통이 분리되지 않는 형태로 남녀의 구분 없이 용도에 따라 관복, 옷가지, 옷감 등을 보관하는 용도로 사용하였다. 장은 분리되지는 않으나 1, 2, 3층으로 구획되며 많은 힘을 유지하기 위해 굵은 기둥과 두꺼운 판재로 양 측널을 구성하였다. 반면에 농은 각 층이 분리되어 쌓을 수 있도록 제작된 가구로, 여성이 옷가지를 보관하는 용도로 사용하였다. 농은 각 층이 분리되므로 기둥보다는 얇은 판재로 짜여 있고 이 층 농이 대부분으로 운반과 관리에 편리하다. 용도에 따라 자그마한 머릿장, 일반 의장(衣欌), 버선장, 이불장 등과 옷을 구기지 않도록 횃대에 걸쳐 보관하는 의걸이장 등 다양한 쓰임새를 보인다.

반닫이(clothing chest)는 나무로 된 상자로서 '궤'의 한 종류이다. 장방형으로 짜서 물건을 넣어 두는 커다란 궤 중에 특히 앞면의 반쪽을 여닫는 가구가 곧 반닫이이다. 이 속에 옷·책·제기 등 다양한 물품들을 보관하며, 천판 위에는 항아리나 각종 소품·이불 등을 쌓아 두기도 하였다. 문이 앞으로 반만 열리는 구조로 되어 있어서 중요한 물건을 보관하거나 살림을 정리하는 다양한 수납기능을 갖추었다. 이러한 기능 때문에 어느 집에서든 반드시 가지는 가구이기도 하다. 앞면 상반부를 상하로 개폐하는 문판을 가진 장방형의 단층 의류함이기 때문에 지방에 따라 의류뿐만 아니라 귀중한 두루마리 문서, 서책, 유기, 제기 등 각종 기물을 보관하는 가구로서 사용하였다. 반닫이는 앞의 위쪽 절반이 문짝으로 되어 아래로 젖혀 여닫는 궤 모양의 가구로서 남녀 구분 없이 옷가지, 책, 제기 등을 넣어 보관하는 용도로도 사용하였다. 전라도 지역은 대청, 광에서 그릇이나 생활용품 등을 넣고 사용하였으며, 경상도 지역은 사랑방, 대청, 안방 등 공간에 관계없이 용도에 따라 다양하게 사용하였다. 우리나라 목가구에는 지역적인 문화가 짙게 배어있다. 이 반닫이는 내부는 주 보관 칸 외에 3개의 작은 서랍을 상단에 두었다. 또 자물쇠 앞바탕이나 경첩 기타 모서리의 거멀잡이 그리고 손잡이 등을 무쇠로 만들었다. 앞판 가장자리에 둥근 머리 쇠못과 2-3개의 꽃 모양으로 처리한 쇠못 등이 간단한 장식적 효과를 내고 있다. 앞바탕이나 경첩의 공간 배치 등을 보면 어느 지방의 반닫이인지 분간할 수 있다. 반닫이는 상단 중앙부에 뻗침쇠가 'ㄱ'자 모양으로 내려와서 제비추리 모양과 비슷한 자물쇠 앞바탕에 걸리게 되어 있으며 물고기 모양의 자물쇠가 채워져 있다. 구조는 두꺼운 통판의 천판과 측널을 잇고 있으며 천판과 뒷널, 천판과 옆널의 짜임은 맞짜임 형식이고, 옆널과 앞널, 옆널과 뒷널의 짜임새는 사개물림 즉, 네 갈래로 오려내고 맞추는 기법으로 우리나라 특유의 결구법을 쓰고 있다. 반닫이는 지방에 따라 특성을 살린 여러 형태가 있는데 특히 강화 반닫이는 세공이 뛰어나고 무쇠와 놋쇠를 재료로 한 금구 장식이 뛰어나 가장 상품으로 꼽힌다. 반닫이 앞쪽에는 각종 장석이 사용되는데, 복을 형상화하거나 태극무늬를 넣어서 장수와 화합의 문화를 나타내었다. 또한 만자(卍) 무늬를 넣어 문화적 코드를 집어넣었다. 卍자는 그리스도교의 십자가와 마찬가지로 예로부터 세계 각지에서 사용되었다. 한국에서는 일반적으로 불교나 절을 나타내는 기호 또는 표지로 쓰이고 있다. 불교에서는 '卍'을 길상(吉祥)의 표상으로 여긴다. 모양은 중심에서 오른쪽으로 도는 우 만자(卐)와 왼쪽으로 도는 좌 만자(卍)로 크게 나누어진다. 인도의 옛 조각에는 卍자가 많으나, 중국·한국·일본에서는 굳이 구별하지는 않는다. 또 좌우 만자의 각 끝부분이 다시 꺾인 모양도 있다.

이러한 만자는 아시리아・그리스・로마・인도・중국 등 고대문명이 찬란하였던 곳에서 흔히 발견된다. 좌 만자는 화합과 평화를 상징하고, 우 만자는 힘과 우월성을 상징하여 독일 나치즘(Nazism)의 상징으로 널리 사용된 바 있다.

작은 소품들에는 여인네들이 늘 사용했던 좌경과 장식품들을 넣어서 보관한 보석함 등이 있다. 소품을 만들 때에도 나무의 목리를 살리면서 미적인 아름다움과 용도에 맞는 기능성을 최대한 살리도록 하였다.

△ 보석함 (이춘식 作)

고비(考備)는 두루마리 종이나 편지를 보관하는 도구이다. 조선 후기 선비들의 공간인 사랑방은 벗과 함께 학문과 예술을 논하고 진경산수를 시로 읊고 후학을 양성하는 공간이며 이 공간에 고비가 걸려 있어 편안함과 여유로움을 주는 도구이기도 하다.

음식 문화가 담겨 있는 부엌 가구

여인들이 사용하는 전형적인 부엌 가구에는 찬탁이 있다. 부엌에서 사용된 가구 중에 찬탁은 식기류를 얹어 놓는 것으로, 유기(鍮器)나 자기(磁器) 등의 무거운 그릇들을 감당할 수 있게 굵은 기둥과 무거운 판재로 튼튼하게 만들어졌다. 찬장은 그릇을 넣거나 음식을 담아 보관하는 가구로, 그릇의 무게와 음식 냄새로 인한 쥐나 해충의 피해를 고려하여 튼튼하고 안전하게 만들어졌다. 뒤주는 쌀 등의 곡물을 보관하는 것으로 대형에서 팥, 깨를 넣는 소형에 이르기까지 각종 형태가 있다. 찬탁은 부엌에서 사용하는 주방용 가구이기 때문에 치장의 아름다움보다는 튼튼하고 실용적으로 만들어졌으며 비교적 간결한 구조를 가지고 있다. 찬탁은 찬장과 기능은 같으나 완전 폐쇄형이 아니라는 점에서 구별되며, 사방이 완전히 개방된 2, 3단 층널로만 구성된 찬탁이 있고, 층널의 하단 또는 중간에 수납장을 만들어 미닫이문을 달아 수장을 겸할 수 있도록 만든 찬탁도 있다. 찬탁의 재료는 소나무, 느티나무, 참죽나무가 일반적으로 쓰인다. 찬탁의 구조는 간결한 기둥에 층널이 두꺼운 통판으로 구성되어 힘받이로 고정되어 있거나 굵은 쇠목에 얇은 널빤지가 끼워져 있는 두 종류가 있다. 얇은 널빤지의 긴 가로결이 힘을 크게 받지 못할 경우는 짧은 세로결의 널빤지를 여러 쪽 쇠목에 끼우기도 하였다. 기둥과 쇠목의 연결 부분에는 연귀촉짜임이 많고 때로는 십자형 턱짜임과 군데군데 나무못을 박아 튼튼하게 만들었다. 서가나 책탁자와 같은 형태를 가진 찬탁은 현대인들의 서재에 사용해도 전혀 손색이 없을 것이다.

소반은 지역의 특성이 많이 반영되는 가구 중의 하나이다. 다리 모양만 보아도 그 특징이

드러난다. 개 다리 모양을 닮으면 구족반, 호랑이 다리 모양을 하면 호족반 등으로 불린다. 음식을 담은 그릇을 안치하여 나르는 데 사용된 소반은 이동하기 편하게 가벼운 재질로 작게 만들어졌다. 사용된 나무는 얇아도 잘 터지지 않는 피나무·호두나무·가래나무·은행나무 등이며, 특히 은행나무는 좀이나 벌레가 쏠지 않고 탄력이 있어 깊은 흠이 잘 생기지 않아 애용되었다. 전체적인 모양에 따라 사각반, 호족반(虎足盤), 구족반(狗足盤), 공고상, 원반, 일주반, 화형반 등 다양하게 있다. 특히 사각반은 지방에 따라 천판·운각·다리의 형태와 제작 방법 등이 다른데, 해주·나주·통영·강원·충주반 등이 대표적인 종류들이다.

△ 소반(이춘식 作)

우리나라의 목가구 문화

일본과 중국의 목가구에는 정교한 조각이나 금은 가루 또는 나전 상감기법 등을 사용하여 화려하기 그지없는 특성이 있다. 그러나 조선의 목가구는 나무 자체가 가진 목리와 성질을 최대한 살리면서 우리 고유의 전통을 만들어 왔다. 그래서 소목장들은 나무 자체가 가지는 결을 최대한 살리면서 생활에서 우러나오는 문화적인 요소를 표현하는 작업이 매우 중요한 소임이었다. 목가구에는 그 나라의 문화적 특성이 깊게 배어있는데, 그 문화는 목가구의 형태나 아름다움으로 표현되기도 하고, 목가구를 만드는 도구에 따라서 나타나기도 한다. 예컨대 목가구를 만들 때 많이 사용하는 대패의 경구가 그러하다. 전통적으로 우리나라 대패는 '미는 것'이었고, 일본은 '당기는 것'이었다. 일본 대패가 당겨야 깎이기 때문에 앉아서 작업을 할 수 없어서 서서 순간의 힘으로 나무를 다듬었다. 이에 반해 우리나라 대패는 미는 대패니까 앉아서 해도 되어서 멍석을 깔고 앉아 노랫가락 흥얼거리며 여유 있게 작업을 하였다. 이렇게 만들어진 전통 목가구는 흥을 아는 장인들의 정성으로 만들어진 문화적 산물인 것이다. 그런데 오늘날 우리가 사용하는 대부분의 대패는 일본의 영향으로 당기는 것을 사용하고 있어서 안타까움을 더하고 있다.

우리나라의 목가구는 비례와 균형이 잘 맞고, 장석 또한 적절하게 부착되어 있어서 매우 아담하고 아름다운 느낌을 준다. 온돌 문화의 영향을 받은 목가구는 평좌식 생활 가구 형태로 발전하였다. 주거 양식적 특성으로 공간 배치에서는 자연적 비대칭 형태로 나타났다. 공간 구성에서는 자연적 생활공간을 추구하였기 때문에 실내 장식에서 여백의 미를 강조한 자연미의 공간으로 표출하였다. 주택의 공간 구성은 가족 외의 손님을 맞이하는 접객공간, 가족의 일상생활이 이루어지는 생활공간, 접객공간과 생활공간을 지원하는 서비스 공간으로 나뉜다. 우리나라의 접객공간은 사랑방이고, 생활공간은 안방, 그리고 서비스 공간은 부엌과 대청이었다. 따라서 각각의 공간 특성에 맞게 가구가 발달하였다. 우리나라의 평좌식 생활양식에 따라 평좌식 가구가 발달하였으며, 그 형태로는 수납장 유형의 가구가 발달한 것이 특징이다(김국선, 2003). 특히 우리나라의 가구는 선과 면의 분할과 비례미를 중시하였다.

좌식문화의 영향으로 전통 목가구의 다리 형태는 대부분 발 형태를 띠고 있다. 소반, 서안, 경상을 제외하고는 다리의 형태라기보다는 짧은 다리 또는 발의 형태를 한 받침대로 나타난다. 주로 옷이나 침구를 보관하는 장, 농 등의 하단부를 통괄적으로 마대(馬臺)라고 부르는 이유도 여기에 있다. 따라서 대부분의 우리나라 목가구의 하단 부분은 말의 다리 및 발의 모양을 띤 마대, 마족 형태를 보인다(국립민속박물관, 2004).

다른 나라에 비하여 우리나라의 의자는 생활용이라기보다는 교의로서 높고 제례용으로 사용되었다. 평상은 중국의 것과 비슷하나 평좌식 생활을 반영하여 바닥에서 좌판까지의 높이가 낮은 것이 특징이다. 목가구의 선과 면 구성의 분할 비례미에 있어서는 가구의 전면 조형에 적극 반영되었다. 또한 우리나라의 바닥재인 장판은 온돌의 구조에 따른 열과 습도 등의 대류 현상 특성으로 바닥에 고정되어 사용되었기 때문에 목가구 대부분이 풍혈(風穴) 구조를 사용하였다. 굵은 기둥과 기둥 사이를 가로지르는 풍혈 장식은 많은 공간의 허전함을 메우는 독특한 양식을 가지고 있다. 많은 목가구에서 볼 수 있는 풍혈 구조는 박쥐를 형상화하고 있다. 전통적으로 박쥐는 다산을 의미하여 풍요로움을 상징하기도 한다. 백성들의 다산에 대한 염원이 풍혈 구조에 반영된 문화적 요소이다. 우리나라는 재료의 제한적인 특성 즉, 넓은 판재를 쉽게 구하지 못한 것으로 인해 재료를 조합하거나 분할하여 사용하는 기법이 발달하였다.

우리나라는 선비 사상이 근간을 이룸에 따라 기술을 천시하여 목가구에 대한 기술적 발달과 계승이 활발하게 이루어지지 못하였다. 그런데도 장인들의 정신이 목가구에 면면히 흐르고 있는 것은 특이할 만하다. 가구는 물건을 만드는 동시에 생각을 만드는 것이었다. 조선의 선비정신과 그 이상향을 고스란히 품었던 조선의 목가구는 단순해서 더 깊이가 있고, 절제되었기에 더 아름다웠다. 그 정성과 아름다움 때문에 새롭게 읽히고 있다. 그러나 조선의 목가구는 여전히 세월 너머에 묻혀있다. 우리는 일제 강점기라는 뼈아픈 역사를 가지고 있다. 이 시기에 일본은 조선의 소목장들을 일본으로 데리고 가 훈련을 시킨 후 일본식 목가구를 만들어 한국의 목가구로 세계에 소개하는 해프닝을 가지고 있다. 주문은 일본인이었고, 제작은 조선의 소목장인 셈이었다. 가구는 생활양식의 영향을 그대로 받기 때문에 20세기 근대 가구에서는 조선의 목가구에 다리가 붙고 말았다. 근대화 이후에 우리는 조선의 목가구에 예술성과 역사상을 읽지 못하였다. 그러나 외국인들은 목가구의 저변에 흐르는 가치를 읽고 소장하는 사람들이 많이 늘어났음은 아이러니다. 조선의 목가구는 질곡의 역사를 걸어온 셈이다. 이것이 조선 목가구의 운명이었다. 일본인들만 해도 조선의 목가구를 천천히 실눈을 뜨고 들여다 보니 그 아름다움과 예술성에 감동하고 있다. 생활 속에서 일본인들은 조선의 목가구를 즐기고 있다. 있는 듯, 없는 듯 마치 공기와 같은 존재, 그것이 조선의 목가구인지도 모른다. 일본 교토의 고려미술관에는 조선 목가구의 원형을 가장 많이 보유하고 있다. 300여 점에 이르는 목가구들. 여기에 있는 가구들은 재일교포 고 정조문 선생이 일본에서 평생에 걸쳐 수집한 것이다. 그에게 목가구는 조선 그 자체였다는 것이다. 경북 예천에서 태어나 6살에 일본으로 건너간 정조문 선생은 조국에 대한 그리움을 목가구를 통하여 표현한 것이다. 일본인들이 느끼는 조선의 목가구는 어떤 존재일까? 조선 목가구의 수집상인 가와구치 지로 씨는 말한다. 조선의 목가구는 한마디로 '위안'이라는 것이다. 마음이 편해지는 가구라는 의미에서 조선의 목가구는 아마도 몇 년이라는 짧은 쓰임이 아니기에 앞으로도 오랫동안 사랑받을 것으로 내다보았다.

재료의 도장 마감에 있어서 우리나라는 대부분 투명도장으로 자연의 목리 무늬를 그대로 드러내는 형태이다. 특히 주거 양식에 따라 가구가 많은 영향을 받는데, 우리나라의 좌식가구는 외부로부터 분할된 통 구조로 사용되었다. 공간을 사용하는 거주자의 성격에 따라 각 공간마다 고정형 가구를 배치하여 사용하였다. 가구의 장식성에 있어서는 성리학과 실학의 영향으로 선비 사상이 반영되어 사랑방 가구는 검소하고 소박미를 크게 드러냈다. 장식에 있어서도 그 문양이 자연물을 대상으로 하되 자연을 그대로 받아들이는 마감을 보였다.

마. 전통 목가구 속의 문화 읽기

전통 목가구는 용도나 사용되는 장소에 따라 형태와 기능 면에서 많은 차이를 보인다. 목가구의 배치에 있어서도 각 목가구 간의 균형과 조화를 중요하게 여겼다. 온돌구조에 의한 평좌식(平坐式) 생활양식으로 인해 전통 목가구는 앉아서 볼 때 부담이 되지 않고, 사용에도 불편하지 않은 아담한 크기로 제작되었다. 목재의 연결도 과학적이며 정교한 결구법(結構法)으로 보기에 좋으면서도 견고하게 마무리하였으며, 특히 보이지 않는 부분에도 결코 소홀함이 없었다. 또한 목가구의 간결한 선과 명확한 면의 비례는 오늘날에도 과장이 없는 쾌적한 비례로서 높이 평가받고 있다(변성아, 2000).

목가구와 실내 공간 문화

우리나라의 가옥 구조에서 보듯이 좁은 실내 공간을 한껏 활용하는 목가구를 만들었다. 대체로 목가구들이 좁은 실내 공간의 벽에 붙도록 배치하고 위압적이지 않도록 눈높이에 맞는 형태이었다. 따라서 가구는 선과 면 구성의 비례미를 자랑하며 가구의 전면 조형에 미를 추구하는 형식으로 발달하였다.

우리 전통 가옥은 주변의 자연과 어우러짐을 으뜸으로 쳤다. 그 속에 있는 가구들에도 역시 자연의 향기가 스며있어 자연과 집과 사람과 가구가 잘 어우러져 있었다. 조선 시대 목가구는 자연과 같은 편안함과 아름다움을 우리 마음에 깃들게 했다고 할 수 있다. 우리 목가구에서 가장 눈에 띄는 것이 나뭇결(木理)의 아름다움이다. 사계절이 뚜렷한 우리나라에서는 나뭇결이 선명하고 아름다우며 나무마다 차이를 보이는데, 그 나무를 어떻게 켜느냐, 또 켠 나무의 표면을 어떤 대패로 어떤 기술로 미느냐에 따라 그 모습이 천차만별이며, 완성된 목가구 표면을 다양한 방법으로 가공하여 촉감과 나뭇결을 더 두드러지게도 했다. 게다가 우리 할머니, 어머니들은 목가구를 들여놓은 후 매일 기름걸레로 닦고 문질러 나무속에 스며있는 자연의 맛을 음미하였다. 우리나라에는 기후상 두껍고 넓은 판재가 흔하지 않아 대개 얇고 작은 판재들로 가구를 제작하게 되는데, 이 과정에서 단순 간결하면서도 재미있는 면 분할을 보여주게 된다. 여기서도 아름다운 나뭇결과 면 구성의 조화가 큰 역할을 하는데 오랜 경험과 재주 있는 소목장이 짠 장롱이나 문갑 등을 보면 큰 면을 분할해서 거기에 댄 각 소면(小面) 나뭇결의 어우러짐이 참으로 볼 만하다. 이러한 다양한 면 분할은 목재의 제한에 기인할 뿐 아니라, 가벼우면서도 큰 온습도 차에서 뒤틀리지 않는 견고한 가구를 제작하기 위한 것으로, 실용과 기능에 충실하면서도 미적인 장식 효과를 거두고 있다. 그리고 대소의 각 면 사이에는 좁고 가는 골재와 버팀목인 동자와 쇠목 등이, 돋을무늬처럼 튀어나옴으로써 질서 있고 뚜렷한 경계를 이루고 있음을 볼 수 있다. 여기에 덧붙여, 동자와 쇠목의 양 끝이 기둥과 쇠목에 머리를 박아 연귀촉과 연귀턱 짜임으로 서로 만나게 되어, 외형의 선의 흔적은 제비초리 모양의 V자형이 되거나 ＞∧∨＜ 형과 같은 선을 남겨 전체적인 구성에 또 하나의 변화를 주고 있다.

우리나라 목가구에 사용되는 가구는 독특한 선과 면의 분할을 중시하였다. 기후에 따라 여름에는 습기가 많고, 겨울에는 건조하여 수축과 팽창이 심하여 넓고 얇은 판재는 휘거나 터질 위험을 안고 있었다. 이러한 결함을 보완하기 위하여 구조적인 짜임새와 이음새가 필요하였다. 즉 전면에 쇠목과 동자 등의 골재로 면 분할(쥐벽칸, 복판 등)을 하였고, 골재의 홈에 끼워 넣는 기법 사용을 사용한 것이 그 특징이다. 조선 시대 면 분할은 한국적 독특한 비례 감각 발달이었으며, 어떠한 공간이나 주거 양식에 잘 어울리는 특징을 가지고 있음에 주목해야 한다.

목가구와 온돌 문화

우리나라의 가옥 구조는 천장이 낮고 방이 좁은 것이 특징이다. 특히 온돌 문화가 생활에 자리 잡음에 따라 여기에 맞는 목가구가 등장하였다. 온돌에 데워진 방바닥에 목가구를 밀착시키면 쉽게 변형되기 때문에 독특한 풍혈 구조를 가구에 배치하였다.

온돌은 방고래를 만들고 그 위에 구들장을 놓기 위한 흙 또는 돌로 쌓아 올린 두덩을 만든다. 그 위에 두께 5~8 cm의 판판한 화강암을 돌로 받쳐가며 일정한 높이로 놓고 그 위에 진흙을 바르고 아궁이에 불을 때서 그때까지 만든 부분을 건조한다. 그 후 새 벽을 바른 다음 초배를 하고 다시 건조한 후 장판지를 바른 것이다. 아궁이에서 굴뚝에 이르는 방고래 형식에는 1로식 · 2로식 · 다주식 등이 있으며, 연기가 방고래 전체에 골고루 지나가도록 하고, 바닥은 아궁이에서 굴뚝으로 갈수록 약간 높게 만든다. 따라서 구들장 위에 바르는 진흙의 두께는 아궁이 쪽이 두텁고 굴뚝 쪽은 얇게 되어 방바닥 전체가 골고루 따뜻하게 된다. 그러나 방고래의 길이가 너무 길면 불이 잘 들지 않고 연소하기 힘들다. 오늘날은 개량식 온돌로서 보일러를 설치하고 방바닥에 파이프를 매설하여 난방하거나, 연탄보일러로 온수를 순환시켜 난방하는 방식이 많이 보급되고 있다. 온돌은 한국의 독특한 난방법으로 열의 효율이 좋고 연료나 시설이 경제적이며, 고장이 별로 없을 뿐 아니라 구조체에 빈번한 손질이 필요하지 않다는 등의 장점이 있다. 그러나 열전도에 의한 난방이므로 방바닥 면과 윗면의 온도 차가 심하여 누워 있는 사람의 위생에 좋지 않으며, 온도를 유지하기 위해 방을 밀폐하므로 환기가 잘되지 않고, 습기가 없어져 건조되기 쉬우며, 가열시간이 길고 온도조절이 어렵다는 등 단점도 있다. 이러한 구조적인 특성을 고려하여 낮은 가구들을 벽에 붙여 사용하였으며, 열과 습도의 대류현상 반영한 가구 다리 구조인 풍혈(風穴)이 사용되었다.

한편 목가구에서 보이는 각 부위 간 적절한 비례와 균형과 조화 또한 눈여겨봐야 할 점이다. 정면에서 본 가구의 높이와 폭의 비례, 조금 빗겨서 봤을 때의 가구의 높이와 정면 폭과 측면 폭의 비례, 사방탁자나 장롱 등 키 높은 가구에서의 층수와 각 층간의 비례가 어떤지 전체적인 균형과 조화를 봐야 한다. 우리 목가구는 이 비례와 균형이 방의 크기와 사람의 크기에 아주 적절하게 맞게 되어 있으며, 너무 키가 크고 폭이 좁은 것도 없고 너무 폭이 크고 키가 작은 것도 없어, 모두가 우리 눈과 마음에 적절한 비례와 균형을 보인다. 이러한 전통 목가구는 대량생산, 기성품이 아닌 소량의 주문형 맞춤 가구로서 제작되어 장인의 솜씨와 함께 그 사용자의 독특한 취향이 다양하게 반영된다. 안목이 높은 소목장과 사용자가 있을수록 목가구의 품격과 아름다움이 드높아지게 된다. 우리 목가구는 문화 및 자연환경에 따라, 사용자 상황 및 안목에 따라 크기나 모양은 달라졌지만 집과 방과 사람과 가구의 어우러짐을 추구하였다.

목가구와 평좌식 문화

우리나라는 독특한 평좌식 문화로 안방에서 주저앉아 생활한다. 그래서 안방의 모든 가구는 앉은 눈높이에 맞추어 그 크기와 높이와 비례가 짜여 있다. 바닥에 앉은 안방은 사람의 눈높이가 거실에 앉아 있는 사람들보다 낮기 때문에 여기에 맞추어서 가구를 배치해야 했다. 목가구가 구조적으로 고착성을 좌식형이며, 정면이 시야에 들어오는 상자 형태의 가구가 발달하였다. 조선 시대의 가구는 대부분 창호를 통하여 앉아서 밖을 내다볼 때 전망을 고려했기 때문에 단층장, 반닫이, 문갑 같은 평좌식 가구 등이 보편화 되었다. 전통 한옥의 주거 생활에 적합한 평좌식 가구에는 방의 종류에 따른 안방 가구(장롱, 의거리장, 3층장, 단층장, 경대, 혼수함, 반닫이), 사랑방 가구(사방탁자, 문갑, 서안, 서장, 현상, 고비), 주방가구(찬장, 뒤주, 소반, 함지박, 목판) 등으로 발달하였다. 또한 기후의 차이로 인해 우리나라 기후 풍토에 순응해서 자연환경에 맞게 발달했다. 소박하고 단순하면서도 사용하기에 편리하도록 제작되었다. 또 나무의 성질과 결에 따라 자연적인 목리(木理)를 살리는 것이 특색이다. 그래서 채칠이 필요한 목재와 필요치 않은 목재가 구별되며, 주변에서 쉽게 얻을 수 있는 괴목의 용목 문양을 즐겨 사용한 것이 우리 목공예의 특색이다.

자연미의 중시 문화

우리나라 목가구에는 대대로 내려오는 생활양식이 그대로 투영되어 있다. 목가구의 장식에 사용되는 문양은 대부분 자연물과 수복강녕을 기원하는 염원을 담았다. 목가구의 마감에서는 자연을 그대로 받아들이는 마감으로 자연미를 극대화하여 표현되었다. 소반에 있어서는 다리 모양을, 개 다리 모양은 구족반, 호랑이 다리는 호족반을 만들었다. 각종 상석에서는 박쥐 문양을 사용한 예가 그것이다.

장석의 역사는 아주 고대까지 거슬러 올라가지만 정확히 언제부터 제작되어 사용되었는지는 알 수 없다. 하지만 고대 삼국의 예술문화 수준과 발굴된 유물・유적을 통해 일찍부터 사용되었다는 것을 쉽게 짐작할 수 있다. 그러나 이처럼 고대 때부터의 장구한 장석 사용 기간에도 불구하고 조선 시대 이전까지는 지배층의 생활품을 중심으로 장석이 제작・사용되었기 때문에 일반 서민들에게까지 보편적으로 보급되지는 않았다. 서민들에게까지 장석이 보급된 시기는 서민들이 목가구를 본격적으로 사용한 시기와 일치한다. 장석은 바로 옛 목가구에 사용된 모든 금속장식을 일컫는 말이기 때문이다. 그 시기를 대략 17~18세기로 볼 수 있다. 이 시기의 시대적 상황(정치・경제・사상・신분적인 면)을 살펴보면, 우선 1592년 임진왜란의 영향으로 붕괴한 통치체제 즉, 중앙 집권 지배 체제가 완전히 복구되지 않았고, 새로운 학문인 실학의 보급으로 기존의 사상인 성리학과 대립하기 시작하고, 중앙에서는 붕당정치의 폐

해로 몰락한 양반(잔반)들의 수가 계속 증가하는 추세에다가, 서민들 중에서는 광작·도고를 통하여 경제적 부를 축적한 이들이 많이 나타나게 된다. 또한 납속, 공명첩과 같은 제도의 폐단으로 신분 계층이 문란해지는 것이 이때의 시대적 상황이다. 이러한 상황에서 새로이 목가구와 장석을 만들어서 사용한 서민들이 생겼으며, 경제력이 모자라는 서민들은 몰락한 양반들이 사용하던 가구를 구입하게 되고, 이러한 과정을 거치면서 서민들의 정서와 생활상 및 서민들의 염원이 담긴 장석이 급속도로 발전하게 되는 것이다. 그래서 이곳 향토민속관에 전시된 장석들도 그 시기가 18세기부터 20세기 초에 제작된 것이다. 여기에서 하나 알 수 있는 중요한 것은 조선 초기·중기까지만 하더라도 일반 서민들이 목가구를 본격적으로 사용하지 못했다는 것을 알 수 있다. 금속장석이 많이 부착된 목가구는 지배층인 양반과 중간계층이라 할 수 있는 중인들이 주로 사용하였고, 일반 서민들은 이때까지 짚이나 대나무로 만든 제품을 사용하였고, 목가구를 사용하였더라도 장석이 많이 붙어있는 목가구는 사용하지 못하였다. 목가구야 산에서 나무를 구해 만들 수는 있지만, 목가구에 붙는 장석을 제작하기에는 경제력이 못 미치기 때문이었다. 보통 일반 TV 사극에서도 보면 조선 초기, 중기시대 일반 민가에 금속장석이 많이 붙어있는 목가구가 보이지 않는 것도 다 이러한 이유 때문이다.

장석의 재료로는 거멍쇠·청동·황동·백동 등이 있다. 이 중 장석의 재료로 가장 먼저 사용된 것은 거멍쇠이다. 색깔이 검기 때문에 붙은 순우리말로 일반적인 말로 하면은 흔히 무쇠라고 말하는 것이며, 이 거멍쇠는 고대부터 지금까지 전 시기에 걸쳐서 사용되고 있다. 다음으로 청동이 사용되었는데, 청동으로 제작된 장석은 거의 고려 시대(중세)에만 나타나고 있다. 때문에 청동제품은 제작연대가 상당히 오래된 것이라 할 수 있다. 이 곳 민속관의 장석은 18~20세기 초에 제작된 것이기 때문에 청동 장석은 아쉽게도 없다. 청동 다음으로는 황동이 사용되었으며, 백동이 가장 나중에 사용되었다. 백동이 본격적으로 장석 제작에 많이 사용된 시기는 1900년대 초로, 거의 일제 지배하에 있던 시기와 일치한다. 그러므로 백동 장석으로 가장 오래된 것은 한 백 년쯤으로 볼 수 있다. 백동이 가장 나중에 사용되었기 때문에, 요즘 주위에서 흔히 볼 수는 없지만 할아버지, 할머니들이 애지중지 가지고 있는 목가구는 거의 백동 장석으로 제작된 것이다.

또한 백동, 황동 장석이라 하여 일률적으로 장석의 색깔이 하얗거나 노랗지는 않다. 장석을 만드는 장인이 구리에다가 니켈이나 아연의 금속을 어떤 비율로 섞어서 만드는가에 따라 백동, 황동 장석의 색깔이 제각각 조금씩 다르게 된다. 때문에 각 장인들은 자신이 즐겨 쓰는 재료의 배합비율을 가지고 있으며, 쉽게 전수해주지 않는다. 그러므로 금속장석의 모양이나 문양은 쉽게 모방할 수는 있지만 금속의 색깔은 그렇지 못하기 때문에, 장인들은 금속장석이 붙은 가구가 어디에 있더라도 한눈에 자기가 만든 것이라는 것을 알 수 있다.

이러한 금속장석들은 오래 사용하면 사람의 손길에 그 색이 바라거나 때가 타게 된다. 옛날에는 손때가 묻은 금속장석을 닦는 데에 담벼락이나 지붕에 있는 기와의 가루를 사용하였다. 아마 사오십 대의 분들은 유년기에 이러한 모습들을 한 번쯤 보았을 것이다. 보통 새해 초에 많이 닦았는데, 백동·황동 장석은 일 년에 한 번만 손질하여도 거의 영구적으로 사용할 수가 있다.

이러한 재료들로 만들어진 금속으로 가구 장석을 만드는 데에는 여러 가지 방법이 있으나 그중에서도 가장 기본이 되는 두 가지가 있다. 바로 투각과 판금이다. 투각은 주로 해안지방에서 많이 사용하는 방법이며, 판금은 금속의 위에 무늬를 새겨 넣는 것으로 주로 내륙지방에서 많이 사용하는 방법이다. 이곳 진주는 내륙에 위치하면서도 인근에 해안이 근접해 있기 때문에 판금과 투각의 기법이 두루 사용된 경향이 있다(진주시 향토민속관, 2000).

축복과 염원을 담은 장석의 문양에서 옛사람의 심미안을 본다. 촉석루를 마주 보고 서 있는 진주 향토민속관은 국내 유일의 장석박물관이다. 이곳에는 조선 시대 가구에 부착된 금속 문양인 장석이 8만여 점이 전시돼 있는데, 모두 故 태정 김창문 선생이 40년에 걸쳐 수집한 것들이다. 가구의 이음새를 보강하는 귀잡이와 통귀쌈, 나무가 뒤틀리지 않도록 잡아주는 감잡이, 문을 여닫게 하는 경첩과 들쇠, 흠을 메우는 광두정과 앞잡이 등 용도에 맞게 가구 곳곳에 장석이 사용됐다. 현대화의 바람을 타고, 전통 목가구는 불쏘시개 신세를 면치 못했지만, 장석만은 살아남아, 우리 조상의 심미안을 증거해 준다. 늘 곁에 두고 매만지는 가구 위에, 세월 따라 윤기를 더해가는 장석의 섬세한 문양들, 부귀다남, 수복강녕, 무병장수의 마음을 담아 삶을 꽃밭처럼 가꾸고 싶어 했던 옛사람들의 정서와 삶의 방식을 들여다볼 수 있다.

전통 목가구와 현대와의 조화

우리나라 전통 목가구를 한마디로 표현한다면, 검이불루 화이불치(儉而不陋 華而不侈)라고 할 수 있다. 즉 검소하지만 누추하지 않고, 화려하지만 사치하지 않다(This is simple but not dirty, and splendid but not luxurious). 전통 목가구를 어느 공간이나 장소에 두더라도 결코 기죽지 않고 기품이 있다는 것을 한마디로 표현한 것이다. 옆에 놓여 있는 가구를 억누르거나 하지 않고, 본래 그 자리에 있었던 것처럼 존재감을 드러낸다는 것이 우리네의 목가구이다.

우리나라는 낮은 자세로 높고 먼 곳을 지향하는 정서이다. 각기 조금씩 차이가 있기는 하지만, 조선 목가구는 대체로 그 높이가 높지 않다. 예컨대, 서안의 높이는 선비가 가부좌를 하고 앉아 책을 읽고 글을 쓰기에 적당한 35cm 정도이다. 옷이나 그 밖의 사물을 보관하는 반닫이는 바닥에 앉아 물건을 넣고 빼기 좋은 7, 80cm를 넘지 않는다. 이러한 목가구의 높낮이는 한국 전통 가옥의 구조와 우리 선조들이 외부 세계와 관계 맺는 의식구조가 가구의 구조에 영향을 미친 물리적 결과이기는 하다. 온돌 좌식생활을 위해 낮게 지어진 집, 외부 자연을 굽어보거나 집 안으로 포획하는 것이 아니라 멀리서 바라보는 문과 창호의 구조가 가구에 작용한 결과이다. 우리의 전통 속에서 사물들은, 인간이 보다 대지에 밀착해 살았던 삶과 그러한 낮은 지평 위에서 높고 먼 어떤 곳, 무한한 것으로서의 자연을 자기 내면의 이상으로 삼았던 인식을 표현하고 있다. 낮은 가구 위로 펼쳐진 여백의 벽들은, 정말 문자 그대로 비워져서 생활의 고단함에 치이는 이들의 정서를 품어주고 정신을 건강하게 양육하는 공간이며, 벽면수행(壁面修行)의 일환이었을 것이다. 위로 낮게 자리 잡은 조선의 책상이나 장롱들이 겸손하게 자기의 쓰임에 충실한 물건이어서 오늘날의 아파트나 현대식 건물에 갖다 놓아도 손색이 없다. 전통 목가구의 배치는 쓸데없이 덧붙임이 없으면서 단순하면서도 품위와 구성미를 갖춘 것으로 평가받는다.

현대적인 아파트 문화 속에서 거실에 문갑과 사방탁자가 한 세트로 나지막하게 놓여 있는 모습으로 재해석하여 만들면 잘 어울린다. 위압적이지 않고 기품이 있으며, 조선 시대의 기법 그대로 목가구를 만들어서 사용하는 애호가들이 늘어나고 있다.

△ 사방탁자와 문갑 세트(이춘식 作, 2010)

바. 전통 목가구와 기술 교육의 과제

첫째, 우리가 일상생활에서 많이 사용하는 '장이'와 '쟁이'가 있다. '개구장이' '개구쟁이' '미장이' '미쟁이' '겁장이' '겁쟁이' '옹기장이' '옹기쟁이'. 어떤 말이 맞는 걸까. 사람들은 '~장이'와 '~쟁이'를 잘 구별하지 못하고 섞어 쓰는 일이 많다. 그러나 두 낱말의 뜻을 잘 알고 있으면 쉽게 구별해 쓸 수 있다. 우선 '~장이'는 수공업적인 기술로써 물건을 만들거나 수리하는 사람을 홀하게 이르는 말이다. 대장장이, 미장이, 옹기장이, 땜장이 등이 그 예다. 이와 달리 '~쟁이'는 사람의 성질, 독특한 습관, 행동, 모양 등을 나타내는 말에 붙어서 그 사람을 홀하게 이르는 말이다. 흔히 말하는 고집쟁이, 겁쟁이, 미련쟁이, 허풍쟁이 등이 여기에 속한다. 한편 '~쟁이'는 사람을 가리키는 말이 아닌 곳에도 널리 쓰인다. 곱절 되는 수량을 나타내는 곱쟁이, 덩굴식물 담쟁이, 발(손)목을 속되게 이르는 발(손)목쟁이, 곤충 소금쟁이가 그 예다. 그런데 우리는 예로부터 목수장이라고 불러야 할 말을 목수쟁이로 불러 비하하는 문화가 있었다. 이것 역시 유교 문화와 기술 천시 문화의 잔재와 다름 아니다. 이것이 전통적으로 소목장의 홀대로 이어졌다. 목수쟁이는 밥 벌어먹기 힘들다. 사회적 무관심이 한층 더해진 과거가 있었다. 전통 목가구를 다루는 이들을 우리는 소목장이라 부른다. 1975년에 지정된 중요 무형문화재 제55호(소목장)가 바로 그들이다. 이들의 계보는 천상원(1926-2001; 1975년 지정; 조교 김금철), 송추만(1903-1991; 1984년 지정; 조교 이정곤), 강대규(1936-1998; 1988년 지정; 조교 조화신), 정돈산(1939-1992; 1991년 지정), 설석철(1925-현재; 2001년 지정), 박명배(1949-현재; 2010년 지정)로 이어지고 있다. 소목장들은 모두 경제적인 어려움을 겪어 왔으나 전통 목가구에 매료되어 그 일을 묵묵히 해온 이들이다. 최근에 지정된 박명배 소목장의 전통 목가구에 대한 견해이다.

> 나무는 수백 년을 거쳐 자라기 때문에 무늬(선)가 다양하다. 다양한 무늬 속에는 우리가 상상하지 못한 문양이 숨어있다. 좋은 무늬를 가진 나무는 흔하지 않다. 좋은 무늬를 가진 하나의 나무로는 하나의 작품만 제작된다. 세상에 하나밖에 없는 가구를 탄생시키기 위해 온갖 정성과 심혈을 기울이게 된다. 나무는 습도에 민감하다. 여름은 습하고 더워 나무가 늘어나고 겨울에는 춥고 건조해 수축한다. 목재의 섬유질은 스펀지와 같은 구조를 갖고 있는데 특히 나무가 늘리는 힘은 대단하다. 나무가 늘려주는 성질이 강하니 큰판을 넓게 쓰기보다는 작게 쪼개서 면 분할을 한다. 우리나라에는 우리 고유의 비례미가 있는데 면 분할과 비례를 통해 짜임새 있게 갖춰진 가구를 만들게 된다. 서양에는 황금비율이 1:1.618 이듯 우리나라에는 구고현이란 3:5의 비율이 있다. 3:5를 서양방식으로 나뉘면 1:1.666이므로 서양의 황금비율과 비슷하다. 이렇게 짜임새를 갖춘 디자인이 구상되면 좋은 소재를 사용해 기능을 발휘한다. 우리나라 전통 가구는 '목리' 즉 나무가 가지고 있는 특성을 잘 살려야 하며 우리나라 기후 특성에 맞는 제작 양식을 사용한다. 목가구는 의복, 서책 등을 보관・수납하는 기능도 가지면서 조선조 사대부의 정신세계까지 담기 때문에 나무를 가지고 목가구를 만들 때는 나무와 목리가 그만큼 중요하다.

둘째, 과거에는 목가구 제작에서 모든 작업을 수작업에 의존하였다. 그만큼 힘이 들어 사람들이 기피했다는 방증이다. 그 당시에는 정밀도구와 기계발달이 미비하여 거의 모든 작업을 감각에 의존하던 시절이었다. 그러나 오늘날에는 외국산 정밀기계가 잘 개발되어서 목가구의 정밀도를 향상하는 데 큰 기여를 했다. 그렇다면 오늘날 전통 목가구를 만들 때, 전통 기술의 보존이 의미하는 바는 무엇인가? 과거와 같이 모든 작업을 수공구와 수작업으로 하는 것을 의미하는가, 아니면 현대적인 기계와 공구를 사용하되 그 기법에서는 과거의 것을 사용하는 것을 의미하는가. 이에 대한 견해는 서로 엇갈린다. 불태워진 숭례문을 복원하는 과정에서 모든 작업이 조선 시대 그대로 수작업과 수공구를 사용하는 것처럼 전통 목가구에서도 과거 방식 그대로 하는 것이 보존이라고 하는 이들이 있다. 그런 반면, 과거보다 정밀도와 사용법에 있어서 상상하지 못할 정도로 현대화된 기계와 공구가 있는데 이를 피하고 과거의 수공구로 작업한다는 것이 무슨 의미가 있는가. 작업의 효율과 경제성을 추구하면서 과거의 제작 기법을 적용한다면 전통 목가구의 대중화에 기여하기 때문에 이를 혼합하여 사용해야 한다는 반론이 또 다른 하나이다. 저를 포함하여 이 분야에 종사하는 분들이 고민해야 할 대목이다. 상당수의 전통 목가구를 만든다는 애호가들은 후자를 선택하고 있다.

셋째, 전통 목가구를 현대적인 공간에 맞도록 다양한 디자인의 개발이 필요하지 않을까? 대부분의 전통 목가구는 고가이다. 오늘날의 재료로 전통기법 그대로 만들기 때문에 비싼 가격에 거래될 수밖에 없다. 그러나 전통 목가구의 대중화 차원을 생각해 본다면 전통 목가구에 수납이 용이하도록 디자인을 바꾸는 노력도 필요하다. 실용성과 장식성을 살리고 싼 티 나는 수입 목재와의 차별성을 위해 참죽나무와 밤나무 등과 같은 목재를 사용하면 상당한 경쟁력 있는 목가구를 만들 수 있다. 전통의 가구에 현대 실내 디자인과 조화를 이룰 수 있도록 접목하는 노력도 필요한 시기이다.

넷째, 그렇다면 학교 교육에서의 기술 교육은 어떠한가? 중등학교 기술 교육에서 현재 가르치고 있는 정형화된 영역은 제조기술, 건설기술, 통신기술, 수송기술, 생명기술이다. 기술을 이렇게 분류한 것은 다름 아닌 미국 문화 답습의 한 차원이다. 이러한 체제는 인간적응 시스템적 접근의 하나로 1981년에 발표된 JMIACT(Jacksons Mill Industrial Arts Curriculum Theory)가 모태이다. 이 이론을 받아들인다고 해도 우리의 기술은 어디에서 어떻게 가르쳐야 하는지에 대해 정체성을 심각히 고민해야 한다. 우리 것을 찾고 느끼고 되살리려는 노력의 흔적들이 필요한 시기이다.

오늘날 우리의 전통 목가구는 다른 전통문화와 마찬가지로 어려움에 처한 것이 사실이다. 우선 가구재로 쓸 나무들이 거의 고갈된 상태이다. 예전에는 '내 나무 심기' 운동이 활발했었다. 즉 아들을 낳으면 선산에 소나무를 심고, 딸을 낳으면 밭두렁에 오동나무를 심었다(박명배, 2004). 훗날 아들이 늙어서 죽으면 소나무를 베어다 관재로 사용하고, 딸이 시집을 가면 오동나무로 장롱을 짜서 보내는 것이 관례요 풍습이었다. 그러나 근대화 이후 급격하게 이러한 풍습은 사라지고 가공재를 사용하여 가구를 만들다 보니 나무를 심는 모습이 거의 사라졌다. 남아 있는 나무만을 베어다 쓰기 때문에 제대로 된 좋은 목재를 구하는 것이 매우 힘들게 되었다. 전통 목가구에 대한 일반의 관심이 조금이나마 살아난 것은 2000년 전후의 일이고 보면 과거 50년 동안 우리의 무관심에 중요한 목가구들은 모조리 해외로 빠져나간 셈이었다. 이제 우리가 할 일이 남아 있다.

소목장들은
나무를 깎아 속살을 보고
나무의 목리를 되살려
전통 목가구의 명품을 탄생시켰다.

성찰 과제

1. 손놀림이 뇌의 발달에 영향을 어떻게 주는지에 대해 뇌 연구를 활용하여 설명하시오.

2. 노작교육이 21세기 오늘날에도 유용한지에 대하여 논의하시오.

3. 노작교육을 실천하고 있는 해외의 사례를 제시하시오.

4. 우리나라 실과교육의 역사를 살펴보고 미래의 실과교육은 어떻게 변화되어야 하는지에 대해 논하시오.

5. 기술 소양이 왜 필요한지에 대해 그 정당성을 논하시오.

6. 미국의 기술-공학 표준이 우리나라에 주는 시사점을 제시하시오.

7. 미래의 기술은 어떻게 발달할 것이며, 그것이 주는 영향은 무엇인지 설명하시오.

8. 우리나라 전통 목가구가 오늘날 우리의 생활양식에 어떻게 어울릴 수 있는지 사례를 제시하시오.

9. 우리 생활 주변에서 찾아볼 수 있는 전통 목가구를 찾아보고 어떤 특징이 있는지를 찾아보자.

참고 문헌

곽대웅(1990). **디자인 공예 대사전**. 서울: 미술공론사.

국립민속박물관 (2004). **목가구**. 서울: 대원사.

권윤경 (2001). 조선 시대 목가구를 응용한 실내가구 및 공간계획에 관한 연구. 연세대 석사학위 논문.

김국선(2004). 한・중・일 거주문화 맥락에서 본 전통가구 디자인 특성 비교. 2004년 학술대회논문집, 한국가구학회. 7-11.

김삼대자 (1997). **전통 목가구**. 대원사.

김선아 (2009). **시대가 원하는 공예의 향기**. (재)한국공예 문화진흥원.

김은정 (2012). 조선 후기 사랑방 목가구의 표현과 의미에 관한 기호학적 분석. 연세대 박사학위 논문.

김재원 (2011). 조선 시대 가구의 형태에 따른 구성 요소와 목리의 상관관계 분석. 중앙대 박사학위 논문.

김정호 (2014). 조선 시대 목가구의 비례미 연구 - 사랑방 가구(책장, 서안, 사방탁자)를 중심으로. **한국가구학회지,** 25(2). 129-138.

김정호, 강호양 (2013). 조선조 가구의 풍혈을 활용한 PE 휀스 디자인 연구. **한국가구학회지,** 24(2).

김지현 (2000). 조선 시대 목가구의 조형요소를 응용한 금속 표현 연구. 경기대 석사학위 논문.

김진옥(2006). 문화를 반영한 가구 디자인. 2006년도 춘계학술발표대회논문집, 한국가구학회. 11-21.

김희수, 김삼기 (2004). **목가구**. 대원사.

남경숙, 김자경, 박경애, 이한나 (2008). **한국전통가구**. 한양대학교 출판부.

문선옥 (2010). 전통가구의 다리와 발 스타일 용어 연구 - 한국 및 서구 중심으로. **한국가구학회지** 21(1).

문선옥, 조숙경 (2014). **실용가구 용어사전**. 경상대학교 출판부.

문화체육부, 한국공예・디자인문화진흥원 (2013). **한눈에 보는 소목**. 한국공예・디자인문화진흥원.

박영규, 이건우 (2005). **한국미의 재발견 10 -목칠공예.** 솔출판사.

산림청 (2006). 전통 목공예(가구) 기술의 현대화를 위한 디자인 개발 및 마케팅 방안 연구. 경상대학교 농업생명과학대학.

서석민 (2014). 조선 시대 사방탁자에 표현된 조형관. 공주대 박사학위 논문.

성재정(2002). 한국 목가구의 특성. 2002년도 춘계학술대회논문집, 대한기계학회. 3-8.

신영훈 (1983). **한국의 살림집**. 열화당.

이윤정 (1999). 한국 전통 조형 양식을 응용한 가구 디자인 연구 성신여자대학교 석사학위 논문.

이종석 (1996). **한국의 목공예** 上. 열화당.

이종석 (1996). **한국의 목공예**. 서울: 설화당.

이춘식 (2014). 한국 전통 목가구의 문화적 함의. **대한공업교육학회지,** 38(1), 259 – 274.

정희석 (2015). **목재 사전**. 서울대학교출판문화원.

조남주 (2003). 모듈요소(Modular Elements)와 가구의 구조적 특성에 관한 연구. **한국가구학회지,** 14(1).

최경숙 (2000). 가구 디자인에 나타난 미니멀리즘과 한국 전통가구 디자인에 관한 연구. 건국대 석사학위 논문.

호암미술관 (2002). 조선 목가구대전. 호암미술관

Accreditation Board for Engineering and Technology (ABET). (2016). Criteria for accrediting engineering programs, 2016-2017. https://www.abet.org/accreditation/accreditation- criteria/criteria-for-accrediting-engineering-programs-2016-2017/

Advance CTE, Association of State Supervisors of Math, Council of State Science Supervisors, and International Technology and Engineering Educators Association. (2018). STEM4: The power of collaboration for change. https://careertech. org/resource/STEM4- power-collaboration-change

Alismail, H., & McGuire, P. (2015). 21st Century standards and curriculum: Current research and practice. **Journal of Education and Practice,** 6(6), 150-155.

Dugger, W. (2000). How to communicate to others about the standards. **The Technology Teacher, 60**(3), 9-12.

Dugger, W. (2016). The Legacy Project. **Technology and Engineering Teacher,** 76(2), 36-39.

Dugger, W., & Moye, J. (2018). Standards for technological literacy: Past, present, and future. **Technology and Engineering Teacher,** 77(7), 8-12.

International Society for Technology in Education. (2014). ISTE standards. Retrieved October 24, 2018, from https://www.iste.org/standards

International Technology Education Association.(1996). Technology for all Americans: A rationale and structure for the study of technology. Reston, VA: Author.

International Technology Education Association (ITEA/ITEEA). (2000/2002/2007). Standards for technological literacy: Content for the study of technology. Reston, VA: Author.

International Technology Education Association. (2003). Advancing excellence in technological literacy: Student assessment, professional development, and program standards. Reston, VA: Author.

National Academies of Sciences, Engineering, and Medicine. (2016). Science literacy: Concepts, contexts, and consequences. Washington, DC: The National Academies Press. doi:10.17226/23595

National Academies of Sciences, Engineering, and Medicine. (2017). Communicating science effectively: A research agenda. Washington, DC: The National Academies Press. doi: 10.17226/23674

National Academies of Sciences, Engineering, and Medicine. (2019). Science and engineering for grades 6-12: Investigation and design at the center. Washington, DC: The National Academies Press. doi: https://doi.org/10.17226/25216.

National Academy of Engineering [NAE]. (2010). Standards for K-12 engineering education? Washington, DC: The National Academies Press.

National Academy of Engineering. (2019a). NAE grand challenges for engineering. Retrieved May 28, 2019, from http://www. engineeringchallenges.org/

National Academy of Engineering and National Research Council. (2002). Engineering in K-12 education: Understanding the status and improving the prospects. Washington, DC: The National Academies Press.

National Academy of Engineering and National Research Council. (2009). Technically speaking: Why all Americans need to know about technology. Washington, DC: The National Academies Press.

Williams, P. J. (2009). Technological literacy: A multiliteracies approach for democracy. International Journal of Technology and Design Education, 19, 237-254. doi: 10.1007/s10798-007-9046-0

제7장 설계기술 메이커 활동; 준비하기

학습 목표

1. PBL 활동의 특성을 설명할 수 있다.
2. PBL 활동의 각 단계별 내용을 제시할 수 있다.
3. PBL 활동의 준비단계에 관련된 선행지식을 설명할 수 있다.

1. PBL 활동이란

PBL의 수업 단계는 교과의 특성과 내용에 따라 다양하게 적용할 수 있다. 설계기술 수업에서는 아래 [그림]과 같이 5단계의 절차로 수행한다. 즉 준비하기, 주제 선정하기, 계획하기, 수행하기, 평가하기이다. PBL 5단계는 이춘식(2014)의 프로젝트 6단계를 수정하여 활용하였다.

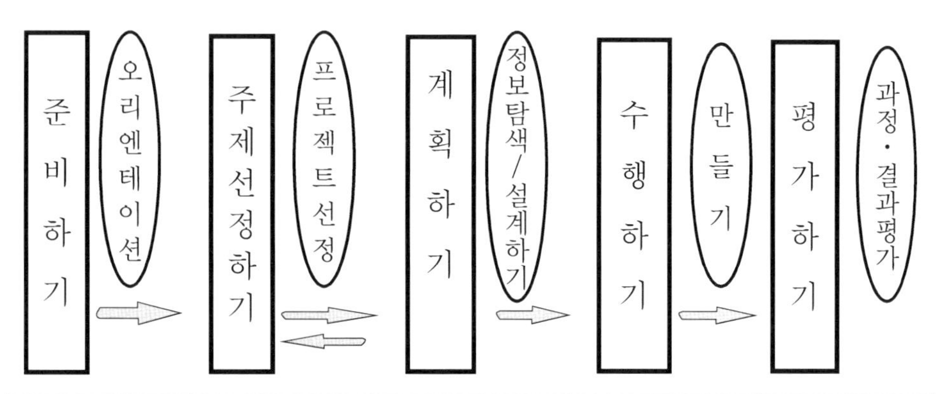

Preparing	Selecting	Planning	Making	Evaluating
◦학습 목표 제시 ◦선행학습 확인 ◦수행일정 제시 ◦포트폴리오 작성	◦프로젝트 제안 ◦프로젝트 선정 ◦프로젝트 수행유형 ◦포트폴리오 작성	◦디자인 정보 수집 ◦제품 스케치하기 ◦구상도 그리기 ◦포트폴리오 작성	◦제품 만들기 ◦기본기능 적용하기 ◦시간 내 제품완성 ◦포트폴리오 작성	◦제작과정 평가하기 ◦결과 평가하기 ◦평가 후 전시하기 ◦포트폴리오 평가
◦동기유발	**◦의사 결정력**	**◦정보 수집 · 설계능력**	**◦제작 능력**	**◦평가능력**

▣ 설계기술 수업에서 PBL 학습의 절차

설계기술 수업에서의 프로젝트 학습을 단계별로 평가하기 위하여 포트폴리오 서식을 개발하여 학생들이 수행 중에 활용하도록 하는 것이 필요하며, 각각의 단계에서 학습자 스스로 포트폴리오를 다양한 형식으로 만들어 활용한다. 마지막 단계에서 평가 시에 프로젝트를 수행하는 과정에서 성장을 볼 수 있다.

1단계: 프로젝트 준비하기

- ㅇ 학습 목표를 제시하고, 선행학습 내용을 확인한다.
- ㅇ 프로젝트를 시작하기 전에 관련 지식을 정리한다.
- ㅇ 프로젝트 수행에 필요한 제반 사항을 제시한다. 즉 프로젝트 수행 시 제공되는 재료와 공구 및 수행시간을 알려준다.

2단계: 프로젝트 주제 선정하기

- ㅇ 설계기술 수업에서 단원 내에서 또는 단원 간에서 만들려고 하는 활동 주제를 정하게 하는 단계이다.
- ㅇ 대영역 학습 내용을 구체적인 활동으로 내용과 폭을 구체화하는 단계이다.
- ㅇ 학생들이 주체적으로 관심과 흥미에 따라서 활동 주제를 선택하도록 한다.
- ㅇ 학생들은 기존에 이미 수행해왔던 활동 목록을 참고할 수도 있고, 전혀 새로운 활동을 선택할 수도 있다.
- ㅇ 주제 결정 이전에 교사는 해당 프로젝트의 형태 즉, 개별 프로젝트인지, 조별 프로젝트인지를 미리 정하여 알려준다.

3단계: 계획하기

- ㅇ 정보수집에 대한 안내를 하고 인터넷이나 문서자료를 찾는 방법을 알려준다.
- ㅇ 선정된 주제에 따른 디자인하기 위한 각종 정보를 찾고 정리하는 단계이다. 즉 재료와 공구에 대한 정보 찾기, 실용적인 디자인에 대한 정보 찾기, 제작과정에 대한 정보 찾기, 정보를 수집하는 경로는 서책 자료, 인터넷, 제품 안내 팸플릿, 관계자 면담 등
- ㅇ 다양한 자료의 수집과정과 결과물을 정리하여 둔다(평가 시 활용).
- ㅇ 수집한 각종 정보에 기초하여 구체적인 디자인을 하는 단계이다.
- ㅇ 만들려고 하는 물체를 스케치한 후 제작 도면을 그린다.
- ㅇ 제작과정을 구체적으로 도식화하여 과정별로 구체적인 소요 시간을 할당한다.
- ㅇ 제작에 필요한 재료 및 공구 목록표를 만든다.

4단계: 수행/실행하기

- ㅇ 계획단계에서 수립된 디자인에 따라 제품을 실제로 만드는 단계이며, 소요 시간이 가장 많이 걸린다.

ㅇ 제작 도면에 따라 만들되 만드는 과정에서 필요에 따라서 실용성을 고려하여 도면을 수정할 수 있다.
ㅇ 제작에 필요한 기능을 자연스럽게 익힐 수 있게 해준다(기능 습득에 중심을 두지 않는다).
ㅇ 만드는 과정에서 일어나는 문제점, 개선 사항 등을 기록하여 둔다.
ㅇ 주어진 시간에 계획한 물건을 반드시 만들 수 있도록 조언한다.

5단계: 평가하기

ㅇ 만들기 활동이 끝난 후 포트폴리오(각종 자료와 결과물)를 평가하는 단계이다.
ㅇ 모든 정보가 들어있는 포트폴리오를 대상으로 평가한다.
  · 주제 선정의 과정과 결과
  · 정보 수집과정과 결과
  · 제품에 대한 스케치와 도면, 공정 등
  · 결과물(제품)
ㅇ 평가의 주체를 다양화한다(교사에 의한 평가, 동료에 의한 평가)
ㅇ 평가가 끝난 후 발표를 하거나 전시한다.

2. 메이커 활동 준비하기

메이커 활동을 하기 위하여 선행지식을 확인할 필요가 있다. 설계기술의 메이커 활동은 기본적으로 제도에 대한 지식이 필요하다.

가. 제도란

제도(drawing)란 설계를 기준으로 제작에 필요한 설계물의 형태, 구조, 크기 등을 정해진 규칙에 따라 선, 글자, 기호 등을 사용하여 제도용지와 같은 도면에 나타내는 것을 말한다. 여기서 설계란 제품 등을 만들기 위해 설계자가 제품의 기능에 맞도록 구조, 크기, 재료, 제작법 등을 결정하는 과정을 말한다.

제도의 의의는 물체의 모양이나 크기 등을 제도자의 의도대로 나타내고, 이를 위해 약속(규격)을 정해 놓는다. 물건을 제작하기 위하여 도면을 작성하기 위해서는 형태나 크기를 정확하고 효과적으로 나타낼 수 있도록 일정한 규칙에 따라 선・문자・기호 등을 이용한다. 설계자의 의도를 제작자에게 정확하게 전달하는 것을 목적으로 하므로 물건의 모양・크기・구조・사용재료・공정・수량 등 제작에 필요한 모든 사항을 각종 기호 등으로 평면에 표시하게 된다. 제도의 능률성을 위하여 각국에서는 국가 단위의 규격을 쓰고 있다. 우리나라는 한국산업 규격(KS)의 제도 통칙으로 각 공업부문 전반에 공통되는 기본적인 제도법이 규정되어 있다.

우리가 흔히 설계와 제도를 혼동하기도 한다. 설계는 플랜(계획)에서 나온 기본안을 가지고 더욱더 기능적으로 그리고 협의하고, 보충하고 현장과의 일치 여부 등 다양하게 검토하는 모든 단계를 말한다. 여기서부터 도면 제작이 들어가는데 도면설계뿐만 아니라 검토자료 수집도 설계라고 볼 수 있다. 이러한 설계를 흔히 영어로 '디자인'이라고도 한다. 따라서 제도는 도면만을 제작 작도하는 것을 의미하기 때문에 설계와는 차이가 난다.

나. 제도용지

도면의 크기는 제도용지의 크기로 나타낸다. 제도용지의 크기는 A0> A1> A2 >A3 >A4 순으로 크기가 정해져 있다. A0 용지는, 넓이가 약 1m이고 긴 변의 길이는 짧은 변의 길이의 약 1.4배이다. A1 용지는 A0 용지를 반으로 접은 크기이며 A1 용지를 반으로 접으면 A2 용지가 된다.

A0: 1189×841mm
A1: 841×594mm
A2: 594×420mm
A3: 420×297mm
A4: 297×210mm

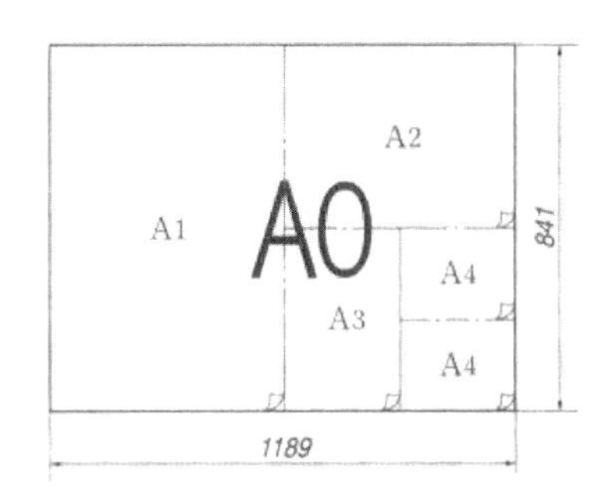

다. 선의 종류와 용도

도면은 대부분 선으로 이루어져 있으므로 정확하게 표시하여야 한다. 또한 같은 한 장의 도면에서는 선의 굵기가 용도에 따라 모두 같아야 의사소통을 하는 데 지장이 없다. 선의 종류에는 크게 실선, 파선, 쇄선의 3가지 종류로 구분한다.

◫ 선의 종류와 용도

명칭	종류		용도
외형선	굵은 선(0.3-0.9㎜)	━━━	물체의 보이는 외관을 표현하는 선
치수선	가는 실선 (0.2 이하 ㎜)	────	치수를 기입하기 위한 선
지시선			기호, 설명 등을 나타내기 위해 끌어내는 선

명 칭	종 류		용 도
숨은선(은선)	가는 파선 / 굵은 파선	....	물체의 보이지 않는 부분을 표시하는 선
중심선	가는 일 점 쇄선	—·—··	물체의 중심을 나타내는 선
가상선	가는 이 점 쇄선	—··—··	물체의 이동 위치를 나타내는 선 가공 전후의 모양을 표시하는 선 반복을 표시하는 선
해 칭	규칙적인 가는 실선	//////////	도형의 특정 부분을 구별하기 위하여 사용하는 것으로 절단된 부분을 표시하는 선

라. 치수 기입 방법

치수선은 0.2mm 이하의 가는 실선을 사용하여 외형선과는 구별이 되도록 한다. 외형선이 다른 치수선과 너무 가까우면 치수를 읽기가 곤란하기 때문에 외형선으로부터 10~15mm 정도 떨어진 자리에 긋는다.

제도에서 단위는 mm를 사용하며 일반적으로 기입하지 않는다. 각도의 단위는 45°(도), 30′ (분), 10″ (초)와 같이 숫자 오른쪽에 기입한다.

지시선은 수평선에 60° 경사지게 빗금을 긋는다.

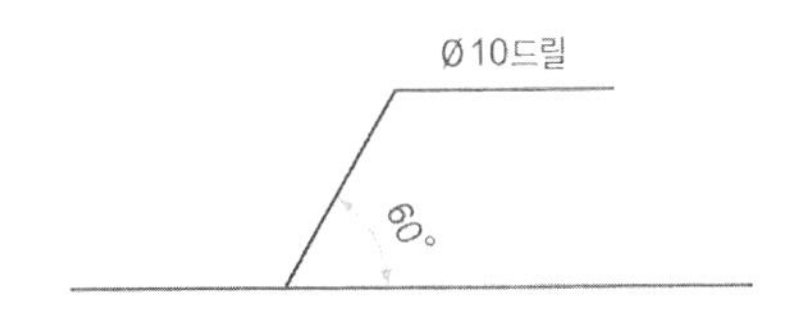

화살표는 양 끝에 붙여 그 범위를 표시하고, 지시선의 끝에 붙여 지시되는 부분을 가리킨다. 치수선은 양쪽 끝을 화살표로 하는 방법 이외에도 다양한 방법을 시용하고 있다. 다만 하나의 도면에서는 한 가지 방법으로 통일을 하여야 한다

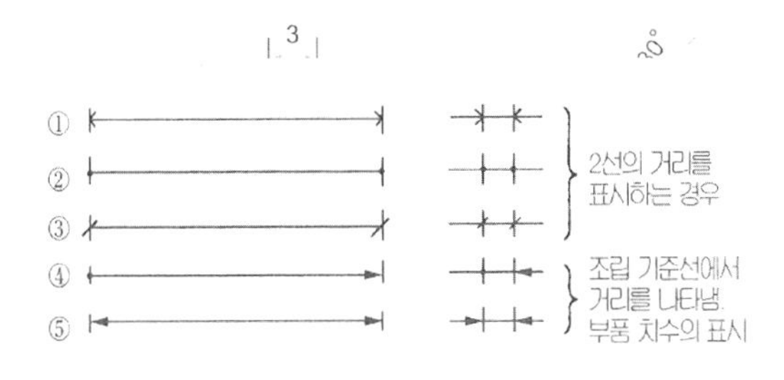

▣ 치수선의 끝의 표기

(ㄱ) 보통 치수 기입 방법 (ㄴ) 간격이 협소한 경우

치수 숫자는 치수선의 중앙에 기입하고 수평의 치수는 치수선 위에 기입한다. 수직의 치수는 치수선 왼쪽에 치수선과 평행하게 기입한다. 컴퓨터를 이용하여 도면을 그리는 CAD의 경우에는 수직의 치수를 치수선과 직각으로 읽기 쉽게 기입하기도 한다.

또한 치수를 기입할 때, 주로 정면도에 기입한다. 기준선을 중심으로 기입을 하며, 중복 기입은 피한다. 계산이 필요 없도록 다음 그림과 같이 치수를 기입하는 것이 좋다.

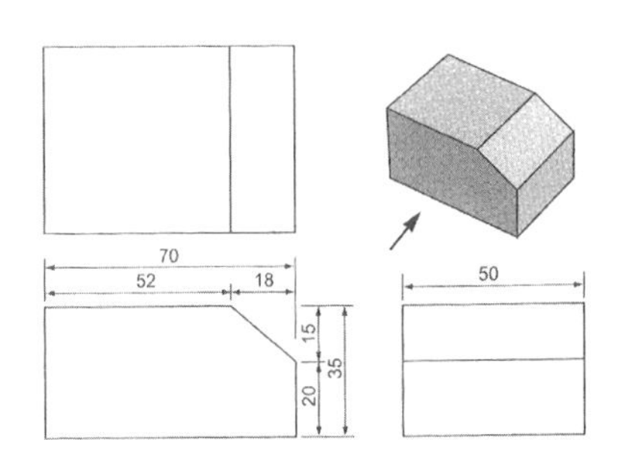

▣ 치수 기입 방법(예시)

마. 기타 도면의 기호

기계 도면을 그릴 때 많이 사용하는 지름, 정사각형의 변, 반지름, 판의 두께는 다음과 같이 사용한다.

기호	용도
Ø	지름
□	정사각형의 변
R	반지름
t	판의 두께

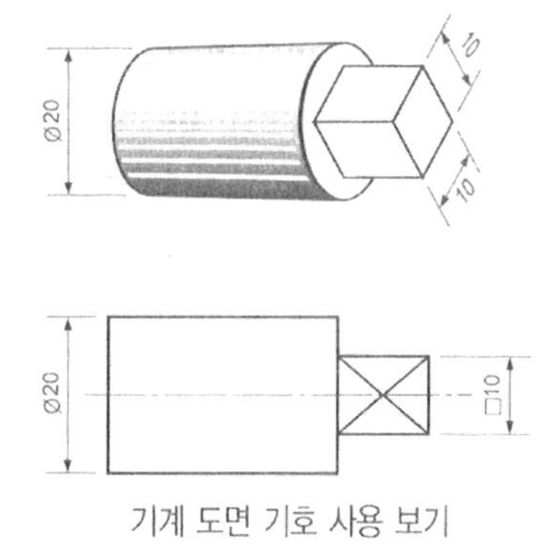

기계 도면 기호 사용 보기

성찰 과제

1. PBL의 각 단계별 특징을 설명하시오.

2. PBL의 준비단계에 필요한 사항을 분석하시오.

3. 준비단계의 선행지식인 제도가 왜 필요한지를 논하시오.

4. 치수 기입 방법을 설명하시오.

5. 제도에서 선을 구분하여 사용해야 하는 이유를 논하시오.

참고 문헌

권영애 (2017). **연필 스케치**. 서울: 미진사.
벅교육협회 (2021). 이예솔, 오서현, 김정민, 박준일, 백순우 옮김. **처음 시작하는 PBL.** 서울: 지식프레임.
이성룡, 이경영, 임상규, 김연규 (2017). **기초제도 이론과 실습**. 서울: 문운당.
장경원, 이미영, 김정민, 박문희, 전미정, 이수정 (2019). **알고 보면 만만한 PBL 수업.** 서울: 학지사.
조혜림 (2019). **나 혼자 연필 스케치**. 서울: 그림책방.

제8장 설계기술 메이커 활동; 프로젝트 선정하기

학습 목표

1. PBL 2단계인 프로젝트 선정하기의 특징을 설명할 수 있다.
2. 주제, 단원, 프로젝트, 활동의 개념적 차이를 설명할 수 있다.
3. 프로젝트 선정기준을 제시할 수 있다.
4. 실생활에서 유용한 프로젝트 활동의 예시를 제시하고 설명할 수 있다.

PBL 수업의 2단계는 프로젝트 선정하기로 시작한다. 1단계에서 PBL 수업을 하기 위해 사전에 관련 선행지식을 학습하였다. 선행지식을 바탕으로 하여 본격적으로 PBL 수업을 할 때이다. 그러하기 위해서는 어떤 프로젝트를 수행할 것인가를 정해야 한다. 이 단계가 막연할 수도 있다. 너무 많이 주제가 열려있기 때문이다. 그러한 경우에는 실현 가능한 주제군을 정하여 미리 사례로 제시하기도 한다. 대학에서의 설계기술 수업에서는 '골판지 의자 만들기'라는 주제를 상정하여 다양한 창의적인 활동을 하도록 하기도 한다.

1. 주제와 프로젝트와의 관계

PBL 수업을 할 때 자주 언급되는 용어에는 다음과 같은 것들이 있다.

- 주제/테마(theme): 여러 내용 영역에 걸쳐 나타나는 개념적 맥락(예: 시스템, 시간)을 의미한다.
- 단원(unit): 교사가 설명하거나 교육과정 안내에 따라 정의된 목적이 있는 일련의 학습 활동이다.
- 프로젝트(project): 학생들이 관심을 두고 있으면서 학습단원의 중요한 영역에 대한 심층 탐구 활동이다.
- 활동(activity): 단원이나 프로젝트 내에서 수행되는 간단한 작업(task)이나 부가된 것이다.

이러한 용어들 간의 관계는 다음 그림과 같다. 즉 주제가 최상위 개념이고 그 하위에 단원과 프로젝트가 위치한다. 프로젝트 활동은 의미를 부여하는 맥락에 학습을 배치함으로써 모든 학업 상태의 학생들에게 도움을 줄 수 있다. 프로젝트는 다양한 지능, 학습 선호도 또는 학습 스타일을 수용할 수 있다. 또한 더 많은 다양성, 선택 및 옵션을 제공하면 학생들이 개별 재능이나 관심사를 추구함에 따라 학습의 동기를 높일 수 있다. 인지 심리학 연구자들은 이러한 요인들이 학습을 증가시킨다고 한다. 그리고 문제 해결 과제는 학생들이 지식을 더 쉽게 저장하여 다른 상황에서 기억할 수 있도록 하는 것으로 보인다.

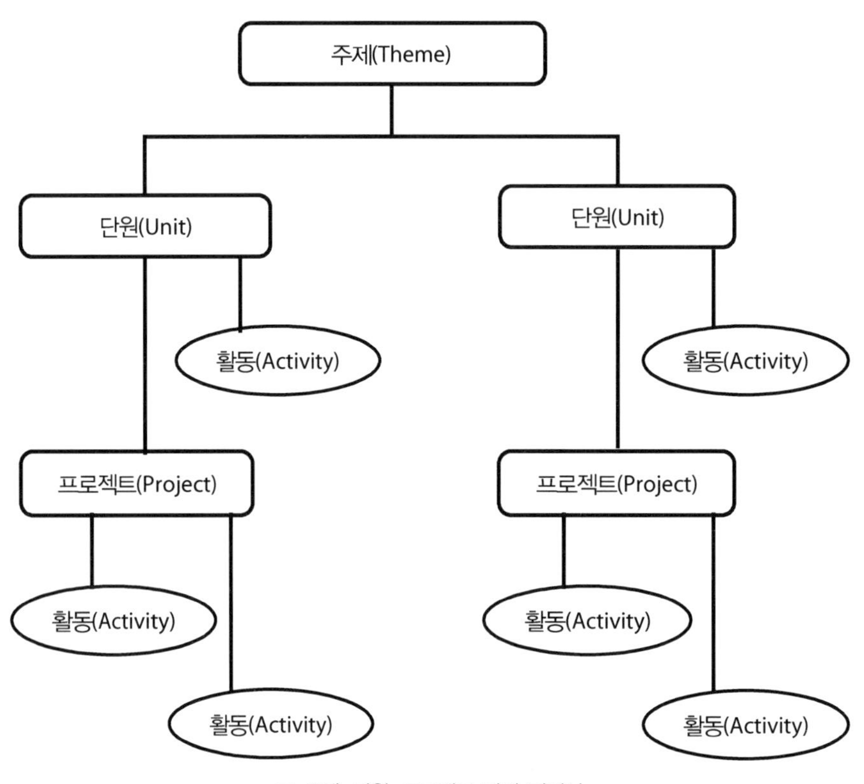

▣ 주제, 단원, 프로젝트 간의 관련성

2. 프로젝트 선정기준

설계기술 수업에서 단원 내에서 또는 단원 간에서 만들려고 하는 활동 주제를 정하게 하는 단계이다.

- ㅇ 대영역 학습 내용을 구체적인 활동으로 내용과 폭을 구체화하는 단계이다.
- ㅇ 학습자들이 주체적으로 관심과 흥미에 따라서 활동 주제를 선택하도록 한다.
- ㅇ 학습자들은 기존에 이미 수행해왔던 활동 목록을 참고할 수도 있고, 전혀 새로운 활동

을 선택할 수도 있다.

ㅇ 주제 결정 이전에 교수자는 해당 프로젝트의 형태 즉, 개별 프로젝트인지, 조별 프로젝트인지를 미리 정하여 알려준다.

이 단계에서는 여러 가지 현실적인 고려사항을 참조하여 다음과 같은 프로젝트 선정기준을 활용하는 것이 좋다. 여기서 제시한 프로젝트 선정 기준표는 운영 여건에 맞게 재조정하여 활용할 수 있으며, 해당 기준도 프로젝트의 성격에 맞게 구성할 수 있어야 한다. 해당 프로젝트에 따라 프로젝트 선정기준이 확정되면 학생 스스로 평가를 하여 점수를 산정한다. 점수는 평가란에 '예'에 응답하면 1점을, '아니오'에 응답하면 0점을 부가하여 점수를 산출한다. 최종 판정 점수의 기준도 조정할 수 있으며, 여기에서는 예시로 점수가 7점 이상이면 수행 가능, 5-6점이면 수행 고려, 4점 이하이면 수행 불가로 판정한다.

◫ 프로젝트 선정 기준표

선정기준	평 가		비 고
	예 (1점)	아니오 (0점)	(가중치)
1. 교육목표와 관련이 있는 프로젝트인가?			
2. 해보고 싶은 과제인가?			
3. 주어진 시간에 해결할 수 있는가?			
4. 수행 인원이 적절하게 구성되어 있는가?			
5. 활용 가능한 재료가 준비되어 있는가?			
6. 사용 가능한 공구는 있는가?			
7. 프로젝트가 실용적인가?			
8. 프로젝트가 창의적인가?			
9. 프로젝트와 관련된 안내 자료가 있는가?			
10. 프로젝트 수행 시 주변의 도움을 받을 수 있는가?			
점 수			
판정: 수행 가능 10-7, 수행 고려 6-5, 수행 불가 4점 미만			

위에서 제시한 프로젝트 선정기준은 실제 수업 상황에 따라 다양하게 수정하여 사용해야 한다. 기술 분야의 문제 해결 상황이기 때문에 아이디어를 구상하고 만들어야 하는 프로젝트 선정에 관한 하나의 사례이기 때문이다.

3. 프로젝트 선정 활동: 예시

설계기술에서의 경험은 학생들이 프로토타입(원형)이나 실습 모형을 개발하여 주어진 상황이나 문제에 대해 학습한 내용을 적용하도록 한다. 이를 위해서는 학생들이 비판적 사고, 분석, 집단 의사결정 및 평가 기능을 사용해야 한다. 그 결과는 어떤 방식으로든지 산출물을 측정할 수 있는 유형의 물건이 된다. 학생들은 다양한 재료를 가지고 작업하고 새로운 용도로 변환하는 데 도움이 되는 도구를 만들거나 사용하다. 설계 과제는 예술, 건축, 비즈니스, 과학, 수학, 역사 및 음악을 포함한 다양한 분야에서 도출될 수도 있다.

프로젝트 활동을 통해 무엇을 달성하려고 하는지 질문해야 한다. 이 질문에 대한 답은 프로젝트 작업 계획을 위한 출발점을 만든다. 학생들이 염두에 두고 있는 목표를 달성하는 데 가장 도움이 될 수 있는 프로젝트 유형을 고려하는 것도 중요하다.

◘ 프로젝트명: 골판지를 이용하여 의자 만들기

골판지란?

원판지(liner)에 물결 모양으로 골을 만든(파형) 골심지(corrugating medium)를 접착제로 붙여서 만든 판지이다. 골이 쳐진 판지라는 뜻도 있다.

골판지의 분류

ㅇ 골판지의 구성에 따라

- 단면 골판지(single faced corrugated fiberboard): 골심지의 한쪽에 라이너지 1매를 맞붙인 골판지, 주로 완충재로 사용

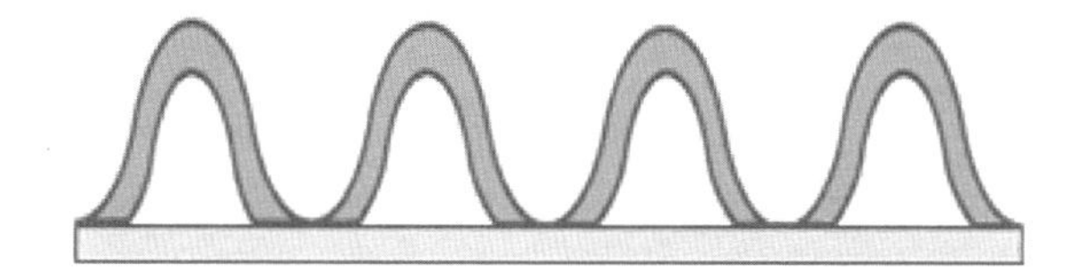

- 양면 골판지(double faced, single wall): 단면 골판지의 접착이 되어 있지 않은 다른 한 면에 라이너 원지를 붙인 것으로, 경량의 포장 상자로 사용

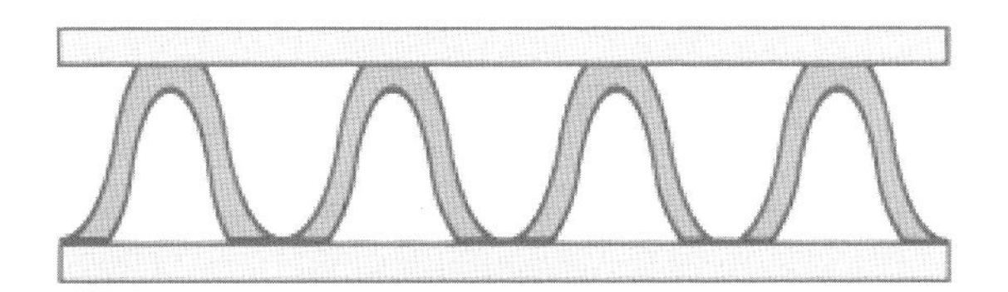

- 이중양면 골판지(double wall): 양면골판지에 단면 골판지를 붙인 것으로, A골+B골 조합, B골+B골 조합, E골+B골 조합이 있다. 중량 또는 손상이 쉬운 내용물 포장 상자에 사용된다.

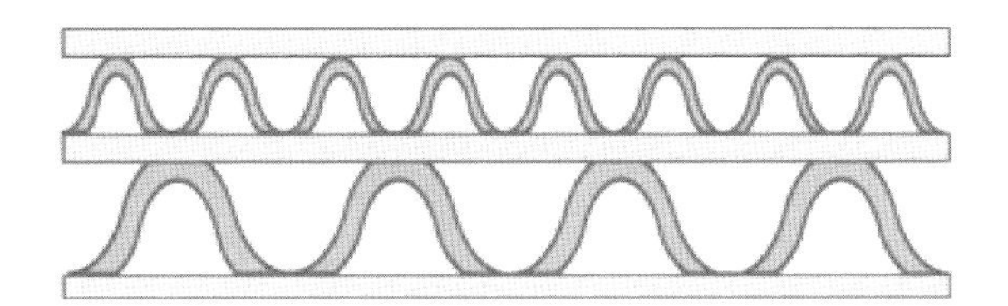

- 삼중양면 골판지(triple wall): 이중양면 골판지에 단면 골판지를 덧붙인 골판지로서, A골 + A골 + B골 조합이 있다. 중량물 포장 상자에 사용된다.

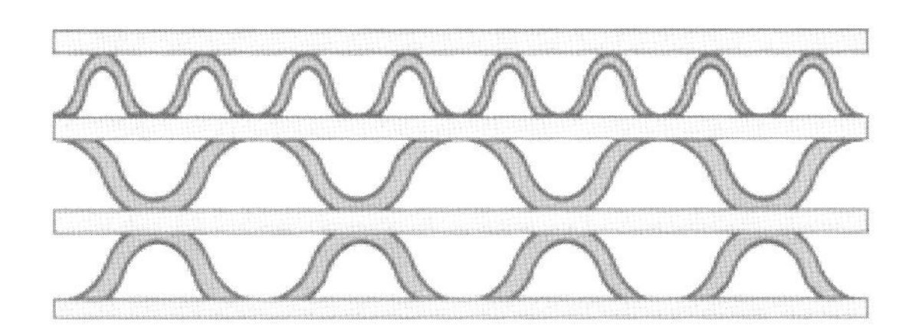

재료의 특징

- ㅇ 골판지로 만든 상자를 사용하는 목적은, 같은 크기의 나무상자에 비하여 목재의 사용량이 1/10 이하이므로, 목재 자원의 이용 합리화라는 측면에서도 매우 유익할 뿐만 아니라 값이 저렴하기 때문이다.
- ㅇ 골판지는 비교적 적은 무게의 재료를 사용하면서도 높은 압축강도를 나타낸다. 용도에 따라 외장용과 내장용으로 나누어진다.
- ㅇ 주변에서 손쉽게 구할 수 있는 골판지를 활용하여 다양한 형태의 의자를 만들 수 있다.
- ㅇ 골판지 재질은 약간의 가공을 하면 유연하게 제작할 수 있고, 자원의 재활용 차원에서도 적합한 재료이다.
- ㅇ 골판지의 강도를 높이기 위해서는 9mm 두께의 이중골 제품을 사용하며 저렴한 가격으로 실습을 할 수 있다.
- ㅇ 골판지는 목재에 비해 가볍고, 칼만 있으면 누구나 제작이 가능하며, 재활용 및 분리수

거가 가능하다.

ㅇ 자연 친화적인 재료로 각광을 받고 있어 국내외 가구 사이트에 골판지 가구가 판매되고 있다.

재료 및 도구

골판지 의자를 만드는 데 필요한 재료와 공구는 다음과 같다.

구분	규격	수량	비고
골판지	양면 골판지(대)	5장	개별 / 모둠당
접착제	분사식 접착제	1개	
글루건	소	1개	글루건 스틱 2개
줄자	1m 이상	1개	
커터칼	중형, 대형	1개	작업용

조건

ㅇ 70kg 성인의 무게를 견딜 수 있어야 한다.

ㅇ 앉았을 때 안락해야 한다.

ㅇ 1인용으로 크기가 적당해야 한다.

성찰 과제

1. PBL 2단계인 프로젝트 선정하기의 특징을 구체적으로 설명하시오.

2. 주제, 단원, 프로젝트, 활동의 개념적 차이를 논하시오.

3. 프로젝트 선정기준을 자신의 기준으로 설명하시오.

4. 실생활에서 유용한 프로젝트 활동의 예시를 세 가지 이상 설명하시오.

5. 골판지 의자를 프로젝트로 수행할 때의 장점에 대해 설명하시오.

참고 문헌

강은성 (2017). 메이커 교육 아웃리치(outreach) 프로그램을 통한 교육적 효과. 경희대학교 대학원 박사학위 논문. 서울: 경희대학교.

강인애, 김명기 (2017). 메이커 활동(Maker activity)의 초등학교 수업적용 가능성 및 교육적 가치 탐색. **학습자 중심 교과교육연구**, 17(14), 487-515.

김용익 (2018). 메이커 교육이론의 초등 실과 적용 가능성 탐색. **실과교육연구, 24**(2), 39-57.

김태경 (2003). 구성주의적 교수-학습을 위한 규칙 장이론(Rule Space Theory)의 활용 가능성 탐색. 경희대학교 교육대학원 석사학위 논문.

마대성 (2018) 예비교원을 위한 프로젝트 기반 메이커 교육프로그램 운영, **정보교육학회 학술논문집**, 131-135.

윤지현, 김경, 강성주 (2018). 메이커 역량 모델 개발 및 초·중등 교육현장에서의 메이커 교육 방안 탐색. **한국과학교육학회지, 38**(5), 649-665.

이연승, 조경미. (2016). 유아 과학교육에서 메이커 교육의 의미 고찰. **어린이 미디어연구,** 15(4), 217-241.

한국교육과정평가원(2019). 학교 교육에서 메이커 교육(maker education)의 효과적 실행을 위한 논의점. KICE 2019년 이슈페이퍼 (연구자료 ORM 2019-54-3). 충북: 한국교육과정평가원.

제9장 설계기술 메이커 활동; 프로젝트 계획하기

학습 목표

1. PBL 계획단계의 특징을 설명할 수 있다.
2. 창의적인 아이디어로 원하는 프로젝트를 스케치할 수 있다.
3. 골판지 의자의 구상도를 등각 투상도로 그릴 수 있다.
4. 골판지 의자를 제작 도면으로 그릴 수 있다.

1. 프로젝트 정보 탐색하기

메이커 활동의 일환으로 자신이 만들고 싶은 물건을 찾기 위해서는 먼저 이와 관련된 정보를 찾아야 한다. 정보를 찾는 방법으로 과거에는 서책 중심으로 해왔으나, 정보통신 기기의 급속한 발달과 보급으로 인터넷을 활용하여 찾는 방법이 더욱 효과적이다. 컴퓨터나 스마트폰을 이용하여 웹상에서 googling을 하면 얼마든지 사례를 찾을 수 있다. 다양한 물건이나 스케치를 찾아서 비교하고 분석하는 것이 필요하다. 프로젝트 정보 탐색하기의 주요 활동을 설명하면 다음과 같다.

- o 정보수집에 대한 안내를 하고 인터넷이나 문서자료를 찾는 방법을 알려준다.
- o 선정된 주제에 따른 디자인하기 위한 각종 정보를 찾고 정리하는 단계이다. 즉 재료와 공구에 대한 정보 찾기, 실용적인 디자인에 대한 정보 찾기, 제작과정에 대한 정보 찾기, 정보를 수집하는 경로는 서책 자료, 인터넷, 제품 안내 팸플릿, 관계자 면담 등
- o 여러 가지 자료의 수집과정과 결과물을 정리하여 둔다(평가 시 활용).

2. 프로젝트 스케치하기

메이커 활동으로서 만들려고 하는 프로젝트가 어느 정도 범주화되면 각각의 프로젝트에 대해 간략하게 스케치해야 한다. 물건의 대략적인 외향과 구조적인 모양을 중심으로 그려보는 단계이다. 이들의 주요 활동은 다음과 같다.

- o 수집한 각종 정보를 토대로 하여 구체적인 디자인을 하는 단계이다.

ㅇ 만들려고 하는 물체를 스케치(구상도)한 후 제작 도면을 그린다.
ㅇ 제작과정을 구체적으로 도식화하여 과정별로 구체적인 소요 시간을 할당한다.
ㅇ 제작에 필요한 재료 및 공구 목록표를 만든다.

가. 스케치(sketch)란

설계자는 자신이 구상하고 있는 아이디어를 시각적 표현으로 간단명료하게 전달해야 한다. 갖가지 떠오르는 아이디어를 흘려버리지 않고 잘 표현하는 방법이 필요하다. 따라서 스케치는 떠오르는 아이디어를 간단하고도 명확하게 프리핸드로 그리는 활동을 말한다.

제품을 설계할 때 그리는 스케치를 크게 2가지로 나눌 수 있다. 즉 스크래치 스케치(scratch sketch)와 프레젠테이션 스케치(presentation sketch)가 바로 그것이다. 스크래치 스케치는 아이디어를 단련시키는 방법으로 원칙적으로는 제3자에게 전달할 필요가 없는 방법이다. 따라서 특별한 표현기법이 있는 것은 아니다. 이에 반해 프레젠테이션 스케치는 아이디어를 이미지와 같은 시각적인 방법으로 제3자에게 전달하고 이해를 구하는 방법이다. 잘 전달하기 위해서는 보통 투시도(perspective)로 표현하고 물건의 완성된 형태, 색, 재질 등을 표현해야 하므로 상당한 기법이 필요하다. 여기에는 러프 스케치(rough sketch), 스타일 스케치(style sketch)가 있다.

▣ 이노 디자인 김영세 作

생활용품을 만들기 위해서는 프리핸드로 스케치하는 스크래치 스케치가 더 많이 사용된다. 스크래치 스케치는 빠른 속도로 휘갈겨서 그린 듯한 스케치를 말한다. 주로 프리핸드로 그리며 스케치 도구로는 일반적으로 볼펜, 사인펜, 연필 등을 주로 사용한다.

나. 스케치의 과정

스케치를 하는 과정은 특별한 방법이 있다기보다는 물체의 이미지를 명확하게 표현하면 된다. 스케치하는 과정은 대략 다음과 같은 세 가지 단계를 거친다.

- ㅇ 물체의 외관을 대략 그린다.
- ㅇ 불필요한 선을 지우면서 물체를 약간 구체화한다.
- ㅇ 명암을 넣어서 물체를 매끄럽게 표현한다. 그러나 이 단계는 생략하기도 한다.

스케치를 잘 하기 위해서는 다양한 물건을 그려본다. 특히, 원형의 물건의 경우에는 중심선을 그리고 시작하면 쉽게 그릴 수 있다.

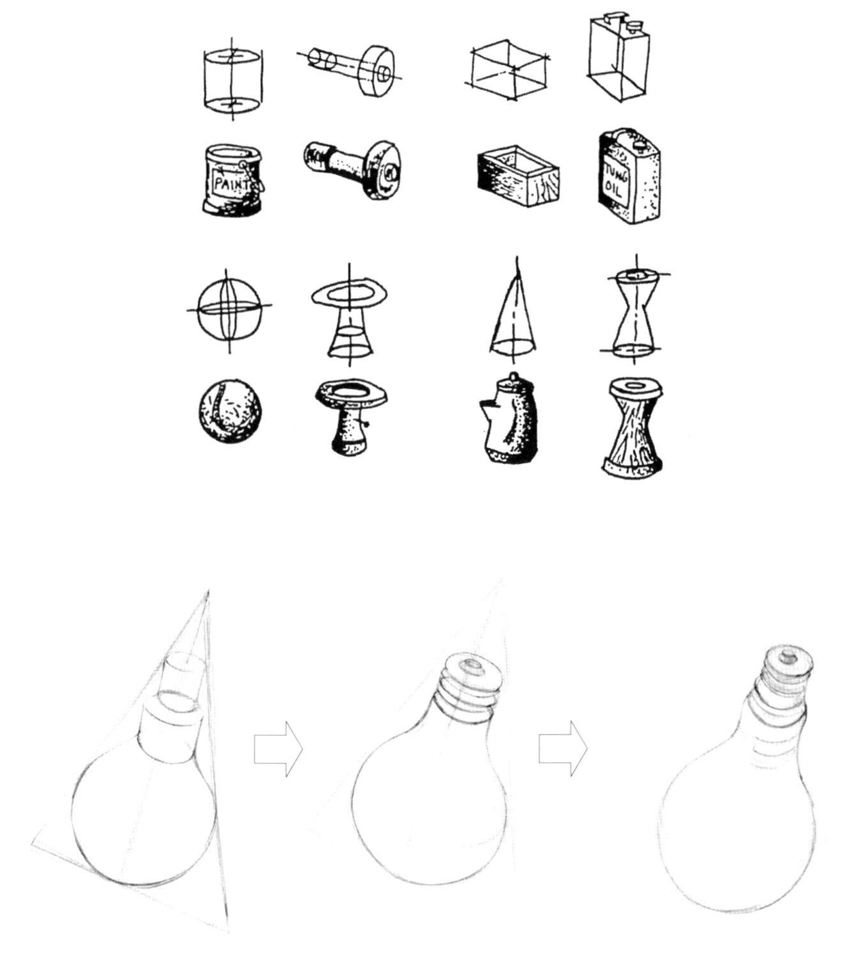

▣ 스케치하는 과정

다. 스케치의 사례

물체의 형태를 스케치하기 위해서는 기본적인 뼈대를 먼저 파악하고 점차 완성해가야 한다. 아무리 복잡한 형태의 물체라 하더라도 물건의 기본 형태는 원기둥, 육면체, 공, 원뿔 모양으로 구성되어 있다.

자전거의 스케치

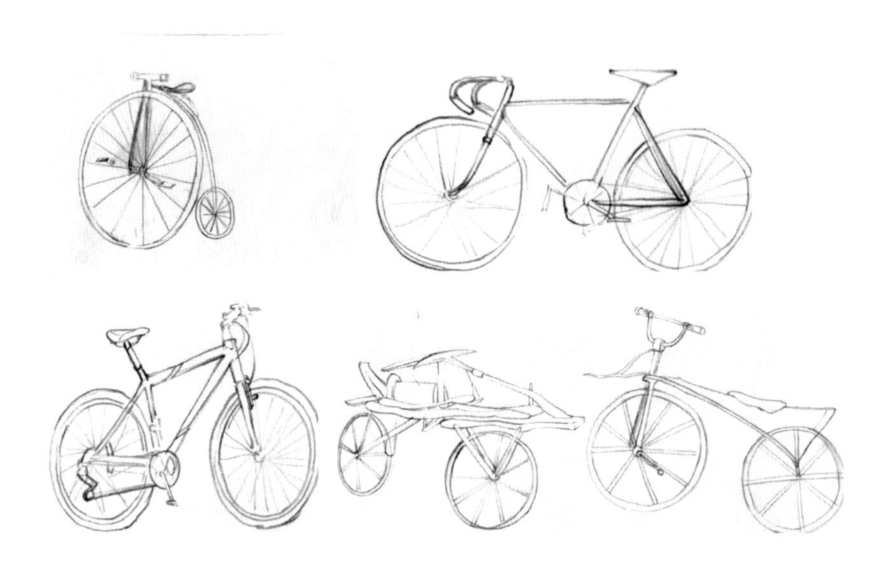

생활용품의 스케치

골판지 의자 스케치: 사례

라. 구상도 그리기

학생들이 만드는 대부분의 생활용품은 간단한 것들이기 때문에 스케치와 구상도를 그리기만 해도 물건을 충분히 만들 수 있다. 제작 도면을 그리기 위해 정투상법이나 등각 투상법, 경사 투상법을 그리는 것이 원칙이나 초등학생들에게는 쉽지 않다. 따라서 스케치와 구상도만 가지고도 물건을 만들 수 있음을 알려줄 필요가 있다. 여기에서는 앞에서 배운 스케치를 바탕으로 보다 정교하게 그린 도면 위에 만들 치수를 기입한 구상도에 대하여 알아보기로 한다.

일반적으로 생활용품을 만들기 위해서는 무슨 물건을 만들 것인지의 문제를 가지고 출발한다. 그러한 문제를 가지고 각종 생활용품을 구상도로 그린 사례를 들면 다음과 같다.

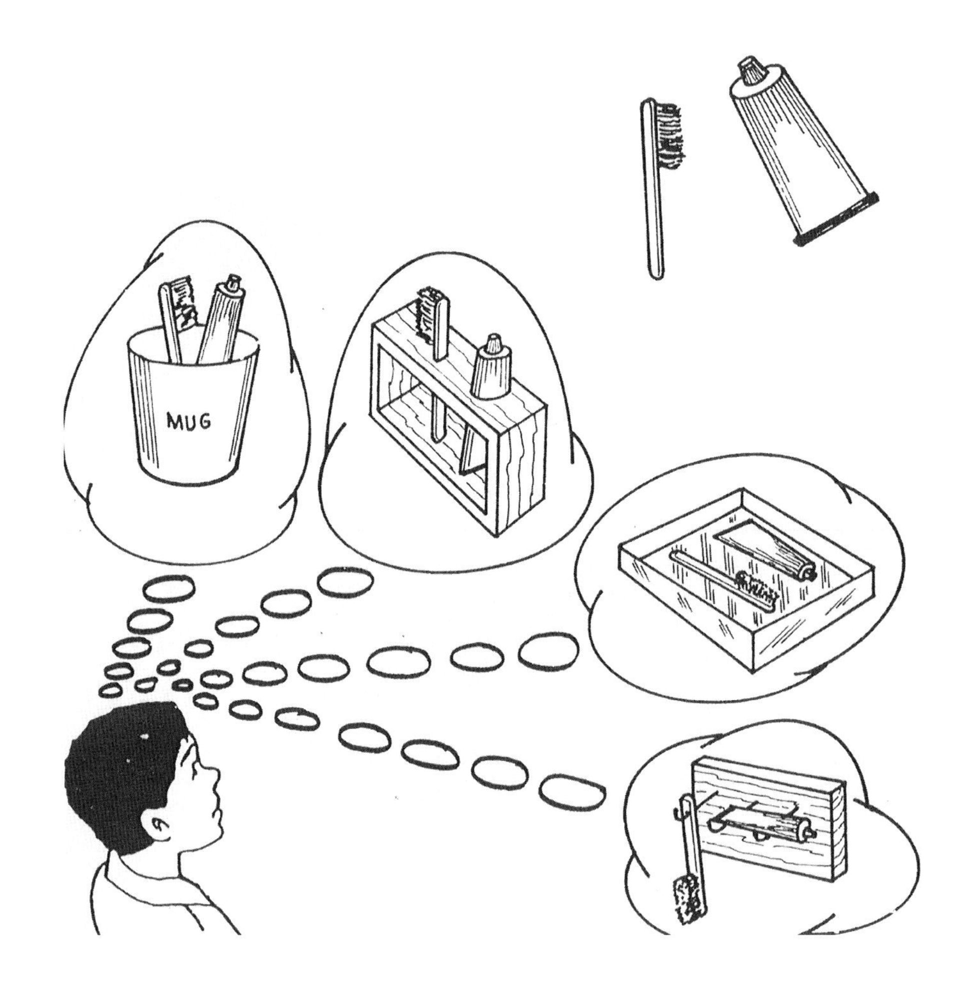

구상도의 예시

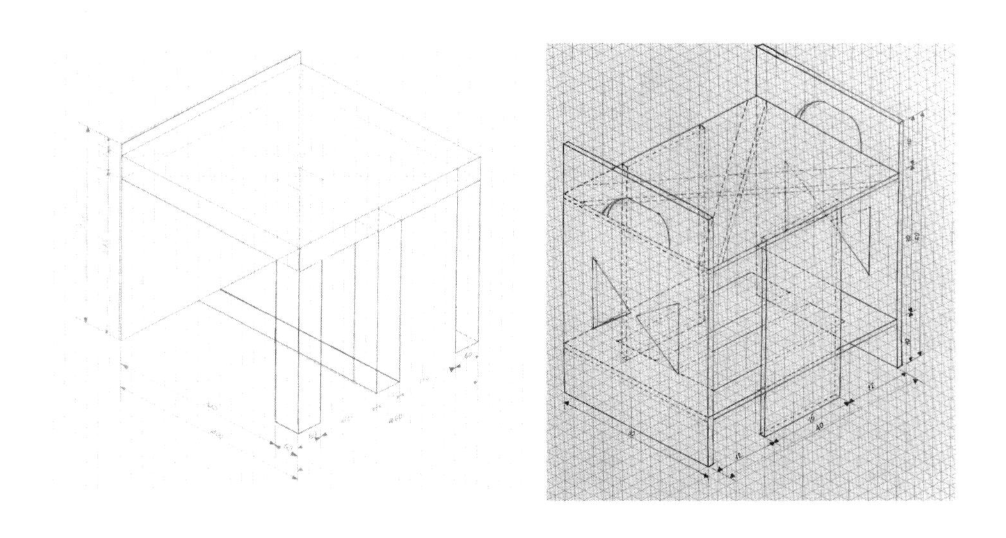

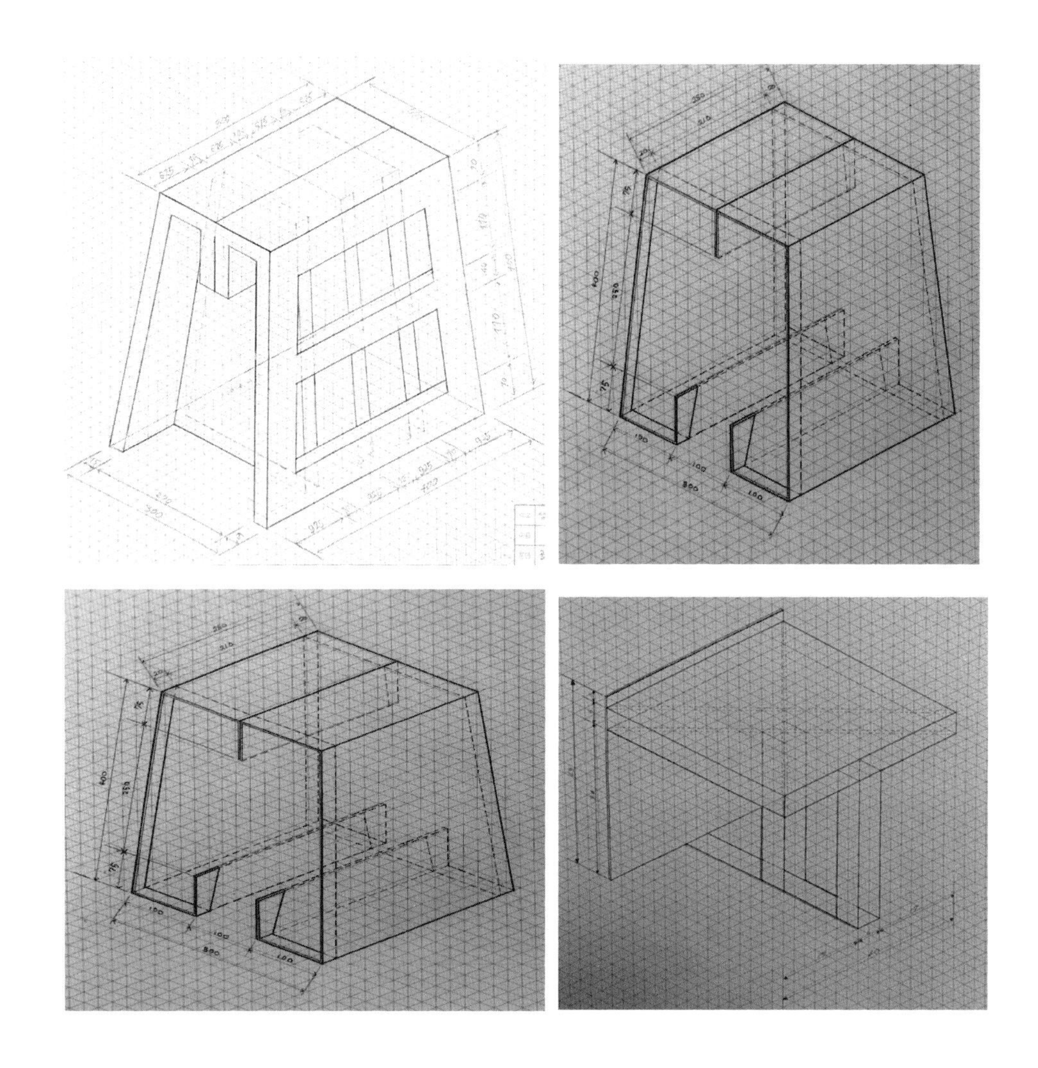

3. 프로젝트 도면 그리기

가. 정투상법이란?

물체의 각 면을 투상면에 나란하게 놓고, 직각 방향에서 본 물체의 모양과 크기를 나타내는 방법이 정투상법(orthographic projection)이다. 정 투상에서 물체의 정면을 투상하여 그린 그림을 정면도(front view), 물체를 위에서 투상하여 그린 그림을 평면도(top view), 물체를 측면에서 투상하여 그린 그림을 측면도(side view)라고 한다.

물체를 투상하여 그리는 방법에는 제3각법과 제1각법이 있다. 제3각법은 입화면, 평화면, 측화면 사이에 물체를 놓고 3방향에서 투상면에 직각이고 평행한 광선을 투사하여 물체를 나타내는 방법을 말한다. 한국산업규격에서는 물체를 제3각법으로 그리는 것을 원칙으로 한다.

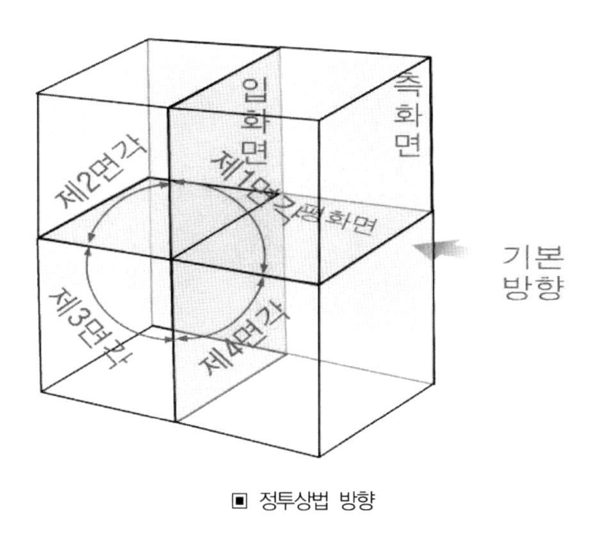

▣ 정투상법 방향

투상법에서 물체의 전후 면, 상하 면, 좌우 측면에 나란한 면을 생각하여 물체를 나타낸 화면을 투상면이라 한다. 여기에서 투상이란, 눈과 물체의 각 부분을 맺는 시선이 화면 위에 물체의 허상을 나타내는 것을 의미한다. 이때의 허상을 투상도라 한다. 그리고 물체를 바라보는 시선을 투상선, 투상도를 나타내는 화면을 투상면이라 한다.

나. 제3각법으로 물체 나타내기

제3각법에서는 제3면각의 공간에, 제1각법은 제1면각의 공간에 물체를 놓고 투상하는 방법이다. 제3각법에서 정면도는 물체의 모양이나 기능을 가장 잘 나타낼 수 있는 부분을 선택하여야 한다. 정면도의 위에는 평면도를, 오른쪽에는 우측면도를 나타낸다.

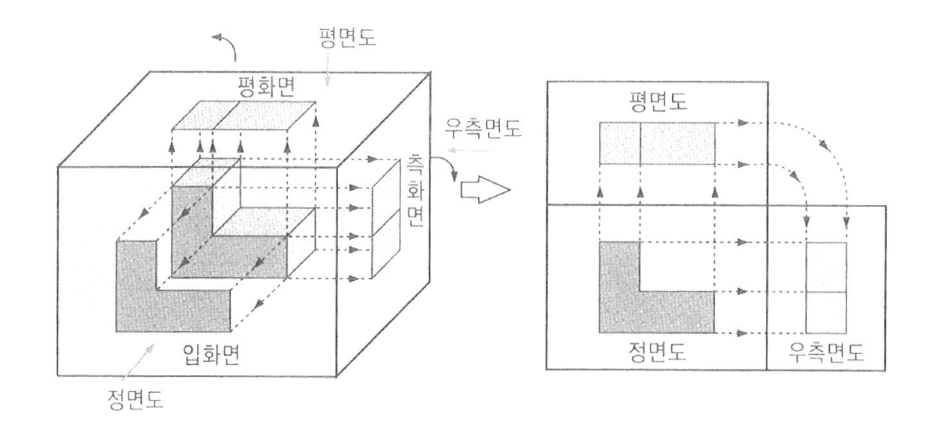

아래 물체를 제3각법으로 나타내면 다음과 같다.

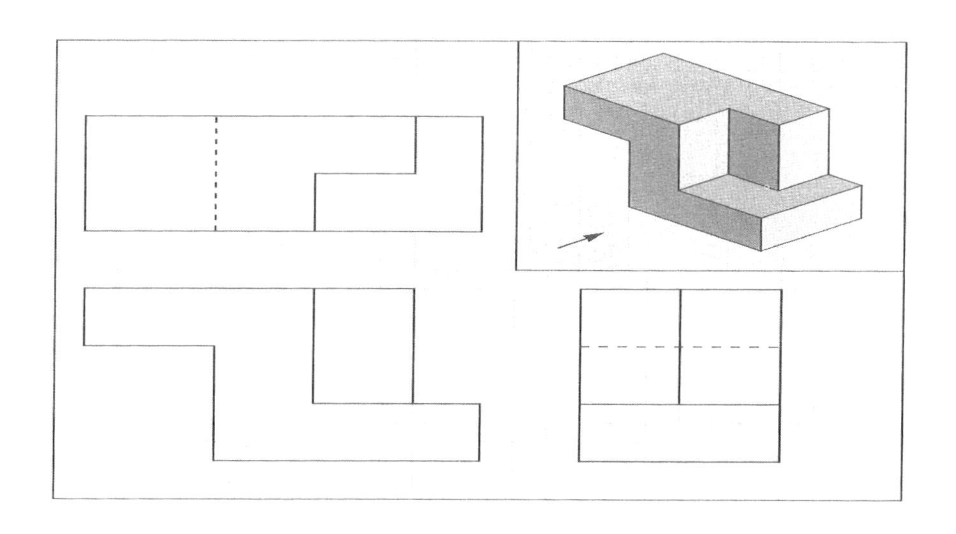

다. 등각 투상법

등각 투상도(isometric projection)는 육면체의 경우 세 축이 투상면에 모두 같은 각도(120°)를 가지는 경우를 말한다. 따라서 물체의 정면, 평면, 측면을 하나의 투상도에 볼 수 있도록 하기 위하여 2개의 옆면 모서리가 수평선과 30°가 되도록 도형을 잡는다. 결국 3개의 축에 평행한 모서리 선들은 공통의 축척을 갖는다. 아래 그림과 같이 120°를 이루는 3개의 축을 기본으로 하여 이들 축에 물체의 높이, 나비, 안쪽 길이를 옮겨서 나타낸다.

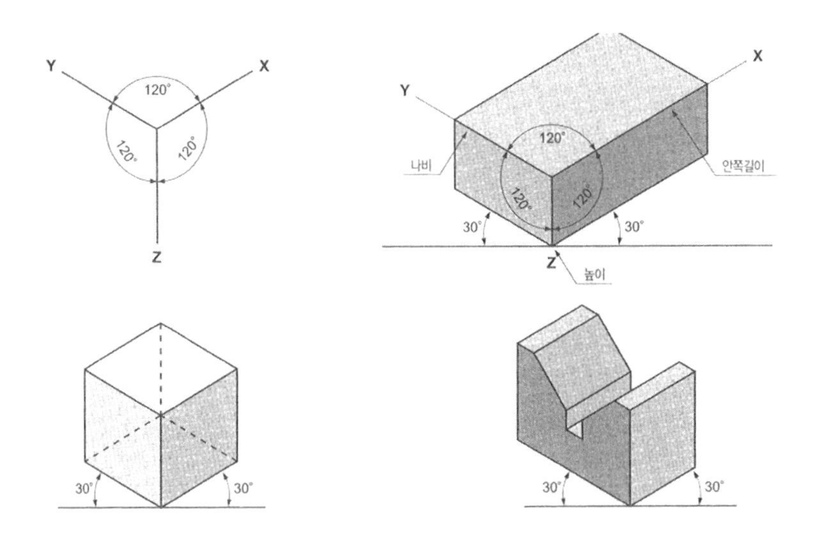

▣ 등각 투상도의 기본

등각 투상도를 그리는 방법은 다음과 같은 순서로 이루어진다.

- ㅇ 먼저 기본선을 긋고 주요 치수를 옮긴다.
- ㅇ 겉 모양을 나타낸다.
- ㅇ 물체의 모양을 나타낸다.
- ㅇ 필요한 선만 굵게 긋는다.

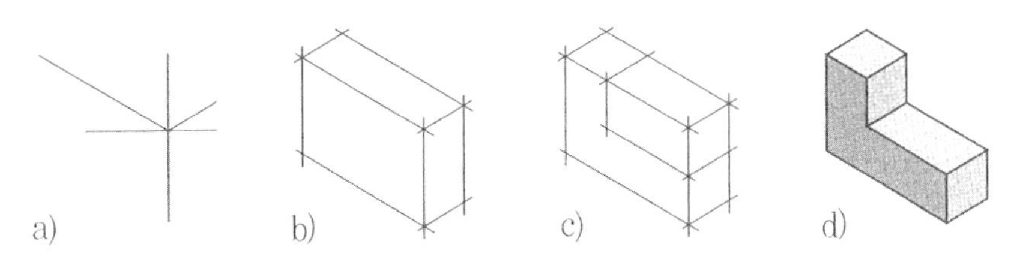

▣ 등각 투상도를 그리는 순서

라. 제작 도면 예시

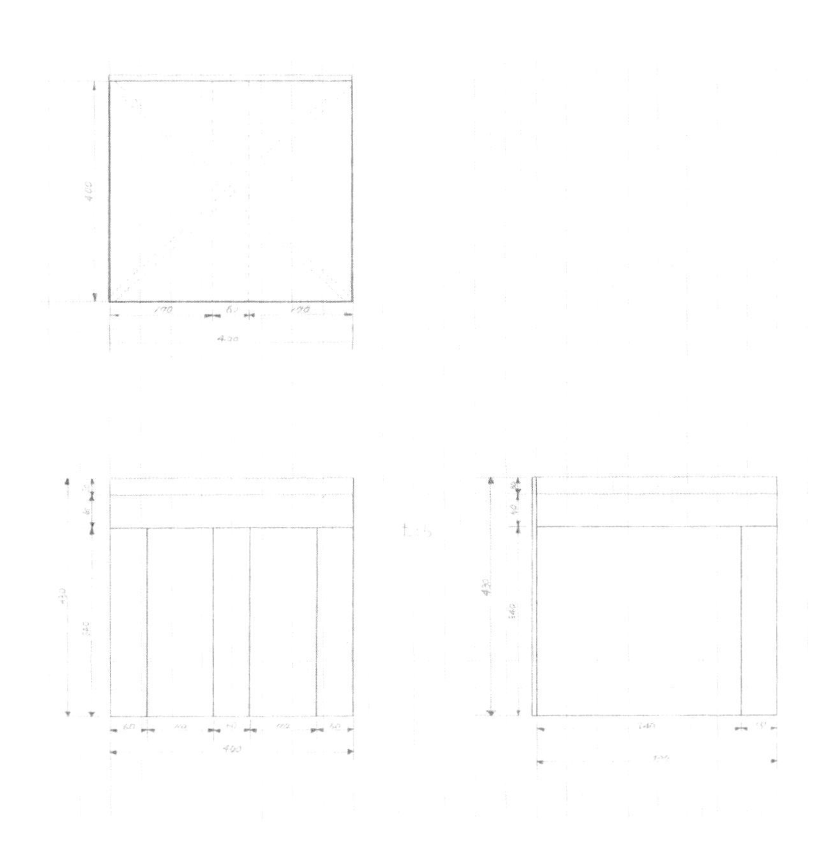

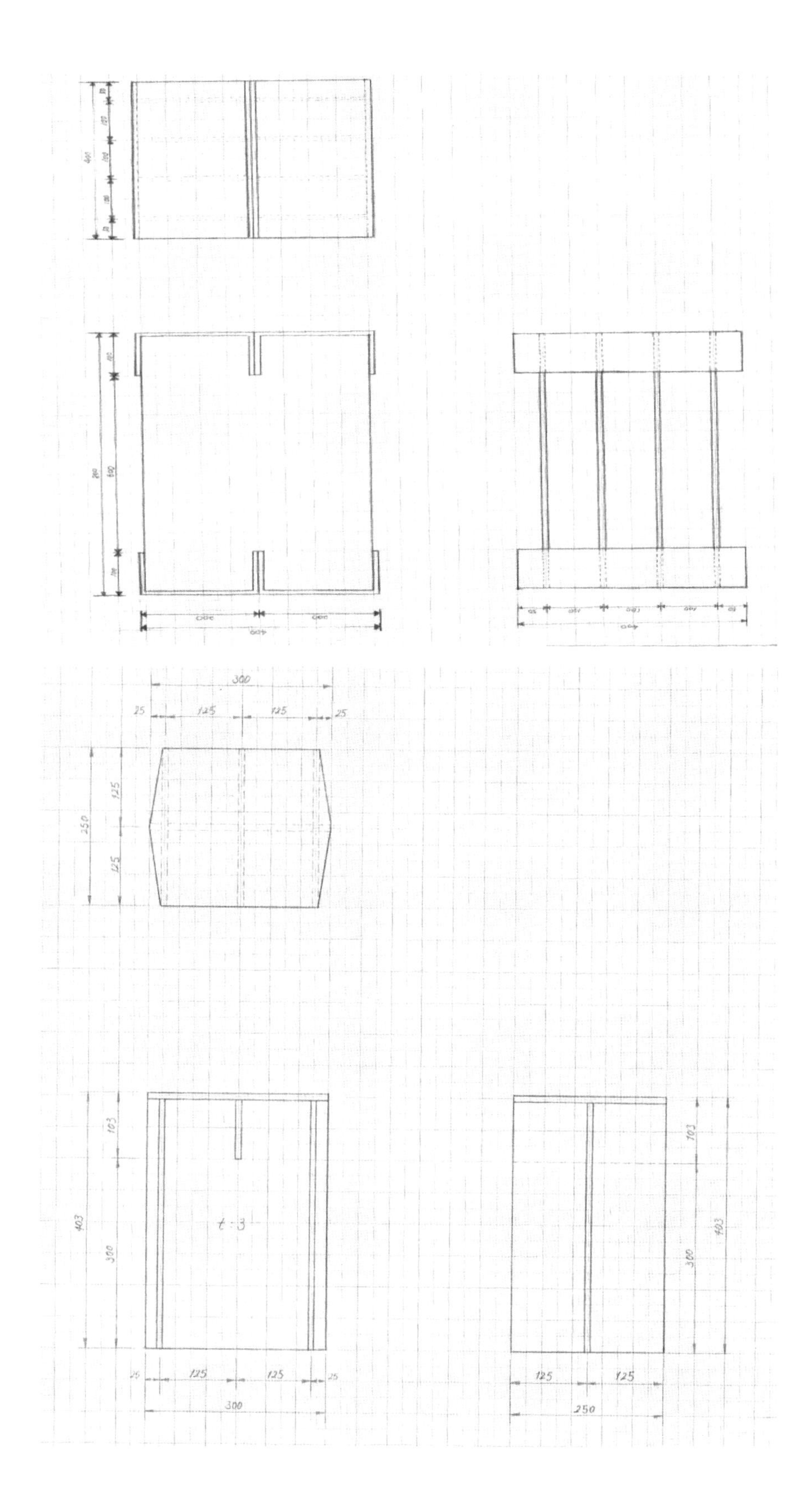

300
25
125
125
25
250
125
125
103
403
300
t : 3
25
125
125
25
300
103
300
403
125
125
250

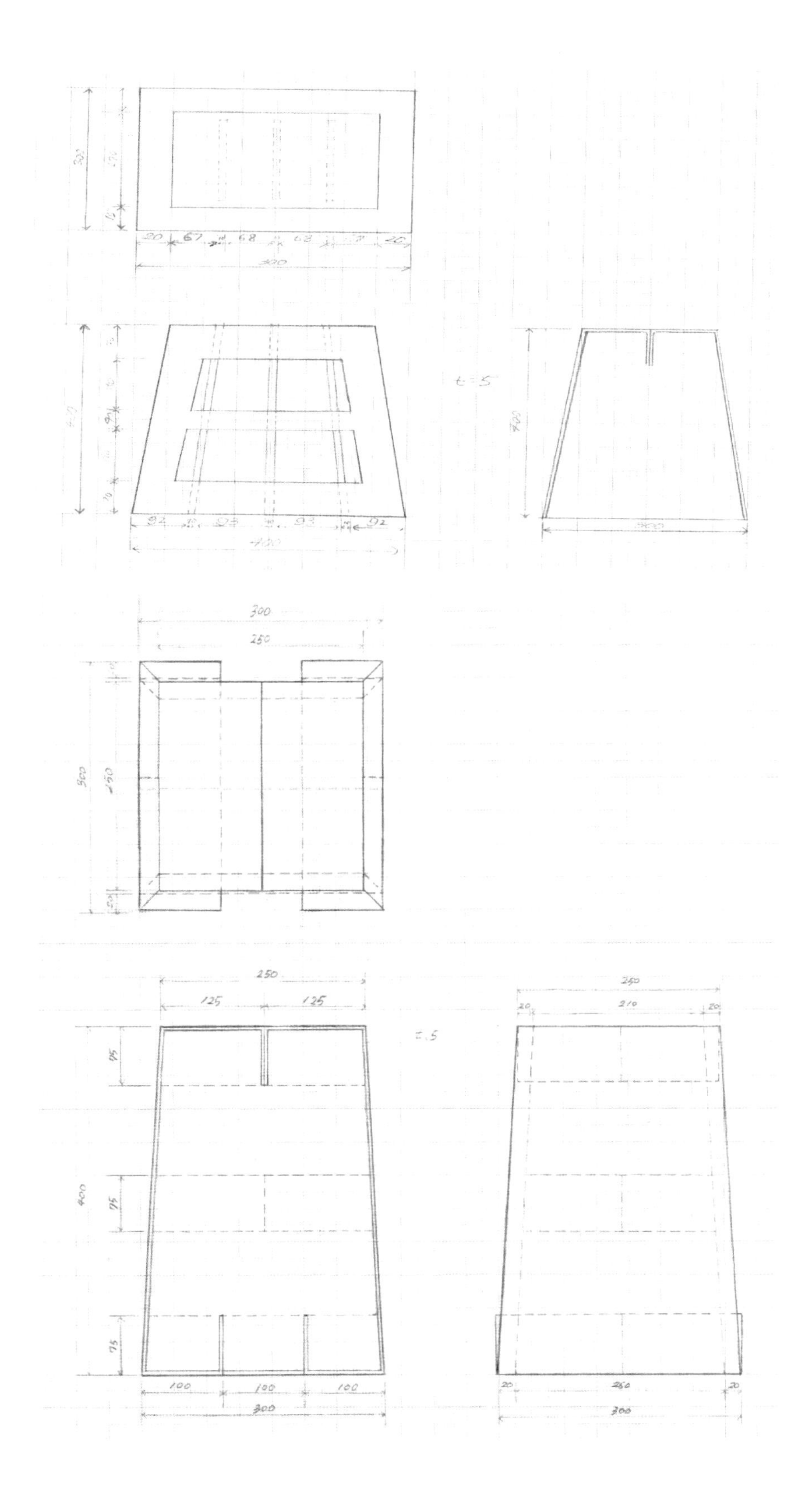

300
250
125
125
95
400
95
95
100
100
100
300
250
20
210
20
20
260
20
300

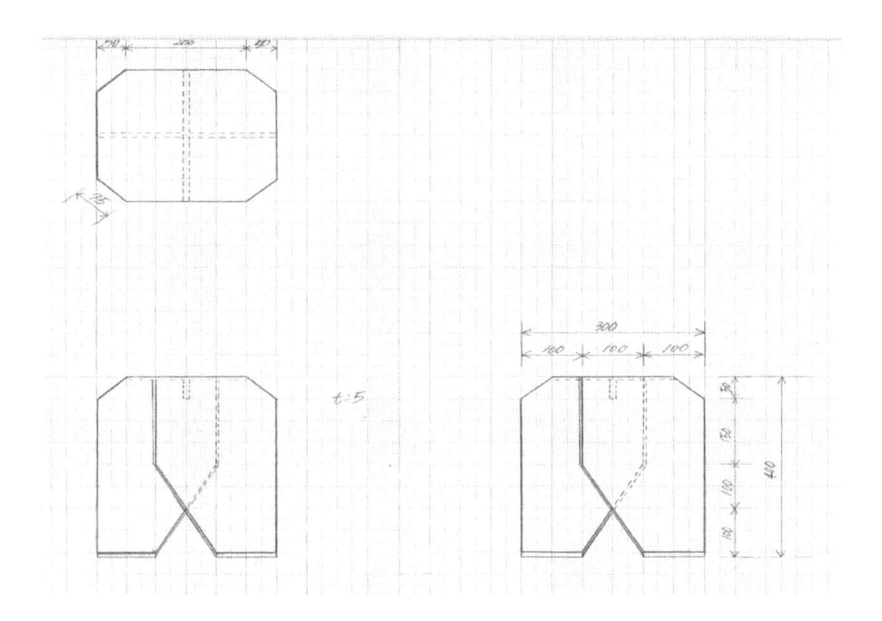

성찰 과제

1. PBL 계획단계의 특징을 설명하시오.

2. 정보를 탐색하는 방법 중에서 자신이 가장 선호하는 방법을 제시하고, 그 이유를 설명하시오.

3. 만들고자 하는 물건에 창의적인 아이디어를 반영하여 스케치하는 방법을 설명하시오.

4. 골판지 의자의 구상도를 등각 투상도로 그리는 방법을 설명하시오.

5. 골판지 의자를 제3각법으로 제작 도면을 그리는 방법을 구체적으로 설명하시오.

참고 문헌

이남호 외 (2011). **고등학교 기초제도 교과서**. 서울: 미래엔.

이상혁 외 (2020). **고등학교 기초제도 교과서**. 서울: 천재교과서.

이용순 외 (2020). **고등학교 기초제도 교과서**. 서울: 미래엔.

이주호, 김태완, 박혜리, 임걸, 조형정, 김명랑, 강민석, 손진영, 김부열, 박윤수, 최충희, 최승주, (2016). **프로젝트 학습을 통한 교육개혁**. 서울: 한국개발연구원(KDI). 2016-1.

이춘식. (2005). 기술 수업에서 프로젝트 학습의 절차. **교육과학연구, 36**(2), 231-252

장선영. (2014). 프로젝트 중심 학습에서 학습자의 의사소통능력, 리더십, 비판적 사고력, 정보 활용 능력이 반성적 사고에 미치는 영향. 한국교육방법학회, **교육방법연구, 26**(3), 391-407

장수영 외 (2019). **2019년형 고등학교 기초제도 교과서**. 서울: 천재교과서.

전병현 외 (2016). **2016년형 고등학교 기초제도 교과서**. 서울: 교학사.

Larmer, J., Mergendoller, J., & Boss, S. (2015). **Setting the standard for project based learning**. Alexandria, Virginia: ASCD. **프로젝트 수업 어떻게 할 것인가?** (최선경, 장밝은, 김병식. 역 2017). 서울: 지식프레임. (원서출판 2015).

제10장 설계기술 메이커 활동; 프로젝트 수행하기

학습 목표

1. 메이커 활동에서 프로젝트 수행하기 단계의 특징을 설명할 수 있다.
2. 메이커 활동에서 부품 가공하는 방법과 유의사항을 설명할 수 있다.
3. 메이커 활동에서 가공하는 방법을 시범 보일 수 있다.
4. 골판지 의자 만드는 프로젝트에서 전체 과정을 플로 차트로 그릴 수 있다.

PBL 수행의 제4단계는 실행하기, 수행하기, 만들기로 표현되는 단계이다. 이 단계의 특징은 다음과 같다.

- ㅇ 계획단계에서 수립된 디자인에 따라 제품을 실제로 만드는 단계이며, 소요 시간이 가장 많이 걸린다.
- ㅇ 제작 도면에 따라 만들되 만드는 과정에서 필요에 따라서 실용성을 고려하여 도면을 수정할 수 있다.
- ㅇ 제작에 필요한 기능을 자연스럽게 익힐 수 있게 해준다(기능 습득에 중심을 두지 않는다).
- ㅇ 만드는 과정에서 일어나는 문제점, 개선 사항 등을 기록하여 둔다.
- ㅇ 주어진 시간에 계획한 물건을 반드시 만들 수 있도록 조언한다.

1. 부품 만들기와 가공하기

새로운 아이디어에 따라 그린 스케치와 구상도에 따라 각 부품도를 그리고 부품을 만드는 단계이다. 만드는 과정에서 부품을 자유롭게 수정할 필요도 있으며 종종 일어난다. 프로젝트를 수행하여 원하는 산출물을 얻기 위해서는 기본적인 도구와 공구의 사용법을 알아야 한다. 이 단계에서의 유의사항은 다음과 같다.

- ㅇ 공구를 올바르게 사용하고 있는지 항상 관찰하고 잘못된 사항은 곧바로 조언을 통하여 고칠 수 있도록 한다.

ㅇ 제작과정에서 문제가 발생하여 제작이 중단되어 있거나 해결책을 찾지 못하고 있을 때 직접적인 방안을 제시하기보다는, 여러 가지 경우의 수를 제시함으로써 스스로 판단하도록 지도한다.

ㅇ 만들기 과정에 참여하지 않는 학생들이 생기지 않도록 지속적인 관찰과 조언을 아끼지 않는다.

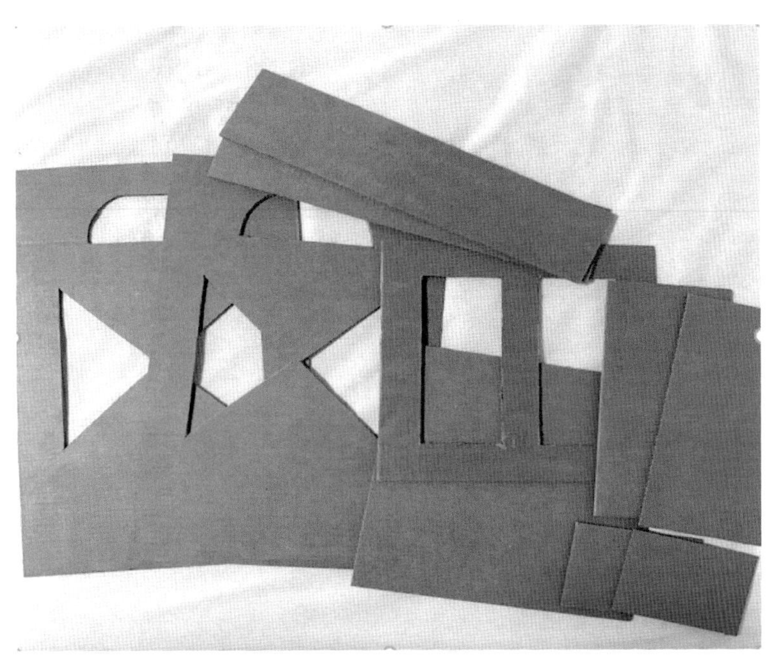

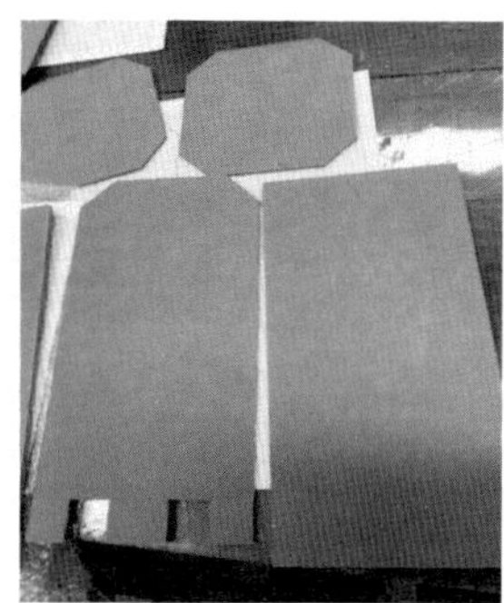
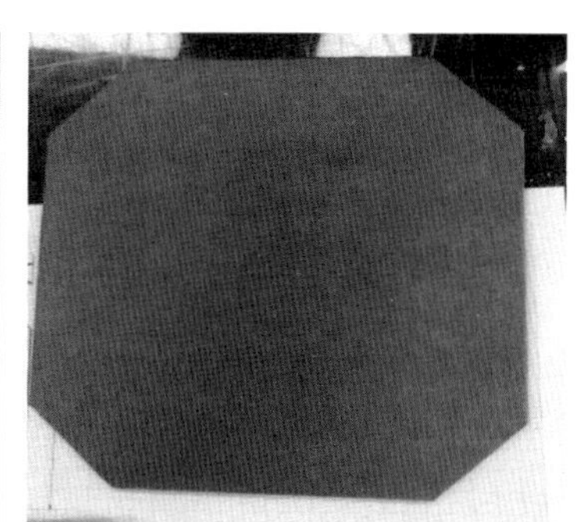

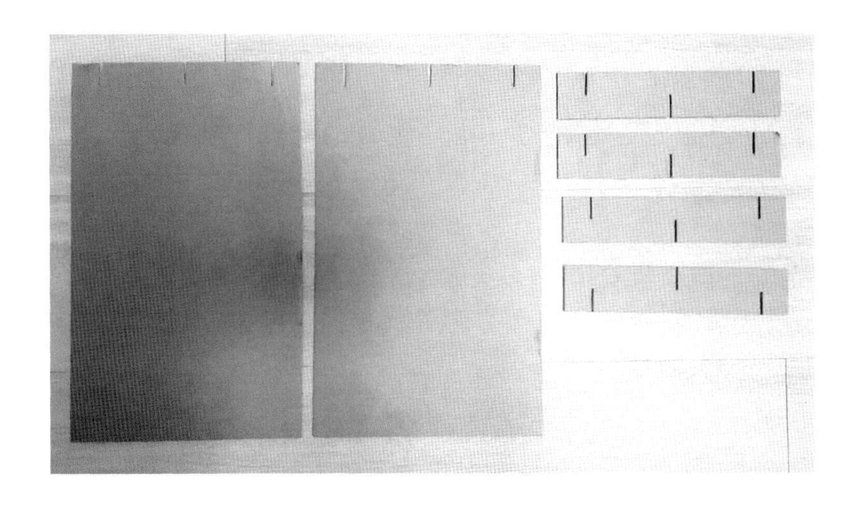

커터칼의 안전한 사용

커터칼은 1956년에 일본의 오카다 요시오(岡田良男)가 발명했다. 커터의 보디(손잡이에 해당하는 칼 몸통)와 블레이드(칼날 부분)는 단일 규격이 아니며, 의외로 많은 종류의 커터가 있다. 보디와 블레이드의 규격이 맞지 않을 경우 블레이드의 작동이 어렵거나, 블레이드가 헐거워 절단 작업 중에 흔들리거나 빠질 수도 있다. 국산인 도루코의 경우 S, M, L 세 규격 블레이드를 생산하며, 크기가 서로 크게 달라 혼동할 가능성은 낮다.

칼의 일종이지만, 일반적으로 하나의 긴 날을 가진 나이프와는 다르게 커터칼의 용도는 '커터'라는 접두사가 대변해주듯 포장용 노끈 자르기, 박스테이프 자르기, 포장 뜯기 등 박스 커터가 하는 일에 사용된다. 커터날을 부러뜨리기만 하면 새 날이 나오게 하는 식으로 더 오래, 그리고 간편하게 쓸 수 있게 만든 칼이다. 날을 길게 빼서 휘두르거나 자르는 것은 상당히 위험하고 잘못된 사용방법이다. 사무용뿐만 아니라, 공장에서는 보조도구로도 쓰이며 가정에서 또한 잘 쓰이는 물건이기도 하다.

커터칼만의 특징이라면 칼날 몸체에 절단선을 넣어서 쉽게 부러지게 제작했다는 점이다. 주로 쓰는 끝부분 날이 무뎌질 경우 절단선을 따라 칼날을 꺾음으로써 무뎌진 칼날 부분만 따로 제거할 수 있는데, 커터칼의 발명자 오카다 요시오는 깨진 유리컵과 판 모양 초콜릿에서 영감을 얻었다고 한다. 커터칼 끝 모양이 경사진 이유는 절단할 대상 물체와의 닿는 면적이 작아서이다. 면적이 작을수록 압력은 높아지기 때문이다(https://namu.wiki/).

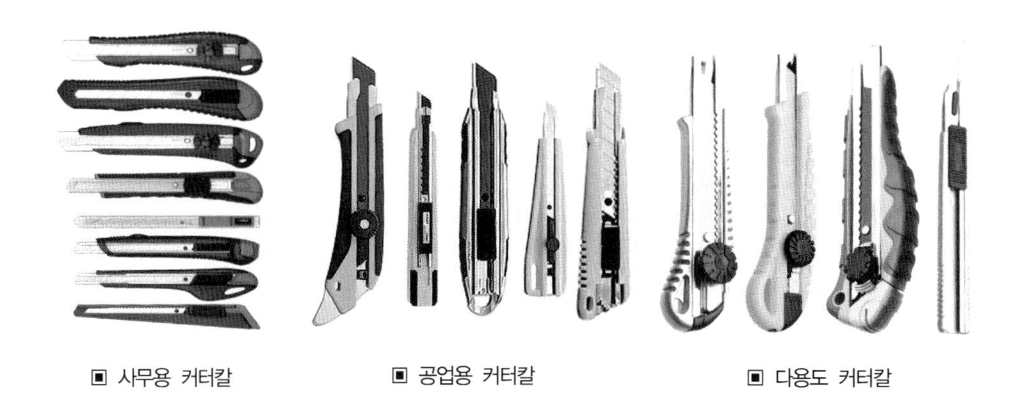

▣ 사무용 커터칼 ▣ 공업용 커터칼 ▣ 다용도 커터칼

커터칼을 사용할 때에는 안전에 주의해야 한다. 커터날이 매우 날카롭기 때문에 잘못 사용하면 작업자의 손가락을 벨 수 있다.

▣ 커터칼의 사용 안전(https://blog.seoulfood.or.kr/777)

목제품 만들기 프로젝트

목제품을 프로젝트로 만드는 경우에는 마름질 과정이 필요하다. 마름질은 목재를 치수에 맞추어 마르는 일이다. 그러기 위해서는 먼저 목재 위에 구상도에 따라 필요한 목재만큼 금긋기를 하고, 금긋기 선에 따라 톱질을 하여 자른다. 마름질하기에서의 주요 활동은 긴 부재인 목재에서 만들려고 하는 목제품에 해당하는 길이로 자르는 공정(process)이다. 따라서 마름질에서의 톱질은 주로 자르기를 하여 긴 부재를 마르는 과정이고, 가공하기의 톱질은 부품을 가공하는 자르기와 켜기를 말한다. 마름질을 하기 위해 필요한 수공구에는 곱자와 톱을 주로 사용한다.

곱자는 길이가 짧은 면을 '단수'라 하고, 긴 면을 '장수'라 부른다. 단수와 장수는 직각으로 만들어져 있고, 앞면에는 mm 단위로 눈금이 그려져 있다. 곱자를 이용하면 직각으로 금긋기를 할 수 있으며 길이를 잴 수 있다. 곱자는 치수를 재거나 선을 그을 때 사용하는 공구이며, 스테인리스강으로 만든다. 일반적인 크기는 450 × 230mm이며, 두께는 18mm 정도이다. 자의 표면에는 mm, cm, 치(村), 자(尺)의 길이 눈금이 새겨져 있다

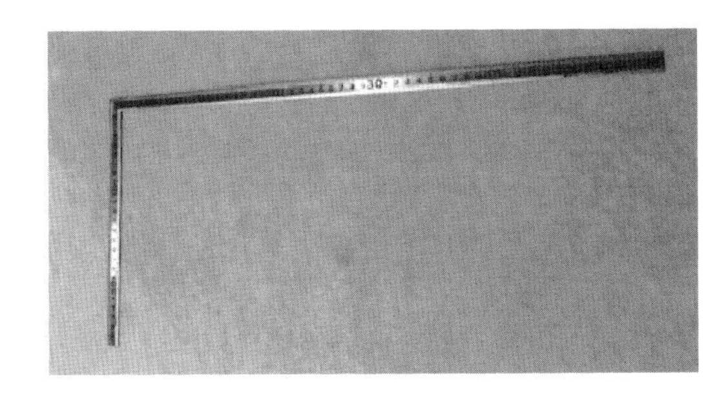

▣ 곱자와 눈금

톱은 목재를 자를 때와 켤 때 사용하는 공구이다. 목재의 '켜기'는 나이테가 있는 마구리에서 나뭇결과 수평 방향으로 세로로 길게 톱질하는 것을 말한다. 목재의 '자르기'는 나뭇결과 수직 방향으로 가로로 톱질하는 것을 말한다. 목제품을 만들 때 사용되는 톱은 다양하지만 학교 수업에서는 수공용을 주로 사용하며, 여기에는 양날톱, 등대기톱, 외날톱, 실톱 등이 있다. 학교에서는 많이 사용하지 않지만 DIY 작업을 할 때 사용하는 전동용으로는 원형톱, 직소, 띠톱 등이 있다. 초등학교 목공 실습에서는 사용 상의 안전과 구입 및 유지 관리 등의 이유로 수공용 톱을 사용하는 것이 바람직하다.

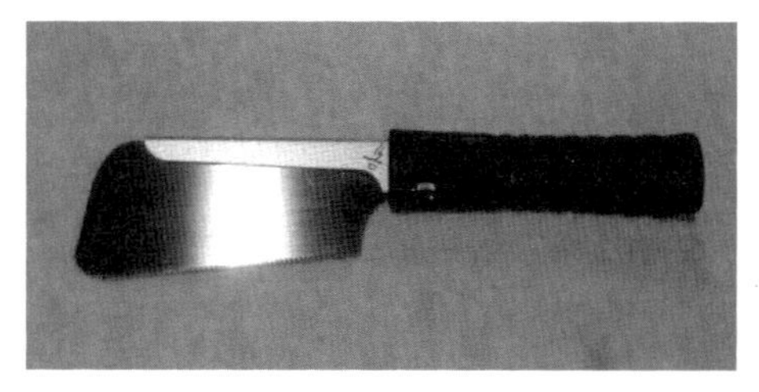
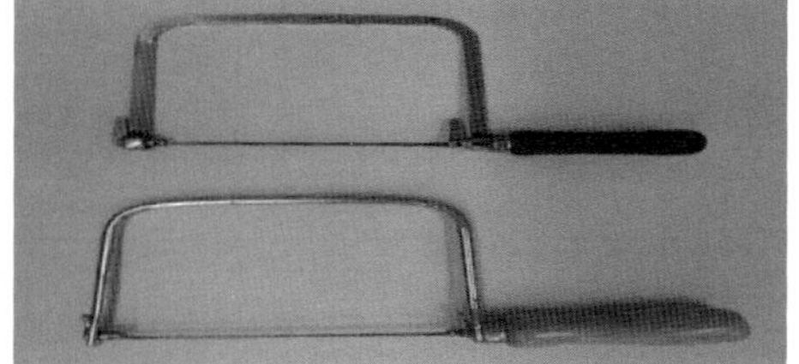

▣ 등대기톱(좌)과 실톱(우)

톱질은 톱자루를 손으로 잡고 밀고 당기면서 하게 된다. 톱에 따라 힘을 주는 시기가 다르지만 우리나라 톱의 대부분은 힘을 빼고 가볍게 밀었다가 힘을 주면서 빠르게 당겨 톱질을 한다. 톱질을 할 때는 우선 마름질 선에 엄지를 대고 한 두 차례 톱질을 하여 톱이 들어갈 자리를 잡는 톱길 내기를 먼저 한다. 톱질을 할 때는 목재를 조임쇠로 고정하거나, 발이나 손으로 누르고 한다. 톱으로 자를 때에는 마름질 선에서 0.5mm~1mm 정도 바깥쪽에 톱날을 대고 마름질 선이 남아 있도록 한다. 톱날과 목재의 각도는 얇고 무른 목재는 각도를 15~30도 정도로 하고, 두껍고 단단한 목재는 30~45도로 한다. 톱질이 끝날 무렵에는 톱의 밑부분만으로 가볍게 천천히 톱질하고 잘려 나가는 부분을 손으로 잡아 목재가 떨어져 나가 파손되는 것을 방지한다.

▣ 톱길 내기와 톱질하기

다듬기는 대패나 사포로 목재의 표면을 매끄럽게 하는 작업을 말한다. 일반적으로 실습용 목재는 표면 처리가 되어 있는 가공재를 많이 사용하므로 여기서는 사포질만 잘 하여도 대부분 매끄럽게 가공할 수가 있다. 다만 각 부품들이 직각으로 만나지 않을 때에는 대패를 사용하면 정밀한 가공을 할 수 있다.

사포(sand paper)는 한쪽 면에 고운 숫돌 입자나 여러 등급의 산화알루미늄 따위를 바탕이 되는 종이나 천 등에 붙여서 만든다. 다양한 가공물의 표면을 갈고 다듬는 데 쓰는 연마제이기 때문에 가공 현장에서는 사용빈도가 높아서 그냥 페이퍼라고 부르기도 한다. 종이 사포에는 방수성이 있는 것과 그렇지 않은 것이 있어서 용도에 따라 골라 사용한다. 숫돌 입자의 입도(굵기의 정도)에 따라 사포 표면의 거친 정도가 표시되는데, 표면이 거칠수록 표시되는 숫자가 작아진다. 사포의 거칠기는 숫자로 표기되며, 번호가 낮을수록 거친 것이므로 작업은 숫자가 낮은 것으로 시작하여 높은 것으로 마무리한다. 예컨대, 처음은 80번이나 100번으로 시작하고 180번, 220번의 순으로 사포질을 한다. 사포는 일반용과 목재용을 구분하여 사용하는 것이 좋다. 일반용은 철물류를 가공할 때 주로 사용한다.

2. 부품 조립하기

도면에 따라 부품에 크기를 정하고 자르는 마름질이 끝나면 이어서 각 부품을 연결하는 조립단계로 이어진다. 부품을 조립할 때에는 재료의 종류에 따라 그 방법이 달라진다. 목재를 조립할 때에는 나사류와 목재용 본드를 사용한다. 골판지 의자의 경우에는 글루건을 사용하는 것이 편리하다. 일반 본드로는 견고성을 유지하기가 어렵다. 골판지 의자의 조립 과정이나 그 예시는 다음과 같다.

작업 안전: 글루건 사용

글루건은 앞에서 설명하였듯이 글루스틱이라는 열가소성 플라스틱 수지로 된 고체 풀을 열로 녹여 붙인다. 간단한 과정을 거쳐 적당한 접착력을 얻을 수 있으나 특성상 열이 많이 나는 곳에는 쓸 수 없다. 또한 적은 양으로는 필요한 만큼의 접착력을 기대할 수 없으며, 타일이나 쇠와 같은 차가운 제품이나 추운 곳에서는 쉽게 식고 굳어 사용하기 어렵고 고체 풀을 녹이기 위해 예열을 해야 한다는 단점도 있다. 또한 화상의 위험이 있으니 사용 시 주의해야 한다. 사용 중에는 절대로 장난쳐서는 안 된다. 납땜인두만큼은 아니지만 저온형이 아닌 이상은 플라스틱을 녹일 정도로 뜨거운 데다 플라스틱이 녹아 있어 잘못하다 피부에 닿을 경우 액체 플라스틱이 그대로 피부에 묻어 경화되어버린다. 작업할 때에는 장갑을 끼고 조심히 다루도록 한다(https://namu.wiki/).

[사용 전 주의 사항]

- 글루건 구입 시 안전 인증을 확인한다.
- 사용자 매뉴얼에 제시된 정보와 안전수칙을 주의 깊게 숙지한다.

o 어린이는 보호자의 감독하에 작업을 하도록 한다.
o 사용 전에 글루건 제품에 이상이 없는지, 스위치의 전원이 작동하는지를 확인한다.
o 열에 잘 견디는 안전장갑을 끼고 사용한다.

[사용 중의 안전 사항]
o 깨끗하고 환기가 잘되고 물기가 없는 공간에서 작업을 한다.
o 글루건을 사용하지 않을 때에는 뜨거워진 글루건을 지탱하기 위해 거치대를 반드시 사용한다.
o 뜨거운 접착제가 떨어지는 것을 받아내기 위해 종이나 골판지를 거치대 아래에 놓는다.
o 뜨거운 글루건의 가열된 분출구를 만지거나 다른 사람을 향해 겨누지 않는다.
o 작업 중에는 글루건 심의 뒷부분을 잡아당기지 않는다.
o 30분 이상 연속하여 사용하지 않는다.
o 작업 후에도 분출구 부분에 뜨거운 열기가 오랫동안 남아 있으므로 충분히 냉각 시킨다.
o 글루건의 심을 교체할 때에는 반드시 식은 후에 한다.
o 뜨거운 접착제나 가열된 노즐이 피부에 닿았을 때에는 즉시 차가운 물에 최소 5분 이상 화상 부위를 적시고 심각한 경우에는 응급치료를 받는다.

글루건의 발명

글루건은 미국 보스턴의 원주민인 George Schultz가 1954년에 발명하였다. 슐츠는 Haverhill 신발 공장에서 노동자들이 불에 타고 붕대를 감은 손가락을 보고 그를 백만장자로 만드는 데 도움이 되는 아이디어를 떠올렸다. 그는 장인어른의 신발 공장을 방문했는데, 여성 노동자들이 신발을 만들기 위해 천 위에 찌르는 증기 주전자들을 흔드는 것을 보고서 증기총을 만들었고 나중에 글루건을 발명했다(http://archive.boston.com/bostonglobe/obituaries/articles).
초기에 뜨거운 녹은 접착제는 붓을 사용하여 바르거나 냄비에서 부었다. 이러한 작업은 지저분하고 시간이 오래 걸리며 사용자에게 화상과 물집이 생기게 하는 경우가 많았다. 그래서 1954년, 조지 슐츠는 최초의 글루건인 폴리건(polygun)을 발명했다. 기술은 단순했고, 접착제를 넣는 것은 어려웠다. 그러나 이 총은 산업 전반에 걸쳐 중요한 혁신이었다. 폴리건에 대한 초기 특허가 전혀 없음에도 불구하고 1973년에 3M이 그의 기술에 대한 권리를 구입했다고 주장되고 있다.
1971년 5월, 칼 웰러(Carl Weller)는 열가소성 플라스틱 재료를 분사하는 도구에 대한 특허를 출원했고 오늘날의 글루 스틱 글루건을 발명했다고 한다(www.gluegunsdirect.com).
우리나라에서 글루건을 생산하여 대중화시킨 사람은 아이디어 월드 회사의 정용희 사장이다. 1991년 테이프가 CD로 세대교체를 할 즈음 그는 새로운 사업 아이템을 찾다가 부산 남포동에서 또다시 희한한 물건을 발견했다. 고체 접착제를 녹여 각종 공작물 제작 시 사용할 수 있는 글루건. 중국제라고 돼 있는 그 물건을 보고 그는 즉시 국내 생산 여부를 살폈다. 아무도 생산하지 않는다는 사실을 알고는 아이디어 월드를 세우고 직접 글루건을 만들어 팔았다. 그가 최초로 만든 국산 글루건은 수십만 개가 팔리며 대박을 쳤다(부산일보, http://www.busan.com/view/busan/view.php?code=20120925000036).

목제품 조립하기

조립은 가공한 부품들을 못, 나사못, 접착제 등을 사용하여 접합하는 것을 말한다. MDF를 이용하여 간단한 생활용품을 만들 경우 큰 힘을 받지 않기 때문에 접착제로 붙여도 된다. 사용한 부재의 재질에 따라 적절한 조립 방법을 선택해야 한다.

못 접합의 경우, 못을 박기 위해서는 먼저 적절한 망치를 준비하는 것이 필요하다. 초등학생들의 경우 크기가 작은 마치를 이용하면 쉽게 박을 수 있다. 못이 휘어지거나 잘못 박혔을 때에는 펜치로 빼거나 노루발장도리를 이용하여 뺄 수 있다. 못을 박을 때는 적당한 크기의 못을 선택하여 못을 손으로 잡고 망치가 못 머리에 수직이 되도록 가볍게 때린 후, 못이 고정되면 손을 빼고 손목의 힘을 이용하여 박아 준다. 망치질은 어깨와 팔꿈치를 움직이지 않고 손목으로 해야 한다. 망치 머리 무게의 힘을 이용하여야 하고, 그 무게에 따라 힘을 달리 주어야 못이 잘 박힌다. 못이 작아 손으로 잡을 수 없는 경우는 롱노즈플라이어나 펜치를 이용하거나 종이에 끼워서 박으면 도움이 된다. 단단한 나무 및 얇은 판재 또는 나뭇결에 따라 못을 박을 때에는 못의 지름보다 약간 작은 드릴로 못 길이의 1/2～1/3 정도의 깊이로 구멍을 미리 뚫어 놓고 못을 박으면 균열과 못의 휨을 방지할 수 있다. 잘못 박은 못을 뺄 때에는 못 머리를 장도리의 노루발에 끼워서 뺀다. 못이 길 때는 나무토막을 받치면 쉽게 뽑을 수 있다. 작은 못은 펜치로도 가능하다.

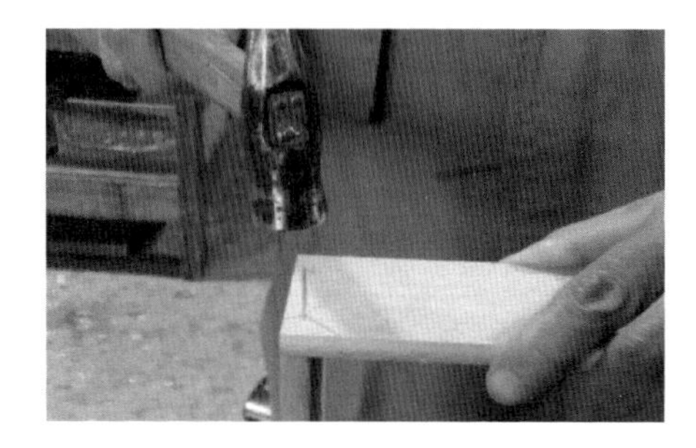

▣ 망치질하기

나사못 접합은 쇠못을 박을 수 없는 곳, 다음에 분해할 필요가 있는 곳, 그리고 못을 박아도 접합강도가 부족할 경우에 한다. 나사못의 크기는 a × b mm로 표시되는데, 여기서 a는 직경을 그리고 b는 길이를 의미한다. 접합력을 위해서는 나사못 길이의 2/3 정도가 밑 목재에 들어가야 하므로 나사못 길이는 붙이고자 한 판재 두께의 2.5～3.0배 길이를 선택하여 사용한다. 왼손은 가볍게 날 끝에 대고 날 끝이 홈에서 벗어나는 것을 막고 오른손으로는 드라이버의 손잡이를 누르듯이 돌린다. 나사못의 조립 강도는 일반 못 조립 강도의 약 3배의 효과가 있다. 나사못으로 접합할 때에는 부재의 재질에 따라 사용하는 종류가 다르다. 일반용 나사못은 나사산이 나사못 머리까지 파여있다. 이에 반해 목공용 나사못은 나사못의 머리 부분에는 나사산이 없다. 목공용 나사못을 쓰는 이유는, 조립할 때 나사산이 없는 부분이 겉돌면서 맞은편의 목재를 끌어당기는 밀착 효과를 내어 단단하게 조여진다.

목재를 접합할 때 예전에는 아교, 카세인 등을 주로 사용했었지만, 최근에는 합성수지 계통의 접착제를 많이 사용한다. 단시간에 목재를 접합할 때는 빨리 굳는 접착제(목공용 본드 파텍스, 타이트 본드 등)나 다용도 순간접착제(401 본드)를 이용한다. 목제품을 접합하는 시간이 충분할 때에는 오공 본드를 사용하면 시간이 오래 걸리지만 단단하게 붙일 수 있는 장점이 있다. 또한 다양한 재료의 접합에 이용되는 핫멜트 글루건을 사용할 수도 있다. 환형의 긴 고체 풀을 글루건에 장착한 후 방아쇠를 당기면서 열에 의해 녹은 액상의 풀을 접착 부분에 도포하여 접합한다. 액체 풀이 나오는 부분은 고온이므로 화상에 주의해야 한다. 초등학생들이 만드는 간단한 생활용품의 경우에는 빨리 굳는 접착제를 사용하는 것이 시간을 절약하는 방법의 하나이다.

칠하기는 각종 재료 표면에 도료를 칠하여 도막을 만들어 목제품에 생기는 벌레의 피해, 부식과 마멸을 막아 주며, 공기·습기·햇볕과 약품 등의 침해를 막아 주고, 내구성과 표면을 아름답게 하는 데 있다. 칠을 하기 전에는 재료의 표면에 있는 흠집을 제거한다. 칠은 결을 따라서 적어도 2회 이상 얇게 바른다. 칠하기가 한 번 끝나면 충분히 건조해 주고, 고운 사포로 가볍게 문질러 준 후 다시 칠한다.

목재에 주로 사용되는 도장 방법에는 에어 스프레이 도장, 붓 도장, 롤러 도장, 스펀지 도장, 헝겊 도장 등이 있다. 에어 스프레이 도장은 가장 많이 사용하는 도장법으로 압축공기로 도료를 분무시켜 미립화하여 피도물에 도착하게 하는 방법이다. 표면이 균일하게 도포되어 마감이 깨끗하지만, 페인트가 분무 되면서 공중에 날리므로 칠을 원하지 않는 부분을 철저히 가려 줘야 한다. 환기가 잘되지 않거나 협소한 실습실에서는 작업이 곤란하다. 붓 도장은 오래 전부터 사용하던 방법이다. 붓에 사용되는 털은 다양하나 말털과 양털이 가장 우수하다. 붓의 크기는 털의 폭으로 표시한다. 좋은 붓은 광택이 있고 털끝이 가지런히 정돈되어 있으며 촉감이 부드러운 것이다. 붓 도장은 환기가 잘되면 협소한 장소에서도 누구나 쉽게 할 수 있지만, 작업자의 숙련도에 따라 마감 상태가 다르다. 일반적인 도장 방법은 나뭇결이 드러나 보이는 것은 결 방향으로 하며, 나뭇결이 드러나 보이지 않는 것은 작업자가 정한 일정 방향으로만 칠한다. 1회에 두껍게 도장하지 말고 얇게 여러 회에 걸쳐 도장과 건조를 반복한다(전국 교육대학교 실과교과교육연구회, 2011).

성찰 과제

1. 메이커 활동에서 프로젝트 수행하기 단계의 특징을 구체적으로 설명하시오.

2. 메이커 활동에서 부품 가공하는 방법과 유의사항을 예를 들어 설명하시오.

3. 커터칼의 사용방법과 안전 사항에 대하여 기술하시오.

4. 메이커 활동에서 가공하는 방법을 구체적으로 설명하시오.

5. 골판지 의자 만드는 프로젝트에서 전체 과정을 플로 차트로 그리시오.

6. 골판지 의자의 부품을 만들 때, 표면을 매끄럽게 자르는 방법에 대하여 구체적으로 설명하시오.

참고 문헌

강은성(2017). 메이커 교육 아웃리치(outreach) 프로그램을 통한 교육적 효과- 자유 학기 활동 사례를 중심으로-. 경희대학교 대학원 박사학위 논문

강인애, 정준환, 서봉현, 정득년(2011). **교실 속 즐거운 변화를 꿈꾸는 프로젝트 학습**. 서울: 상상채널

강인애, 정준환, 정득년. (2007). **PBL 수업을 위한 길라잡이**. 서울: 문음사.

김문수. (2015). 공학교육에서 문제 및 프로젝트 기반 학습의 비교 고찰과 적용 방안. **공학교육연구, 18**(2), 65-76.

김성미. (2013). PBL(Project-Based Learning)에 근거한 공학 설계 교과의 교수학습 전략. **대한기계학회 춘추학술대회**, 123-127

김향자, 김선희, 김희성, 송수민. (2014). PBL(Problem-Based Learning) 수업의 학습효과 분석. **열린부모교육연구. 6**(1), 1-20.

김현우, 강인애. (2013). PBL 수업의 학습성과 유형과 단계별 특성에 관한 질적 연구: 대학수업사례를 중심으로. **교육방법연구, 25**(2), 403-427

김현우. (2015). 고등교육 프로젝트 기반 학습 사례연구. 학습자중심교과교육학회 2015년 춘계 학술대회 자료집. 171-179.

류현아. (2017). 초등 예비교사의 교수역량 증진을 위한 팀 기반 프로젝트 학습 실행 및 효과. **영남수학회지, 33**(2), 217-233.

류형룡, 구자길, 편영식. (2005). 프로젝트 기반의 기계설계 교육프로그램 개발. **한국산학기술학회 논문지, 6**(1), 29-36.

박민정. (2007). 프로젝트 기반 수업을 통한 대학원 학생들의 학습경험에 관한 연구. **교육과정연구, 25**(3), 265-288.

박혜옥, 최완식. (2007). 프로젝트(Project) 학습 수행에 영향을 미치는 요인에 관한 연구. **한국기술 교육학회지,** 7(3), 190-209.

방기혁, 박행모, 김용익, 이성숙, 박광렬. (2015). 실과 수업에서 문제 해결 능력 신장을 위한 프로젝트 기반 학습 모형 구안. **한국실과교육학회지, 28**(4), 287-304

이영민, 양재봉, 류충구. (2017). NCS 기반 프로젝트 교수·학습 모델 및 실제 적용: 전문교과 융합_밀링가공(기계 교과군-학교) 및 기계 제어(기계 교과군-산업체). 세종: 한국직업능력개발원.

이춘식. (2005). 기술 수업에서 프로젝트 학습의 절차. **교육과학연구, 36**(2), 231-252

전국교육대학교 실과교과교육연구회 (2011). **실과교육의 이해**. 경기: 양서원.

한국과학창의재단(2016). **메이커 운동 활성화 방안 연구**. 서울: 한국과학창의재단.

De León, A. T. (2014). Project-based learning and use of the CDIO syllabus for geology course assessment. **Global Journal of Engineering Education, 16**(3), 116-122.

Röhrs, H. (1977). Die progressive Erziehungsbewegung — Ursprung und Verlauf der Reformpädagogik in den USA, Hannover: Hermann Schroedel.

Snedden, D. (1920). A digest of educational sociology, New York: Teachers college, Columbia University.

Thomas, A. (2014). **Making makers: Kids, tools, and the future of innovation.** CA: Maker Media, Inc..

U. Klein, R. Fink, R. Borrty, E. Dötz, H. Holzapfel(1990). Project- und Transfer-orientierte Ausbildung. Muenchen: SIEMENS. **프로젝트 및 전이지향적 직업훈련**. (임세영. 역 1993). 서울: 한국산업인력공단. (원서출판 1990).

제11장 설계기술 메이커 활동; 프로젝트 평가하기

학습 목표
1. 설계기술의 평가영역을 이해할 수 있다.
2. 기술에 대한 정의적 영역인 태도에 대해 평가를 설명할 수 있다.
3. 설계기술 교육 평가의 방향과 과제를 이해할 수 있다.
4. 메이커 프로젝트의 평가 기준을 제시할 수 있다.
5. 메이커 프로젝트의 평가 결과를 해석할 수 있다.

1. 설계기술 교육 평가 영역

설계기술 교육 학습 내용을 평가하는 일은 다분히 실과의 특징과 밀접하게 관련되어 있다. 초등기술 교육의 목적이 학생들로 하여금 기술적 소양을 갖게 하고 기술에 대한 안목과 기술적 원리를 갖도록 하는 데 있다면, 이러한 목적이나 목표에 어울리는 교육내용이 있어야 한다. 그리고 나서 이를 어느 정도 달성하였는지를 알아볼 수 있는 평가 상황으로 전개되어야 할 것이다. 그런데 여기서 한 가지 주의해야 할 것은 앞으로 논의하게 될 평가의 내용과 상황이 기술 교육의 이상적인 목표에 비추어서 제시하는 것이기 때문에 현실과는 어느 정도 거리감이 있을 수밖에 없다는 것이다. 궁극적으로는 기술 교육의 목표와 내용과 평가가 일관되게 그러한 방향으로 이루어져야 함을 강조하는 차원에서 논의한 것임을 주지할 필요가 있다.

설계기술 교육의 학습 내용을 평가하기 위해서는 평가할 수 있는 범주를 설정할 필요가 있으며 이를 범주화하는 영역에도 학자마다 다를 수 있다. 그러나 기술과의 내용을 일반적으로 누구나 받아들이고 인정할 수 있는 영역을 구분한다면 크게 세 가지 즉 기술 지식(technological knowledge), 기술 활동(technological practice), 기술 태도(technological attitude)로 나누어서 상정할 수 있다(이춘식, 2000). 이러한 분류는 Bloom의 교육목표 분류체계와도 일맥상통한다고 할 수 있다. 그러나 평가의 구체적인 내용으로 들어가면 상당한 차이가 있음을 알 수 있을 것이다.

가. 기술 지식에 대한 평가

일반적으로 지식은 절차 지식(procedure knowledge)과 선언 지식(declarative knowledge)으

로 구분할 수 있다(Marzano, 1996; Gagne, 1977; Anderson, 1983). 여기서 절차 지식은 '무엇을 어떻게 하는가에 대한 지식(knowledge of how)'을 의미하며, 선언 지식은 '무엇이 어떻다는 지식(knowledge that)'을 말한다.

이러한 지식 중, 설계기술 교육에서는 선언 지식도 중요하지만 절차 지식의 비중이 훨씬 더 크다고 할 수 있다. 설계기술 교육에서 기술에 대한 선언 지식에는 내면화를 요구하는 경우, 활용을 요구하는 경우, 산출물을 요구하는 경우가 있다. 이러한 선언 지식에는 기술영역에서의 용어나 사실 등이 있는데 이것들을 평가할 때에는 단순히 낱개의 지식으로 평가하는 경우가 대부분이어서 개개의 지식이 단절적으로 이해되기 십상이다. 선언적 지식에서는 기술에 대한 의미 있는 오개념을 지니고 있지는 않은지, 알고 있는 지식기반에 어떤 핵심정보를 이해하고 있는지에 대해서도 평가할 수 있다.

이에 반해 설계기술 교육에서의 절차적 지식은 기술 활동에 필요한 관련 지식으로서 그 의의가 있다. 일선 학교 현장에서는 대개는 절차 지식보다는 선언 지식에 비중을 두어 평가하는 경향이 많았다. 즉, 그러한 지식이 어떤 상황과 관련되어 활용되는지에 초점을 두기보다는 단편적인 평가에 그치는 경우가 많음을 의미한다. 설계기술 교육에서는 선언 지식보다 절차 지식에 대한 평가가 더욱 더 설계기술의 목표에 적절한 경우가 대부분이다. 기술에 대한 절차 지식은 단편적인 낱개의 사항으로 존재하기보다는 기술 활동을 수행하거나 문제를 해결하는 과정으로서의 지식이라고 할 수 있다. 따라서 기술의 절차 지식을 평가하기 위해서는 구체적인 문제 해결 상황에서나 프로젝트에서의 해결 과정을 통하여 평가하는 것이 큰 의의가 있다.

나. 기술 활동에 대한 평가

설계기술 교육의 내용은 주로 실천적인 활동을 중심으로 이루어지고 있다. 여기서 실천적인 활동은 학습자가 중심이 되어 조작적인 활동을 통해 문제를 해결하고 창의적인 활동을 말한다. 이것은 기술과 학습의 본질적인 차원에서 볼 때에도 보다 타당한 활동임을 의미한다. 그렇다면 설계기술 교육에서의 평가 역시 수업의 상황에 맞게 이루어져야 할 것이다. 실천 활동을 중심으로 하는 수업을 문제 해결을 통한 수업이라고 할 수도 있고, 프로젝트 수업이라고 할 수도 있다. 기술 활동에 대한 평가의 특성은 학습자의 활동을 보다 잘 변별하여 학생들이 할 줄 아는지에 대한 분명한 평가가 이루어져야 한다. 설계기술의 경우 내용의 대부분은 기술 활동에 관한 것이어야 함에도 교과의 내용을 그러한 내용으로 구성되고 있지 않은 면이 많았다. 기술과의 본질적인 측면에서 이러한 활동을 평가하기 위해서는 구체적인 수행 과제 활동에서의 절차 지식을 어느 정도 활용하는지에 대해 평가해야 할 것이다.

실험·실습과 같이 활동 위주로 이루어지는 수업에서의 평가는 학생들의 능력을 평가할 요소 즉, 과정에서의 평가와 결과에서의 평가를 동시에 할 수 있도록 평가항목을 세분화하여야 한다. 여기서 과정을 평가한다고 할 때 단순히 학생들의 수업 활동을 위축하는 방향으로 진행되어서는 안 된다. 학생이 수업에 참여하는 과정을 교사가 관찰하고 판단하는 과정에서 제품의 구상에서부터 산출물에 이르기까지 학생의 문제 해결 능력을 파악할 수 있도록 평가항목을 세분화시켜야 한다. 이때 양적인 평가뿐만 아니라 질적인 평가에 중점을 두고서 행해져야 한다.

다. 기술 태도에 대한 평가

교육과정이 개편될 때마다 빠지지 않고 등장하는 목표 중의 하나는 바로 태도와 관련된 것이다. 2022 개정 교육과정 상에서도 알 수 있듯이 기술 교육과 관련된 목표는 태도와 관련되어 있는데, 즉 "생활 속에서 기술과 관련되는 문제를 탐구하여 창의적으로 해결함으로써 일상생활에서 기술을 유용하게 활용할 수 있는 능력을 기르며, 또한 미래의 직업과 일의 세계에 대한 건전한 가치관을 형성하고 진로를 탐색하여 미래사회에 적응하는 역량과 태도를 기른다."이다. 이것은 기술에 대해 이해하지 못하고서는 우리 삶의 터전으로서 사회를 이해할 수 없으며 또한 사회에 적응할 수 없기 때문에 여기에 적절한 태도를 기르게 함이 중요함을 의미한다(교육부, 2022).

교사는 학생들이 기술에 대해 어떻게 생각하는지에 대해 알아야 하고, 실과 기술영역 수업을 통해 정의적인 측면인 태도를 평가하여 그 결과를 교수·학습에 반영하는 것이 필요하다. 이를 위해서는 기술에 대한 태도척도(TAS)를 이용하여 기술과 기술의 개념에 대한 학생들의 태도 정보를 수집할 수 있다. 이러한 정보는 교사들에게 기술에 대해 보다 효과적인 수업을 제공하는 수단으로서 매우 중요하다. 따라서 이미 연구 수준에서 개발된 기술에 대한 태도척도(이춘식, 1999)를 이용하면, 기술 수업을 받는 학생들의 인지(perception) 정도와 어떤 주제에 대한 교사와 학생들 간의 동등한 이해의 수준을 알 수 있다.

기술 교육에서 실천적 태도는 John Dewey의 '행하면서 배운다(Learning by doing)'라는 철학과 일맥상통한 것으로서 매우 중요한 부분을 차지하고 있다. 실생활에서 기술 경험을 활용하는 능력은 이를 실천하려고 하는 태도와도 직결되기 때문에 경험과 조작 활동이 주어졌을 때, 이 활동을 어떤 태도로 수행하는지에 대한 평가가 이루어져야 할 것이다. 이를 평가하는 방법은 관찰을 하는 방법이 있을 수도 있고, 아니면 태도척도를 이용하여 평가하는 방법 등이 있다. 그러나 기술의 실천적 태도를 재는 방법이 매우 다양하기는 하나 이들 모두를 개발하기에는 힘들 것이다.

교육과정에서의 목표는 기술에 대한 지식과 기초 기능 습득, 일의 세계에 대한 이해와 진로 탐색 능력 등을 함양하여 일과 직업을 존중하는 태도를 기르게 하기 위하여 설정된 것이다. 인간은 누구나 원하든 원하지 아니하든 한 가지 이상의 기술과 관련된 직업을 가지고 지식기반 사회에서 살아가야 한다. 그러나 한 개인이 기술과 직업에 대한 태도 형성이 부정적이라면 사회의 낙오자요 부적응자로 남게 될 것이다. 따라서 4차 산업혁명 사회에서 일, 기술, 직업 등에 대한 태도에 대하여 어떻게 인식하는지, 그리고 긍정적인 태도로 바뀌었는지를 평가하여 기술 교육을 통하여 자연스럽게 형성될 수 있도록 도와주어야 한다. 이러한 태도에 기초하여 진로를 올바로 탐색할 수 있도록 해야 할 것이다.

이와 같이 정의적 영역을 강조하여 다루는 내용의 평가에서는 기술에 대한 긍정적이고 적극적인 태도 등을 관찰 평가하여 그 결과를 교수-학습에 되먹임(feed-back)하고 반영하여 활용하는 것이 좋다. 수업을 하는 과정에서 기술에 대한 긍정적인 태도를 갖게 되면 실과, 기술 교육에서의 활동과 실천을 하는 과정에 대해 매우 흥미를 갖게 되고 성공적인 학업 성취에 도달할 수 있다. 학생들의 기술에 대한 태도는 교과에 계속해서 관심을 두고 공부를 하며, 높은 성취를 이룰 수 있을 것인지를 판단하게 하는 중요한 준거가 된다.

2. 기술에 대한 태도측정

가. 기술에 대한 태도척도

기술에 대한 태도 연구에 사용된 태도척도는 5가지로 구분된다(de Klerk Wolters, 1989). 첫 번째 도구는 기술에 태도측정을 위한 '태도 질문지(attitude questionnaire)'이고, 두 번째 도구는 기술의 개념을 측정하기 위한 '개념 질문지(concept questionnaire)'이다. 세 번째 도구는 에세이, 도형 그리기, 개방형 질문지 등을 사용하여 기술의 태도와 개념에 대한 부가적인 정보를 수집하는 것이다. 네 번째 도구는 태도와 개념을 동시에 측정하는 질문지인 TAS(Technology Attitude Scale)이다. 마지막 다섯 번째 도구는 교사들의 기술에 대한 태도를 측정하기 위해 사용한 '교사 태도 질문지'가 있다.

우리나라에서는 의미 변별 척도를 이용하여 중학생들의 기술과 기술교과서에 대한 태도척도를 조사한 사례가 있으며(이춘식, 1996; Lee, 1997), 이춘식(1999)은 중학생과 고등학생의 기술에 대한 태도를 측정하기 위하여 TAS(태도척도와 개념척도)를 개발한 바 있다.

나. 기술에 대한 태도척도의 개발

이춘식(2008)은 우리나라 초・중・고등학교 학생의 기술에 대한 태도척도(PATT; Pupils' Attitude towards Technology)를 개발하기 위하여 이춘식(1999)이 개발한 '중학생의 기술에 대한 태도척도'와 외국의 태도척도(Bame, Dugger, de Vries, and McBee, 1992)를 참고하였다.

기술에 대한 태도 검사 (초·중·고 학생용)

이 설문지는 일상생활에서 기술에 대한 여러분들의 의견이나 느낌을 묻는 문항으로 구성되어 있습니다. 따라서 정답이 따로 없습니다. 각 문항에 대해 여러분들의 솔직한 느낌을 짧은 시간에 생각하고 응답해 주시기 바랍니다.

※ 해당 번호에 ∨표(또는 ○표) 해 주세요.

1. 성 별 ………… [1] 남 [2] 여
2. 나 이(만 나이로 계산) ………… [1] 12세 이하 [2] 13세 [3] 14세 [4] 15세 [5] 16세 이상
3. 학 년 ………… [1] 초등5,6 [2] 중1 [3] 중2 [4] 중3 [5] 고1
4. 아버지가 하시는 일은 기술과 어느 정도 관련이 있습니까? (아버지가 안 계시거나 직업이 없는 경우는 5번으로) ………… [1]매우 많이 관련됨 [2]많이 관련됨 [3]조금 관련됨 [4]관련 없음
5. 어머니가 하시는 일은 기술과 어느 정도 관련이 있습니까? (어머니가 안 계시거나 직업이 없는 경우는 6번으로) ………… [1]매우 많이 관련됨 [2]많이 관련됨 [3]조금 관련됨 [4]관련 없음
6. 집에서 기술과 관련된 장난감(예; 레고, 블록, 퍼즐 등)을 가지고 놀아 본 경험이 있습니까? ………… [1]있다 [2]없다
7. 집에 물건을 만들 수 있는 별도의 작업실이나 방이 있습니까? ………… [1]있다 [2]없다
8. 집에서 사용하고 있는 컴퓨터는 인터넷에 연결되어 있습니까? ………… [1]예 [2]아니오 [3]컴퓨터가 없다
9. 앞으로 기술 전문 직업을 가지고 싶습니까? ………… [1]예 [2]아니오
10. 가족 중에 형(오빠)이 기술과 관련된 직업을 가지고 있거나 공부하고 있습니까? …… [1]예 [2]아니오 [3]형(오빠) 없음
11. 가족 중에 누나(언니)가 기술과 관련된 직업을 가지고 있거나 공부하고 있습니까? [1]예 [2]아니오 [3]누나(언니) 없음

※ 모든 문항의 해당 번호에 ∨표(또는 ○표) 해 주세요.	매 우 그렇다	그렇다	보통이다	그렇지 않 다	전 혀 그렇지 않 다
	[5]	[4]	[3]	[2]	[1]
12. 새로운 물건이 나오면, 즉시 알아보고 싶다.	[5]	[4]	[3]	[2]	[1]
13. 기술은 여학생과 남학생 모두에게 어렵다고 생각한다.	[5]	[4]	[3]	[2]	[1]
14. 기술은 우리나라의 미래를 밝게 해준다.	[5]	[4]	[3]	[2]	[1]
15. 어떤 기술을 이해하는 데에는 간단한 훈련과정만 거쳐도 된다.	[5]	[4]	[3]	[2]	[1]
16. 학교에서 기술에 대하여 많이 듣는다.	[5]	[4]	[3]	[2]	[1]
17. 나는 앞으로 기술 관련 직업을 선택할 것이다.	[5]	[4]	[3]	[2]	[1]
18. 나는 컴퓨터에 대해 더 많이 알고 싶다.	[5]	[4]	[3]	[2]	[1]
19. 여학생도 기술 관련 일을 매우 잘할 수 있다.	[5]	[4]	[3]	[2]	[1]
20. 기술은 모든 일을 쉽게 할 수 있게 해준다.	[5]	[4]	[3]	[2]	[1]
21. 기술을 배우는데 머리가 꼭 좋지 않아도 된다.	[5]	[4]	[3]	[2]	[1]
22. 나는 학교에서 기술을 더 많이 배우고 싶지 않다.	[5]	[4]	[3]	[2]	[1]
23. 나는 기술 관련 잡지를 읽고 싶다.	[5]	[4]	[3]	[2]	[1]
24. 여학생도 자동차 정비사가 될 수 있다.	[5]	[4]	[3]	[2]	[1]
25. 기술은 우리 생활에서 매우 중요하다.	[5]	[4]	[3]	[2]	[1]
26. 기술은 똑똑한 사람들만 배울 수 있다.	[5]	[4]	[3]	[2]	[1]
27. 학교에서 기술 수업(실과의 목공, 전기 전자)은 중요하다.	[5]	[4]	[3]	[2]	[1]
28. 나는 기술 분야의 직업을 생각하고 있지 않다.	[5]	[4]	[3]	[2]	[1]
29. 기술에 대한 TV와 라디오 프로그램을 더 늘려야 한다.	[5]	[4]	[3]	[2]	[1]
30. 남학생들은 여학생들보다 생활 주변의 물건을 잘 다룬다.	[5]	[4]	[3]	[2]	[1]
31. 기술은 모든 사람들에게 필요하다.	[5]	[4]	[3]	[2]	[1]

☞ 기술에 대한 태도 검사가 계속됩니다.

문항	매 우 그렇다	그렇다	보통 이다	그렇지 않 다	전 혀 그렇지 않 다
	5	4	3	2	1
32. 나는 학교에서 기술 수업(실과의 목공, 전기 전자)을 받고 싶다.	5	4	3	2	1
33. 나는 사람들이 왜 기술과 관련된 직업을 가지려고 하는지 이해할 수 없다.	5	4	3	2	1
34. 우리 학교에 기술과 관련된 동아리나 클럽활동이 있다면, 참가하고 싶다.	5	4	3	2	1
35. 여학생들도 컴퓨터를 잘 다룰 수 있다.	5	4	3	2	1
36. 기술은 나쁜 것보다는 좋은 것을 더 많이 가져다준다.	5	4	3	2	1
37. 기술과 관련된 직업을 갖기 위하여 체격이 크지 않아도 된다.	5	4	3	2	1
38. 집에서 필요한 기술을 학교에서 가르쳐야 한다.	5	4	3	2	1
39. 나는 기술과 관련된 활동을 하면 즐겁다.	5	4	3	2	1
40. 나는 공장에 견학 가는 것이 지루하다고 생각한다.	5	4	3	2	1
41. 남학생들이 여학생들보다 기술에 대해 더 많이 알고 있다.	5	4	3	2	1
42. 기술이 사라진다면, 이 세상은 더 좋아질 것이다.	5	4	3	2	1
43. 기술을 공부하기 위해서는 타고난 재능이 없어도 된다.	5	4	3	2	1
44. 기술은 학교에서 반드시 배워야 하는 과목이다.	5	4	3	2	1
45. 나는 커서 기술 관련 일에 종사하고 싶다.	5	4	3	2	1
46. 나는 기술에 흥미가 없다.	5	4	3	2	1
47. 남학생들은 여학생들보다 기술 관련 직업의 일을 더 잘할 수 있다.	5	4	3	2	1
48. 기술을 도입하면, 나라의 발전이 빨라진다.	5	4	3	2	1
49. 수학과 과학을 모두 잘해야만 기술을 배울 수 있다.	5	4	3	2	1
50. 지금보다 더 많은 기술 교육이 필요하다.	5	4	3	2	1
51. 기술 분야의 일은 재미있다.	5	4	3	2	1
52. 나는 집에서 물건을 고치는 것이 즐겁다.	5	4	3	2	1
53. 더 많은 여학생들이 기술 분야에서 일해야 한다.	5	4	3	2	1
54. 기술은 실업자를 많이 생기게 한다.	5	4	3	2	1
55. 기술을 배우는데, 수학 지식을 조금만 알아도 된다.	5	4	3	2	1
56. 모든 학생들이 기술 과목을 배워야 한다.	5	4	3	2	1
57. 대부분의 기술 분야 일은 지루하다.	5	4	3	2	1
58. 나는 기계나 도구를 만지는 일이 재미있다고 생각한다.	5	4	3	2	1
59. 여학생들은 기술 분야로 진학하는 것을 꺼린다.	5	4	3	2	1
60. 기술은 오염을 일으키기 때문에, 기술의 사용을 줄여야 한다.	5	4	3	2	1
61. 누구든지 기술을 배울 수 있다.	5	4	3	2	1
62. 기술 수업은 더 나은 직업을 갖기 위한 훈련에 도움을 준다고 생각한다.	5	4	3	2	1
63. 기술 분야에서 일하는 것이 재미있을 것 같다.	5	4	3	2	1
64. 기술과 관련된 취미는 재미있다.	5	4	3	2	1
65. 여학생들은 기술이 지루하다고 생각한다.	5	4	3	2	1
66. 기술 과목은 미래 사회에 필요한 교과이다.	5	4	3	2	1
67. 누구든지 기술과 관련된 직업을 가질 수 있다.	5	4	3	2	1
68. 기술 수업(실과의 목공, 전기 전자)은 모든 학생들에게 필요하다.	5	4	3	2	1
69. 기술과 관련된 직업을 갖는다면, 미래가 상당히 보장될 것이다.	5	4	3	2	1

70. '**기술**'이라는 단어를 들었을 때, 가장 먼저 **떠오르는 것**은 무엇인지 아래 네모 칸에 써 보세요. (기술과 관련 있는 사물이나 물건을 쓰면 됩니다.)

기술을 생각하면, [ ] 가(이) 떠오른다.

☞ 이제 끝났습니다. 수고했습니다. ☜

3. 설계기술 교육 평가의 방향과 과제

앞으로 논의할 평가의 방향이라는 것이 비단 기술 교육에서만의 문제는 아니라고 보지만, 가능하면 기술 교육의 상황에 비추어서 논의해 보고자 한다. 다소 현학적이고 추상적인 면이 있을 수 있는데 이것은 현재의 평가 상황이 어느 구체적인 부분에서 잘못 되었다 라기보다는 총체적으로 문제점을 안고 있기 때문에 포괄적인 의미에서 제시한 것이다.

첫째, 수업과 평가가 유기적으로 관련되어 이루어져야 한다. 대개 학교에서 이루어지고 있는 평가의 상황을 보면 교수-학습의 상황에서의 문제점보다 더 심각하고 복잡하게 얽혀 있음을 직시할 수 있다. 우리나라 교육의 구조적인 문제이기도 하지만 수업과 평가가 연계되고 있지 못하다는 데 문제가 있다. 이것은 '수업 따로, 평가 따로'의 기이한 상황을 두고 하는 말이다. 수업과 평가는 동떨어져 있는 것이 아니라 상호 보완적이어야 한다. 그래야만 수업의 결과가 평가에 그리고 평가의 결과가 수업에 피드백을 주는 유기적인 관계를 맺을 수 있다. 그런데도 이상한 것은 수업이 여전히 예전과 달라진 것은 없는데 우리가 부르짖는 수행평가를 하고 있다는 것이다. 수행평가의 정신을 제대로 살리기 위해서는 수업의 방법도 이에 맞게 상당 부분 달라져야 함은 분명하다. 왜냐하면 평가의 목적과 관점이 달라졌기 때문이다.

둘째, 기술 지식 중에서도 절차 지식을 강조하여 평가하여야 한다. 그렇다고 하여 선언 지식이 쓸데없다든가 평가의 대상에서 모두 제외되어야 한다는 것을 의미하는 것은 아니다. 지금까지 대부분의 평가에서 단편적인 지식 위주로 평가를 해왔고 그렇게 하는 것이 현실이기 때문에 여기에서 방향을 틀어야 한다는 차원에서 내세운 것이다. 교과서에 있는 내용을 평가하기로 하면 모든 내용을 모조리 외우지 않고는 '수' 등급을 얻을 수 없을 것이다. 그렇다고 '수'를 맞은 학생이 기술 관련 목표인 기술에 대한 안목이라던가, 기술 소양이 있다고 말할 수 있겠는가? 그것은 아니다. 그렇다면 단편적이고 사실적인 내용에 대한 평가를 지양하고 방법에 대한 내용인 절차 지식을 평가하면 이러한 단점은 다소 극복될 수 있을 것이다. 예를 들자면, 목재를 이용하여 생활에 필요한 물건을 만든다고 할 때, 목재와 관련된 단순한 지식을 잴 것이 아니라 다양한 문제 상황을 주고 이를 해결할 수 있는 가장 적절한 방법을 구성하도록 하는 문제가 바로 그것이다. 기술 교육의 목표를 고려하여 평가를 하고자 하는 마음만 있어도 문제의 반은 이미 해결된 것으로 보아도 좋을 것이다. 그리고 기술의 정의적인 측면이 가치와 태도의 평가에도 관심을 두고 어떠한 태도의 변화가 있었는지를 관찰(observation)과 판단(judgement)을 통해 지속해서 알아볼 필요도 있다. 태도의 변화 없이는 기술 수업의 학업 성취에도 큰 효과를 낼 수 없기 때문이다.

셋째, 기술적 산출물인 경우 기본점수제를 폐지하고 결과물이라도 제대로 평가하여야 한다. 이는 현재의 평가방식이 문제가 있기 때문에 개선하자는 차원에서 강조한 것이지 결과물을 만들기까지의 과정을 생략해도 된다는 것을 말한 것은 아니다. 대개 정도의 차이는 있지만, 평가에서 어떤 방식으로든 기본점수를 부여하기 때문에 잘한 학생이나 못한 학생이나 큰 차이가 나지 않아 변별력을 잃어가고 있는 처지이다. 평가항목에 따라 기본점수를 50-70% 정도로 주기 때문에 상대적으로 변별력이 없어졌으며 우수한 학생과 보통학생, 그리고 노력이 필요한 학생들 간의 불만이 커지고 있다. 결국은 결과물을 평가함에 있어서 한 항목이라도 변별력을 가진다면, 최하점수인 1점에서부터 항목별 최고점수에 이르기까지 학생들의 능력을 자리매김 할 수 있을 것이다. 또한 실습 활동이 학생들에게 점수를 거저 주는 방편으로 전락하는 일은 없어야 하겠다. 지필고사보다는 실습 활동을 통한 평가가 당사자인 학생들에게도 유익하고 재미가 있으며, 기술과 본연의 지향하는 바를 얻을 수 있는 계기가 될 수 있다.

마지막으로, 활동 수업의 평가 기준을 마련하여 평가하되 채점 기준표(rubric)를 준비하여 채점의 공정성과 신뢰성을 보장해야 한다. 새삼스럽게 이 문제를 들고나온 것은 평가 시마다 제시하는 평가 기준이나 채점 기준표가 형식적인 범주를 벗어나지 못하고 있다. 설령 채점 기준표가 마련되어 있다 하더라도 항목별로 상세화되어 있지 못하기 때문에 상·중·하의 구분도 명확하지 않은 측면이 많다. 산출물을 평가하는 채점자 간의 객관도는 두 번째 치고라도 한 교사에 의하여 매겨지는 점수에 신뢰성이 결여되어 있다면 이것은 문제가 아닐 수 없다. 신뢰도를 높이는 가장 좋은 방법은 채점 기준표를 상세화하여 시간이 다소 들더라도 분석적인 채점방법을 사용할 것을 권장하고 싶다. 이 방법이 비경제적이고 점수가 하향되는 경향이 있기는 해도 공정성과 신뢰성을 고려한다면 유용한 방법으로 반드시 사용해야 할 것이다. 실제로 기술과의 경우에는 채점방법에 있어서 분석적인 방법과 총제적인 방법을 병행해야 할 것이다. 왜냐하면 실습 작품의 경우 하나하나의 기준에 모두 만족하여 만들어진 작품이 전체적으로 꼭 훌륭한 것으로만 볼 수 없기 때문에 채점 기준표를 부분적으로 총체적인 입장에서 만들 필요도 있다.

여기에서는 현재 우리가 안고 있는 기술 교육 평가의 문제는 무엇이고 앞으로 해결해 나가야 할 과제는 무엇인지에 대하여 논의를 하면서 미래를 대비하여서라도 기술 교육의 엔진을 바꾸려는 노력이 지속되어야 함을 강조하고 싶다. 이러한 맥락에서 그러한 문제를 해결하기 위해 우리가 경주해야 될 앞으로의 과제는 무엇인지에 대하여 몇 가지 짚어보고자 한다.

첫째, 기술 교육의 평가를 다양화하기 위해서라도 교수-학습을 다양화해야 할 것이다. 교수-학습의 다양화에는 활동 제재의 다양화와도 맞물려 있다. 수행평가를 한다고 하면서 교수-학습은 여전히 과거의 방법을 고수해 온다면 무늬는 수행평가인데 내용은 전통적인 방법과 별반 다르지 않은 결과를 낳을 것이다. 교수-학습을 다양한 방법으로 하였기 때문에 평가의 내용과 방법도 다양화할 수밖에 없어야 하는데 현실은 그렇지 않음을 볼 수 있다. 어찌 보면 교수-학습이 있고 나서 평가는 그다음에 이루어지든지 아니면 동시에 이루어지든지 해야 할 것이다. 그런데 실제 상황에서는 본말이 전도된 현상을 종종 목격하게 되는 데 문제가 있다.

둘째, 교과서를 보는 시각을 달리해야 한다. 대개 교과서가 교수-학습의 안내 자료임을 말하면서도 실제로 수업 상황에서는 참고자료로 사용하지 않고 경전으로 활용하는 경우를 목격할 수 있다. 그런 상황에서는 교과서를 재구성하기란 불가능하고 큰 효과를 기대할 수는 없을 것이다. 여기에 종사하는 사람들의 전면적인 인식의 전환이 이루어지지 않고서는 큰 기대를 걸 수가 없을 것이다.

셋째, 실과의 다양하고 창의적인 실습 활동자료를 개발하기 위해서는 교사 상호 간에 자료를 공유할 수 있는 시스템을 만들어야 한다. 한 사람의 노력으로 모든 것을 포괄하기란 그리 쉽지가 않다. 여러 사람들의 아이디어를 모아서 전달하고 확산하려는 움직임이 있어야 하고, 이를 위해서는 실과교사 모임이나 학회를 중심으로 다양하게 만들어진 활동자료를 공유하고 연수하며 나누는 체제가 시급하다 할 것이다.

마지막으로, 실과 초등기술 교육에 대한 정체성을 분명히 가져야 한다. 실과에서 이루어지고 있는 내용이 학생들의 실생활에서 도움이 되고 실제로 적용할 수 있는 살아있는 지식이 되기 위해서는 학생의 수준에 맞게 학습자를 고려한 교수-학습이 되어야 할 것이다. 교과서에 지식이 있어서 가르치는 것이 아니라 학생들에게 필요하고 유용하기 때문에 수업을 해야 하고 개개인은 기술에 대한 소양을 갖도록 확신을 갖고 이루어져야 한다. 물론 이를 위해서는 일차적으로 교육과정의 구성과 교과서의 내용을 참신하고 살아있는 것으로 만들어야 한다. 이는 누구 하나의 책임이 아니라 우리 모두의 책임이라 할 것이다.

4. 프로젝트 평가 기준

메이커 활동을 한 후에 수행한 프로젝트에 대한 평가는 다양한 척도를 사용할 수 있다. 그중에서도 루브릭을 활용하는 것이 좋다. 예컨대 골판지 의자를 만들고 나서 평가항목이 도면의 작성, 창의적인 아이디어, 정교성, 견고성, 경량성이라고 할 때 다음과 같은 루브릭을 만들 수 있다.

◫ 골판지 의자 프로젝트의 평가 루브릭

평가요소	미흡함	보통	우수함	매우 우수함
도면	스케치와 구상도의 표현이 미숙하다.	스케치와 구상도의 표현에 부분적으로 오류가 있다.	스케치와 구상도의 표현에 오류가 없다.	스케치와 구상도의 표현에 대한 이해가 깊고 오류가 없다.
창의성	작품의 구상에 다른 사람의 아이디어를 모방하여 수동적이다.	작품의 구상에 부분적으로 창의적인 아이디어를 반영한다.	작품의 구상에 창의적인 아이디어를 표현하려고 노력한다.	작품의 구상에 새롭고 참신한 아이디어를 반영하여 창의적이다.
정교성	부품의 가공에 정밀성이 떨어져 거칠다.	부품의 가공에 부분적으로 오류가 있으며 다소 거칠다.	부품의 가공에 오류가 없으며 매끄럽게 처리한다.	부품의 가공에 대한 이해가 깊으며 처리 결과가 매우 정교하다.
견고성	성인이 앉기에는 불안정하고 불편하다.	성인이 앉을 수 있도록 견고하나 불편하다.	성인이 앉았을 때 안정적이다.	성인이 앉았을 때 안정적이고 매우 편하다.
경량성	작품의 무게가 800g 이상으로 무겁고 부피가 크다.	작품의 무게가 700g 내외이고 부피가 보통이다.	작품의 무게가 600g 내외이고 부피가 적절하다.	작품의 무게가 500g 내외이고 슬림한 부피를 가지고 있다.
수행과정	수행 과정에서 정해진 계획에서 벗어났으며 소극적이었다.	수행 과정에서 정해진 계획에 따라 수행하였으나 부분적으로 소극적이었다.	수행 과정에서 정해진 계획에 따라 수행하였으며 적극적으로 임하였다.	수행 과정에서 정해진 계획을 충실히 따랐으며 적극적이며 불편사항을 개선하였다.

5. 프로젝트 평가 결과 및 전시

메이커 활동이 완료되면 산출물과 포트폴리오(각종 자료와 결과물)를 평가하는 단계이다. 평가는 산출물과 수행 과정에 나온 포트폴리오가 주요 대상이 된다.

ㅇ 모든 정보가 들어있는 포트폴리오를 대상으로 평가한다.

- 주제 선정의 과정과 결과
- 정보 수집과정과 결과
- 제품에 대한 스케치와 도면, 공정 등
- 결과물(제품)

ㅇ 평가의 주체를 다양화한다(교사에 의한 평가, 동료에 의한 평가)

ㅇ 평가가 끝난 후 발표를 하거나 교내에 전시를 한다.

PBL 수업에 따른 프로젝트 수행 후의 산출물의 예시자료는 다음과 같다.

골판지 의자

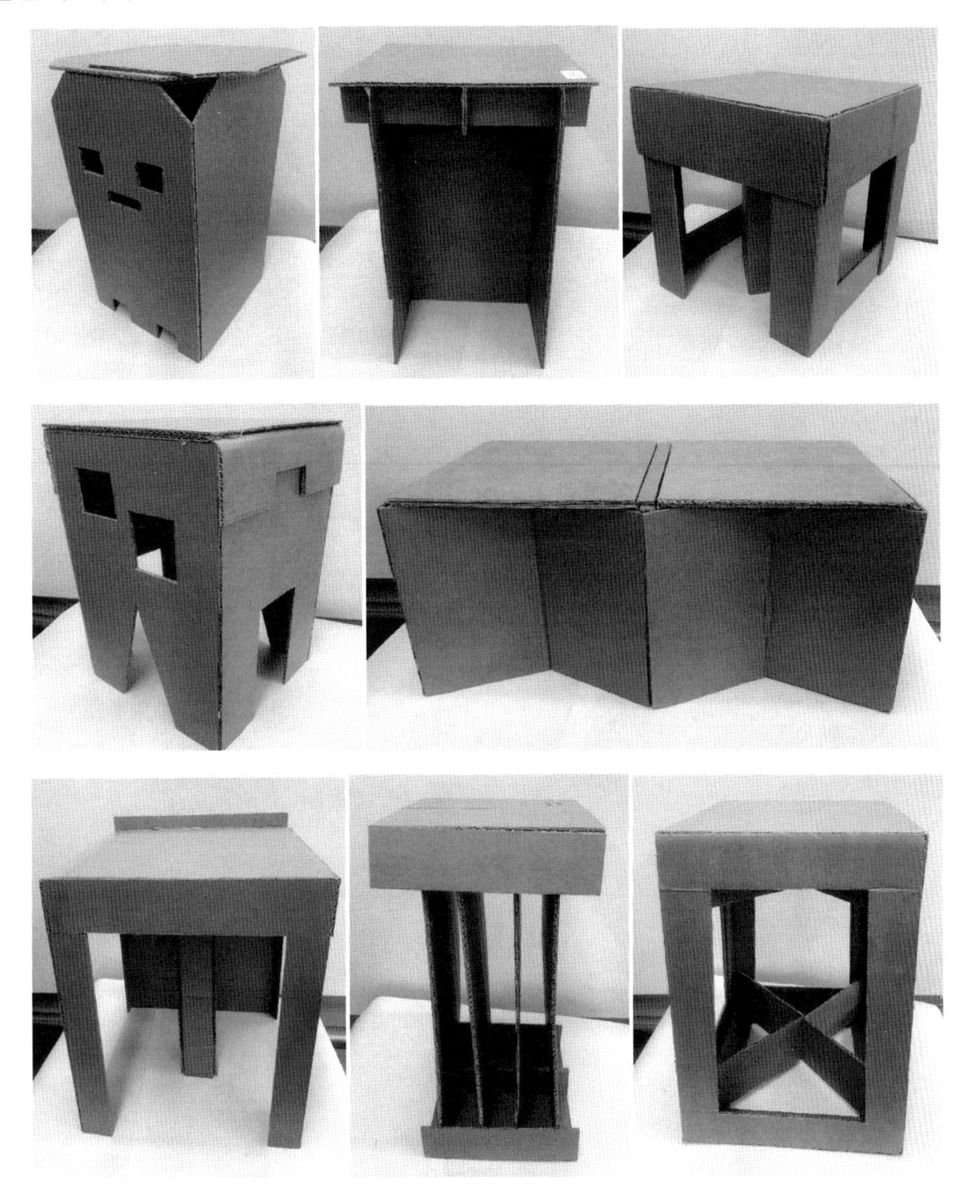

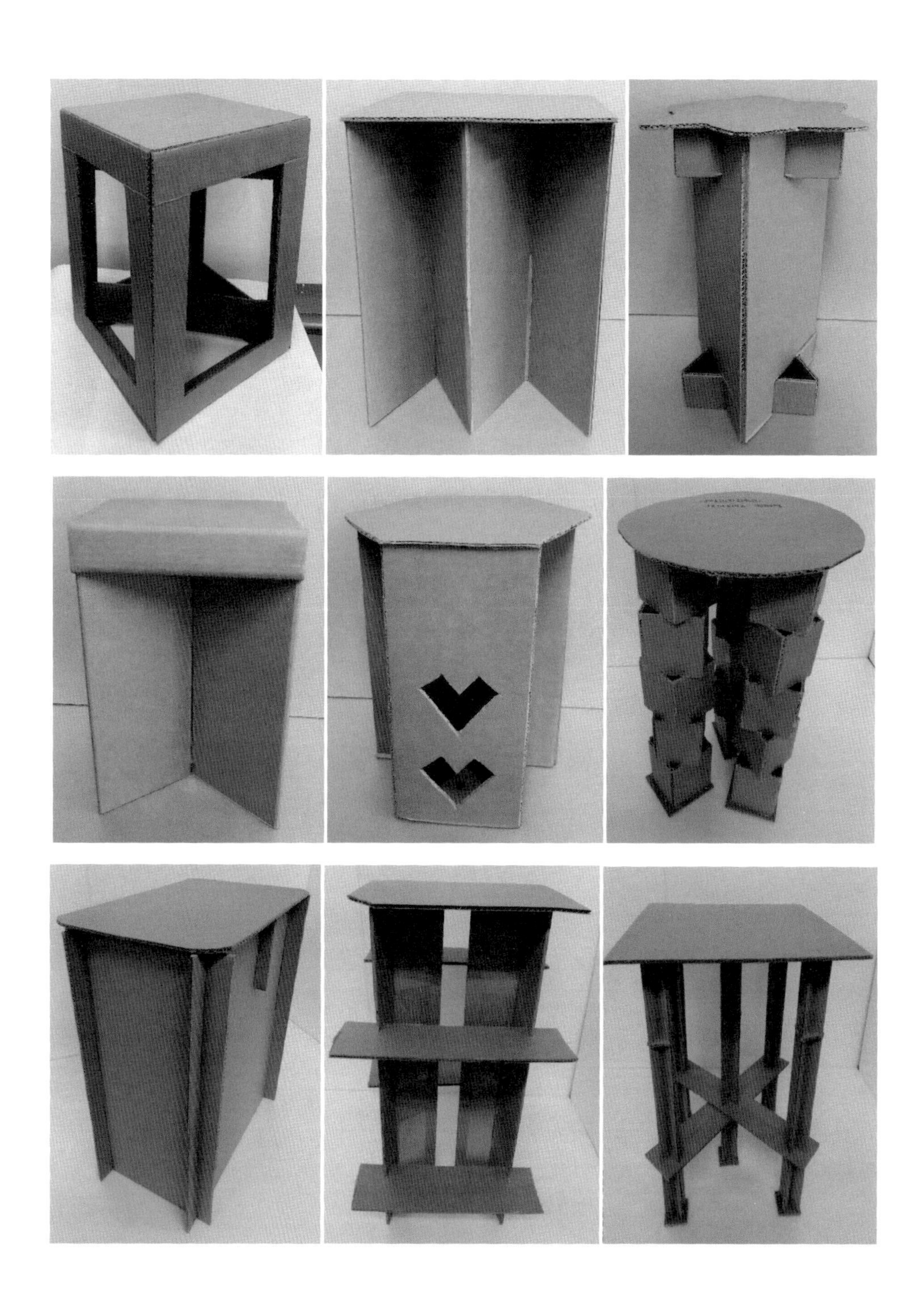

우드락 다용도 생활용품

Tea
Coffee
BE TX

POST
POST
The Coffee Bean
& Tea Leaf

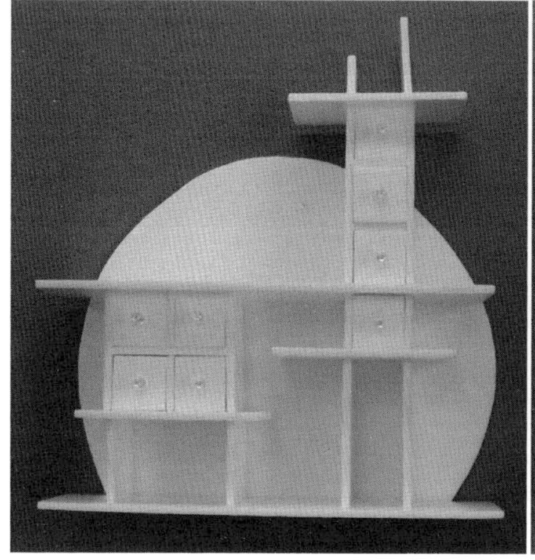

고비(조선 시대 서찰 꽂이의 재해석)

목제품

H A P P Y

성찰 과제

1. 설계기술의 평가영역을 구체적으로 제시하시오.

2. 기술에 대한 정의적 영역인 태도에 대해 평가를 태도척도로 측정해보고 그 결과를 해석하시오.

3. 설계기술 교육 평가의 방향과 과제를 설명하시오.

4. 메이커 프로젝트의 평가 기준을 항목별로 제시하고, 골판지 의자 프로젝트와 관련하여 적용해 보시오.

5. 메이커 프로젝트의 평가 결과를 구체적으로 해석하시오.

6. 창의적인 메이커 활동 프로젝트의 적용 방안을 제시하시오.

참고 문헌

교육과학기술부(2011). **실과(기술・가정) 교육과정**. 교육과학기술부 고시 제2011-361호 [별책 10].

나은영 (1994). 태도 및 태도 변화 연구의 최근 동향. **한국심리학회지, 8**(2), 3-33.

박인기 (2008). 교과의 생태학, 그리고 교과의 진화. 경인교대 국제 세미나 자료집.

변창진・문수백(1994). **정의적 특성의 사정**. 서울: 교육과학사.

손화철(2006). 현대기술아 제발 '닦달'하지 마. 한겨레신문, 2006.4.20.

송성수 (1999). **우리에게 기술이란 무엇인가:** 기술론 입문. 서울: 녹두.

엄병호 (2007). CG 현장 실무를 위한 SketchUp Reality. 디지털북스.

이상혁 외 (1999). **기술 교과 교수학습 방법론**. 서울: 교학사.

이재원(1985). 기술과 교육의 당위성. **대한공업교육학회지, 10**(2), 39-46.

이중원 외 (2008). **필로 테크놀로지를 말한다**. 서울: 해나무.

이지훈(2006). 보들레르는 모르고 백남준은 알았다. 한겨레신문, 2006.7.6.

이철원 역 (1993). **설문지 디자인과 태도측정**. 서울: 도서출판 한터.

이춘식 (1992). 기술적 소양인의 특성에 관한 연구. **직업교육연구, 11**(1), 79-90.

이춘식 (1996). 의미 변별법에 의한 중학생들의 기술 및 기술교과서에 대한 태도. **대한공업교육학회지, 21**(2), 41-55.

이춘식 (1999). **중학생의 기술에 대한 태도와 관련 변인**. 서울대학교 대학원 박사학위 논문.

이춘식 (2008). **초등 설계기술 탐구**. 경기: (주) 한국학술정보출판사.

이춘식 (2014). **발명과 설계기술**. 경기: (주) 한국학술정보출판사.

이춘식 (2008). 학생들의 기술에 대한 태도척도 개발. **실과교육연구, 14**(2), 157-174.

이춘식 외 (2001). **실과(기술・가정) 교육목표 및 내용 체계 연구(Ⅰ)**. 연구보고 RRC 2001-2, 한국교육과정평가원

이춘식 외 (2002). **실과(기술・가정) 교육목표 및 내용 체계 연구(Ⅱ)**. 연구보고 RRC 2002-10, 한국교육과정평가원.

이춘식 외 (2004). **실과(기술・가정) 교육내용 적정성 분석 및 평가.** 교육과정 RRC 2004-1-7, 한국교육과정평가원.

이춘식 외(1999). **중학교 기술・가정과 수행평가 시행 방안 및 자료 개발 연구**, 한국교육과정평가원 연구보고 CRE 99-8.

이춘식 외(2001). **실과(기술・가정) 교육목표 및 내용 체계 연구(Ⅰ)**. 한국교육과정평가원 연구보고 RRC 2001-2.

이춘식 외(2003). **교과교육평가의 이론과 실제.** 서울: 도서출판 원미사.

이춘식 외(2008). **실과 수업 컨설팅, 이렇게 해봐요.** 서울: 교육과학사.

이춘식 외(2010). **테크놀로지의 세계 1.** 서울: 랜덤하우스.

이춘식 외(2010). **테크놀로지의 세계 2.** 서울: 랜덤하우스.

이춘식 외(2010). **테크놀로지의 세계 3.** 서울: 랜덤하우스.

이춘식 외(2011). **교과교육과 문화, 어떻게 소통할 것인가?**. 서울: 도서출판 지식과 교양.

이춘식 외(2011). **교과는 진화하는가.** 서울: 도서출판 지식과 교양.

이춘식(1992). 기술적 소양인의 특성에 관한 연구. **직업교육연구**, 11(Ⅰ). 79-90.

이춘식(1999 a). **국가교육과정에 근거한 평가 기준 및 도구개발 연구 -고등학교 기술-** 한국교육과정평가원

연구보고 RRE 99-4-3.
이춘식(1999 b). 기술과 수행평가 정착 방안. 한국교육과정평가원, **초·중등학교 교과별 수행평가의 실제 (7)-기술·가정-**, 수행평가 현장 정착을 위한 세미나 자료집.
이춘식(2002). 미래 기술과 교육목표와 내용 기준의 방향. **한국기술 교육의 교실 혁신을 위한 성찰과 도전**. 2002 한국기술 교육학회 학술발표대회 자료집. 한국기술 교육학회.
이춘식(2002). 초등 실과 교육론, **제7차 교육과정에 따른 초등 교과 교육론**. 서울: 도서출판 원미사.
이춘식(2008). **초등설계기술탐구**. 경기: 한국학술정보(주).
이춘식(2008). 학생들의 기술에 대한 태도척도 개발. **실과교육연구, 14**(2).
이춘식(2009). 한국 사람들의 기술에 대한 생각. **실과교육연구, 15**(4).
이춘식·왕석순(1998). 기술·가정과 수행평가의 실제, 백순근 편, **중학교 각 과별 수행평가의 이론과 실제**. 서울: 원미사
이춘식·왕석순(1999). 기술·가정과 수행평가, **수행평가의 이론과 실제**. 서울: 원미사.
이홍우 (2000). **지식의 구조와 교과**. 서울: 교육과학사.
임희섭(2003). 과학기술의 문화적 함의. 2003년도 과학기술학회 특별심포지움, 11-23.
진의남·이춘식(2010). **기술 교과 수업 컨설팅**. 경기: 도서출판 한국학술정보원.
진주시 향토민속관: www.jinju.go.kr/tour/03_culturep
최유현 (2005). **기술 교과 교육학**. 서울: 형설출판사.
페터 난트케(1990). 기술: 손으로 일하지 않는 사람은 진실을 볼 수 없다. 김용한 역(1999). **루르 루돌프 슈타이너 학교 Ⅱ**. 서울: 도서출판 밝은 누리. 79-91.
허경철 외 (2001). **교과 교육학 신론**. 서울: 문음사.
홍성욱(2006). 기술이 언제나 사람에게 지고 만다고? 한겨레신문, 2006. 4. 13.

Ankiewicz, P., Myburgh, C., & Van Rensburg, S. J. (1997). Assessing the attitudinal technology profile of South African learners: a pilot study. in Mottier & De Vries(Eds.) *Assessing technology education*: Proceedings PATT-8 conference. The Netherlands: PATT Foundation.
Armstrong, T. (1998). *Awakening genius in the classroom.* Alexandria, VA: Association for Supervision and Curriculum Development.
Bame, E. A., & Dugger, W. E. (1989). Pupils' attitudes towards technology: PATT-USA. In F. de Klerk Wolters, I. Mottier, J. Ratt & M. de Vries (Eds.), *Teacher education for school technology-Report PATT-4 conference,* the Netherlands: PATT Foundation.
Bame, E. A., & Dugger, W. E. Jr.(Eds.). (1992). *Technological education: A global perspective*, ITEA-PATT international conference. Reston, VA: International Technology Education Association.
Baylor, S. C. (2000). Brain research and technology education. *The Technology Teacher, 59*(7).
Becker, K. H., & Manunsaiyat, S. (2002). Thai students' attitudes and concept of technology. *Journal of Technology Education, 13*(2), 6-20.
Berk, R. A. (Ed.) (1986). *Performance Assessment: Methods & Applications.* The Johns Hopkins University Press.
Danielson, C. & Abrutyn, L. (1997). An introduction to using portfolio in the classroom. The Association Supervision and Curriculum Development.
de Klerk Wolters, F. (1989). A PATT study among 10 to 12-year-old students in the Netherlands. *Journal of Technology Education. 1*(1) [On-line]. Available Internet: http://borg.lib.vt.edu/ejournals/JTE/jte-v1n1.html.
de Vries, M. J. (1987). Technology in education: Research and development in the project physics and technology. In R. Coenen-van den berg(Eds.), *Report PATT-conference, 2.* Eindhoven, The Netherlands: University of Technology.
de Vries, M. J. (1991). The role of technology education as an integrative discipline in integrating advanced technology into technology education. in Hacker, M., Gordon, A., & de Vries, M. J.(Eds.). (1991).

Integrating advanced technology into technology education, NATO ASI Series VF78. Berlin: Springer-Verlag.

Hermann, J. L. Gearhart, M., & Baker, E. L. (1993). Assessing writing portfolios: issues in the validity and meaning of scores, *Educational Assessment, 1.*

ITEA. (1998). *Technology for all americans.* ITEA(International Technology Education Association .

ITEA. (2000). *Standards for technological literacy*: Standards Package. ITEA.

Jeffrey, T. J. (1993). Adaptation and validation of a technology attitude scale for use by American reachers at the middle school level. Doctoral dissertation, Virginia Polytechnic Institute and State University.

Kendall, J. S. (1997). Content knowledge. A compendium of standards and benchmarks for k-12 education. Second Edition. (ERIC Document Reproduction Service No. ED 414 303).

Kimbell, R., & Others. (1999). *The assessment of performance in design and technology.* London: School Examinations and Assessments Council.

Krejcie, R. U., & Morgan, D. W. (1970). Determining sampling size for research activities. *Educational and psychological measurement, 30.*

Linn, R. L., Baker, E. L., & Dunbar, S. B. (1991). Complex, performance- based assessment; Expectations and validation criteria. (8), 15-21.

Maltz, H. E. (1963). Ontogenetic change in the meaning of concept as measured by the semantic differential. In Osgood, C. E. & Suci, G. J.(1955). Factor analysis of meaning. *Semantic Differential Technique,* Chicago: Aldine Publishing Co.

Markert, L. R.(1989). *Educational Researcher, 20 Contemporary technology- Innovations, issues, and perspective.* South Holland, IL: Goodheart-Wilcox.

Mazano, R. J.(1996). Understanding the complexities of seting performance standards. In R. E. Blum, & J. A. Arter(Eds.), *A handbook for student performance assessment in an era of restructuring,* VA: ASCD.

McTighe J. & Ferrara S.(1996). Performance-based assessment in the classroom: A planning framework. In R. E. Blum & J. A. Arter (Eds.). *A Handbook for Student Performance Assessment in an Era of Restrcturing.*

McTighe, J., & Ferrara S. (1994). *Assessing Learning in the Classroom. Washington,* D.C.: National Education Association.

Mehrens, W, (1992). Using performance assessment for accdountability purposes, Educational Measurement: Issues and Practice, spring.

Meide, J. B. (1997). Pupils' attitude towards technology: Botswana. in Mottier & De Vries(Eds.) *Assessing technology education*: Proceedings PATT-8 conference. The Netherlands: PATT Foundation.

Michell, M., & Jolley, J. (2000). *Research design explained(4th ed.).* Fort Worth, TX: Hardcourt College Publishers.

Mitcham, C. (1994). **Thinking through Technology:** The Path Between Engineering and Philosophy, Chicago: Chicago U.P.

Mueller, D. J. (1986). *Measuring social attitudes - A handbook for researchers and practitioners.* New York: Teachers College Press.

Nitko, A. J. (1984). Defining criterion-referenced test. In R. A. Berk (Ed.) A Guide to Criterion-Referenced Test Construction. Baltimore and London: The Tohns Hopkins University Press.

Raat, J. H., de Klerk Wolters, F., & de Vries, M. J. (1989). *Pupils' Attitude Towards Technology,* UNESCO-monography.

Rolheiser, C., Bower, B. & Stevahn, L. (2000). The portfolio organizer. The Association Supervision and Curriculum Development.

프로젝트법

[Kilpatrick, W. H.(1918). The Project Method, Columbia University's Teachers College Record, 19(4).]

'프로젝트'라는 단어는 아마도 교육용어의 문턱에 진입하기 위해 두드린 가장 최근의 단어일 것이다. 그 낯선 용어를 인정할까? 두 가지 사전 질문이 먼저 긍정적으로 답변되지 않는 한 현명하지 못할 것이다. 첫째, 제안된 용어의 이면에 교육적 사고에서 주목할 만한 서비스를 약속하는 유효한 개념이나 개념으로 명명되기를 기다리는 것이 있는가? 둘째, 만약 우리가 앞에서 언급한 것을 인정한다면, '프로젝트'라는 용어가 적절한 대기 개념(waiting concept)을 의미하는가? 개념과 그 가치에 대한 질문이 단순한 이름 문제보다 훨씬 더 중요하기 때문에, 이 논의에서는 두 가지 질문 중 첫 번째 질문만을 다룰 것이다. 예를 들어, '목적적 행위(purposeful act)'와 같은 다른 용어가 개념에서 더 중요한 요소에 주의를 환기하고, 만약 그렇다면, '프로젝트'라는 용어에 비해 우월하다는 것이 입증될 수 있다는 것이다. 처음 독자들에게 여기서 제시한 아이디어에 엄청난 신선함을 기대하지 않도록 주의를 주는 것이 현명할 것이다. 세례식(christening)의 은유는 너무 심각하게 받아들여지지 않는다; 고려되어야 할 개념은 사실 새로 태어난 것이 아니다. 적지 않은 독자들은 결국 아주 작은 새로운 소식이 발표되기를 기대하는 것에 실망할 것이다.

소수의 사람들에게는 좀 더 공식적인 토론을 소개하는 데 도움이 될 수도 있다. 교육이론에서 성공적인 수업으로 방법의 문제를 공격하면서, 교육과정의 중요한 관련 측면을 더 완전하게 통합해야 할 필요성을 점점 더 많이 느꼈었다. 이 목적을 달성할 수 있는 어떤 개념이 있기를 희망했다. 그러한 개념이 발견되면, 행동요소를 강조해야 한다고 생각했고, 그보다는 전심을 다한(wholehearted) 활발한 활동을 강조해야 한다고 생각했다. 동시에 학습법칙을 적절히 활용할 수 있는 장소를 제공해야 하며, 그에 못지않게 윤리적인 행동의 필수적인 요소들을 제공할 수 있어야 한다. 마지막으로 용어의 이름은 물론 개인의 태도뿐만 아니라 사회적 상황에도 영향을 미친다. 이것들과 함께, 보이는 것처럼, 교육이 삶이라는 중요한 일반화를 말하기는 쉽지만 구분하기는 너무 어렵다. 이 모든 것이 하나의 실행 가능한 개념으로 고려될 수 없는가? 만약 그렇다면, 큰 유익이 있다. 그러한 통일된 개념이 발견될 수 있을 만큼 비례하여 교육을 이론으로서 제시하는 작업이 촉진될 것이다. 또한 더 나은 실천이 빠르게 확산되어야 한다.

하지만 이 통일된 아이디어가 발견될 수 있을까? 사실 여기에는 효과적인 논리체계의 오래된 문제가 있었다. 나의 모든 철학적 견해는 소위 '근본원칙(fundamental principles)'을 의심하게 만들었다. 통일을 이룰 다른 방법이 아직 없었는가? 나는 이 질문들을 이 단어나 순서로 질문했다고 말하려는 것이 아니다. 오히려 이것은 더 중요한 결과의 소급적 순서이다. 원하는 통일이 특별히 방법 분야에 있기 때문에, 구체적인 절차의 일부 전형적 단위(typical unit)는 그 필요성을 주지 않을 수 있다. 즉 생활의 예, 가치 있는 삶의 공정한 예, 결과적으로 교육의 예시가 되어야 하는 행동 단위 등. 이러한 의문점들이 더욱 확실히 떠오르면서, 내가 추구한 통합적인 생각은 사회적 환경에서, 또는 보다 간략하게, 그러한 활동의 단위 요소인, 진심 어린 목적적 행위에 대한 개념에서 발견된다는 믿음이 점점 더 커지고 있다.

'프로젝트'라는 용어를 나 자신이 적용하는 것은 목적(purpose)이라는 단어에 중점을 둔 목적 있는 행동(purposeful act)이다. 나는 그 용어를 발명한 것도 아니고 교육 경력이 있어서 새로 제시한 것도 아니다. 사실, 프로젝트라는 용어가 이미 얼마나 오래 사용되었는지 모른다. 그러나 의식적으로 그 단어를 위에서 설명한 가치 있는 삶의 전형적인 단위(typical unit)를 자신과 내 수업을 위해 사용했다. 그 용어를 사용하고 있는 다른 사람들은 프로젝트를 기계적이고 부분적인 의미로 사용하거나, 내가 더 정확하게 정의하려고 일반적인 방법으로 의도하는 것처럼 보였다. 이 논문의 목적은 교육적 사고에서 프로젝트 개념의 주장을 방어하는 것만큼이나 용어의 기본 개념을 명확히 하는 것이다. 그 개념에 지위를 부여하여 사용하는 실제 용어는 앞에서 말한 바와 같이 비교적 작은 문제이다. 그러나 만약 우리가 프로젝트로서의 프로젝트를 계획된 것으로 생각한다면, 이 용어를 채택하는 이유가 더 잘 나타날 수 있다.

그 문제에 대한 좀 더 체계적인 발표를 미루면서, 몇 가지 전형적인 사례에서 우리는 프로젝트라는 용어나 충실한 목적적 행위라는 용어에 따라 무엇이 고려되고 있는지를 좀 더 구체적으로 보도록 하자. 한 소녀가 드레스를 만들었다고 가정해보자. 만약 옷을 만들기 위해 정성스럽게 옷을 만들 목적으로 했다면, 그것을 계획했다면, 직접 만들었다면, 나는 그러한 예가 전형적인 프로젝트의 예라고 말할 수 있다. 우리는 사회적 환경 속에서 의도적인 행동을 하고 있다. 드레스 제작이 목적적이었음은 분명하며, 일단 설정된 목적은 그 과정에서 각각의 성공적인 단계로 이어지고 전체적으로 통일성을 주었다. 그 소녀는 그 일에 전심전력으로 임했다는 것을 설명에서 확신했다. 사회 환경에서 활동한 것은 분명하다. 적어도 다른 소녀들이 그녀가 만든 드레스를 볼 것이다. 또 다른 예로, 한 소년이 학교 신문을 발행한다고 가정해보자. 만약 진지하게 신문을 만든다면, 프로젝트의 본질로서 효과적인 목적을 가지고 있는 것이다. 그래서 학생이 편지를 쓰는 것을 예로 들 수 있다. 편지를 쓰는 학생(열정적인 목적이 있는 경우), 이야기에 몰두해 듣는 어린이, 지구 역학의 원리에 대한 달의 움직임을 설명하는 뉴턴, 필립에 대항하여 그리스인을 자극하려는 데모스테네스(Demosthenes), 최후의 만찬을 그리는 다빈치(Da Vinci), 내가 쓴 이 글, 느낌 있는 목적을 가지고 풀어나가는 소년, 기하에서 '독창적인' 목적으로 문제를 해결하는 소년이 그러한 예이다. 앞에서 언급한 모든 것들은 개인적인 목적의 행동들이었지만, 진정한 그룹 프로젝트들이다. 즉 한 학급이 연극을 선보이고, 한 무리의 남학생들이 야구팀을 조직하고, 세 학생이 이야기를 읽기 위해 준비하는 것들이다. 그러면 프로젝트는 삶의 목적을 나타내는 모든 다양성을 제시할 수 있다는 것이 명백해진다. 또한 겉으로 관찰할 수 있는 사실만을 기술한다고 해서 본질적인 요소, 즉 지배적인 목적의 존재를 드러내지 않을 수도 있다는 것이 명백하다. 생기를 주는 목적이 명확성과 강도에 따라 달라지기 때문에 전체 프로젝트에 대한 유사성이 충분히 있다는 것은 사실이다. 만약 우리가 활동을 심한 강요에 의해 행해진 것에서부터 '전심'을 쏟는 것까지의 범위에 있다고 생각한다면, 여기에서 제기된 주장은 '프로젝트' 또는 유목적적 행위라는 용어를 척도의 상위 부분으로 제한한다. 정확히 구분하는 선은 그리기 어렵지만, '전심(wholeheartedness)'에 대한 유사성의 정도에 따라 심리적 가치가 증가한다는 생각이 실제로 중요하다. 사회 환경 요소에 대해서, 어떤 사람들은 이것이 아무리 완전한 교육적 경험에서 중요하더라도, 여기서 제시된 목적적 행위에 대한 개념에는 여전히 필수적이지 않다고 느낄 수 있다. 따라서 이러한 요소는 토론에서 제외될 수 있다. 이에 대해 결과적 개념(resulting concept), 즉 본질에서 심리적인 개념이 일반적으로 말해서 실제적인 작업과 제안된 프로젝트의 비교 가치 평가 모두에 대해 사회적 상황을 요구한다는 것을 명확히 이해했다면 반대하지 말아야 한다.

일반적으로 소개하면, 우선 목적적 행동이 가치 있는 삶의 전형적인 단위라고 말할 수 있다. 모든 목적이 좋은 것이 아니라, 가치 있는 삶은 단순한 표류만이 아니라 목적적 활동으로 이루어져 있다. 우리는 '운명'이나 단순한 우연이 가져다주는 것을 수동적으로 받아들이는 사람을 경멸한다. 자신이 운명의 주인이며, 총체적 상황을 신중하게 고려하여 명확하고 광범위한 목적을 갖고, 그렇게 이루어진 목적을 잘 계획하고 실행하는 사람을 존경한다. 가치 있는 사회적 목적을 참고하여 자신의 삶을 습관적으로 그렇게 조절하는 사람은 실질적인 효율성과 도덕적 책임에 대한 요구를 단번에 충족시킨다. 그러한 것은 민주적 시민의식의 이상을 보여준다. 목적적 행위가 노예를 위한 삶의 단위가 아니라는 것도 마찬가지로 사실이다. 이러한 사람들은 자기 자신의 목적을 최소화하고 다른 사람의 목적을 최대한 받아들이면서 행동하기 위해 숙달된 제도(overmastering system)를 위해 습관화되어야 한다. 중요한 문제에서 그들은 단지 위에서 내려온 계획을 따르고 규정된 지시에 따라 실행한다. 그들에게는 다른 사람이 책임을 지고, 그들의 노력의 결과에 따라 또 다른 사람이 판정을 내린다. 여기서 주장하는 것과 같은 어떤 계획도 그들의 절망적인 운명에 요구되는 고분고분함을 주지 못할 것이다. 그러나 우리가 고려하고 염려하는 것은 민주주의이다.

따라서 유목적적 행위는 민주사회에서 가치 있는 삶의 전형적 단위이기 때문에, 학교 절차의 전형적 단위도 만들어져야 한다. 우리는 몇 년 동안 교육을 단지 나중에 살기 위한 준비가 아닌 삶 그 자체로서 생각하기를 점점 더 요구해 왔다. 우리 앞에 놓인 개념은 이 목적을 달성하기 위한 확실한 조치를 약속한다. 목적적 행위가 현실에서 가치 있는 삶의 전형적 단위라면, 목적적 행위에 대한 교육을 기초하는 것은 교육의 과정과 가치 있는 삶을 그 자체로 확인하는 것이다. 그러면 두 주장은 똑같다. 교육을 생명에 기초해야 한다는 모든 주장들은 어쨌든 이 논문의 지지에 동의하는 것처럼 보인다. 이러한 기초 위에서 교육은 생명이 되었다. 그리고 만약 그 목적이 교육적인 삶 그 자체를 만든다면, 우리는 미리 추정해서 지금 생활하는 행동보다 더 나은 노후생활을 위한 준비를 찾을 수 있을까? '우리는 실천하면서 배우는 것(learn to do by doing)'이라는 속담을 들었고, 많은 지혜가 이 속담에 있다. 만약 미래의 가치 있는 삶이 잘 선택된 목적의 행위로 구성되는 것이라면, 안목 있는 지도 아래, 가치 있는 목적을 형성하고 실행하는 데 있어 지금 실천하는 것보다 더 많은 것을 약속할 수 있는가? 이를 위해 아이는 목적을 달성할 수 있는 기회를 상당히 크게 제한해야 한다. 그의 행동의 문제에 대해서는, 그와 같은 한계로 책임을 져야 한다. 아이가 제대로 발전할 수 있도록, 전체 상황, 즉 친구를 포함한 삶의 모든 요소들이 교사를 통해 필요하다면, 어떤 일이 이루어졌는지, 더 좋게 받아들이고, 더 나쁘게 거절하는 것에 대한 선택적인 판단을 분명히 해야 한다. 진정한 의미에서 남은 모든 논의는 여기에서의 논쟁을 뒷받침하는 것이 아니라, 목적적 행위에 기초한 교육은 삶을 위한 최선의 준비를 하는 동시에 현재의 가치 있는 삶 자체를 구성하는 것이라고 주장한다.

목적적 행위를 전형적인 수업 단위로 만드는 보다 명확한 이유는 이 계획이 제공하는 학습 법칙의 활용에서 찾을 수 있다. 이 논문에서 이러한 법칙을 정당화하거나 길게 설명할 필요는 없다고 가정한다. 어떤 행동도 기존 상황에 대한 대응으로 이루어진다. 다른 어떤 것에 우선하는 그 반응은 주어진 상황에 따랐다. 왜냐하면 신경계에는 반응과 상황의 자극에 반응하는 결합이나 연관성이 있기 때문이다. 예를 들어, 아기가 매우 배고플 때(상황이 자극을 줄 때) 울면서 반응하는 것처럼, 그러한 유대감(bonds)은 우리와 함께 세상에 있다. 배고픈 아이가 나중에 말로 먹을 것을 요구할 때처럼 다른 유대감도 얻게 된다. 유대감을 얻거나 바꾸는 과정을 학습이라고 부른다. 유대감이 성립되거나 바뀌는 조건에 대한 세심한 진술이 학습의 법칙이다. 유대감은 항상 똑같이 행동할 준비가 되어 있는 것은 아니다: 내가 화가 났을 때, 웃는 것과 관련이 있는 유대감은 분명히 준비가 되어 있지 않다; 더 추악한 행동을 통제하는 다른 유대감은 꽤 준비가 되어 있다. 유대감이 행동할 준비가 되었을 때, 행동하지 않는 것은 만족감을 주고 행동하지 않는 것은 짜증을 준다. 유대감이 행동할 준비가 되어 있지 않을 때, 행동은 짜증스러움을 주고, 행동하지 않는 것은 만족감을 준다. 이 두 가지 진술은 준비성(readiness)의 법칙을 구성한다. 이 논의에서 가장 우려되는 것은 효과의 법칙이다: 수정 가능한 유대감이 작용하면 만족이나 짜증의 결과에 따라 강화되거나 약해진다. 일반적인 관찰의 심리학은 제3 법칙인 연습법칙[9]처럼 이 두 가지 법칙을 의식하지 않았다. 그러나 현재 목적상 반복은 단순히 효과의 법칙의 지속적 적용을 의미한다. 학습의 사실을 충분히 설명하는 데 필요한 다른 법칙들이 아직 있다. 이용할 수 있는 공간은 '사태(set)'나 태도의 공간, 그리고 우리가 명시적인 언급 없이 가정해야 하는 다른 공간들을 하나만 더 허용한다. 어떤 사람이 매우 화가 났을 때, 그는 때때로 구어체적으로 '모두가 미쳤다'라고 말한다. 이러한 문구는 많은 유대감이 끝까지 공동으로 행동할 준비가 되어 있음을 의미한다. 이 경우에는 분노의 대상을 극복하거나 피해를 입힐 수 있다. 그러한 조건에서, (a) 목적을 달성하기 위한 에너지 비축, (b) 당면한 활동과 관련된 유대감의 준비 상태, 그리고 (c) '사태 장면'을 심사숙고한 목적의 달성을 방해할 수 있는 유대감과 관련된 준비 부족이 있다. 독자는 (a) 목적에 대한 '사태 장면'이 목적과 관련된 유대감의 준비와 행동을 어떻게 의미하는지, (b) 이 목적이 성공을 정의하는 방법, (c) 성공하였을 때 유대관계의 준비성이 어떻게 만족을 의미하는지, 그리고 (d) 행동이 성공을 가져온 유대감을 어떻게 강화하는지 주목해야 한다. 이러한 사실들은 인간의 정신력과 능력이 유기체의 생명에 의해 요구되는 목적을 지속해서 달성하는 것과 관련되어 생겨났다는 일반화와 잘 들어맞는다. '사태'의 능력은 인간의 경우 지속적이고 지시된 행동을 위한 능력을 의미한다. 그러한 행동은 우리의 토론을 위한 (객관적인) 성공이 더 결과적일 뿐만 아니라 학습이 과정에 내재해 있다는 것을 의미한다. 행동이 성공을 가져온 유대감은 결과의 만족도에 의해 더 확고하게 고정되며, 별개의 유대감으로 간주되며, '사태'하에서 함께 일하는 유대감 시스템으로 간주된다. 사태, 준비, 지속적인 행동, 성공, 만족 및 학습은 본질에서 연결되어 있다.

그렇다면 목적적 행위는 학습의 법칙을 어떻게 활용하는가? 한 소년은 날 수 있는 연을 만드는 것에 열중하고 있다. 그 소년은 어느 쪽도 성공하지 못했다. 그의 목적은 분명하다. 이

9) 성공적인 교육자는 자신이 모든 상황을 충족시킬 수 있는지 알아야 하므로, 연습의 법칙은 물론 이것 이상을 포함하고 있다.

목적은 의식적으로 그리고 자발적으로 목적을 향해 구부러진 '사태'에 불과하다. 그 목적은 장애와 어려움에 직면했을 때 소년을 지탱하는 내적 충동이다. 그것은 지식과 사고의 적절한 내적 자원에 '준비성'을 가져다준다. 눈과 손이 경각심을 갖게 한다. 목표 역할을 하는 목적은 소년의 생각을 안내하고, 계획과 재료에 대해 조사하도록 안내하며, 적절한 제안을 도출하고, 몇 가지 제안이 마지막 관점에의 적합성을 검증한다. 특정한 목적을 심사숙고한 목적은 성공을 분명히 한다: 연이 날아야 한다, 그렇지 않으면 그는 실패한다. 종속적인 목표를 참고하여 성공을 점진적으로 달성하는 것은 완성의 연속적인 단계에서 만족을 가져온다. 두 번째 학습 법칙(효과)의 자동 작용에 의한 세부적이고 전체를 존중하는 만족감은 그들의 연속적인 성공에 의해 마침내 성공적인 연을 만들게 해 준 몇 가지 유대감을 준다. 따라서 그 목적은 동기 부여 힘을 제공하고, 내적 자원을 이용할 수 있게 하며, 그 과정을 미리 인지한 목적으로 안내하며, 이 만족스러운 성공으로 소년의 마음속에 안착하고, 하나의 전체로서 성공적인 단계를 특징짓는다. 목적적 행위는 학습의 법칙을 활용한다.

그러나 이 설명은 목적이 결과적 학습에 미치는 영향을 아직 완전히 배제하지는 않는다. 극단적인 경우로 두 소년이 연을 만든다고 가정해보자. 우리가 방금 설명한 것처럼, 다른 소년은 가장 달갑지 않은 일로 직접적인 강박을 받고 있다. 단순함을 위해, 후자의 강요된 방향이 연을 다른 연과 동일하게 만든다고 가정하자. 두 경우 모두 실제로 연을 만든 단계들은 우리가 그 사건에 대한 주요 반응을 묘사할 수 있게 한다. 분명히 이 두 경우엔 어느 정도는 동의하고 어느 정도는 다를 것이다. 그들이 동의하는 측면은 우리가 통상적으로 직무(tasks)로 할당할 수 있는, 즉 당면한 문제에 대한 외부적인 축소 불가능한 최소한의 반응을 준다. 만약 우리가 그렇게 결정한다면 불이익을 받을지라도 그럴싸하게 주장할 수 있다. 각각의 연을 만든 주요 반응 외에도, 내면의 생각과 느낌만큼 외부로 하는 것이 아니라 연을 만드는 것에 수반되는 다른 반응이 있을 것이다. 이러한 추가 반응은 관련 반응과 부수 반응(concomitant responses)으로 나눌 수 있다. 관련 반응에 의해 우리는 주요 반응, 사용된 재료 및 원하는 목적과 관련하여 제안된 생각을 참조한다. 이 용어는 특정 응답에 대해 언급되지만 연을 만드는 즉각적인 행동과는 조금 더 떨어져 있으며, 결과적으로 태도와 일반화를 가져온다. 이런 방식으로 그러한 태도는 자아존중이나 상반되는 것, 정확성이나 단정함 같은 비교적 추상적인 아이디어로 만들어진다. 이러한 단어, 일차적, 연관적이고 부수적인 학습은 학습을 일으키는 반응에 따라 결과적 학습에 사용될 것이다. 용어가 완전히 행복한 것은 아니며, 정확한 구분선을 짓기가 쉽지 않다. 그러나 그 구별은 아마도 목적의 추가 기능을 보는 데 도움이 될 것이다.

일차적인 반응에 대해서는 바로 앞 단락의 논의를 상기하는 것 이상을 필요로 하지 않는다.

'사태' 요인은 학습 과정을 조건화한다. 성공에 수반되는 만족감을 통한 강한 사태 행동은 성공을 가져온 유대감을 빠르고 강하게 해준다. 그러나 강요의 경우에는 다른 상황이 유지된다. 사실상 두 사태가 작동되고 있는데, 한 사태는, 오로지 강요에 의해서만 일어나며, 연을 만드는 것을 걱정한다. 다른 사태는 다른 목적을 가지고 있고, 강압을 제거한다면 다른 과정을 추구할 것이다. 실제로 존재하는 한 각각의 사태는 가능한 만족과 정도에서 가능한 학습을 의미한다. 그러나 반대되는 두 사태는 때때로 성공의 목표에 대한 혼란을 의미한다. 그리고 모든 경우에 각각의 사태는 다른 사람들의 만족의 일부를 없애고 주요 학습을 방해한다. 더욱이, 전심을 다한(whole-hearted) 행동을 위해, 의식적 목적의 설정으로서, 주요 반응의 몇 단계가 함께 융합되고, 따라서 부분과 부분의 더 강한 연결뿐만 아니라 전체가 사고에 더 큰 유연성을 갖게 된다. 지금까지 연을 만드는 가장 기본적인 메커니즘까지도 걱정하면서, 온전한 목적을 가진 소년이 더 높은 수준의 기술과 지식을 가지게 될 것이고 지식은 더 오래 기억될 것이다.

연관 반응의 경우, 차이가 동일하게 눈에 띈다. 통합된 온전한 마음가짐은 모든 관련 내부 자원을 이용할 수 있게 할 것이다. 기회가 있을 때마다 풍부한 주변 반응이 나올 준비가 될 것이다. 생각은 뒤집히고, 각 단계는 여러 가지 방법으로 다른 경험과 연결될 것이다. 다양하고 연합된 방향으로 이끄는 단서가 소년 앞에 펼쳐질 것이고, 이는 현재 지배적인 목적만이 행동하기에 충분할 것이다. 만족의 요소는 보이는 연의 줄에 따라 달라지기 때문에 연합된 사고의 복잡성이 정신적으로 더 오래 남을 것이다. 이 모든 것이 다른 소년에게는 그렇지 않다. 제한된 '사태'는, 그것이 지속하는 한, 생각의 빛을 아주 효과적으로 없애버린다. 준비 부족이 오히려 그의 태도를 특징지을 것이다. 당면한 작업에 대한 부수적인 응답은 수적으로 소수일 것이며, 소수만이 이를 해결할 수 있는 만족할 만한 요소를 갖추지 못할 것이다. 한 소년이 연관성이 풍부한 아이디어를 가지고 있다면, 다른 소년은 부족한 아이디어를 가지고 있는 것이다. 한쪽이 잘 맞는 것은 다른 한쪽과는 덧없는 것이다. 더욱 두드러진 것은 이러한 대조적인 활동과 부산물 또는 혼합물의 차이이다. 한 소년은 학교 활동을 기쁨과 자신감으로 바라보며 다른 계획들을 세워보지만, 다른 소년은 학교를 지루하게 여기고 거기서 부정적인 표현을 찾기 시작했다. 한 사람에게는 스승이 친구이자 동지이며, 다른 사람에게는 스승이자 원수이다. 한 사람은 학교나 다른 사회 기관을 자기의 편이라고 쉽게 느끼고, 다른 한 사람은 똑같이 그들을 억압의 도구라고 생각한다. 또한 목적을 따르는 연합 준비 상태 하에서 관심은 더 쉽게 방법의 일반화와 정확성 또는 공정성과 같은 이상으로 이어진다. 바람직하게 수반되는 일은 마음을 다한 목적적 행위와 함께할 가능성이 높다.

여기에서 살펴볼 것은, 만들어진 대비는 의식적으로 극단적이다. 대부분의 아이들은 둘 사이에 산다. 문제는 의식적으로 하나의 이상적인 활동으로 우리 앞에 놓지 말아야 하는가 하는 것이다. 그리고 우리가 할 수 있는 한 최대한 가까이 접근해야 하는가 하는 것이다. 미국 학교들의 일반적인 운영처럼 다른 유형의 사람들과 가까이 살아가기 위해서 말이다. 보통의 학교는 여기서 설명한 두 번째 방식으로의 일차적 반응과 이러한 학습에 거의 독점적인 관심을 기울이지 않는가? 우리는 종종 강의 주제를 이런 유형의 수준으로만 줄이지 않는가? 시험 체계, 때로는 과학적인 시험도 이 같은 방향으로 이끄는 경향이 있지 않은가? 얼마나 많은 아이들이 학기 말에 단호하게 책을 덮고 '고마워, 난 그 일을 끝냈어!'라고 말하는가? 얼마나 많은 사람들이 '교육'을 받고도 책을 싫어하고 생각하는 것을 싫어하는가?

앞 단락의 끝에 제안된 생각은 보다 광범위하게 적용되는 기준으로 일반화될 수 있다. 인생의 풍요로움은 적어도 자신이 무엇을 제안하고 성공적인 활동을 준비하느냐의 경향에 따라 크게 좌우될 것으로 보인다. 최소한의 육체적인 욕구를 넘어서는 모든 활동은 시간상으로 낡고 평범해진다. 그러한 '이끎(lead on)'은 자신이 보지 못한 것을 보거나 하지 못한 것을 하도록 수정되었다는 것을 의미한다. 하지만 이것은 정확히 그 활동이 교육적인 효과를 가져왔다는 것을 말한다. 그 주장을 상세히 설명하지 않고, 삶의 풍요로움이 정확히 사람을 다른 것과 같은 생산적인 활동으로 이끄는 경향에 달려 있다고 주장할 수 있다. 이 경향의 정도는 정확히 관련된 활동의 교육적 효과에 달려 있다. 따라서 의도적이든 상관없이 어떤 활동의 가치 기준으로 삼을 수 있다. 교육적이든 아니든 간에 즉 개인과 그가 접촉하는 다른 사람들을 다른 사람으로 이끄는 직접적인 또는 간접적인 경향이든 간에 말이다. 만약 우리가 이 기준을 미국 학교들의 일반적인 운영에 적용한다면, 위에서 지적한 정확히 실망스러운 결과를 발견할 수 있다. 이러한 사악한 결과는 과제를 수행하는 사람들의 지배적인 목적의 요소를 의식적으로 무시한 채 끝나지 않는 일련의 정해진 과제에 대한 교육의 과정을 찾기 위한 노력이 필연적으로 따라야 한다는 것이 이 논문의 논제이다. 이것은 다시 말해서 모든 목적이 선하다는 것도 아니고 아이가 목적의 중간에서 적절한 판단자라는 것도 아니며 결코 그가 즐기는 목적에 반하여 행동하도록 강요당해서는 안 된다는 것도 아니다. 우리는 교사나 학교를 유치한 변덕에 종속시키는 계획을 고려하지 않는다; 그러나 우리는 의식적이고 고집스럽게 학생들이 적극적인 목적을 갖게 하고 활용하는 것을 목표로 하지 않는 어떤 교육 절차 계획도 본질에서 비효율적이고 보람 없는 기초 위에 세워져 있다는 것을 의미한다. 또한 바람직한 목적을 위한 탐구가 희망이 없는 것도 아니다. 사회적 요구와 아동의 흥미 사이에 일종의 갈등은 필요하지 않다. 우리의 제도적 삶의 전체 구조는 인간의 관심에서 비롯되었다. 경주와 같은 삶의 길은 개인에게 가능한 길이다. 평범한 소년은 없지만 이미 사회적으로 바람직한 관심사를 많이 가지고 있고 더 많은 것을 할 수 있다. 학생의 현재 관심사와 성취를 통해 기성세대의 더 넓은 사회생활이 요구하는 더 넓은 관심과 성취로 안내하는 것이 교사의 특별한 의무이자 기회다.

도덕 교육에 관한 문제는 앞 단락에서 암묵적으로 제기되었다. 여기서 주장하는 계획의 도덕성에 미치는 영향은 무엇인가? 불행히도 완전한 토론은 불가능하다. 하지만, 나 스스로에 대해 말하자면, 의도적인 활동 시스템에서 도덕적인 성격을 형성할 가능성을 가장 유리한 장점 중 하나라고 생각하고 있으며, 반대로 이기적인 개인주의 경향은 우리의 관습적인 책상에서 혼자 앉아 일하는 절차와 반대되는 가장 강력한 요소 중 하나라고 생각한다. 도덕적 성격(character)은 주로 공유된 사회적 관계의 일이며, 집단의 복지와 관련하여 자신의 행동과 태도를 결정하는 성질이다. 이것은 심리적으로 자극과 반응의 결합을 구축하여 특정한 아이디어가 자극으로 존재할 때 특별히 인정된 반응이 뒤따르게 된다는 것을 의미한다. 그리고 나서 아이들의 행동에 대한 자극이 될 아이디어를 충분히 축적하고, 주어진 경우에 적절한 아이디어를 선택하기 위한 좋은 판단력을 기르고, 적절한 아이디어가 선택되고 나면 가능한 한 불가피하게 적절한 행동을 할 수 있는 그런 대응 유대감을 확고히 구축하게 되는 것이 관심이다. 이러한(필요하게 단순화된) 분석의 관점에서, 그러한 학교 절차가 아마도 가장 필요한 아이디어의 기관, 도덕적 상황을 판단하는 데 필요한 스킬, 그리고 적절한 대응 유대감에 도달하는 결과를 가져올 수 있기를 바란다. 이 세 가지를 얻기 위해 우리는 다양한 사회적 상황에 함께 대처할 수 있는 능력 있는 감독 하의 사회적 환경에 사는 것보다 더 나은 방법을 생각할 수 있을까? 이러한 학교 수업의 과정을 지지하는 아이들은 매우 다양한 목적을 추구하며 함께 생활하고 있다. 일부는 개별적으로, 많은 사람들은 동시에 추구한다. 사회적 혼란 상태에서 반드시 일어나야 하는 것처럼, 도덕적 스트레스가 일어나는 것은 다행히도 극단적이고 특히 해로운 경우를 배제하는 조건에서 일어날 것이다. 숙련된 교사의 지도 아래 배아기 사회로서의 아이들은 무엇이 옳고 적절한지에 대해 점점 더 미세한 차별을 할 것이다. 사상과 판단은 이렇게 일어난다. 동기와 기회가 함께 일어나기 때문에 교사는 상황을 평가하는 과정을 주도할 수밖에 없다. 만약 우리가 민주주의를 믿는다면, 교사의 성공은 절차의 성공에서 점차로 자신을 제거하는 데 있을 것이다.

정의된 아이디어와 판단 능력은 이러한 상황에서 비롯될 뿐만 아니라 대응 유대관계에서도 나온다. 그러한 학교에서의 지속적인 목적 공유는 주고받기에 필요한 습관을 형성하는 데 이상적인 조건을 제공한다. 학습의 법칙은 다른 곳과 마찬가지로 여기에서도 적용된다. 특히 효과의 법칙 말이다. 아이가 행동하는 습관을 기르려면, 만족감이 행동에 관여해야 하고 그렇지 않으면 실패를 귀찮게 해야 한다. 그러면 급우들의 찬성과 반대만큼 고통스러운 만족과 짜증도 거의 없어진다. 예상된 인정은 대부분의 경우에 도움이 될 것이다. 그러나 친구들에 대한 긍정적인 사회적 불만은 특별한 힘을 가지고 있다. 선생님이 단지 강요하고 다른 학생들이 친구들을 편들 때, 앞에서 논의했던 것과 같은 반대되는 '사태'는 거의 불가피하며, 종종 원하는 반응에 대한 아이의 성격 고착을 막을 수 있다. 순응은 겉으로 드러나는 것일 수도 있다. 그러나 모든 관련자들이 교사가 현명하게 행동한다면 무엇이 정의로운지를 결정하는 데 참여할 때 반대되는 '사태'의 가능성은 훨씬 적다. 자신의 관점에서 이해한 사람들에 의해 다소 찬성하지 않는 것은 반대되는 '사태'를 해체하는 경향이 있고, 어떤 사람은 그 자신의 결정에서 더 완전하게 행동하기도 한다. 그러한 경우 원하는 유대감은 사람의 도덕적인 성격에서 더 잘 형성된다. 순응은 겉으로만 있는 것이 아니다. 이 유대감의 집단구축에서 교사가 맡은 부분을 강조할 필요가 있다. 그냥 방치한다면, 대학에서의 '평균적인 성적(the gentleman's grade)'을 받는 학생들은 어정거리는 습관을 기를 수도 있다. 이러한 무의미함에 대항하여 이 논문은 특히 방향성이 강하지만, 적절한 아이디어가 학교에 축적되어야 한다. 이상적인 것은 행동 경향과 결합한 아이디어이기 때문에, 구축 절차는 논의되었지만, 결과에 대한 책임은 교사에게 있다. 교사의 지도 아래 활동하는 학생들은 직면한 사회적 경험을 통해 사회생활에 필요한 아이디어를 구축해야 한다. 목적적 활동의 체계는 그때 일반적인 학교 절차보다 더 전형적인 삶 자체의 더 광범위한 교육적 도덕 경험을 제공하고, 그것들에 대한 교육적 평가에 더 잘 적응시키며, 지적인 도덕적 성격을 영구적으로 습득하여 모든 것을 형성하는 데 더 좋은 것을 제공한다.

여기서 논의한 계획의 이론에서 흥미와 관심의 증대나 형성에 대한 문제는 중요하다. 여전히 많은 점들이 어려운 것으로 판명되지만, 몇 가지 말은 할 수 있다. 가장 분명한 것은 '성숙'의 사실이다. 처음에 아기는 환경에 자동으로 반응한다. 나중에야, 많은 경험이 축적된 후에야, 아이는 적절하게 말하면, 목적을 달성할 수 있다. 그리고 목적 속에는 많은 성취가 있다. 마찬가지로, '사태'를 만드는 데 수반되는 초기 단계들은 본능적으로 그 과정에 합류한 단계들이다. 나중에 '제안'(취득된 연관성의 비교적 자동적인 활동)에 의해 단계가 수행될 수 있다. 비교적 늦게서야 우리는 목적 달성을 위한 단계의 의식적인 선택인 목적을 위한 수단들의 진정한 적응을 발견한다. 이러한 고려사항은 아동의 목적과 관련하여 서술된 설명이 있어야 한다. 여기서 논의된 성장의 결과 중 하나는 '선도(leading on)'이다. 목적을 위해 습득한 기술을 새로운 목적에 수단으로 적용할 수 있다. 수단과 관련하여 가장 먼저 일어나는 기술이나 아이디어는 특별한 고려를 위해 선택될 수 있으며, 따라서 새로운 목적을 형성할 수 있다. 마지막은 새로운 관심사, 특히 지식의 가장 생산적인 원천 중의 하나이다.

'성숙'과 관련하여, 사태가 활성 상태로 유지되는 시간이 허용되는 경우 어린이가 특정 프로젝트에서 작업하는 시간인 '흥미의 폭(interest span)'이 전반적으로 증가한다. 이러한 증가의 일부는 자연과 신체 성숙으로 인한 것이며, 어떤 부분은 육성해야 하는가, 어떤 경우에는 그 범위가 길고 어떤 경우에는 그 범위를 어떻게 늘릴 수 있는지는 교육자에게 있어 가장 중요한 순간이다. '관심'이 한계 내에서 형성될 수 있다는 것은 상식적으로 알고 있는 문제이며, 상관관계의 범위가 눈에 띄게 늘어난다. 다른 어떤 말이든, 이것은 자극 반응의 유대가 형성되었다는 것을 의미하고 학습의 법칙에 따라 구성되었다는 것을 의미한다. 학습의 법칙을 활용하는 데 있어서 목적의 요소로 작용한 일반적인 부분을 이미 설명하였다. 그런 고려사항들이 있다는 것을 의심할 이유가 없어 보인다. 특히 그것의 두 대립된 사태와의 강제성에 대한 논의는 거의 변하지 않는다. 외부에서 기원하는 '사태'는 상관관계 목표와 그에 따른 가능한 성공 가능성을 가지고 있기 때문에 이론적으로 학습의 가능성이 있다. 이런 식으로 우리는 강요에 의해 만들어진 새로운 흥미를 생각해 볼 수도 있다. 그러나 두 가지 요인은 이 가능성의 실제 활용에 크게 영향을 미치며, 하나는 본질적으로 방해하고 다른 하나는 도울 수 있다. 내재적 장애물은 반대되는 (내부적인) 집합인데, 강도와 지속성에 비례하여 성공의 정의를 혼란스럽게 하고 성취의 만족을 감소시킬 것이다. 이에 따라 새로운 관심을 얻는 것은 두 배로, 강요에 의해 본질적으로 방해를 받는 것이다. 호의적으로 작용할 수 있는 두 번째 요인은 (축소된 학습)이 일어나는 것이 이미 잠재적으로 존재하는 관심과 연결될 수 있다는 가능성이며, 일어난 활동에 대한 내면의 반대는 극복되고 반대 사태는 해체된다는 그런 표현을 한다. 이 두 번째 요인은 강압의 문제에서 교사와 학생의 관계에 빛을 비추는 것과 같이 중요하다. 이러한 고려사항에서 강요로 인해 스스로 지속하는 활동(self-continuing activity)을 하지 않는 것과 같은 학습이 일어나고 해로운 결과가 일어나기 전에 이러한 강요가 유용한 임시 장치로 인정될 수 있다. 그렇지 않다면, 흥미 유발에 관한 한, 강요의 사용은 반대되는 일반적인 확률을 가진 나쁜 선택으로 보인다.

학교의 관습적이고 주제적인 문제에 더 가까이 다가가는 것이 좋을지도 모른다. 다양한 유형의 프로젝트를 분류해 보겠다. 제1유형: 외부형태로 어떤 아이디어나 계획을 구체화하는 것을 목적으로 하는 경우, 배 만들기, 편지 쓰기, 연극을 상연하기 등이다. 제2유형: 이야기 듣기, 교향곡 듣기, 그림 감상 등 일부(미학) 경험을 즐기는 것을 목적으로 한다. 제3유형: 어떤 지적인 어려움을 바로잡고, 어떤 문제를 해결하기 위해, 이슬이 떨어지는지 아닌지를 알아내고, 뉴욕이 필라델피아를 어떻게 능가하는지 확인하는 것이 목적이다. 제4유형: 손다이크(Thorndike) 척도에서 14등급을 쓰는 것을 배우고 프랑스어로 불규칙 동사를 배우는 것과 같이, 기술이나 지식의 항목이나 정도를 얻는 것이 목적이다. 이러한 그룹들이 어느 정도 중복되고 한 유형이 다른 유형의 수단으로 사용될 수 있다는 것은 명백하다. 이러한 정의에서 프로젝트법(project method)은 논리적으로 문제 해결 방법을 특수한 사례로 포함한다는 점에 유의해야 할 수 있다. 주어진 분류의 가치는 교사들이 예상할 수 있는 프로젝트의 종류와 일반적으로 여러 가지 유형에서 우세한 절차에 따라 수행되어야 한다는 점에 있다. 제1유형의 경우 **목적 설정하기(purposing), 계획하기(planning), 실행하기(executing), 평가하기(judging)**의 단계로 수행하는 것을 제안한다. 가능한 한 아동이 스스로 각 단계를 밟는다는 것이 일반적인 이론과 일치한다. 그러나 총체적인 실패는 도움보다 더 큰 상처를 줄 수 있다. 상반되는 위험은 한편으로 아동이 그 과정을 성공하지 못할 수도 있고, 다른 한편으로는 시간을 낭비할 수도 있다는 것이다. 교사는 앞서 논의한 다른 위험들을 피하려고 세심하게 아이들을 돌봐야 한다. 그 과정에서 목적의 기능(function)과 사고(thinking) 장소가 언급될 필요는 없다. 아동이 나이가 들면서 점점 더 목표의 관점에서 결과를 판단하고, 미래에 대한 교훈을 얻는 과정에서 점점 더 주의와 성공을 끌어낼 수 있다는 네 번째 단계에 관심이 쏠릴 수 있다. 미적 경험을 즐기는 제2유형은 프로젝트 목록에 포함되기 어려운 것으로 보일 수 있다. 그러나 목적의 요소는 의심할 여지 없이 과정을 안내하며 즉, '나는 반드시 생각한다.'라는 긍정적인 성장에 영향을 미친다고 생각한다. 그러나 아직은 명확한 절차 단계를 지적할 수 없다.

듀이 교수와 맥머리(McMurry)의 연구로 인해, 문제의 유형 3이 가장 잘 알려져 있으며 사용된 단계는 듀이 사고 분석의 단계이다. 제4유형은 우리의 평범한 학교 교실에 가장 잘 어울린다. 이러한 이유로 나는 그것이 지나치게 강조되는 것을 걱정했다. 적어도 내 판단으로는 학교는 제1유형에서 가능한 사회 활동에서 많은 성장이 필요하다. 제4유형은 특정 지식이나 기술과 관련이 있으며 목적, 계획, 실행 및 평가와 같은 단계를 요구하는 것처럼 보인다. 그 계획은 아마도 심리학자로부터 나온 것이 가장 좋을 것이다. 이 유형에서는 또한 과대 강조의 위험이 있다. 일부 교사들은 비록 결과가 현저하게 다르겠지만, 실제로 프로젝트로서의 훈련과 사태 업무로서의 훈련을 밀접하게 구별하지 않을 수 있다.

이 논문의 한계는 주제(topic)의 다른 중요한 측면에 대한 논의를 금지한다. 아마도 학교 건축에서 교실의 가구 및 장비, 새로운 유형의 교과서, 새로운 종류의 커리큘럼 및 프로그램, 이 계획에 필요한 변경 사항 정도와 학년 진급에 대한 새로운 계획은 무엇보다도 성취 방식에서 바라는 바에 대한 변화된 태도 등. 또한 우리는 민주주의가 우리에게 더 나은 시민을 제공하고, 경각심을 갖고, 사고와 행동을 할 수 있는 너무 지적으로 너무 비판적이어서 정치인이나 특허 의약품, 자립적이고, 새로운 사회적 조건에 적응할 준비가 되어 있다는 것을 의미하는지 고려할 수 없다. 난점에 대한 문제 자체는 별도의 논문이 필요할 것이다: 전통 반대, 납세자 반대, 준비되지 않은 무능한 교사들, 연습 과정의 부재, 행정과 감독상의 문제. 이 모든 것들과 그 이상의 것들이 운동(movement)을 파괴하기에 충분할 것이다. 그것이 심도 있는 근거가 되어 있지 않다면 말이다.

결론적으로, 우리는 아동이 특히 사회적인 노선(lines)을 따라 자연적으로 활동적이라고 말할 수 있다. 지금까지 강요의 정권은 우리 학교를 목표 없이 어정쩡하게, 우리 학생들은 이기적인 개인주의자로 자주 축소해 왔다. 어떤 반응들은 유치한 변덕에 대한 어리석은 비웃음을 낳는다. 이 논문은 전형적인 학교 절차 단위가 현재 너무 자주 낭비되고 있는 아동의 기본 역량 활용을 가장 잘 보장하는 것이기 때문에 사회 상황에서의 전폭적인 목적 활동이 목적적임을 주장한다. 적절한 지침의 목적하에서는 효율성을 의미하며, 활동에서 예상되는 목적에 도달하는 것뿐만 아니라 잠재적으로 포함된 학습의 활동으로부터 훨씬 더 많은 것을 얻는다. 모든 종류의 학습과 그 모든 바람직한 결과에 대한 학습은 전심을 다한 목적(wholeheartedness of purpose)을 갖는 것과 비례하여 가장 잘 진행된다. 아동이 자연스럽게 사회적이고, 목적을 자극하고 지도하는 능숙한 교사와 함께, 우리는 특히 인격 형성이라고 부르는 그런 종류의 학습을 기대할 수 있다. 이러한 고려사항에 따른 필요한 재구성 결과는 감히 목적을 달성하지 못하는 교사에게 가장 매력적인 '프로젝트'를 제공한다.

찾아보기

저자소개

이춘식(李春植)

현 경인교육대학교 생활과학교육과 교수
충남대학교 기술 교육과 졸업
충남대학교 대학원 교육학 석사
서울대학교 교육학 박사
한국교육과정평가원 책임연구원
Visiting Scholar: The University of Georgia(미국)

[연구 분야]
조선 시대 전통 목공예
프로젝트/PBL 교수학습 방법(Project method)
기술에 대한 태도(PATT)
발명과 메이커 교육

[저서 및 논문]
《설계기술탐구/발명과 설계기술》
《테크놀로지의 이해》
《초등 목공 활동의 내용 체계》
《초등 실과 교육과정 및 평가》
《발명 교육의 내용과 방법》
《실과 교과서의 편찬과 분석》
《교과서 백서 편찬》
《(천재교과서) 2015 초등학교 실과》
《(천재교과서) 2015 중학교 기술·가정》
《(천재교과서) 2015 고등학교 기술·가정》

choonsig@ginue.ac.kr